풍산자

필수 유형

필수 유형 문제와
학교 시험 예상 문제로
내신을 완벽하게 대비하는
문제기본서!

중학수학 2-1

풍산자수학연구소 지음

지학사

유형북 + 실전북

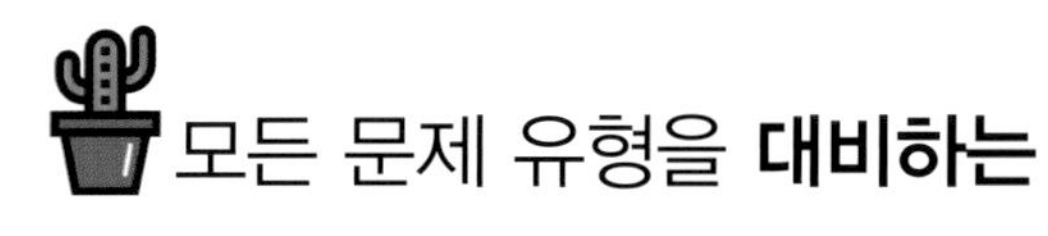

풍산자 필수유형

교재 활용 로드맵

- 핵심 개념만을 정리하고, 개념의 이해도를 높인 **개념 다지기**
- 핵심 문제의 유형을 분석하고 체계적으로 선별 제시한 **필수유형 공략하기**
- 심화 문제로 학습 수준을 높일 수 있는 **심화문제 도전하기**
- 대표 서술 유형으로 서술형 문제 해결력을 기를 수 있는 **서술유형 집중연습**
- 학교 실전 기출 문제를 수록하여 실전에 대비 할 수 있는 **실전 TEST**

모든 유형에 대한 흐름을 파악

핵심 필수 유형들을 분석하여 엄선된 필수 문제로 모든 유형의 흐름을 파악

필수 유형 문제의 체계적 학습

'개념다지기 – 필수유형 공략하기 – 심화문제 도전하기'의 단계별 구성을 통해 체계적인 학습이 가능

학교 시험에 완벽하게 대비

유형북을 통해 필수 유형들을 익히고, 실전북을 통해 서술형 문제와 실전 테스트를 풀어 보며 학교 시험에 완벽하게 대비

△

수학을 쉽게 만들어 주는 자

풍산자 필수유형

중학수학 2-1

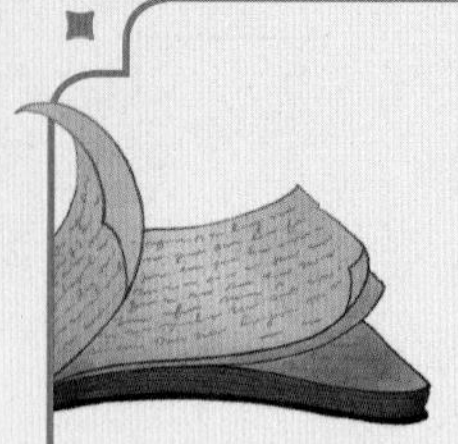

구성과 특징

» 풍쌤비법으로 모든 유형을 대비하는 문제기본서!

풍산자 필수유형으로 수학 문제 앞에서 당당하게!

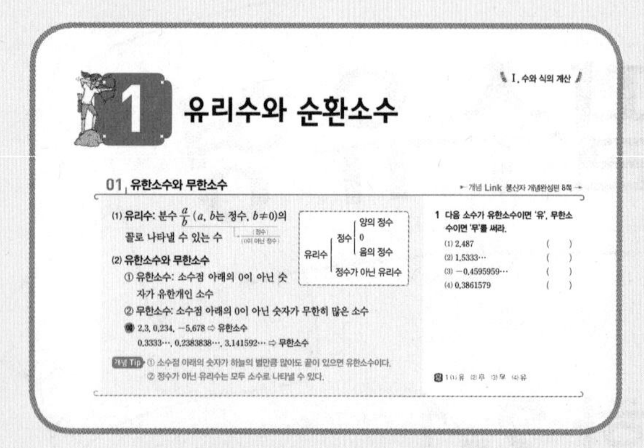

I. 수와 식의 계산

1 유리수와 순환소수

01 유한소수와 무한소수 ▸개념 Link 풍산자 개념완성편 8쪽

(1) 유리수: 분수 $\frac{a}{b}$ (a, b는 정수, $b\neq0$)의 꼴로 나타낼 수 있는 수

(2) 유한소수와 무한소수

① 유한소수: 소수점 아래의 0이 아닌 숫자가 유한개인 소수

② 무한소수: 소수점 아래의 0이 아닌 숫자가 무한히 많은 소수

예 2.3, 0.234, −5.678 ⇨ 유한소수

0.3333…, 0.2383838…, 3.141592… ⇨ 무한소수

유리수 ─ 정수 (양의 정수, 0, 음의 정수) / 정수가 아닌 유리수

개념 Tip ① 소수점 아래의 숫자가 하늘의 별만큼 많아도 끝이 있으면 유한소수이다.
② 정수가 아닌 유리수는 모두 소수로 나타낼 수 있다.

1 다음 소수가 유한소수이면 '유', 무한소수이면 '무'를 써라.

(1) 2.487 ( )
(2) 1.5333… ( )
(3) −0.4595959… ( )
(4) 0.3861579 ( )

답 1 (1) 유 (2) 무 (3) 무 (4) 유

◆ 개념 다지기

- 각 중단원별로 개념을 정리하고, 예, 주의, 개념 Tip 을 추가하여 개념의 이해가 쉽습니다.
- 개념을 확인하고, 기본 문제를 풀면서 스스로 개념의 이해도를 확인할 수 있습니다.
- ▸개념 Link▸에서 연계된 '풍산자 개념완성'으로 부족한 개념을 보충할 수 있습니다.

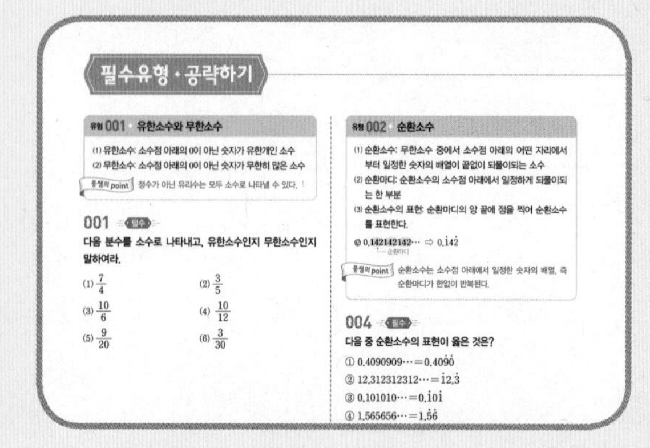

필수유형 · 공략하기

유형 001 유한소수와 무한소수

(1) 유한소수: 소수점 아래의 0이 아닌 숫자가 유한개인 소수
(2) 무한소수: 소수점 아래의 0이 아닌 숫자가 무한히 많은 소수

풍쌤의 point 정수가 아닌 유리수는 모두 소수로 나타낼 수 있다.

001 필수

다음 분수를 소수로 나타내고, 유한소수인지 무한소수인지 말하여라.

(1) $\frac{7}{4}$ (2) $\frac{3}{5}$
(3) $\frac{10}{6}$ (4) $\frac{10}{12}$
(5) $\frac{9}{20}$ (6) $\frac{3}{30}$

유형 002 순환소수

(1) 순환소수: 무한소수 중에서 소수점 아래의 어떤 자리에서부터 일정한 숫자의 배열이 끝없이 되풀이되는 소수
(2) 순환마디: 순환소수의 소수점 아래에서 일정하게 되풀이되는 한 부분
(3) 순환소수의 표현: 순환마디의 양 끝에 점을 찍어 순환소수를 표현한다.

예 0.142142142… ⇨ $0.\dot{1}4\dot{2}$ (순환마디)

풍쌤의 point 순환소수는 소수점 아래에서 일정한 숫자의 배열, 즉 순환마디가 한없이 반복된다.

004 필수

다음 중 순환소수의 표현이 옳은 것은?

① $0.4090909\cdots=0.40\dot{9}\dot{0}$
② $12.312312312\cdots=\dot{1}2.\dot{3}$
③ $0.101010\cdots=0.\dot{1}0\dot{1}$
④ $1.565656\cdots=1.\dot{5}\dot{6}$

◆ 필수유형 공략하기

- 꼭 풀어보아야 할 유형들을 분석하여 선정된 유형들과 체계적으로 선별된 문제들을 제시하였습니다.
- 각 유형의 문제들은 필수, 서술형, 창의 문제로 구분하여 체계적 학습이 가능합니다.
- 각 유형별 풍쌤의 point 를 제시하여 문제 해결력을 기를 수 있습니다.

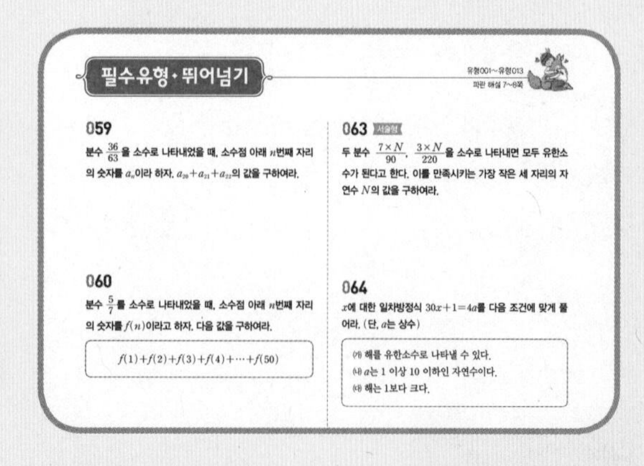

필수유형 · 뛰어넘기

유형001~유형013
파란 해설 7~8쪽

059

분수 $\frac{36}{63}$을 소수로 나타내었을 때, 소수점 아래 n번째 자리의 숫자를 a_n이라 하자. $a_{20}+a_{21}+a_{22}$의 값을 구하여라.

060

분수 $\frac{5}{7}$를 소수로 나타내었을 때, 소수점 아래 n번째 자리의 숫자를 $f(n)$이라고 하자. 다음 값을 구하여라.

$f(1)+f(2)+f(3)+f(4)+\cdots+f(50)$

063 서술형

두 분수 $\frac{7\times N}{90}$, $\frac{3\times N}{220}$을 소수로 나타내면 모두 유한소수가 된다고 한다. 이를 만족시키는 가장 작은 세 자리의 자연수 N의 값을 구하여라.

064

x에 대한 일차방정식 $30x+1=4a$를 다음 조건에 맞게 풀어라. (단, a는 상수)

(가) 해를 유한소수로 나타낼 수 있다.
(나) a는 1 이상 10 이하인 자연수이다.
(다) 해는 1보다 크다.

◆ 필수유형 뛰어넘기

- 각 중단원별로 심화문제를 별도로 제공하여 학습 수준에 따른 심화 학습이 가능합니다.

풍산자 필수유형에서는

유형북으로 꼭 필요한 유형의 흐름을 잡고
실전북을 통해 서술형 문제와 학교 시험에 완벽하게 대비할 수 있습니다.

실전북

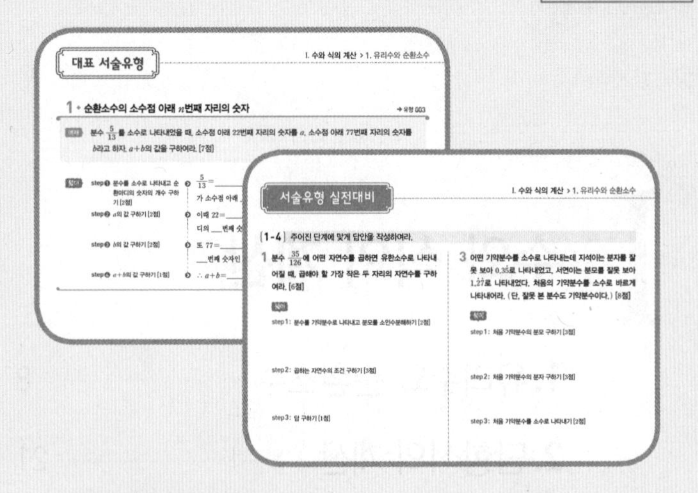

◆ **서술유형 집중연습**

• 대표 서술유형과 서술유형 실전대비로 서술형 문제 해결력을 탄탄히 기를 수 있습니다.

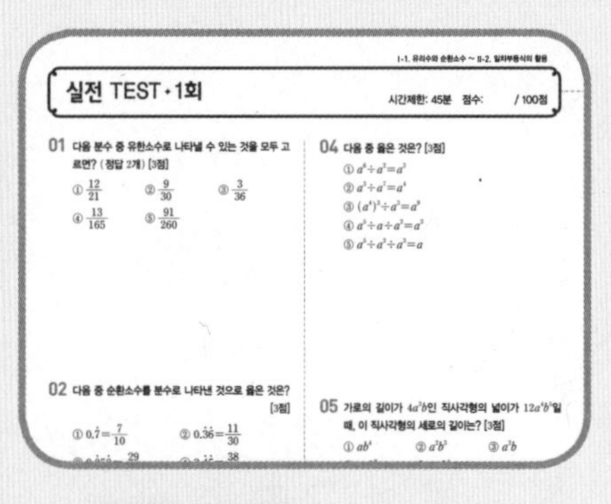

◆ **최종점검 TEST**

• 실전 TEST를 통해 자신의 실력을 점검을 할 수 있습니다.

정답과 해설

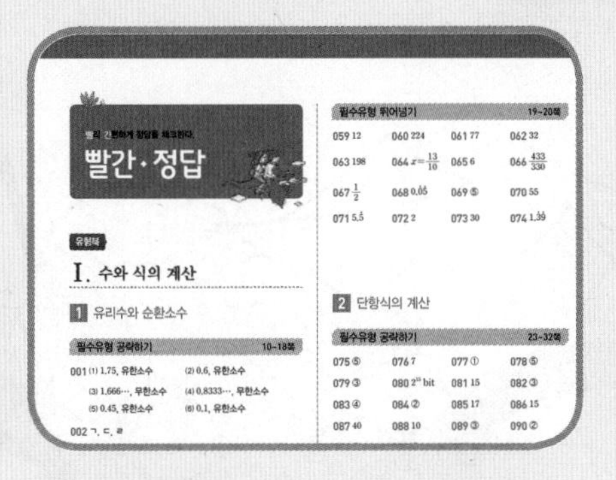

◆ 빨간 정답

• 빨리 간편하게 정답을 확인할 수 있습니다.

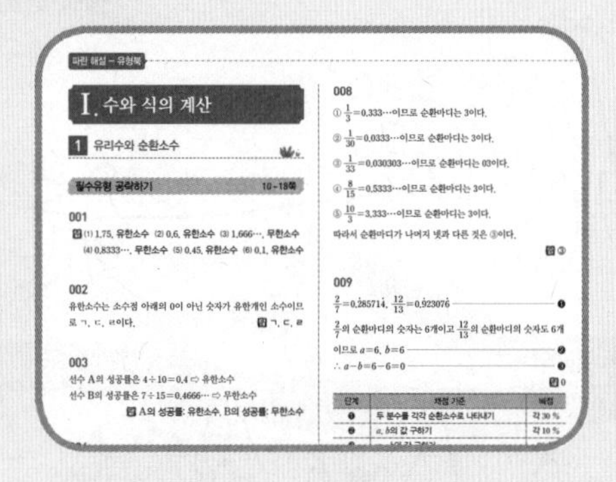

◆ 파란 해설

• 파란 바닷가처럼 시원하게 문제를 해결할 수 있습니다.

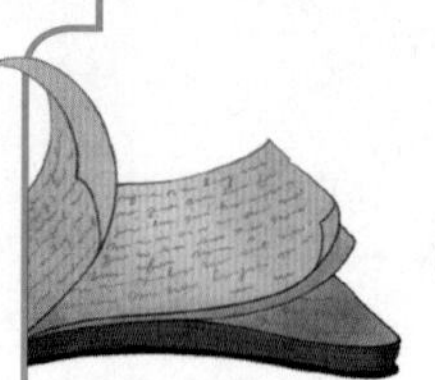

이 책의 차례

I 수와 식의 계산

Ⅱ : 일차부등식과 연립일차방정식

Ⅲ : 일차함수

» 실전북이 책 속의 책으로 들어 있어요.

중요한 것은 모든 것을 다 알고 난
다음에 얻는 교훈이다.

– 존 우든 –

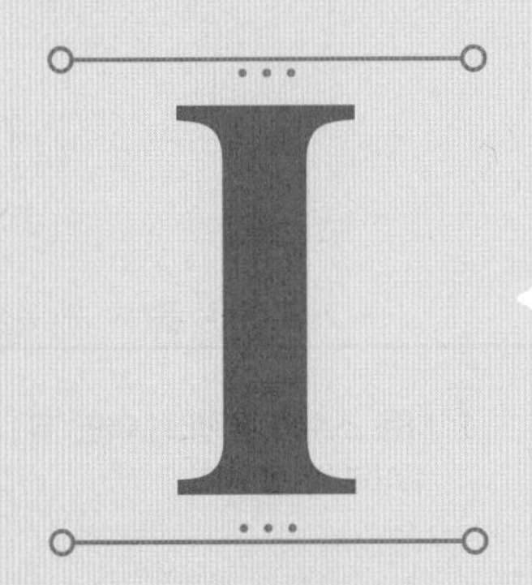

I 수와 식의 계산

1 유리수와 순환소수

01 유한소수와 무한소수

개념 Link 풍산자 개념완성편 8쪽

(1) **유리수:** 분수 $\frac{a}{b}$ (a, b는 정수, $b \neq 0$)의 꼴로 나타낼 수 있는 수 → $\frac{(\text{정수})}{(\text{0이 아닌 정수})}$

유리수
- 정수
  - 양의 정수
  - 0
  - 음의 정수
- 정수가 아닌 유리수

(2) **유한소수와 무한소수**

① 유한소수: 소수점 아래의 0이 아닌 숫자가 유한개인 소수

② 무한소수: 소수점 아래의 0이 아닌 숫자가 무한히 많은 소수

예 2.3, 0.234, -5.678 ⇨ 유한소수

0.3333…, 0.2383838…, 3.141592… ⇨ 무한소수

개념 Tip ① 소수점 아래의 숫자가 하늘의 별만큼 많아도 끝이 있으면 유한소수이다.
② 정수가 아닌 유리수는 모두 소수로 나타낼 수 있다.

1 다음 소수가 유한소수이면 '유', 무한소수이면 '무'를 써라.

(1) 2.487 (　　)

(2) 1.5333… (　　)

(3) $-0.4595959\cdots$ (　　)

(4) 0.3861579 (　　)

답 1 (1) 유 (2) 무 (3) 무 (4) 유

02 순환소수

개념 Link 풍산자 개념완성편 8쪽

(1) **순환소수**

① 순환소수: 소수점 아래의 어떤 자리에서부터 일정한 숫자의 배열이 끝없이 되풀이되는 무한소수

② 순환마디: 순환소수의 소수점 아래에서 일정하게 되풀이되는 한 부분

(2) **순환소수의 표현:** 순환마디의 양 끝의 숫자 위에 점을 찍어 나타낸다.

예 0.123 123 123…의 순환마디는 123이므로 $0.\dot{1}2\dot{3}$으로 나타낸다.

주의 순환마디에 점을 찍을 때, 아무렇게나 찍으면 안 된다. 소수점 아래에서 맨 처음 반복되는 부분의 처음과 끝에만 찍어야 한다.

1.431431431… ⇨ $1.\dot{4}3\dot{1}$(○), $\dot{1}.4\dot{3}$(×), $1.\dot{4}31\dot{4}$(×), $1.\dot{4}3143\dot{1}$(×), $1.\dot{4}\dot{3}\dot{1}$(×)

1 다음 순환소수의 순환마디를 말하고, 순환마디에 점을 찍어 간단히 나타내어라.

순환소수	순환마디	순환소수의 표현
(1) 0.888…		
(2) 1.363636…		
(3) 2.8444…		
(4) 0.5717171…		

답 1 (1) 8, $0.\dot{8}$ (2) 36, $1.\dot{3}\dot{6}$ (3) 4, $2.8\dot{4}$ (4) 71, $0.5\dot{7}\dot{1}$

03 유한소수로 나타낼 수 있는 분수

개념 Link 풍산자 개념완성편 10쪽

유한소수로 나타낼 수 있는 분수

① 유한소수는 분모가 10의 거듭제곱인 분수로 나타낼 수 있다.

⇨ 유한소수를 기약분수로 나타내면 분모의 소인수는 2나 5뿐이다.

② 정수가 아닌 유리수를 기약분수로 나타내었을 때, 분모의 소인수가 2나 5뿐이면 분모, 분자에 2 또는 5의 거듭제곱을 적당히 곱하여 분모를 10의 거듭제곱의 꼴로 고쳐서 유한소수로 나타낼 수 있다.

예 $\frac{6}{20} = \frac{3}{10} = \frac{3}{2 \times 5}$ ⇨ 유한소수 (0.3)

1 다음 보기 중 유한소수로 나타낼 수 있는 것을 모두 골라라.

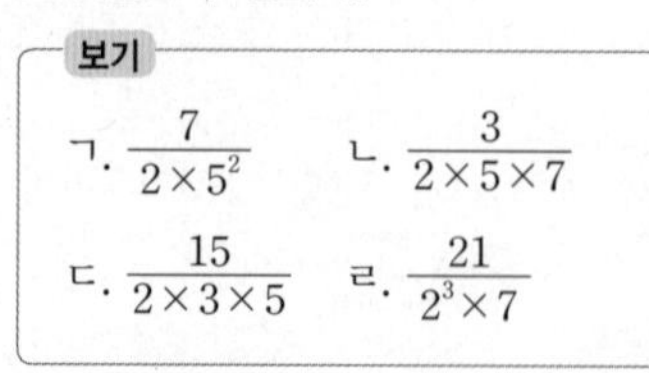

보기

ㄱ. $\frac{7}{2 \times 5^2}$　ㄴ. $\frac{3}{2 \times 5 \times 7}$

ㄷ. $\frac{15}{2 \times 3 \times 5}$　ㄹ. $\frac{21}{2^3 \times 7}$

답 1 ㄱ, ㄷ, ㄹ

04 | 유한소수로 나타낼 수 없는 분수

개념 Link 풍산자 개념완성편 10쪽

유한소수로 나타낼 수 없는 분수

정수가 아닌 유리수를 기약분수로 나타내었을 때, 분모에 2나 5 이외의 소인수가 있으면 그 유리수는 무한소수로 나타낼 수 있으며, 그 무한소수는 순환소수가 된다.

예 $\frac{5}{6}=\frac{5}{2\times3}$ ⇨ 무한소수

주의 기약분수로 나타내지도 않고 유한이니 무한이니 하는 것은 쓸데없는 일이므로 주의하도록 한다.

1 다음 보기 중 유한소수로 나타낼 수 없는 것을 모두 골라라.

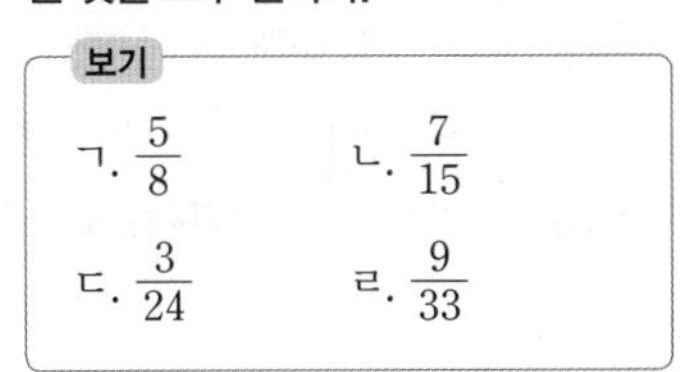

답 1 ㄴ, ㄹ

05 | 순환소수를 분수로 나타내기

개념 Link 풍산자 개념완성편 12쪽

(1) **순환소수를 분수로 나타내는 방법**

순환소수를 분수로 나타내는 방법	$0.\dot{2}\dot{3}$
❶ 순환소수를 x로 놓는다.	$x=0.232323\cdots$
❷ 양변에 10의 거듭제곱을 곱하여 소수 부분이 같은 두 식을 만든다.	$x=0.232323\cdots$ $100x=23.232323\cdots$
❸ 두 식을 변끼리 뺀다.	$100x=23.232323\cdots$ $-)\quad x=0.232323\cdots$ $99x=23$
❹ x의 값을 구한다.	$\therefore x=\frac{23}{99}$

(2) **순환소수를 분수로 간편하게 나타내는 방법**

① 분모: 순환마디의 숫자의 개수만큼 9를 쓰고, 그 뒤에 소수점 아래 순환하지 않는 숫자의 개수만큼 0을 쓴다.

② 분자: (전체의 수)−(순환하지 않는 부분의 수)

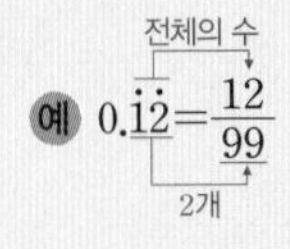

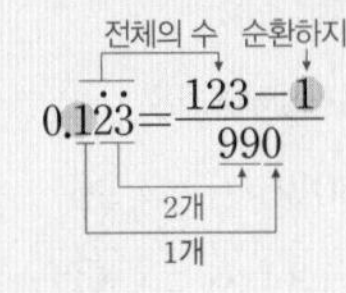
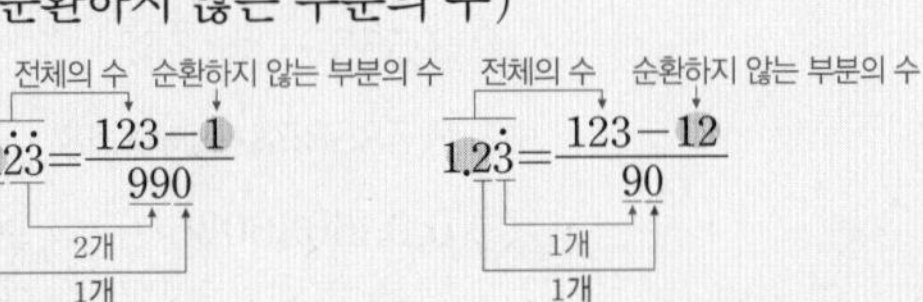

1 다음 순환소수를 분수로 나타내기 위해 필요한 가장 간단한 식을 보기에서 골라 기호로 써라.

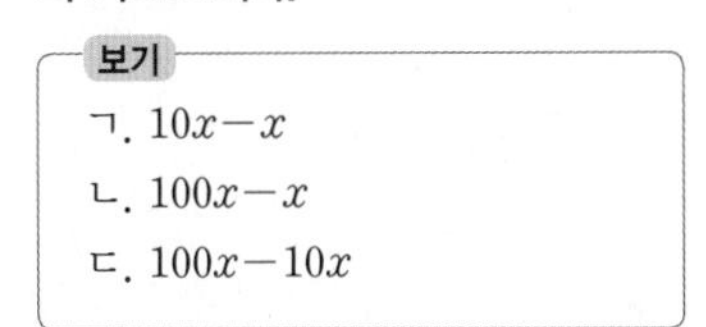

(1) $x=0.4\dot{6}$

(2) $x=2.\dot{5}\dot{8}$

2 다음 순환소수를 기약분수로 나타내어라. (단, 간편하게 나타내는 방법을 이용한다.)

(1) $0.\dot{4}$　(2) $0.\dot{4}\dot{3}$

(3) $1.\dot{8}\dot{1}$　(4) $0.4\dot{6}\dot{7}$

답 1 (1) ㄷ (2) ㄴ
2 (1) $\frac{4}{9}$ (2) $\frac{43}{99}$ (3) $\frac{20}{11}$ (4) $\frac{463}{990}$

06 | 유리수와 소수의 관계

개념 Link 풍산자 개념완성편 12쪽

(1) 유한소수와 순환소수는 모두 유리수이다.

(2) 정수가 아닌 유리수는 유한소수나 순환소수로 나타낼 수 있다.

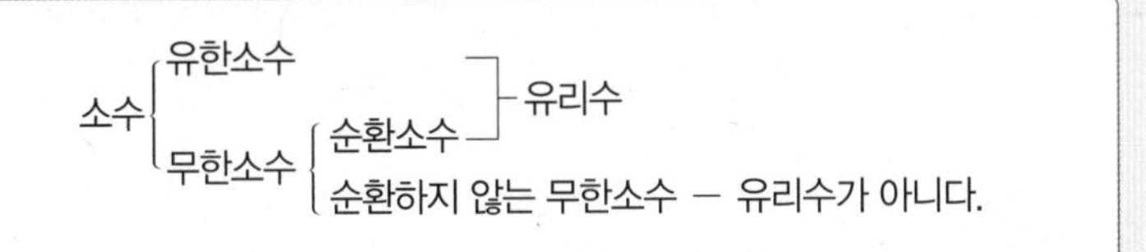

1 다음 설명 중 옳은 것에는 ○표, 옳지 않은 것에는 ×표를 하여라.

(1) 모든 유리수는 분수로 나타낼 수 있다. (　　)

(2) 무한소수는 유리수이다. (　　)

(3) 유리수는 정수와 정수가 아닌 유리수로 이루어져 있다. (　　)

답 1 (1) ○ (2) × (3) ○

필수유형 · 공략하기

유형 001 · 유한소수와 무한소수

(1) 유한소수: 소수점 아래의 0이 아닌 숫자가 유한개인 소수
(2) 무한소수: 소수점 아래의 0이 아닌 숫자가 무한히 많은 소수

풍쌤의 point 정수가 아닌 유리수는 모두 소수로 나타낼 수 있다.

001 필수

다음 분수를 소수로 나타내고, 유한소수인지 무한소수인지 말하여라.

(1) $\frac{7}{4}$ (2) $\frac{3}{5}$

(3) $\frac{10}{6}$ (4) $\frac{10}{12}$

(5) $\frac{9}{20}$ (6) $\frac{3}{30}$

002

다음 보기 중 유한소수를 모두 골라라.

보기

ㄱ. 0.3 ㄴ. 0.777⋯ ㄷ. −0.000014
ㄹ. −1.15 ㅁ. −4.222⋯ ㅂ. π

003

다음 표는 두 농구 선수 A, B의 자유투 기록을 나타낸 것이다. 자유투 성공률을 (성공 횟수)÷(던진 횟수)로 계산할 때, 두 선수의 성공률이 유한소수인지 무한소수인지 각각 말하여라.

선수	던진 횟수(회)	성공 횟수(회)
A	10	4
B	15	7

유형 002 · 순환소수

(1) 순환소수: 무한소수 중에서 소수점 아래의 어떤 자리에서부터 일정한 숫자의 배열이 끝없이 되풀이되는 소수
(2) 순환마디: 순환소수의 소수점 아래에서 일정하게 되풀이되는 한 부분
(3) 순환소수의 표현: 순환마디의 양 끝에 점을 찍어 순환소수를 표현한다.

예 0.142142142⋯ ⇨ $0.\dot{1}4\dot{2}$
└ 순환마디

풍쌤의 point 순환소수는 소수점 아래에서 일정한 숫자의 배열, 즉 순환마디가 한없이 반복된다.

004 필수

다음 중 순환소수의 표현이 옳은 것은?

① $0.4090909\cdots=0.40\dot{9}\dot{0}$
② $12.312312312\cdots=\dot{1}2.\dot{3}$
③ $0.101010\cdots=0.\dot{1}0\dot{1}$
④ $1.565656\cdots=1.\dot{5}\dot{6}$
⑤ $0.241024102410\cdots=0.\dot{2}\dot{4}\dot{1}\dot{0}$

005

다음 중 주어진 순환소수의 순환마디를 바르게 나타낸 것은?

① 3.555⋯ ⇨ 555
② 8.585858⋯ ⇨ 58
③ 0.036036036⋯ ⇨ 36
④ 0.134134134⋯ ⇨ 34
⑤ 7.132713271327⋯ ⇨ 7132

006

분수 $\frac{2}{33}$를 순환소수로 나타낼 때, 순환마디는?

① 0 ② 6 ③ 06
④ 060 ⑤ 606

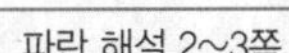

007

다음 중 분수를 순환소수로 나타낸 것으로 옳지 않은 것은?

① $\frac{4}{9}=0.\dot{4}$　② $\frac{2}{15}=0.1\dot{3}$

③ $\frac{8}{33}=0.\dot{2}\dot{4}$　④ $\frac{24}{55}=0.4\dot{3}\dot{6}$

⑤ $\frac{140}{99}=1.\dot{4}1\dot{4}$

008

다음 분수를 순환소수로 나타낼 때, 순환마디가 나머지 넷과 다른 하나는?

① $\frac{1}{3}$　② $\frac{1}{30}$　③ $\frac{1}{33}$

④ $\frac{8}{15}$　⑤ $\frac{10}{3}$

009 서술형

두 분수 $\frac{2}{7}$와 $\frac{12}{13}$를 순환소수로 나타낼 때, 순환마디의 숫자의 개수를 각각 a, b라고 하자. 이때 $a-b$의 값을 구하여라.

010

다음을 계산하여 순환소수로 나타내어라. (단, 순환마디에 점을 찍어 나타낸다.)

$$\frac{1}{10^2}+\frac{1}{10^4}+\frac{1}{10^6}+\frac{1}{10^8}+\cdots$$

중요한

유형 003 ◆ 순환소수의 소수점 아래 n번째 자리의 숫자

예 $0.\dot{5}18\dot{4}$에서 소수점 아래 14번째 자리의 숫자 구하기

① 순환마디의 숫자가 4개이다.

② $14=4\times3+2$이므로 구하는 숫자는 순환마디에서 나머지 2만큼 이동한 순환마디의 2번째 숫자 1이다.

⇨ $0.518451845184$$5184\cdots$
순환마디가 3번 반복

풍쌤의 point 순환마디의 숫자의 개수를 구해 규칙을 알아본다.

011 필수

분수 $\frac{3}{13}$을 소수로 나타내었을 때, 순환마디의 개수를 a라 하고, 소수점 아래 100번째 자리의 숫자를 b라고 할 때, ab의 값은?

① 12　② 14　③ 21

④ 27　⑤ 42

012 창의

분수 $\frac{1}{41}$을 순환소수로 나타낼 때, 순환마디를 오른쪽 그림과 같이 차례로 원의 주위에 나타내었다. □ 안에 알맞은 수와 소수점 아래 50번째 자리의 숫자를 차례로 구하여라.

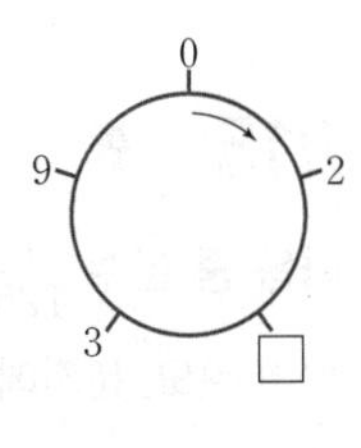

013 서술형

순환소수 $1.\dot{8}\dot{6}$의 소수점 아래 30번째 자리의 숫자를 a, 순환소수 $0.12\dot{3}4\dot{5}$의 소수점 아래 40번째 자리의 숫자를 b라고 할 때, $a-b$의 값을 구하여라.

필수유형 • 공략하기

유형 004 • 분수를 유한소수로 나타내기

기약분수 $\frac{★}{2^m \times 5^n}$의 분모, 분자에 2나 5의 거듭제곱을 곱하여 분모를 10의 거듭제곱으로 나타내면 주어진 분수를 유한소수로 나타낼 수 있다.

예 $\frac{1}{2^3 \times 5} = \frac{1 \times 5^2}{2^3 \times 5 \times 5^2} = \frac{5^2}{2^3 \times 5^3} = \frac{25}{1000} = 0.025$

풍쌤의 point 분수를 유한소수로 나타낼 때에는 반드시 기약분수로 만든 후 분모를 10의 거듭제곱으로 나타낸다.

014 필수

다음은 분수 $\frac{17}{50}$을 유한소수로 나타내는 과정이다. (가)~(마)에 들어갈 수로 옳지 않은 것은?

$$\frac{17}{50} = \frac{17}{2 \times 5^{\text{(가)}}} = \frac{17 \times \boxed{\text{(나)}}}{2 \times 5^2 \times \boxed{\text{(다)}}} = \frac{\boxed{\text{(라)}}}{100} = \boxed{\text{(마)}}$$

① (가) 2　② (나) 5　③ (다) 2
④ (라) 34　⑤ (마) 0.34

015

다음 중 분수 $\frac{1}{125}$의 분모를 10의 거듭제곱으로 고치기 위하여 분모, 분자에 곱해야 하는 가장 작은 자연수는?

① 2　② 4　③ 5
④ 8　⑤ 25

016 서술형

분수 $\frac{14}{80}$를 $\frac{b}{10^a}$로 고쳐서 유한소수로 나타낼 때, 가장 작은 자연수 a, b의 값을 각각 구하여라.

중요한

유형 005 • 유한소수로 나타낼 수 있는 분수

기약분수의 분모의 소인수가 2나 5뿐이면 분모를 10의 거듭제곱으로 나타낼 수 있으므로 이 분수는 유한소수로 나타낼 수 있다.

풍쌤의 point 유한소수로 나타낼 수 있는 분수인지 판별하는 방법!

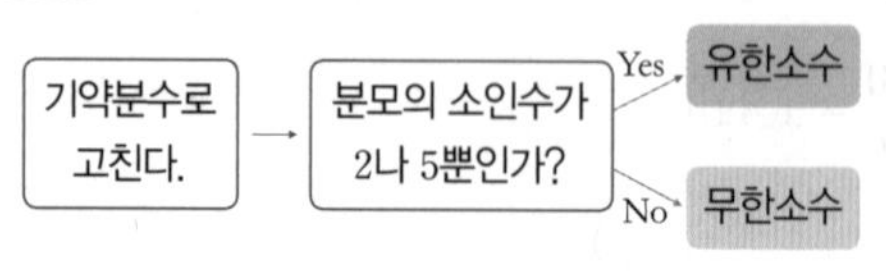

017 필수

다음 보기의 분수 중 유한소수로 나타낼 수 있는 것을 모두 고른 것은?

보기

ㄱ. $\frac{3}{7}$　ㄴ. $\frac{7}{12}$　ㄷ. $\frac{12}{18}$
ㄹ. $\frac{4}{2 \times 5}$　ㅁ. $\frac{2 \times 3}{2^4 \times 3 \times 5}$　ㅂ. $\frac{2^2 \times 7}{5^2 \times 7^2}$

① ㄱ, ㄴ　② ㄴ, ㄹ　③ ㄷ, ㅂ
④ ㄹ, ㅁ　⑤ ㅁ, ㅂ

018

다음 분수 중 유한소수로 나타낼 수 있는 것은?

① $\frac{7}{24}$　② $\frac{15}{42}$　③ $\frac{9}{54}$
④ $\frac{3}{144}$　⑤ $\frac{18}{300}$

파란 해설 3~4쪽

019

다음 분수 중 유한소수로 나타낼 수 없는 것은?

① $\frac{15}{48}$ ② $\frac{19}{20}$ ③ $\frac{63}{504}$

④ $\frac{36}{520}$ ⑤ $\frac{13}{50000}$

020

다음 보기의 분수 중 소수로 나타내었을 때, 순환소수가 되는 것의 개수를 구하여라.

보기

ㄱ. $\frac{14}{56}$ ㄴ. $-\frac{3}{57}$ ㄷ. $\frac{55}{68}$

ㄹ. $\frac{18}{2\times3^2\times5^2}$ ㅁ. $\frac{36}{3^2\times5^2}$ ㅂ. $\frac{52}{2^2\times3\times13}$

021

$\frac{1}{4}$과 $\frac{5}{6}$ 사이에 있는 분수 중 분모가 12이고, 유한소수로 나타낼 수 있는 수를 모두 구하여라.

022

분수 $\frac{1}{2}, \frac{1}{3}, \frac{1}{4}, \cdots, \frac{1}{100}$ 중 유한소수로 나타낼 수 없는 것의 개수를 구하여라.

중요한

유형 006 · $\frac{B}{A}\times x$가 유한소수가 되도록 하는 x의 값 구하기

❶ 주어진 분수를 기약분수로 고친다.
❷ 분모를 소인수분해한다.
❸ 분자가 분모의 소인수 중에서 2와 5를 제외한 소인수의 배수가 되도록 한다.

예 $\frac{a}{2\times3\times5}$가 유한소수로 나타내어지려면 a는 3의 배수이어야 한다.

풍쌤의 point 분모의 소인수 중에서 2와 5를 제외한 수를 없애야 유한소수로 나타낼 수 있다.

023 필수

$\frac{11}{60}\times a$를 소수로 나타내면 유한소수가 되게 하는 a의 값 중 가장 작은 자연수를 구하여라.

024

$\frac{a}{140}$가 유한소수로 나타내어질 때, a의 값이 될 수 있는 100 이하의 자연수의 개수는?

① 11 ② 12 ③ 13

④ 14 ⑤ 15

025

분수 $\frac{28}{240}$에 어떤 자연수 x를 곱하여 소수로 나타낼 때, 유한소수가 되게 하려고 한다. 다음 중 x의 값이 될 수 <u>없는</u> 것은?

① 3 ② 6 ③ 7

④ 12 ⑤ 21

026

두 분수 $\frac{a}{2\times3^2\times5}$, $\frac{b}{2^2\times5\times13}$가 모두 유한소수로 나타내어질 때, 자연수 a, b에 대하여 $a+b$의 최솟값을 구하여라.

027

분수 $\frac{x}{3\times5^2\times7}$가 다음 조건을 모두 만족시킬 때, 모든 x의 값의 합을 구하여라.

> (가) $\frac{x}{3\times5^2\times7}$는 유한소수로 나타내어진다.
> (나) x는 2와 7의 공배수이고, 두 자리의 자연수이다.

028

두 분수 $\frac{a}{300}$, $\frac{a}{270}$가 모두 유한소수로 나타내어질 때, 다음 중 a의 값이 될 수 있는 것은?

① 3 ② 5 ③ 9
④ 25 ⑤ 27

029

두 분수 $\frac{1}{224}$, $\frac{3}{475}$ 중 어느 것에 곱하여도 그 결과가 모두 유한소수로 나타내어지는 가장 작은 자연수는?

① 19 ② 133 ③ 160
④ 175 ⑤ 266

유형 007 • $\frac{B}{A\times x}$가 유한소수가 되도록 하는 x의 값 구하기

❶ 주어진 분수를 기약분수로 고친다.
❷ 분모를 소인수분해한다.
❸ x의 값이 될 수 있는 수는 분자의 약수 또는 2의 제곱수 또는 5의 제곱수를 서로 곱한 수이다.

030 필수

분수 $\frac{33}{5^2\times a}$이 유한소수로 나타내어질 때, 다음 중 a의 값이 될 수 없는 것은?

① 3 ② 6 ③ 9
④ 11 ⑤ 15

031 서술형

분수 $\frac{45}{75\times a}$를 소수로 나타내면 유한소수가 될 때, a의 값이 될 수 있는 한 자리의 자연수의 개수를 구하여라.

032

$\frac{3}{70}\times\frac{a}{b}$를 소수로 나타내면 유한소수가 될 때, 분수 $\frac{a}{b}$의 개수는? (단, a, b는 2 이상 10 이하인 자연수이다.)

① 1 ② 3 ③ 5
④ 7 ⑤ 9

어려운

유형 008 유한소수가 되도록 하는 수를 찾고 기약분수로 나타내기

풍쌤의 point 분수가 유한소수로 나타내어지려면 분모의 소인수 중에서 2, 5를 제외한 소인수가 분자에 의해 약분되어야 한다.

033 필수

분수 $\frac{a}{210}$를 소수로 나타내면 유한소수가 되고, 기약분수로 나타내면 $\frac{1}{b}$이다. 자연수 a, b에 대하여 $a+b$의 값을 구하여라. (단, $20 \le a \le 30$)

034

분수 $\frac{a}{180}$를 소수로 나타내면 유한소수가 되고, 기약분수로 나타내면 $\frac{7}{b}$이 된다. a가 100 이하의 자연수일 때, a, b의 값을 각각 구하여라.

035 서술형

분수 $\frac{a}{700}$를 소수로 나타내면 유한소수가 되고, 기약분수로 나타내면 $\frac{3}{b}$이 된다. a가 두 자리의 자연수일 때, $a-b$의 값 중 가장 큰 값을 구하여라.

유형 009 순환소수를 분수로 나타내기 (1)

예 $x=0.\dot{7}\dot{2}$를 분수로 나타내어 보자.

$$\begin{array}{rl} 100x = 72.727272\cdots & \\ -)\quad x = 0.727272\cdots & \end{array}$$
소수 부분이 같은 두 식

$$99x=72$$
← 소수 부분이 없어진다.

$$\therefore x=\frac{72}{99}=\frac{8}{11}$$

풍쌤의 point 10의 거듭제곱을 곱해서 소수 부분이 같은 두 식을 만들고, 두 식을 변끼리 뺀다.

036 필수

순환소수 $x=0.\dot{3}2\dot{8}$을 분수로 나타내려고 할 때, 가장 편리한 식은?

① $10x-x$ ② $100x-10x$
③ $1000x-x$ ④ $1000x-10x$
⑤ $10000x-10x$

037

다음은 순환소수 $0.2\dot{7}\dot{9}$를 분수로 나타내는 과정이다. (가)~(마)에 들어갈 수로 옳지 않은 것은?

> 순환소수 $0.2\dot{7}\dot{9}$를 x라고 하면
> $x=0.2797979\cdots$ ······ ㉠
> ㉠의 양변에 (가) 을 곱하면
> (가) $x=2.797979\cdots$ ······ ㉡
> ㉠의 양변에 (나) 을 곱하면
> (나) $x=279.797979\cdots$ ······ ㉢
> ㉢−㉡을 하면 (다) $x=$ (라)
> $\therefore x=$ (마)

① (가) 10 ② (나) 100 ③ (다) 990
④ (라) 277 ⑤ (마) $\frac{277}{990}$

필수유형 · 공략하기

유형 010 · 순환소수를 분수로 나타내기 (2) – 공식

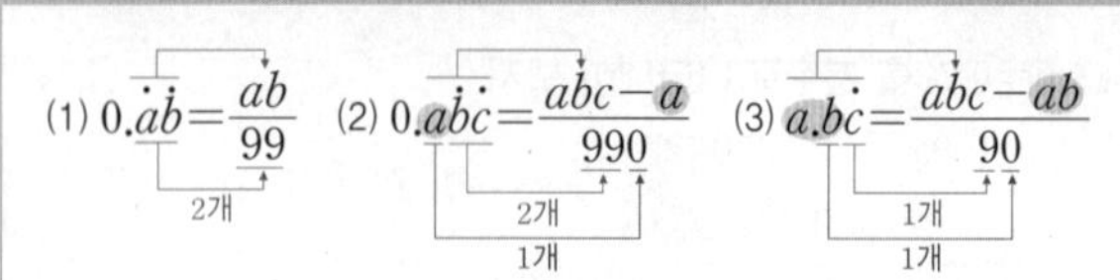

풍쌤의 point
(1) 분모: 순환마디의 숫자의 개수만큼 9를 쓰고, 그 뒤에 소수점 아래 순환하지 않는 숫자의 개수만큼 0을 쓴다.
(2) 분자: (전체의 수) − (순환하지 않는 부분의 수)

038 필수

다음 중 순환소수를 분수로 나타낸 것으로 옳지 않은 것은?

① $0.\dot{9}=\frac{1}{9}$ ② $0.\dot{0}3\dot{7}=\frac{1}{27}$

③ $1.\dot{2}\dot{5}=\frac{124}{99}$ ④ $1.8\dot{5}\dot{3}=\frac{367}{198}$

⑤ $3.7\dot{5}=\frac{169}{45}$

039

다음 중 순환소수를 분수로 나타내는 방법으로 옳은 것은?

① $0.\dot{4}=\frac{4}{90}$ ② $1.6\dot{7}=\frac{167-16}{900}$

③ $1.\dot{2}\dot{5}=\frac{125-1}{99}$ ④ $0.\dot{2}0\dot{7}=\frac{207}{990}$

⑤ $3.0\dot{2}\dot{5}=\frac{3.025-3}{990}$

040

$0.2\dot{9}=\frac{b}{a}$이고 a와 b는 서로소인 자연수일 때, $a+b$의 값을 구하여라.

041

기약분수 $\frac{b}{a}$를 소수로 나타내면 $1.\dot{8}\dot{1}$이다. 자연수 a, b에 대하여 ab의 값은?

① 180 ② 198 ③ 205
④ 220 ⑤ 228

042 서술형

$0.\dot{2}\dot{7}=\frac{a}{11}$, $0.6\dot{8}\dot{1}=\frac{15}{b}$일 때, 자연수 a, b에 대하여 $\frac{a}{b}$를 순환소수로 나타내어라.

043

순환소수 $2.\dot{6}$의 역수를 a, 순환소수 $0.3\dot{8}$의 역수를 b라고 할 때, ab의 값을 구하여라.

044

다음 식을 계산하여 기약분수로 나타내면?

$$\frac{3}{10}+\frac{3}{10^2}+\frac{3}{10^3}+\frac{3}{10^4}+\cdots$$

① $\frac{1}{90}$ ② $\frac{1}{30}$ ③ $\frac{1}{15}$
④ $\frac{1}{9}$ ⑤ $\frac{1}{3}$

유형 011 ◆ 순환소수의 대소 관계

(1) 순환소수를 풀어서 나타낸 다음 각 자리의 숫자를 차례로 비교한다.

예 $\left.\begin{array}{l}0.1\dot{4}=0.1444\cdots \\ 0.\dot{1}\dot{4}=0.1414\cdots\end{array}\right\} 0.1\dot{4}>0.\dot{1}\dot{4}$

(2) 순환소수를 분수로 고쳐서 비교한다.
특히 순환마디가 9인 경우!

예 $0.\dot{9}=\frac{9}{9}=1 \Leftarrow 0.\dot{9}=1(\bigcirc),\ 0.\dot{9}<1(\times)$

풍쌤의 point 순환소수는 풀어서 나타내거나 분수로 고친 다음 대소를 비교한다.

045 필수

다음 중 대소 관계가 옳은 것은?

① $\frac{3}{5}>0.\dot{6}$ ② $\frac{32}{99}=0.3\dot{2}$

③ $0.71>\frac{32}{45}$ ④ $0.\dot{0}\dot{1}<\frac{1}{90}$

⑤ $\frac{289}{990}>0.\dot{2}\dot{9}$

046

다음 중 가장 큰 수는?

① 0.427 ② $0.42\dot{7}$ ③ $0.\dot{4}2\dot{7}$

④ $0.4\dot{2}\dot{7}$ ⑤ $0.426\dot{9}$

047

다음 순환소수 중 $\frac{1}{3}$보다 크고 $\frac{2}{3}$보다 작은 수의 개수를 구하여라.

$0.\dot{2},\ 0.\dot{3},\ 0.\dot{4},\ 0.\dot{5},\ 0.\dot{6},\ 0.\dot{7},\ 0.\dot{8}$

어려운

유형 012 ◆ 순환소수의 계산

순환소수를 분수로 고쳐서 계산한다.

예 $0.\dot{6}+0.\dot{8}=\frac{6}{9}+\frac{8}{9}=\frac{14}{9}=1.\dot{5}$

048 필수

$0.4\dot{6}=42\times x$를 만족시키는 x의 값을 순환소수로 나타내면?

① $0.\dot{1}$ ② $0.0\dot{1}$ ③ $0.\dot{0}\dot{1}$

④ $0.00\dot{1}$ ⑤ $0.\dot{0}0\dot{1}$

049

$0.\dot{7}\times a=0.\dot{2}$이고 $0.\dot{4}\times b=0.\dot{6}$일 때, ab를 순환소수로 나타내어라.

050

일차방정식 $1.\dot{1}x=0.\dot{3}x+0.\dot{7}$의 해를 구하여라.

051

부등식 $\frac{11}{5}<x\leq 4.\dot{9}$를 만족시키는 모든 자연수 x의 값의 합은?

① 10 ② 11 ③ 12

④ 13 ⑤ 14

파란 해설 6~7쪽

052

순환소수 $1.\dot{5}\dot{1}$에 a를 곱하면 자연수가 될 때, a의 값이 될 수 있는 수 중 가장 작은 자연수는?

① 3　② 9　③ 11
④ 33　⑤ 99

053 서술형

어떤 수에 순환소수 $0.\dot{2}$를 곱해야 할 것을 잘못하여 0.2를 곱하였더니 그 결과가 0.4가 되었다. 바르게 계산한 값을 순환소수로 나타내어라.

054

분수 $\frac{37}{165}$을 소수로 나타내면 $A+0.0\dot{2}\dot{4}$일 때, A의 값을 기약분수로 나타내어라.

055

한 자리의 자연수 a에 대하여 순환소수 $0.7\dot{a}$가 $0.7\dot{a}=\frac{5a+3}{18}$을 만족시킬 때, a의 값은?

① 1　② 2　③ 3
④ 4　⑤ 5

중요한

유형 013 유리수와 소수의 이해

(1) 유한소수와 순환소수는 유리수이다.
(2) 정수가 아닌 유리수는 유한소수나 순환소수로 나타낼 수 있다.

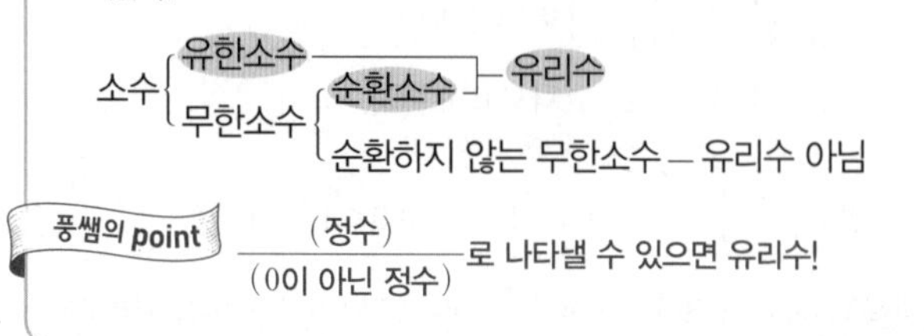

056 필수

다음 중 옳지 않은 것은?

① 자연수는 모두 유리수이다.
② 순환소수는 모두 유리수이다.
③ 순환소수는 모두 무한소수이다.
④ 유리수 중에는 무한소수도 있다.
⑤ 무한소수는 모두 유리수가 아니다.

057

다음 중 유리수가 아닌 것은?

① 0　② -3　③ 0.97
④ $1.\dot{3}\dot{2}$　⑤ π

058

다음 보기 중 옳은 것을 모두 골라라.

보기

ㄱ. 모든 정수는 분수로 나타낼 수 있다.
ㄴ. 정수가 아닌 유리수는 모두 유한소수로 나타낼 수 있다.
ㄷ. 무한소수 중에는 유리수가 아닌 수도 있다.
ㄹ. 기약분수의 분모에 2나 5이외의 소인수가 있으면 유한소수로 나타낼 수 있다.

필수유형 · 뛰어넘기

유형001~유형013
파란 해설 7~8쪽

059

분수 $\frac{36}{63}$을 소수로 나타내었을 때, 소수점 아래 n번째 자리의 숫자를 a_n이라 하자. $a_{20}+a_{21}+a_{22}$의 값을 구하여라.

060

분수 $\frac{5}{7}$를 소수로 나타내었을 때, 소수점 아래 n번째 자리의 숫자를 $f(n)$이라고 하자. 다음 값을 구하여라.

$$f(1)+f(2)+f(3)+f(4)+\cdots+f(50)$$

061

다음 조건을 모두 만족시키는 x의 값을 구하여라.

(가) x는 7의 배수이고, 두 자리의 자연수이다.
(나) y는 $2^2\times5^2\times11$로 소인수분해된다.
(다) 분수 $\frac{x}{y}$를 소수로 나타내면 유한소수이다.

062

분수 $\frac{a}{56}$를 소수로 나타내면 유한소수가 되고, 기약분수로 나타내면 $\frac{b}{c}$이다. 자연수 a, b, c에 대하여 $a+b+c$의 값 중에서 가장 큰 값을 구하여라. (단, $10<a<30$)

063 서술형

두 분수 $\frac{7\times N}{90}$, $\frac{3\times N}{220}$을 소수로 나타내면 모두 유한소수가 된다고 한다. 이를 만족시키는 가장 작은 세 자리의 자연수 N의 값을 구하여라.

064

x에 대한 일차방정식 $30x+1=4a$를 다음 조건에 맞게 풀어라. (단, a는 상수)

(가) 해를 유한소수로 나타낼 수 있다.
(나) a는 1 이상 10 이하인 자연수이다.
(다) 해는 1보다 크다.

065

순환소수 $0.3\dot{6}$에 자연수 a를 곱하면 유한소수가 될 때, 10보다 크고 30보다 작은 a의 값의 개수를 구하여라.

066

다음을 계산하여 기약분수로 나타내어라.

$$1+\frac{3}{10}+\frac{1}{100}+\frac{1}{500}+\frac{1}{10000}+\frac{1}{50000}+\frac{1}{1000000}+\frac{1}{5000000}+\cdots$$

067

연산 △을 $a \triangle b = \begin{cases} a\ (a \geq b) \\ b\ (a < b) \end{cases}$ 라고 할 때, 다음을 계산하여 기약분수로 나타내어라.

$$\{(0.4\dot{9}\dot{0} \triangle 0.\dot{4}9\dot{0}) \triangle (0.7)^2\} \triangle 0.4\dot{9}$$

068 서술형

어떤 기약분수를 소수로 나타내는데 상배는 분모를 잘못 보아 $1.\dot{6}$으로 나타내었고, 경애는 분자를 잘못 보아 $1.\dot{1}\dot{6}$으로 나타내었다. 처음의 기약분수를 소수로 바르게 나타내어라.

(단, 잘못 본 분수도 기약분수이다.)

069

$\frac{2}{3}$와 $0.8\dot{3}$ 사이에 있고 분자가 10인 분수 중 가장 큰 기약분수를 $\frac{b}{a}$라고 할 때, $a+b$의 값은?

① 19 ② 20 ③ 21
④ 22 ⑤ 23

070

순환소수 $0.\dot{4}\dot{5}$에 자연수를 곱하여 어떤 자연수의 제곱이 되게 하려고 한다. 곱해야 할 가장 작은 수를 구하여라.

071 창의

다음을 계산하여 순환소수로 나타내어라.

$$\frac{0.\dot{1}}{0.1} + \frac{0.\dot{2}}{0.2} + \frac{0.\dot{3}}{0.3} + \frac{0.\dot{4}}{0.4} + \frac{0.\dot{5}}{0.5}$$

072

부등식 $\frac{1}{5} < 0.\dot{x} < \frac{1}{3}$을 만족시키는 한 자리의 자연수 x의 값을 구하여라.

073

어떤 수 A에 $1.0\dot{5}$를 곱해야 할 것을 잘못하여 1.05를 곱하였더니 $0.1\dot{6}$의 차가 생겼다. 어떤 수 A의 값을 구하여라.

074

분수 $\frac{89}{33}$를 소수로 나타내었을 때, 정수 부분을 a, 소수 부분을 b라고 하자. ab를 순환소수로 나타내어라.

2 단항식의 계산

01 지수법칙 (1), (2)

개념 Link 풍산자 개념완성편 22쪽

(1) 지수법칙 (1) – 거듭제곱의 곱셈

m, n이 자연수일 때,

$a^m \times a^n = a^{m+n}$

지수의 합: $a^2 \times a^3 = a^{2+3} = a^5$

예 $a^2 \times a^3 = \underbrace{(a \times a)}_{2개} \times \underbrace{(a \times a \times a)}_{3개} = \underbrace{a \times a \times a \times a \times a}_{5개} = a^5$

(2) 지수법칙 (2) – 거듭제곱의 거듭제곱

m, n이 자연수일 때,

$(a^m)^n = a^{mn}$

지수의 곱: $(a^2)^3 = a^{2\times3} = a^6$

예 $(a^2)^3 = a^2 \times a^2 \times a^2 = a^{2+2+2} = a^{2\times3} = a^6$

주의 다음과 같이 착각하지 않도록 주의한다.

$a^m + a^n \neq a^{m+n}$, $a^m \times a^n \neq a^{mn}$, $(a^m)^n \neq a^{m^n}$

1 다음 식을 간단히 하여라.

(1) $a^2 \times a^4$

(2) $5^3 \times 5^7$

(3) $x \times y^3 \times x^4 \times y^5$

(4) $(a^3)^4$

(5) $(3^4)^5$

(6) $x^2 \times (x^3)^7$

답 1 (1) a^6 (2) 5^{10} (3) x^5y^8 (4) a^{12} (5) 3^{20} (6) x^{23}

02 지수법칙 (3), (4)

개념 Link 풍산자 개념완성편 24쪽

(1) 지수법칙 (3) – 거듭제곱의 나눗셈

$a \neq 0$이고 m, n이 자연수일 때,

① $m > n$이면 $a^m \div a^n = a^{m-n}$

② $m = n$이면 $a^m \div a^n = 1$

③ $m < n$이면 $a^m \div a^n = \dfrac{1}{a^{n-m}}$

지수의 차: $a^5 \div a^2 = a^{5-2} = a^3$

지수의 차: $a^2 \div a^5 = \dfrac{1}{a^{5-2}} = \dfrac{1}{a^3}$

예 $a^5 \div a^2 = \dfrac{a^5}{a^2} = \dfrac{a \times a \times a \times a \times a}{a \times a} = a \times a \times a = a^3$

$a^2 \div a^2 = \dfrac{a^2}{a^2} = \dfrac{a \times a}{a \times a} = 1$

$a^2 \div a^5 = \dfrac{a^2}{a^5} = \dfrac{a \times a}{a \times a \times a \times a \times a} = \dfrac{1}{a \times a \times a} = \dfrac{1}{a^3}$

(2) 지수법칙 (4) – 지수의 분배

n이 자연수일 때,

① $(ab)^n = a^nb^n$

② $\left(\dfrac{a}{b}\right)^n = \dfrac{a^n}{b^n}$ $(b \neq 0)$

지수의 분배: $(ab)^3 = a^3b^3$, 지수의 분배: $\left(\dfrac{a}{b}\right)^3 = \dfrac{a^3}{b^3}$

예 $(ab)^3 = ab \times ab \times ab = a \times b \times a \times b \times a \times b = a \times a \times a \times b \times b \times b = a^3b^3$

$\left(\dfrac{a}{b}\right)^3 = \dfrac{a}{b} \times \dfrac{a}{b} \times \dfrac{a}{b} = \dfrac{a \times a \times a}{b \times b \times b} = \dfrac{a^3}{b^3}$

주의 다음과 같이 착각하지 않도록 주의한다. ⇨ $a^m \div a^n \neq a^{m \div n}$, $a^m \div a^n \neq 0$

개념 Tip $(-a)^n = \{(-1) \times a\}^n = (-1)^n \times a^n = \begin{cases} a^n & (n\text{이 짝수}) \\ -a^n & (n\text{이 홀수}) \end{cases}$

1 다음 식을 간단히 하여라.

(1) $a^7 \div a^3$

(2) $a^3 \div a^3$

(3) $a^4 \div a^6$

(4) $3^8 \div 3^4$

(5) $(ab)^4$

(6) $(3ab^2)^3$

(7) $\left(\dfrac{a}{b}\right)^6$

(8) $\left(\dfrac{2a^3}{b^2}\right)^4$

답 1 (1) a^4 (2) 1 (3) $\dfrac{1}{a^2}$ (4) 3^4 (5) a^4b^4 (6) $27a^3b^6$ (7) $\dfrac{a^6}{b^6}$ (8) $\dfrac{16a^{12}}{b^8}$

03 | 단항식의 곱셈

개념 Link 풍산자 개념완성편 28쪽

단항식의 곱셈은 다음과 같은 방법으로 계산한다.
(1) 계수는 계수끼리, 문자는 문자끼리 곱한다.
(2) 같은 문자끼리의 곱은 지수법칙을 이용한다.

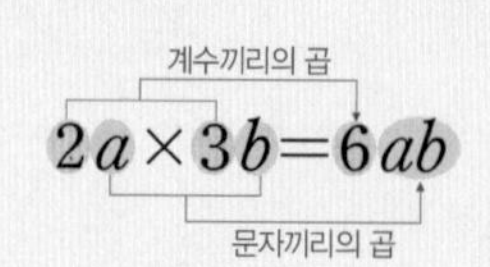

예 $2xy\times3x^2y^3$
$=(2\times3)\times(xy\times x^2y^3)$ ← 계수는 계수끼리, 문자는 문자끼리
$=6\times(x\times x^2\times y\times y^3)$ ← 계수끼리의 곱
$=6x^3y^4$ ← 문자끼리의 곱

개념 Tip 단항식의 곱셈과 나눗셈에서 부호는 다음과 같이 결정한다.
(−)가 짝수 개 ⇨ (+)
(−)가 홀수 개 ⇨ (−)

1 다음 식을 간단히 하여라.
(1) $5a^2\times3a^4$
(2) $3x^3\times(-4x^3)$
(3) $4ab\times5b^2$

답 1 (1) $15a^6$ (2) $-12x^6$ (3) $20ab^3$

04 | 단항식의 나눗셈

개념 Link 풍산자 개념완성편 28쪽

단항식의 나눗셈은 다음과 같은 방법으로 계산한다.
[방법 1] 나눗셈을 분수 꼴로 고친 후 계산한다.
⇨ $A\div B=\dfrac{A}{B}$
[방법 2] 나누는 단항식의 역수를 곱해서 계산한다.
⇨ $A\div B=A\times\dfrac{1}{B}$

예 [방법 1] $6ab\div2b=\dfrac{6ab}{2b}=3a$ [방법 2] $2a\div\dfrac{1}{2}ab=2a\times\dfrac{2}{ab}=\dfrac{4}{b}$

개념 Tip $A\div B\div C$, $A\div\dfrac{C}{B}$와 같이 나눗셈이 2개 이상이거나 나누는 식이 분수 꼴인 경우는 [방법 2]를 이용하는 것이 편리하다.

주의 역수를 이용할 때, 나누는 식의 계수의 역수만 구하지 않도록 주의한다.
예 $\dfrac{2}{3}x$의 역수 ⇨ $\dfrac{3}{2x}$ (○), $\dfrac{3}{2}x$ (×)

1 다음 식을 간단히 하여라.
(1) $25a^3\div5a$
(2) $16a^2b^5\div2ab$
(3) $12x^2y^3\div(-6xy^2)$
(4) $9x^4y^2\div\dfrac{3}{2}x$

답 1 (1) $5a^2$ (2) $8ab^4$ (3) $-2xy$ (4) $6x^3y^2$

05 | 단항식의 곱셈과 나눗셈의 혼합 계산

개념 Link 풍산자 개념완성편 30쪽

단항식의 곱셈과 나눗셈이 혼합된 식은 다음과 같은 순서로 계산한다.
❶ 괄호가 있으면 지수법칙을 이용하여 괄호를 푼다.
❷ 나눗셈은 역수의 곱셈으로 바꾼다.
❸ 부호를 결정한 후 계수는 계수끼리, 문자는 문자끼리 곱한다.
→ (−)가 짝수 개이면 (+), (−)가 홀수 개이면 (−)

예 $(-2x)^3\div\dfrac{1}{2}x^2\times3x$
$=(-8x^3)\div\dfrac{1}{2}x^2\times3x$ ← 괄호 풀기
$=(-8x^3)\times\dfrac{2}{x^2}\times3x$ ← 나눗셈을 곱셈으로
$=-48x^2$ ← 계수는 계수끼리, 문자는 문자끼리 계산

1 다음 식을 간단히 하여라.
(1) $2x^3\times3x\div6x^2$
(2) $8x^3\times(-x^2)\div4x^3$
(3) $12a^3\div4a^2\times2a$
(4) $-3a^4\div2a^3\times8a^2$

답 1 (1) x^2 (2) $-2x^2$ (3) $6a^2$ (4) $-12a^3$

필수유형 · 공략하기

파란 해설 9쪽

유형 014 · 지수법칙 (1) – 거듭제곱의 곱셈

(1) m, n이 자연수일 때, $a^m \times a^n = a^{m+n}$ → 지수의 합

(2) 지수법칙은 밑이 같을 때에만 성립한다. ⇨ 밑이 다른 거듭제곱의 곱셈에서는 곱셈 기호(×)만 생략한다.

예 $a^2 \times b^3 \times a^3 \times b^4 = a^5 b^7$

풍쌤의 point 밑이 같은 거듭제곱의 곱셈은 지수끼리 더한다. 밑이 다르지만 같게 변형할 수 있는 경우에는 소인수분해하여 밑을 같게 한 후 지수의 합을 이용한다.

075 필수

다음 중 옳은 것은?

① $a \times a^2 = 2a^2$ ② $a^3 \times a^2 = a^6$
③ $a^2 \times b^3 = ab^5$ ④ $a \times b^2 \times a^3 = ab^5$
⑤ $a^3 \times b \times a^2 \times b^5 = a^5 b^6$

076

$3 \times 3^4 \times 3^2 = 3^n$일 때, n의 값을 구하여라.

077

$5^a \times 625 = 5^6$일 때, a의 값은?

① 2 ② 3 ③ 4
④ 5 ⑤ 6

078

$5^{x+2} = \square \times 5^x$ 일 때, □ 안에 알맞은 수는?

① 2 ② 4 ③ 5
④ 10 ⑤ 25

079

$x^2 \times y \times x^{a+1} \times y^{2b-1} = x^{2a-1} y^{b+3}$일 때, 상수 a, b에 대하여 $a+b$의 값은?

① 5 ② 6 ③ 7
④ 8 ⑤ 9

080 창의

bit(비트)는 컴퓨터에서 데이터의 양을 나타내는 단위이다. 1 B(바이트)는 2^3 bit, 1 KiB(키비바이트)는 2^{10} B일 때, 4 KiB를 bit를 사용하여 나타내어라.

081 서술형

1부터 10까지의 자연수의 곱을 소인수분해하면 $2^a \times 3^b \times 5^c \times 7^d$일 때, 자연수 a, b, c, d에 대하여 $a+b+c+d$의 값을 구하여라.

필수유형 • 공략하기

유형 015 지수법칙 (2) – 거듭제곱의 거듭제곱

(1) m, n이 자연수일 때, $(a^m)^n = a^{mn}$ ← 지수의 곱

(2) l, m, n이 자연수일 때, $\{(a^l)^m\}^n = a^{lmn}$

풍쌤의 point 괄호 안의 지수와 괄호 밖의 지수를 서로 곱한다.

082 필수

$(a^2)^4 \times b \times a^3 \times (b^3)^5$을 간단히 하면?

① a^9b^9 ② a^9b^{18} ③ $a^{11}b^{16}$
④ $a^{24}b^{15}$ ⑤ $a^{27}b^{54}$

083

$(x^2)^4 \times x^7 = (x^a)^3$일 때, 자연수 a의 값은?

① 2 ② 3 ③ 4
④ 5 ⑤ 6

084

$\{(a^3)^2\}^5 = a^n$이라고 할 때, 자연수 n의 값은?

① 25 ② 30 ③ 35
④ 40 ⑤ 45

085 서술형

다음 □ 안에 알맞은 세 수의 합을 구하여라.

$$(a^5)^{\square} = a^{20},\ (a^{\square})^3 \times a^6 = a^{21},$$
$$(a^4)^3 \times (a^2)^2 = (a^2)^{\square}$$

086

$(x^3)^a \times (y^2)^3 \times x \times y^5 = x^{13}y^b$일 때, 자연수 a, b에 대하여 $a+b$의 값을 구하여라.

087

$243^7 = (3^a)^7 = 3^b$일 때, 자연수 a, b에 대하여 $a+b$의 값을 구하여라.

088

다음을 만족시키는 자연수 x, y에 대하여 $x+y$의 값을 구하여라.

$$2^{2x-1} = 8^3,\quad 9^{y+1} = 27^{y-1}$$

유형 016 지수법칙 (3) – 거듭제곱의 나눗셈

$a \neq 0$이고 m, n이 자연수일 때,

(1) $m > n$이면 $a^m \div a^n = a^{m-n}$ ← 지수의 차

(2) $m = n$이면 $a^m \div a^n = 1$

(3) $m < n$이면 $a^m \div a^n = \frac{1}{a^{n-m}}$ ← 지수의 차

풍쌤의 point 거듭제곱의 나눗셈은 지수의 대소를 비교한 후 지수의 차를 이용한다.

089 필수

다음 중 옳은 것은?

① $a^6 \div a^3 = a^2$　② $a^3 \div a^4 = a$

③ $a^6 \div (a^3)^2 = 1$　④ $(a^5)^2 \div a^5 = a^2$

⑤ $a^5 \div a^4 \div a^3 = a^2$

090

$x^7 \div x^{n+1} = x^3$일 때, 상수 n의 값은?

① 2　② 3　③ 4

④ 5　⑤ 6

091

다음 중 $a^4 \div a^3 \div a^2$과 계산 결과가 같은 것은?

① $a^4 \div (a^3 \div a^2)$　② $a^4 \times a^2 \div a^3$

③ $a^4 \div (a^2 \times a^3)$　④ $a^4 \times (a^3 \div a^2)$

⑤ $a^4 \div a^2 \times a^3$

092

$x^n \div x^4 = \frac{1}{x}$일 때, $x^4 \div (x^2)^n$을 간단히 하면?

① $\frac{1}{x^5}$　② $\frac{1}{x^2}$　③ 1

④ x^2　⑤ x^5

093 서술형

다음 식을 만족시키는 자연수 A, B, C에 대하여 $A+B+C$의 값을 구하여라.

(가) $2^{10} \div 2^A = \frac{1}{2^3}$

(나) $3^6 \div 3 \div 3^B = 3^2$

(다) $(x^2)^C \div x = x^{11}$

094

$(2^4)^3 \div 8^x = \frac{1}{64}$일 때, x의 값을 구하여라.

095

$64^3 \times 8^x \div 4^5 = 16^5$일 때, x의 값을 구하여라.

유형 017 • 지수법칙 (4) – 지수의 분배

n이 자연수일 때,

지수의 분배

(1) $(ab)^n = a^n b^n$

지수의 분배

(2) $\left(\frac{a}{b}\right)^n = \frac{a^n}{b^n}$ $(b \neq 0)$

풍쌤의 point 괄호 안의 계수와 문자에 모두 지수를 분배한다.

096 필수

다음 중 옳은 것은?

① $(a^3b)^2 = a^3b^2$ ② $(-xy^3)^2 = -x^2y^6$

③ $\left(\frac{c}{ab^2}\right)^3 = \frac{c^3}{ab^6}$ ④ $\left(-\frac{y^2z^3}{x^2}\right)^2 = \frac{y^4z^6}{x^4}$

⑤ $\left(-\frac{2x^2}{3y}\right)^3 = -\frac{8x^6}{9y^3}$

097

다음 두 식을 모두 만족시키는 자연수 x, y에 대하여 $x+y$의 값을 구하여라.

(가) $(a^xb^2)^2 = a^4b^4$ (나) $\left(\frac{b^x}{a^3}\right)^y = \frac{b^6}{a^9}$

098

$(-2x^2)^a = bx^6$일 때, 상수 a, b에 대하여 $a-b$의 값은?

① -11 ② -8 ③ 5
④ 8 ⑤ 11

099

$(-3x^ay^5)^b = 9x^6y^c$일 때, 자연수 a, b, c에 대하여 abc의 값은?

① 15 ② 30 ③ 45
④ 60 ⑤ 90

100 서술형

$\left(\frac{2x^a}{y^4}\right)^3 = \frac{bx^6}{y^c}$일 때, 상수 a, b, c에 대하여 $a+b-c$의 값을 구하여라.

101

$75^2 = 3^x \times 5^y$일 때, $x+y$의 값을 구하여라.

102

$180^3 = 2^a \times 3^b \times 5^c$일 때, $a+b+c$의 값은?

① 9 ② 12 ③ 15
④ 18 ⑤ 20

중요한

유형 018 ◆ 지수법칙 종합

지수의 합	지수의 곱	지수의 차	지수의 분배	
$a^m \times a^n$	$(a^m)^n$	$a^m \div a^n$	$(ab)^n$	$\left(\frac{a}{b}\right)^n$
a^{m+n}	a^{mn}	$m>n \Rightarrow a^{m-n}$ $m=n \Rightarrow 1$ $m<n \Rightarrow \frac{1}{a^{n-m}}$	$a^n b^n$	$\frac{a^n}{b^n}$ $(b \neq 0)$

풍쌤의 point 지수법칙을 적용할 때, 서로 혼동하지 않도록 주의한다.

103 필수

다음 중 계산 결과가 나머지 넷과 다른 하나는?

① $a \times a^5$　② $(a^3)^2$

③ $a^9 \div a^3$　④ $(a^4)^3 \div a^8 \times a^2$

⑤ $a^8 \div a^2 \div (a^2)^2$

104

$(x^2)^3 \times x \div (x^\square)^2 = \frac{1}{x^3}$일 때, □ 안에 알맞은 수를 구하여라.

105 서술형

다음 두 식을 모두 만족시키는 자연수 x, y에 대하여 $x+y$의 값을 구하여라.

(가) $(a^3)^4 \times a^x = a^{15}$　(나) $a^x \times a^5 \div (a^2)^y = a^2$

유형 019 ◆ 지수법칙의 응용 – 거듭제곱의 덧셈을 곱셈으로 나타내기

n이 자연수일 때,

$\underbrace{a+a+a+\cdots+a}_{n개} = na$, $\underbrace{a \times a \times a \times \cdots \times a}_{n개} = a^n$

풍쌤의 point 같은 수를 더하는 것과 같은 수를 곱하는 것을 구별하여 간단히 표현할 수 있다.

106 필수

$3^5+3^5+3^5=3^n$일 때, n의 값은?

① 5　② 6　③ 8

④ 12　⑤ 15

107

$5^3 \times 5^3 \times 5^3 = 5^x$, $5^3+5^3+5^3+5^3+5^3=5^y$일 때, $x+y$의 값을 구하여라.

108

$16^3 \times (4^2+4^2) = 2^n$일 때, n의 값은?

① 12　② 15　③ 17

④ 20　⑤ 24

필수유형 · 공략하기

유형 020 · 지수법칙의 응용 – 문자에 대한 식으로 나타내기

지수법칙을 이용하면 거듭제곱을 어떤 문자를 사용한 식으로 나타낼 수 있다.

$A=a^n$일 때, $a^{mn}=(a^n)^m=A^m$

예 $A=2^4$일 때, $8^4=(2^3)^4=2^{12}=(2^4)^3=A^3$

109 필수

$a=5^x$일 때, 125^x을 a를 사용하여 나타내면?

① $\frac{1}{25}a^3$ ② $\frac{1}{5}a^3$ ③ a^3
④ $5a^3$ ⑤ $25a^3$

110

$a=3^x$일 때, 3^x+3^{x+1}을 a를 사용하여 나타내면?

① a ② $2a$ ③ $3a$
④ $4a$ ⑤ $5a$

111

$A=3^5$일 때, $9^5\div 9^{15}$을 A를 사용하여 나타내면?

① $\frac{1}{A^4}$ ② $\frac{1}{A^2}$ ③ A
④ A^2 ⑤ A^4

112

$x=2^8$, $y=3^3$일 때, 48^6을 x, y를 사용하여 나타내면?

① $6xy^2$ ② $3x^2y$ ③ x^2y^3
④ x^3y^2 ⑤ x^4y

113

$a=5^3$, $b=3^4$일 때, $\left(\frac{25}{9}\right)^6$을 a, b를 사용하여 나타내면?

① $\frac{a^6}{b^6}$ ② $\frac{a^4}{b^5}$ ③ $\frac{a^5}{b^4}$
④ $\frac{a^3}{b^4}$ ⑤ $\frac{a^4}{b^3}$

114

$A=2^{x-1}$일 때, 16^x을 A를 사용하여 간단히 나타내면?

① $32A^4$ ② $16A^4$ ③ $16A^3$
④ $8A^3$ ⑤ $8A^2$

115 서술형

$a=2^{x+1}$, $b=3^{x-1}$일 때, 18^x을 a, b를 사용하여 간단히 나타내어라.

유형 021 지수법칙의 응용 – 자릿수 구하기

(1) $m \geq n$일 때, $2^m \times 5^n = a \times 10^n$(단, $a = 2^{m-n}$)

(2) $a \times 10^n$의 자릿수는 (a의 자릿수)$+n$

예 $2^6 \times 5^5 = 2 \times (2^5 \times 5^5) = 2 \times 10^5$

6(=1+5)자리의 자연수

풍쌤의 point $2^m \times 5^n$을 10의 거듭제곱 꼴로 만들어 몇 자리의 자연수인지 구한다.

유형 022 단항식의 곱셈

거듭제곱 계산 ⇨ 부호 결정 ⇨ 계수끼리 곱셈, 문자끼리 곱셈

예 $(2a)^2 \times 3a = 4a^2 \times 3a = 12a^3$

계수끼리의 곱, 문자끼리의 곱

풍쌤의 point 계수와 문자를 따로 떼어 끼리끼리 계산한다.

116 필수

$2^7 \times 3^2 \times 5^6$이 n자리의 자연수일 때, n의 값은?

① 4　② 5　③ 6　④ 7　⑤ 8

117

$5^9 \times 12^4$이 n자리의 자연수일 때, n의 값을 구하여라.

118

$4^5 \times 15^7 \div 18^3$은 몇 자리의 자연수인지 구하여라.

119 필수

다음 중 옳은 것은?

① $(-2x) \times 3x^3 = -6x^3$

② $2ab \times 3a^2b = 6a^3b$

③ $(-2ab^2)^2 \times 5ab^2 = 20a^3b^6$

④ $\dfrac{x}{2y^2} \times (-4xy^2) = -2x$

⑤ $\dfrac{x^3}{y} \times \dfrac{3y^2}{x^4} = 3xy$

120

$(-2xy^a)^3 \times (x^2y)^b = cx^7y^{11}$일 때, 상수 a, b, c에 대하여 $a+b-c$의 값을 구하여라.

121 서술형

$\left(-\dfrac{2}{3}xy^A\right)^3 \times \dfrac{3}{4}xy^3 \times (-3x^2y)^2 = Bx^Cy^{11}$일 때, 상수 A, B, C에 대하여 $A+B+C$의 값을 구하여라.

유형 023 단항식의 나눗셈

[방법 1] $A \div B = \frac{A}{B}$ 예 $9x^3 \div 6x^2 = \frac{9x^3}{6x^2} = \frac{3}{2}x$

[방법 2] $A \div B = A \times \frac{1}{B}$

예 $15x^2 \div \frac{3}{4}x = 15x^2 \times \frac{4}{3x} = 20x$

풍쌤의 point 나눗셈은 분수 또는 역수의 곱셈으로 변신시킨 후 계산한다. 나누는 식이 분수꼴이면 [방법 2]가 편리하다.

122 필수

다음 중 옳지 않은 것은?

① $6x^3 \div 2x = 3x^2$

② $(-2x^5) \div \frac{1}{2}x^3 = -x^2$

③ $6x^2y \div 3x^3y = \frac{2}{x}$

④ $(-2xy^2)^3 \div 4x^2y^5 = -2xy$

⑤ $\left(-\frac{2}{3}x^2y\right) \div \frac{x^2}{6y} = -4y^2$

123

$x=6$, $y=-2$일 때, $(-x^3y)^2 \div \left(-\frac{1}{2}x^4y^3\right)$의 값을 구하여라.

124

$(-2x^2y^a)^3 \div \frac{1}{4}x^by^7 = \frac{cy^5}{x^2}$일 때, 상수 a, b, c에 대하여 $a+b+c$의 값을 구하여라.

125

$(-2x^6y^3) \div \frac{2}{7}x^3y \div 21xy^2$을 간단히 하여라.

126

$12x^6y^a \div (-xy^3)^3 \div \frac{4}{3}xy^2 = \frac{bx^c}{y^3}$일 때, 상수 a, b, c에 대하여 $a+b+c$의 값은?

① -1 ② 1 ③ 2
④ 3 ⑤ 4

127

다음 식에서 □ 안에 들어갈 수가 서로 같을 때, 자연수 A의 값을 구하여라.

$$24x^7 \div \left\{(-2x^2)^3 \div \left(-\frac{2}{3}x^{\square}\right)\right\} = \square \times x^A$$

128 서술형

다음 □ 안에 들어갈 식이 서로 같을 때, 상수 A, B, C에 대하여 $A+B+C$의 값을 구하여라.

(가) $(-2x^2y)^3 \div (-2x^3y^2) = \square$

(나) $\left(-\frac{1}{2}x^2y\right) \times \square = Ax^By^C$

파란 해설 12~14쪽

유형 024 단항식의 곱셈과 나눗셈

단항식의 곱셈과 나눗셈이 혼합된 식은 다음 순서로 계산한다.

거듭제곱 계산 (지수법칙 이용) ⇨ 나눗셈을 곱셈으로 (역수의 곱) ⇨ 부호 결정 ((−)가 홀수 개이면 (−), (−)가 짝수 개이면 (+))

⇨ 계수끼리, 문자끼리 계산

풍쌤의 point 곱셈과 나눗셈이 섞여 있는 식은 곱셈만 있는 식으로 변신시킨다.

129 필수

$(2x^2y)^2\div\left(-\frac{2x}{y^2}\right)^3\times\left(-\frac{3}{x^2y^5}\right)$을 간단히 하여라.

130

$14x^2y^3\div\frac{7}{3}x^ay^4\times 2xy^3=by^c$일 때, 상수 a, b, c에 대하여 $a+b+c$의 값은?

① 12 ② 17 ③ 19
④ 21 ⑤ 24

131

$A=(-2x^3y)^2\times 3xy^3$, $B=(-2x^2y^2)^3\div\left(-\frac{1}{2}x^3y\right)$일 때, $A\div B$를 간단히 하여라.

132

$x=-\frac{1}{4}$, $y=8$일 때, 다음 식의 값을 구하여라.

$$3xy^2\div 6x^2y^3\times(-2xy)^2$$

중요한

유형 025 □ 안에 알맞은 식 구하기

(1) $A\times\square=B$, $\square\times A=B$ ⇨ $\square=B\times\frac{1}{A}$

(2) $\square\div A=B$ ⇨ $\square\times\frac{1}{A}=B$ ⇨ $\square=A\times B$

(3) $A\div\square=B$ ⇨ $A\times\frac{1}{\square}=B$ ⇨ $\square=A\times\frac{1}{B}$

풍쌤의 point ×●가 등호를 넘어가면 $\times\frac{1}{●}$이 되고, $\times\frac{1}{▲}$이 등호를 넘어가면 ×▲가 된다.

133 필수

다음 □ 안에 알맞은 식을 구하여라.

$$(-ab^2)^3\times\square\div\left(-\frac{a^2}{2b}\right)^3=24a^2b^7$$

134

다음 □ 안에 알맞은 식을 구하여라.

(1) $(-4xy)\times\square=20x^4y^2$

(2) $(-15x^2y^3)\div\square=5y^2$

135 서술형

어떤 식을 $4x^3y^2$으로 나누어야 하는데 잘못하여 곱하였더니 $12xy^6$이 되었다. 바르게 계산한 답을 구하여라.

유형 026 · 단항식의 곱셈과 나눗셈의 활용 – 도형의 넓이와 부피

풍쌤의 point 도형의 넓이 또는 부피를 구할 때, 수 대신 단항식을 쓴다는 것만 다르다.

136 필수

오른쪽 그림과 같이 가로의 길이가 $3a^2b$인 직사각형의 넓이가 $12a^3b^3$일 때, 이 직사각형의 세로의 길이는?

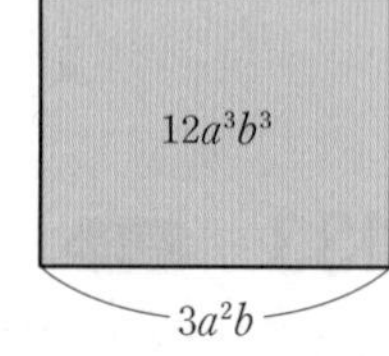

① $\dfrac{1}{4ab^2}$ ② $\dfrac{1}{4a^3b^2}$
③ $4ab^2$ ④ $4a^3b^2$
⑤ $12a^3b^3$

137

밑변의 길이와 높이가 각각 $2a^2b$, $6ab^3$인 삼각형의 넓이를 구하여라.

138

오른쪽 그림과 같이 밑면의 가로, 세로의 길이가 각각 $3a^3b$, $2ab^2$인 직육면체의 부피가 $24a^5b^6$일 때, 이 직육면체의 높이를 구하여라.

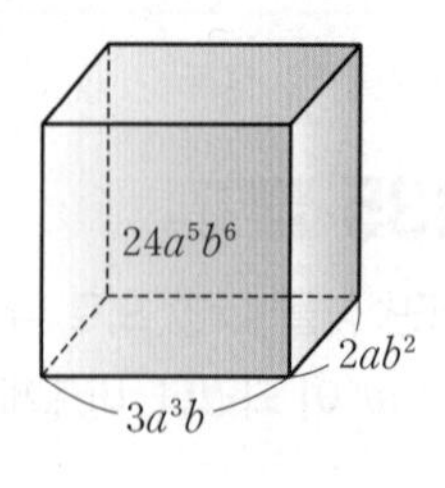

139

밑변의 반지름의 길이가 $3a^2b$인 원뿔의 부피가 $15\pi a^5b^4$일 때, 이 원뿔의 높이는?

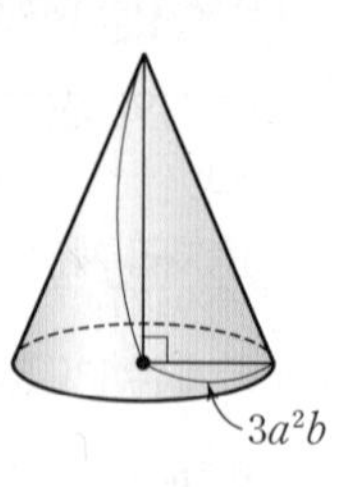

① $5ab^2$ ② $5a^2b^2$
③ $10ab^2$ ④ $15ab^2$
⑤ $15a^2b^2$

140

다음 그림의 사각형과 삼각형의 넓이가 서로 같을 때, 사각형의 가로의 길이는?

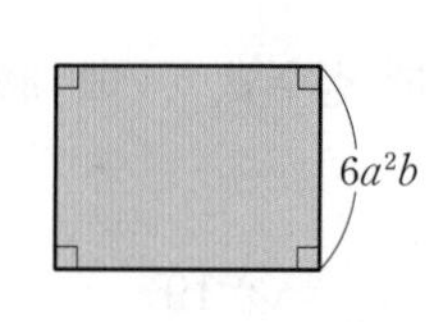

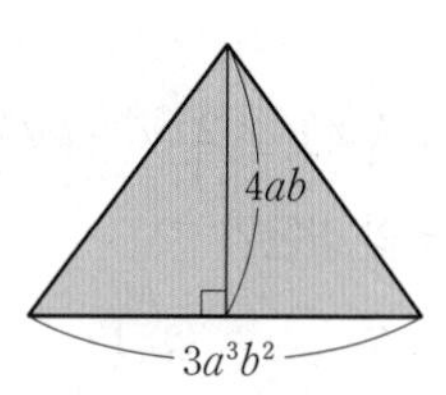

① ab ② $2ab$ ③ $2ab^2$
④ $2a^2b$ ⑤ a^2b^2

141

오른쪽 그림과 같이 $\overline{AB}=3ab$, $\overline{BC}=2ab^2$인 직각삼각형 ABC를 $\overline{AB}$를 축으로 하여 1회전 시킬 때 생기는 회전체의 부피는?

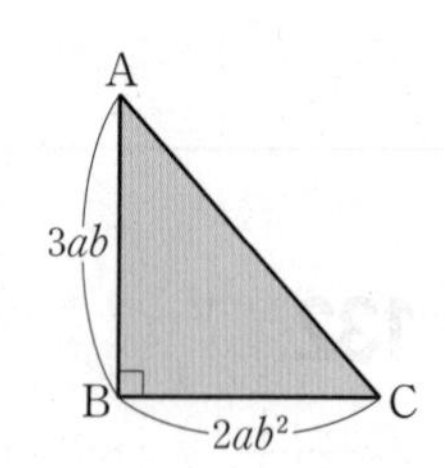

① $12\pi a^2b^3$ ② $4\pi a^2b^3$
③ $12\pi a^3b^5$ ④ $4\pi a^3b^5$
⑤ $12\pi a^4b^7$

142

$x+y=2$이고 $a=5^{2x}$, $b=5^{2y}$일 때, ab의 값은?

① 2 ② 5 ③ 25
④ 625 ⑤ 3125

143

자연수 a, b, c, d에 대하여 $(x^a y^b z^c)^d = x^9 y^{12} z^{15}$일 때, $a+b+c+d$의 값은? (단, $d>1$)

① 12 ② 13 ③ 14
④ 15 ⑤ 16

144 서술형

다음을 만족시키는 자연수 a, b에 대하여 $2a+b$의 값을 구하여라.

$$(0.\dot{1})^a = \frac{1}{3^6},\ (2.\dot{7})^7 = \left(\frac{5}{3}\right)^b$$

145

$2^{x+1}+2^{x+2}=192$일 때, x의 값을 구하여라.

146

$a=2^{x-1}$일 때, $\dfrac{2^{2x+1}+2^{x+1}}{2^x}$을 a를 사용하여 간단히 나타내어라.

147

$A=(8^4+16^3)\times 15\times 5^8$일 때, A는 몇 자리의 자연수인지 구하여라.

148

$N=5^{x+1}\times(2^{x+1}+2^{x+2}+2^{x+3})$이 10자리의 자연수일 때, x의 값을 구하여라.

149

다음 그림의 □ 안의 식은 바로 위의 색칠한 사각형 양옆의 식을 곱한 것이다. A에 알맞은 식을 구하여라.

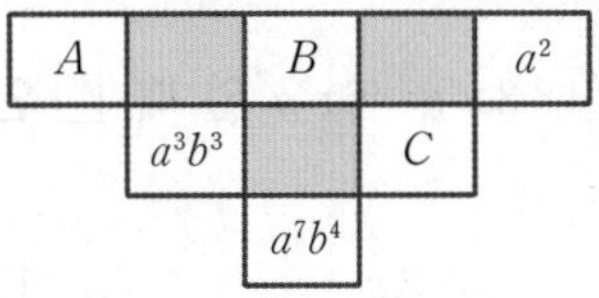

A	(색칠)	B	(색칠)	a^2
	a^3b^3	(색칠)	C	
		a^7b^4		

150

세 단항식 A, B, C에 대하여 B를 A로 나누면 $\left(\frac{1}{2x^3}\right)^4$이고, A를 C로 나누면 $(-2x^3)^5$일 때, $B \div C$를 간단히 하여라.

151

$a : b = 2 : 3$, $b : c = 4 : 5$일 때, 다음 식의 값을 구하여라.

$$(-a^2bc^3)^3 \div \left(-\frac{1}{3}a^2bc^4\right)^2 \div (-12abc^2)$$

152 서술형

다음을 만족시키는 세 식 A, B, C에 대하여 $A \div B \times C$를 간단히 하여라.

(가) $A \times 2ab^2 = 3a^2b$
(나) $\left(-\frac{2b^2}{a}\right) \times A = B$
(다) $B \times 3a^2b = C$

153

$4x^2y^3 \div \square \times 3x^4y = 6x^5y^2$일 때, □ 안에 알맞은 식은?

① $\frac{y^2}{2x}$ ② $\frac{2x}{y^2}$ ③ $\frac{1}{2}xy^2$
④ $2xy^2$ ⑤ $2x^2y$

154

밑면의 반지름의 길이가 $3ab^3$인 원뿔 모양의 그릇에 가득 담긴 물을 밑면의 반지름의 길이가 $4ab^2$이고 높이가 $6a^2b$인 원기둥 모양의 그릇에 모두 부었더니 높이의 $\frac{3}{4}$만큼 채워졌다. 원뿔 모양의 그릇의 높이를 구하여라.

155

오른쪽 그림과 같이 가로, 세로의 길이가 각각 $2ab^2$, $3a^2b$인 직사각형 ABCD를 $\overline{AB}$, $\overline{BC}$를 축으로 하여 1회전 시킬 때 생기는 두 회전체의 부피를 각각 V_1, V_2라 하자. $\frac{V_2}{V_1}$를 구하여라.

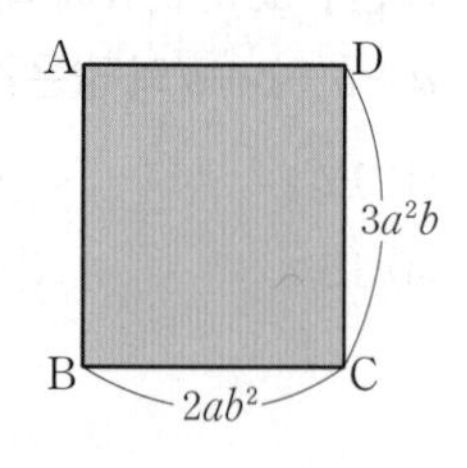

156

다음 그림과 같이 한 모서리의 길이가 xy^2인 정육면체 모양의 나무토막을 밑면의 가로, 세로의 길이가 각각 $2x^3y^2$, $3x^3y^4$인 직육면체 모양의 상자에 차곡차곡 넣으면 정확히 $24x^4y^3$개가 들어가고 남는 공간은 없다고 한다. 직육면체의 높이를 구하여라. (단, 상자의 두께는 무시한다.)

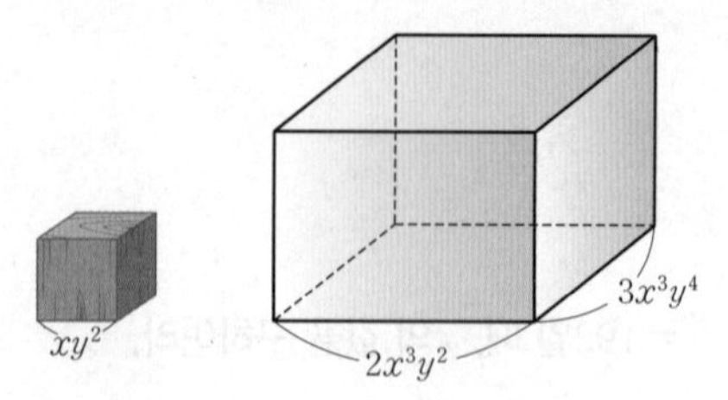

3 다항식의 계산

01 다항식의 덧셈과 뺄셈

개념 Link 풍산자 개념완성편 34쪽

(1) **다항식의 덧셈:** 괄호를 풀고 동류항끼리 모아서 간단히 한다.

예 $(2a+3b)+(3a-5b)=2a+3b+3a-5b$
$=2a+3a+3b-5b$
$=5a-2b$

$$\begin{array}{r} 2a+3b \\ +)\,3a-5b \\ \hline 5a-2b \end{array}$$

(2) **다항식의 뺄셈:** 빼는 식의 각 항의 부호를 바꾸어 더한다.

예 $(2a+3b)-(3a-5b)=(2a+3b)+(-3a+5b)$
$=2a+3b-3a+5b$
$=2a-3a+3b+5b$
$=-a+8b$

$$\begin{array}{r} 2a+3b \\ -)\,3a-5b \\ \hline -a+8b \end{array}$$

개념 Tip 괄호를 풀 때 괄호 앞에 $-$ 부호가 있으면 부호에 주의한다.
$A+(B-C)=A+B-C$, $A-(B-C)=A-B+C$

1 다음 식을 간단히 하여라.
(1) $(3x+5y)+(7x+2y)$
(2) $2(5x-y)+(-4x+5y)$
(3) $(2x-5y)-(3x+2y)$
(4) $(-x+2y+1)-(2x-3y-5)$

답 1 (1) $10x+7y$ (2) $6x+3y$
(3) $-x-7y$ (4) $-3x+5y+6$

02 이차식의 덧셈과 뺄셈

개념 Link 풍산자 개념완성편 34쪽

(1) **이차식:** 다항식의 각 항의 차수 중에서 가장 큰 차수가 2인 다항식

예 $3x^2+4x+1$, $-x^2+3$은 이차식이다.

(2) **이차식의 덧셈과 뺄셈:** 괄호를 풀고 동류항끼리 모아서 간단히 한다.

예 $(x^2+3x+4)+(2x^2-x+1)=x^2+3x+4+2x^2-x+1$
$=x^2+2x^2+3x-x+4+1$ (이차항끼리, 일차항끼리, 상수항끼리)
$=3x^2+2x+5$

개념 Tip 괄호가 있는 식이 이차식인지 아닌지를 판별할 때는 먼저 괄호를 풀고 식을 간단히 정리한 후 판별한다.
예 $x^3-(3x^2+x^3)=x^3-3x^2-x^3=-3x^2$ ⇨ 이차식
$3x^2+2x-(3x^2-4)=3x^2+2x-3x^2+4=2x+4$ ⇨ 일차식

1 다음 식을 간단히 하여라.
(1) $(2x^2+7x)+(x^2-4x-2)$
(2) $(x^2-5x+1)-(3x^2-7x-2)$

답 1 (1) $3x^2+3x-2$
(2) $-2x^2+2x+3$

03 여러 가지 괄호가 있는 식의 계산

개념 Link 풍산자 개념완성편 34쪽

(소괄호) ⇨ {중괄호} ⇨ [대괄호]의 순서로 괄호를 풀어서 계산한다.

예 $x-[2x-\{y-(x-3y)\}]=x-\{2x-(y-x+3y)\}$
$=x-\{2x-(-x+4y)\}$
$=x-(2x+x-4y)$
$=x-(3x-4y)$
$=x-3x+4y$
$=-2x+4y$

개념 Tip 뺄셈에서 괄호를 풀 때, 빼는 식의 각 항의 부호를 바꾸어 더한다.

1 다음 식을 간단히 하여라.
$3a-\{2b-(2a+b)\}$

답 1 $5a-b$

04 | (단항식)×(다항식)의 계산

개념 Link 풍산자 개념완성편 36쪽

(1) **방법:** 분배법칙을 이용하여 단항식을 다항식의 각 항에 곱한다.

(2) **전개와 전개식**

① 전개: 단항식과 다항식의 곱셈에서 괄호를 풀어 하나의 다항식으로 나타내는 것

② 전개식: 전개하여 얻은 다항식

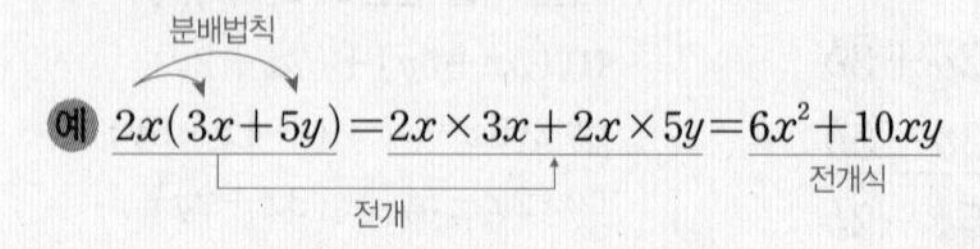

예 $2x(3x+5y)=2x\times3x+2x\times5y=6x^2+10xy$

1 다음 식을 간단히 하여라.

(1) $2a(4a-3)$

(2) $-3a(2a+5b-1)$

답 1 (1) $8a^2-6a$ (2) $-6a^2-15ab+3a$

05 | (다항식)÷(단항식)의 계산

개념 Link 풍산자 개념완성편 36쪽

[방법 1] 나눗셈을 분수 꼴로 고친 후 계산한다.

$$\Rightarrow (A+B)\div C=\frac{A+B}{C}=\frac{A}{C}+\frac{B}{C}$$

예 $(6a^2+4a)\div 2a=\frac{6a^2+4a}{2a}=\frac{6a^2}{2a}+\frac{4a}{2a}=3a+2$

[방법 2] 단항식의 역수를 다항식의 각 항에 곱한다.

$$\Rightarrow (A+B)\div C=(A+B)\times\frac{1}{C}$$
$$=A\times\frac{1}{C}+B\times\frac{1}{C}$$
$$=\frac{A}{C}+\frac{B}{C}$$

예 $(a^2+3a)\div\frac{1}{2}a=(a^2+3a)\times\frac{2}{a}=a^2\times\frac{2}{a}+3a\times\frac{2}{a}=2a+6$

개념 Tip [방법 2]는 나누는 단항식 또는 그 계수가 분수의 꼴일 때 사용하면 편리하다.

1 다음 식을 간단히 하여라.

(1) $(12a^2+4a)\div 2a$

(2) $(9x^2y-3xy)\div(-3xy)$

(3) $(15a^2+10a)\div\frac{5}{2}a$

(4) $(18xy-24y^2)\div\frac{6}{5}y$

답 1 (1) $6a+2$ (2) $-3x+1$ (3) $6a+4$ (4) $15x-20y$

06 | 사칙연산의 혼합 계산

개념 Link 풍산자 개념완성편 38쪽

사칙연산의 혼합 계산 순서는 다음과 같다.

❶ 거듭제곱 정리: 지수법칙 이용

❷ 괄호 풀기: ( ) ⇨ { } ⇨ [ ]

❸ 곱셈, 나눗셈: 분배법칙 이용

❹ 덧셈, 뺄셈: 동류항끼리 계산

예 $(4x^3-12x^2)\div(2x)^2+5x$

$=(4x^3-12x^2)\div4x^2+5x$ ← 거듭제곱 정리

$=(x-3)+5x$ ← 나눗셈

$=6x-3$ ← 덧셈

개념 Tip 사칙연산이 혼합된 식의 계산 순서

거듭제곱 ⇨ 괄호 ( ) ⟶ { } ⟶ [ ] ⇨ ×, ÷ ⇨ +, −

1 다음 식을 간단히 하여라.

$3x(x-2y)-\{(10x^3+6x^2y)\div2x\}$

답 1 $-2x^2-9xy$

필수유형 • 공략하기

파란 해설 16~17쪽

유형 027 • 다항식의 덧셈과 뺄셈

(1) 덧셈: 괄호를 풀고 동류항끼리 모아서 간단히 한다.

$$a+(b-c)=a+b-c$$

(2) 뺄셈: 빼는 식의 각 항의 부호를 바꾸어 더한다.

$$a-(b+c)=a-b-c$$

+가 숨어 있다. 부호를 바꾼다.

풍쌤의 point 괄호를 풀 때 괄호 앞에 − 부호가 있으면 괄호 안의 각 항의 부호를 반대로!

157 필수

$(7x-5y+1)-2(5x-4y-1)=ax+by+c$일 때, 상수 a, b, c에 대하여 $2a+b+c$의 값은?

① -6 ② -3 ③ 0
④ 3 ⑤ 6

158

$(x+ay)+(2x-7y)=bx-5y$일 때, 상수 a, b에 대하여 $a+b$의 값은?

① 3 ② 4 ③ 5
④ 6 ⑤ 7

159

$x+\dfrac{x+2y}{3}-\dfrac{3x-y}{4}$를 간단히 하여라.

유형 028 • 이차식의 덧셈과 뺄셈

(1) 이차식: 각 항의 차수 중 가장 큰 차수가 2인 다항식
⇨ $ax^2+bx+c(a\neq0)$의 꼴
예 x^2-x+1, $-3x^2+1$

(2) 이차식의 덧셈과 뺄셈
⇨ 괄호를 풀고 동류항끼리 간단히 한다.

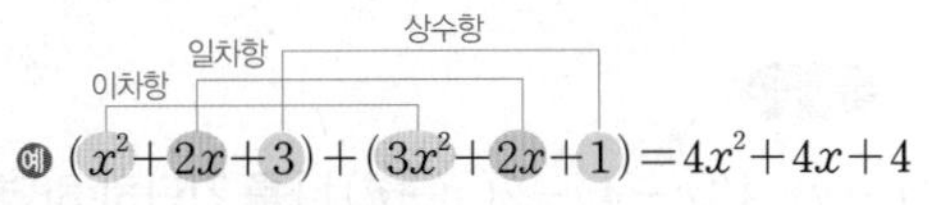

예 $(x^2+2x+3)+(3x^2+2x+1)=4x^2+4x+4$

풍쌤의 point 이차식의 덧셈과 뺄셈에서 이차항, 일차항, 상수항은 끼리끼리 뭉친다.

160 필수

다음 중 옳은 것은?

① $(x^2+2x)+(2x^2-1)=3x^2+x$
② $(-x^2+4x)-(x^2+x+2)=3x-2$
③ $2(x^2-3x)-x^2+5x=x^2-x$
④ $x^2-2(3x^2-5x)=-5x^2-10x$
⑤ $\dfrac{x^2-x}{2}-\dfrac{3x^2-x}{4}=-x^2-x$

161

다음 중 x에 대한 이차식인 것을 모두 고르면? (정답 2개)

① $2x-1$ ② $2x^3-2(x^3-2x^2)$
③ $2x-5y+1$ ④ $2(x^2-1)-2x^2$
⑤ $-3x^2+4x$

162 서술형

$\dfrac{x^2-3x+1}{2}-\dfrac{2x^2+x-2}{3}=ax^2+bx+c$일 때, 상수 a, b, c에 대하여 $a-b-c$의 값을 구하여라.

필수유형 · 공략하기

중요한

유형 029 여러 가지 괄호가 있는 식의 계산

(1) 괄호 안에 동류항이 있으면 먼저 정리한다.
(2) (소괄호) ⇨ {중괄호} ⇨ [대괄호]의 순서로 푼다.

풍쌤의 point 괄호 안의 식을 간단히 정리한 후 차례로 괄호를 풀어서 식을 간단히 한다.

163 필수

$5x-[2x-y+\{3x-4y-2(x-y)\}]$를 간단히 하면?

① $x+y$ ② $2x+y$ ③ $2x+3y$
④ $3x+2y$ ⑤ $5x-3y$

164

$\{y-(3x-4y)\}+3\{x-(2y-x)\}$를 간단히 했을 때, x의 계수와 y의 계수의 합을 구하여라.

165 서술형

$3x^2-[2x^2+3x-\{4x-(2x^2-x+3)\}]=ax^2+bx+c$일 때, 상수 a, b, c에 대하여 abc의 값을 구하여라.

중요한

유형 030 어떤 식 구하기 – 덧셈, 뺄셈

(1) $A+\square=B$ ⇨ $\square=B-A$
(2) $A-\square=B$ ⇨ $\square=A-B$
(3) $\square-A=B$ ⇨ $\square=B+A$

풍쌤의 point +●가 등호를 넘어가면 −●가 되고, −▲가 등호를 넘어가면 +▲가 된다.

166 필수

어떤 식에서 x^2-3x를 빼고 $3x^2+2x-7$을 더하였더니 $5x^2-3x+2$가 되었다. 어떤 식을 구하여라.

167

다음 □ 안에 알맞은 식은?

$$3b-5a+\{2a-(\square)-b\}=2a-7b$$

① $-7a+b$ ② $-5a+9b$ ③ $a+3b$
④ $2a+5b$ ⑤ $5a-9b$

168 서술형

다음 그림과 같은 전개도로 직육면체를 만들면 서로 마주보는 면에 적힌 두 다항식의 합이 모두 같다고 한다. 이때 $A-B$를 구하여라.

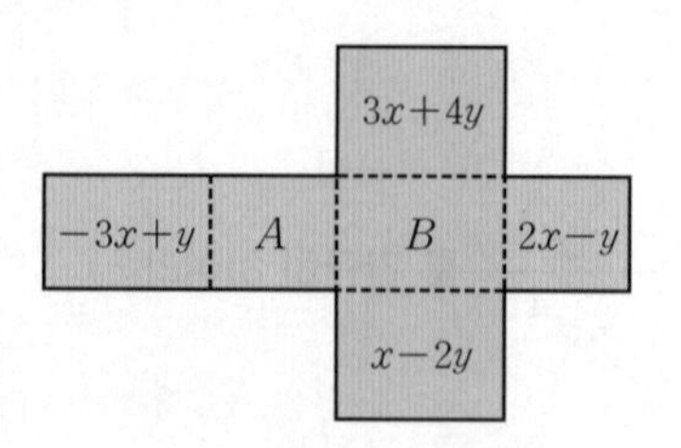

유형 031 잘못 계산한 식에서 바른 답 구하기

어떤 식 A에 X를 더해야 할 것을 잘못하여 빼었더니 Y가 되었다.

⇨ $A-X=Y$

⇨ 어떤 식: $A=Y+X$

⇨ 바르게 계산한 답: $A+X$

풍쌤의 point 어떤 식을 A로 놓고 잘못 계산한 식을 세워 본다.

169 필수

$2x-5y+6$에서 어떤 식을 빼어야 할 것을 잘못하여 더하였더니 $-x+3y-2$가 되었다. 바르게 계산한 답은?

① $-3x+8y-8$　② $-x+5y+6$
③ $x-3y+4$　④ $3x-10y+7$
⑤ $5x-13y+14$

170

$-x^2-2x+5$에 어떤 식을 더해야 할 것을 잘못하여 빼었더니 $2x^2+3x-1$이 되었다. 바르게 계산한 답을 구하여라.

171 서술형

어떤 식에서 $-2x^2+x-5$를 빼어야 할 것을 잘못하여 더하였더니 $3x^2-x+4$가 되었다. 바르게 계산한 답이 ax^2+bx+c일 때, 상수 a, b, c에 대하여 $a+b+c$의 값을 구하여라.

유형 032 다항식의 덧셈과 뺄셈의 활용 – 둘레의 길이

(직사각형의 둘레의 길이)
$=2\times\{$(가로의 길이)$+$(세로의 길이)$\}$

풍쌤의 point 둘레의 길이를 식으로 나타낸 후 동류항끼리 정리한다.

172 필수

가로의 길이가 $2a+5b-3$, 세로의 길이가 $7a-4b+2$인 직사각형의 둘레의 길이를 구하여라.

173

삼각형의 세 변의 길이가 각각

$2x+3y+1,\ 3x-2y+5,\ -x+y-3$

일 때, 이 삼각형의 둘레의 길이는?

① $-4x+2y-3$　② $2x-4y+5$
③ $2x+3y+6$　④ $4x+2y+3$
⑤ $6x+7y-2$

174

다음 그림과 같은 도형의 둘레의 길이를 구하여라.

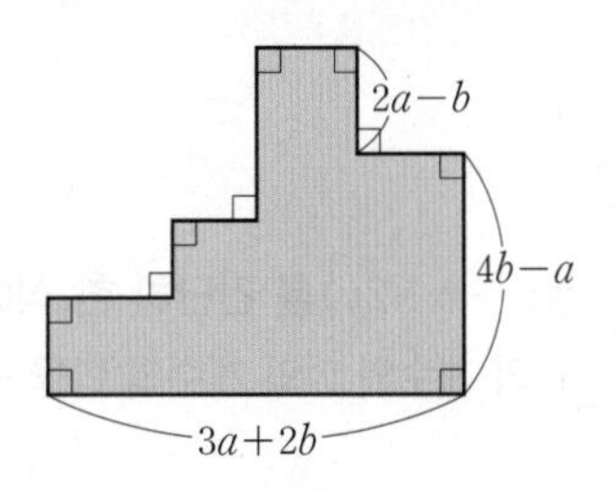

유형 033 (단항식)×(다항식)의 계산

분배법칙 $A(B+C)=AB+AC$, 분배법칙 $(A+B)C=AC+BC$

예 $2a(3a+4b)=2a\times3a+2a\times4b=6a^2+8ab$ (분배법칙, 전개, 전개식)

풍쌤의 point 분배법칙을 이용하여 단항식을 다항식의 모든 항에 곱한다. ⇨ 식을 전개한다.

175 필수

$ax(2x-5y-7)=bx^2+15xy+cx$일 때, 상수 a, b, c에 대하여 $a+b+c$의 값을 구하여라.

176

다음 중 바르게 전개한 식은?

① $x(x-1)=x^2-1$

② $-3x(x-2y+1)=-3x^2+6y-3x$

③ $(2x-1)\times(-x)=2x^2+x$

④ $\frac{2}{x}(x^2-3x)=2x-6$

⑤ $(-x^2+3xy)\times\left(-\frac{1}{2}x\right)=\frac{1}{2}x^3-\frac{3}{2}xy$

177 서술형

$x(4x-5y)+ay(-x+2y)$를 간단히 한 식에서 xy의 계수가 -1일 때, x^2의 계수와 y^2의 계수의 합을 구하여라. (단, a는 상수)

유형 034 (다항식)÷(단항식)의 계산

[방법 1] $(A+B)\div C=\frac{A+B}{C}=\frac{A}{C}+\frac{B}{C}$

예 $(4x^2+12xy)\div4x=\frac{4x^2+12xy}{4x}=x+3y$

[방법 2] $(A+B)\div C=(A+B)\times\frac{1}{C}=A\times\frac{1}{C}+B\times\frac{1}{C}$

예 $(x^2+2xy)\div\frac{1}{2}x=(x^2+2xy)\times\frac{2}{x}=2x+4y$

풍쌤의 point 나누는 단항식이 분수의 꼴이면 역수의 곱을 이용하는 것이 편리하다. [방법 2]

178 필수

$(6x^3-ax^2+20x)\div2x=bx^2-6x+c$일 때, 상수 a, b, c에 대하여 $a+b+c$의 값은?

① 17 ② 19 ③ 21 ④ 23 ⑤ 25

179

$\frac{12x^3y-20x^2y^2+8x^2y}{4x^2y}$를 간단히 하면?

① $3x-5y+2$ ② $3x^2-5xy+2x$ ③ $3xy-5y+2x$ ④ $3x^2y-5x+2y$ ⑤ $3x^3-5xy^2+2$

180 서술형

$(10x^2y-8xy+6xy^2)\div\left(-\frac{2}{3}xy\right)$를 간단히 하였을 때, x의 계수와 상수항의 합을 구하여라.

중요한

유형 035 사칙연산의 혼합 계산

다항식의 사칙연산의 혼합 계산 순서는 다음과 같다.

거듭제곱 ⇨ 괄호 풀기 ⇨ 곱셈, 나눗셈 ⇨ 덧셈, 뺄셈
지수법칙 ( )→{ }→[ ] 분배법칙 동류항끼리

풍쌤의 point 모든 일에는 순서가 있는 법! 계산도 마찬가지다.

181 필수

$x(3x-5)+(12x^3-6x^2)\div(-x)^2$을 간단히 하면?

① $-x^2-3x$ ② $-x^2+7x+6$
③ x^2+6x+6 ④ $2x^2-3x-6$
⑤ $3x^2+7x-6$

182

$2x(x-5y)-\dfrac{12x^3-42x^2y}{6x}$를 간단히 하여라.

183

$(3x^2-4xy)\div\left(-\dfrac{3}{2}x^2y\right)\times 6xy^2$을 간단히 한 식에서 y^2의 계수를 a, xy의 계수를 b라 할 때, $a+b$의 값은?

① -4 ② -2 ③ 0
④ 2 ⑤ 4

184

$(16x^6-80x^5)\div(-2x)^3+(x-2)\times(3x)^2$을 간단히 하였을 때, 최고차항의 차수와 각 항의 계수의 합은?

① -1 ② 0 ③ 1
④ 2 ⑤ 3

185

다음 중 식을 간단히 하였을 때, x의 계수가 가장 큰 것은?

① $x(3-2x)+(4x^2+6x)\div 2x$
② $(2x^3+4x^2)\div 2x-x(x+3)$
③ $x(x-1)-\left(\dfrac{x^3}{4}-\dfrac{x^2}{2}\right)\div\dfrac{x}{4}$
④ $(x-2)\times(-2x)+\dfrac{8x^3+12x^2}{4x}$
⑤ $(15x^2-20x)\div(-5x)-3x(x-2)$

186

다음 식을 간단히 하면?

$$2x(3x-4)-\left\{(x^3y-3x^2y)\div\left(-\frac{1}{2}xy\right)-7x\right\}$$

① $4x^2-7x$ ② $4x^2-9x$
③ $5x^2-9x$ ④ $8x^2-7x$
⑤ $8x^2-9x$

필수유형 • 공략하기

유형 036 • 어떤 식 구하기 – 곱셈, 나눗셈

어떤 식을 A로 놓고 식을 세워서 생각한다.

예 어떤 식을 $2x$로 나누었더니 $3x+2$가 되었다.

⇨ $A \div 2x = 3x+2$

나눈 만큼 곱해 준다.

⇨ $A=(3x+2)\times 2x=6x^2+4x$

풍쌤의 point ×●가 등호를 넘어가면 ÷●가 되고, ÷■가 등호를 넘어가면 ×■가 된다.

187 필수

어떤 식에 $\frac{3}{4}xy$를 곱하였더니 $2x^3y^2-x^2y$가 되었다. 어떤 식을 구하여라.

188

어떤 식을 $3x$로 나누었더니 x^2-4xy가 되었다. 이때 어떤 식을 구하여라.

189 서술형

어떤 식에 $\frac{2}{3}ab^2$을 곱해야 할 것을 잘못하여 나누었더니 $3ab+4b$가 되었다. 바르게 계산한 답을 구하여라.

중요한

유형 037 • 단항식과 다항식의 곱셈과 나눗셈의 활용 – 도형의 넓이, 부피

(1) (삼각형의 넓이) $=\frac{1}{2}\times$ (밑변의 길이) $\times$ (높이)

(2) (직사각형의 넓이) $=$ (가로의 길이) $\times$ (세로의 길이)

(3) (각기둥의 부피) $=$ (밑넓이) $\times$ (높이)

(4) (원기둥의 부피) $=$ (밑넓이) $\times$ (높이)

$=\pi\times$ (밑면의 반지름의 길이)$^2\times$ (높이)

풍쌤의 point 도형의 넓이 또는 부피를 구할 때, 수 대신 단항식 또는 다항식을 쓴다는 것만 다르다.

190 필수

오른쪽 그림과 같은 사다리꼴의 넓이를 구하여라.

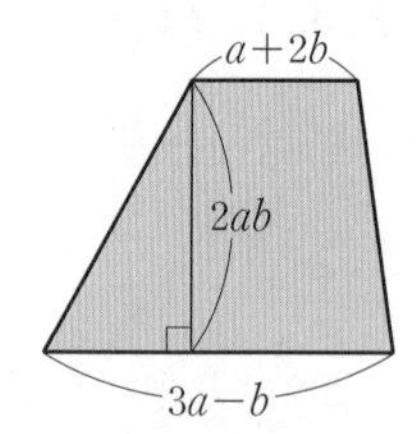

191

두 대각선의 길이가 각각 $2a+3b$, $4ab$인 마름모의 넓이를 구하여라.

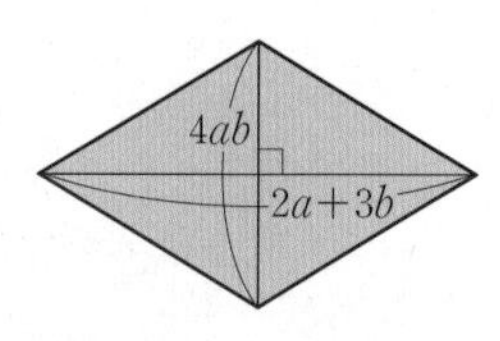

192

밑면의 반지름의 길이가 $2a^2b$이고, 높이가 $3a+2b$인 원기둥의 부피를 구하여라.

파란 해설 19~20쪽

193

다음 그림과 같이 직사각형 모양의 꽃밭에 폭이 x m인 길을 만들려고 한다. 이 길의 넓이를 x를 사용하여 나타내어라.

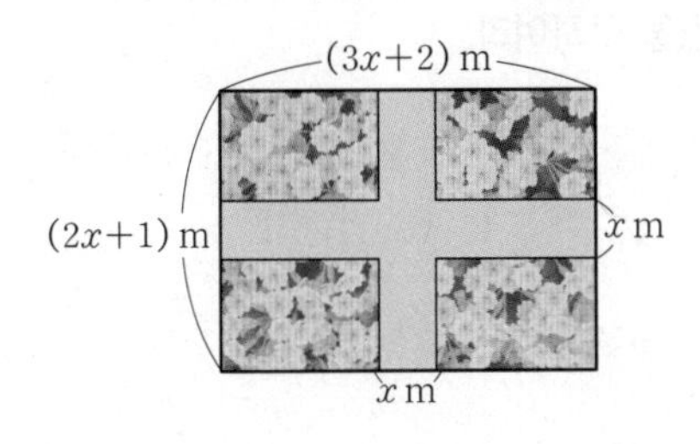

194

오른쪽 그림과 같은 직사각형 ABCD에서 삼각형 AEF의 넓이를 구하여라.

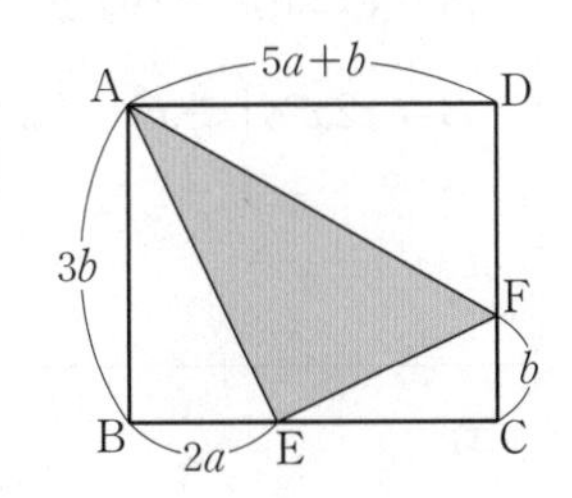

195

높이가 $2ab^2$인 삼각기둥의 부피가 $6a^2b^3-10a^3b^2$일 때, 이 삼각기둥의 밑넓이를 구하여라.

196 서술형

가로의 길이가 $3a^2b$, 세로의 길이가 $4ab$인 직육면체의 부피가 $24a^4b^2+60a^3b^2$일 때, 이 직육면체의 높이를 구하여라.

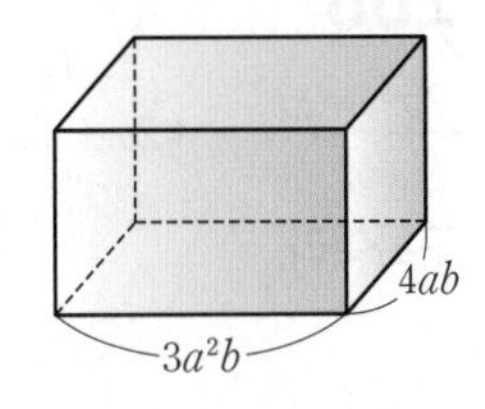

중요한

유형 038 ◆ 식의 값 구하기

예 $x=-2$일 때, $(x^3+2x)\div x$의 값

⇨ $(x^3+2x)\div x=x^2+2=(-2)^2+2=6$

식 정리 / 수 대입 / 식의 값

풍쌤의 point 먼저 식을 정리한 후 수를 대입하는 것이 깔끔하다!

197 필수

$x=-\frac{6}{5}$, $y=-\frac{4}{3}$일 때, $5x(x+y)-3y(2x+y)$의 값은?

① $-\frac{1}{15}$ ② $\frac{4}{15}$ ③ $\frac{1}{3}$

④ $\frac{3}{5}$ ⑤ $\frac{4}{5}$

198

$x=-\frac{1}{3}$일 때, $\frac{4x^3+5x^2}{x^2}+3x(x-2)$의 값을 구하여라.

199

$x=-3$, $y=-\frac{5}{3}$일 때, 다음 식의 값을 구하여라.

$$2x(x-2y)-(9x^2y^2-15x^3y)\div(-3xy)$$

200

$2x+\{x^2-2(x+A)-5x\}-5=5x^2-3x+1$일 때, 다항식 A는?

① $-4x^2+2x-3$　② $-4x^2-2x$
③ $-2x^2-x-3$　④ $2x^2-x+3$
⑤ $2x^2+x-3$

201

다음 표는 가로 방향으로는 덧셈을, 세로 방향으로는 뺄셈을 하여 색칠한 칸을 채운 것이다. 세 다항식 A, B, C의 합을 구하여라.

(가로 방향: +, 세로 방향: −)

x^2-2x+3	$2x^2-5x-7$	$3x^2-7x-4$
$5x^2-4x+6$	$3x^2+x-2$	A
$-4x^2+2x-3$	B	C

202 서술형

영우는 주어진 세 다항식 A, B, C를 다음 그림과 같은 순서로 계산하여 다항식 E를 구해야 한다. 그런데 실수로 덧셈과 뺄셈을 바꾸어 계산하였더니 $E=x^2+2x+3$을 얻었다. 바르게 계산한 다항식 E를 구하여라.

$A=5x^2+3x-4$, $B=$ ☐, $C=-x^2+5x-6$

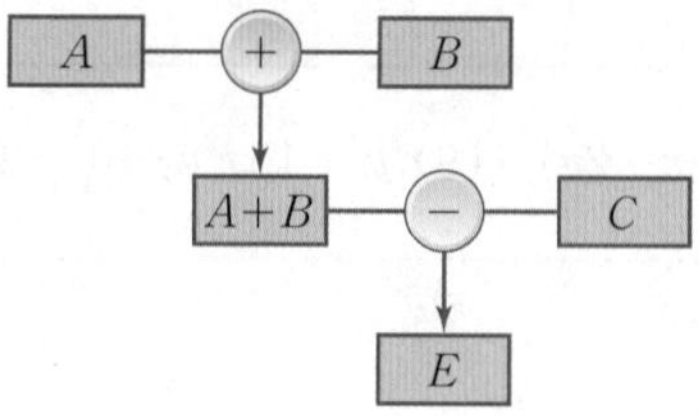

A —(+)— B → $A+B$ —(−)— C → E

203

$(3x^2-bx-4)-(ax^2-2x-1)$을 간단히 하면 x^2의 계수, x의 계수, 상수항이 모두 같아진다. 상수 a, b에 대하여 $a+b$의 값을 구하여라.

204

다음 두 식 A, B에 대하여 $3A+B-2C=-x^2+2xy$를 만족시키는 다항식 C를 구하여라.

$$A=(12x^4y^4-20x^3y^5)\div(-2xy^2)^2$$
$$B=12x\times\left(\frac{2}{3}x^3-\frac{1}{2}x^2y\right)\div 2x^2-\left(\frac{3}{4}x^2y-\frac{5}{12}xy^2\right)\div\frac{1}{24}y$$

205

밑면의 반지름의 길이가 $2xy^2$인 원뿔의 부피가 $12\pi x^5y^5-8\pi x^3y^4$일 때, 이 원뿔의 높이를 구하여라.

206

$\frac{3x^3-2x^2}{x^2}-(2x-3x^2)\div\left(-\frac{1}{2}x\right)=-4$일 때, x의 값을 구하여라.

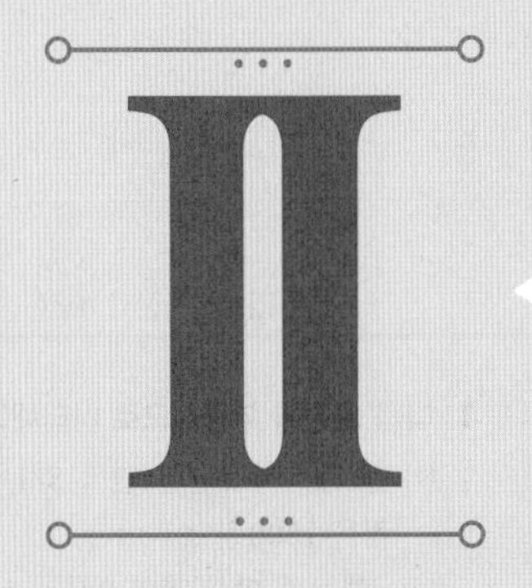

일차부등식과 연립일차방정식

1 일차부등식

01 부등식과 그 해

개념 Link 풍산자 개념완성편 48쪽

(1) **부등식**

① 부등식: 부등호 <, >, ≤, ≥를 사용하여 수 또는 식의 대소 관계를 나타낸 식

② 부등식의 표현

$a<b$	$a>b$	$a\le b$	$a\ge b$
a는 b보다 작다. a는 b 미만이다.	a는 b보다 크다. a는 b 초과이다.	a는 b보다 작거나 같다. a는 b보다 크지 않다. a는 b 이하이다.	a는 b보다 크거나 같다. a는 b보다 작지 않다. a는 b 이상이다.

(2) **부등식의 해**

① 부등식의 해: 부등식을 참이 되게 하는 미지수의 값

② 부등식을 푼다: 부등식의 해를 모두 구하는 것

예 x의 값이 1, 2, 3일 때, 부등식 $x+2<5$에 대하여
$x=1$일 때, $1+2=3<5$ (참), $x=2$일 때, $2+2=4<5$ (참)
$x=3$일 때, $3+2=5$ (거짓)이므로 부등식 $x+2<5$의 해는 1, 2이다.

1 다음 문장을 부등식으로 나타내어라.

(1) 한 자루에 x원인 연필 3자루의 가격은 1500원 초과이다.

(2) x에 2를 더한 것의 2배는 x의 3배보다 작지 않다.

2 다음 부등식 중 $x=3$일 때 참인 것에는 ○표, 거짓인 것에는 ×표를 하여라.

(1) $2x-1>3$ ( )

(2) $x-4>4-x$ ( )

(3) $3x<x-3$ ( )

(4) $4x-5\ge -1$ ( )

답 1 (1) $3x>1500$ (2) $2(x+2)\ge 3x$
2 (1) ○ (2) × (3) × (4) ○

02 부등식의 성질

개념 Link 풍산자 개념완성편 48쪽

(1) 부등식의 양변에 같은 수를 더하거나 양변에서 같은 수를 빼어도 부등호의 방향은 바뀌지 않는다.
⇨ $a<b$이면 $a+c<b+c$, $a-c<b-c$

(2) 부등식의 양변에 같은 양수를 곱하거나 양변을 같은 양수로 나누어도 부등호의 방향은 바뀌지 않는다.
⇨ $a<b$, $c>0$이면 $ac<bc$, $\frac{a}{c}<\frac{b}{c}$

(3) 부등식의 양변에 같은 음수를 곱하거나 양변을 같은 음수로 나누면 부등호의 방향은 바뀐다.
⇨ $a<b$, $c<0$이면 $ac>bc$, $\frac{a}{c}>\frac{b}{c}$ (부등호의 방향이 바뀜)

예 $2<6$이면 (1) $\underset{4}{2+2}<\underset{8}{6+2}$, $\underset{0}{2-2}<\underset{4}{6-2}$ (2) $\underset{4}{2\times2}<\underset{12}{6\times2}$, $\underset{1}{\frac{2}{2}}<\underset{3}{\frac{6}{2}}$

(3) $\underset{-4}{2\times(-2)}>\underset{-12}{6\times(-2)}$, $\underset{-1}{\frac{2}{-2}}>\underset{-3}{\frac{6}{-2}}$

개념 Tip 부등식의 성질은 등식의 성질과 유사하지만 음수를 곱하거나 음수로 나눌 때에는 부등호의 방향이 바뀜에 주의한다.

1 $a<b$일 때, 다음 ○ 안에 알맞은 부등호를 써넣어라.

(1) $a+2$ ○ $b+2$

(2) $a-3$ ○ $b-3$

(3) $-4a$ ○ $-4b$

(4) $\frac{a}{5}$ ○ $\frac{b}{5}$

답 1 (1) < (2) < (3) > (4) <

03 일차부등식의 해와 수직선

개념 Link 풍산자 개념완성편 50쪽

(1) **일차부등식:** 부등식의 모든 항을 좌변으로 이항하여 정리한 식이

$(\text{일차식})<0$, $(\text{일차식})>0$, $(\text{일차식})\le 0$, $(\text{일차식})\ge 0$

중의 하나의 꼴로 변형되는 부등식

(2) **일차부등식의 해 구하기**

부등식의 성질을 이용하여 주어진 부등식을

$x<(\text{수})$, $x>(\text{수})$, $x\le(\text{수})$, $x\ge(\text{수})$

의 꼴로 고쳐서 해를 구한다.

예 $x+1>2$의 양변에서 1을 빼면 ⇦ 부등식의 성질 (1)

$x+1-1>2-1$ $\quad\therefore x>1$

(3) **부등식의 해를 수직선 위에 나타내기**

$x<a$	$x>a$	$x\le a$	$x\ge a$
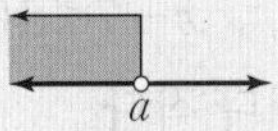	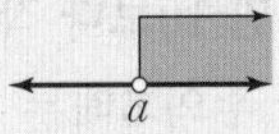	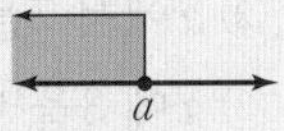	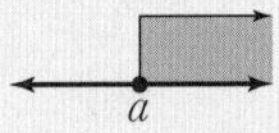
해는 a보다 작은 수	해는 a보다 큰 수	해는 a보다 작거나 같은 수	해는 a보다 크거나 같은 수

개념 Tip 부등식의 해를 수직선 위에 나타낼 때, ●에 대응하는 수는 부등식의 해에 포함되고 ○에 대응하는 수는 부등식의 해에 포함되지 않는다.

1 다음 중 일차부등식인 것에는 ○표, 일차부등식이 아닌 것에는 ×표를 하여라.

(1) $x-5<7$ ( )

(2) $x(x+1)\ge x$ ( )

(3) $2x+3\ge 2x-1$ ( )

(4) $x(2-x)\le x-x^2$ ( )

2 다음 일차부등식의 해를 구하여라.

(1) $2x-1<3$

(2) $3x-1\ge 2x+3$

답 1 (1) ○ (2) × (3) × (4) ○
2 (1) $x<2$ (2) $x\ge 4$

04 일차부등식의 풀이

개념 Link 풍산자 개념완성편 50쪽

일차부등식의 풀이 과정은 다음과 같다.

❶ 계수가 소수 또는 분수인 경우에는 양변에 적당한 수를 곱하여 계수를 정수로 고친다.

⇨ 계수가 분수이면 양변에 분모의 최소공배수를 곱한다.

⇨ 계수가 소수이면 양변에 적당한 10의 거듭제곱을 곱한다.

❷ 괄호가 있으면 괄호를 풀고 정리한다. ← 분배법칙 이용

❸ 미지수 x를 포함한 항은 좌변으로, 상수항은 우변으로 이항한다.

❹ 양변을 간단히 하여 $ax<b$, $ax>b$, $ax\le b$, $ax\ge b$ $(a\ne 0)$ 중 어느 하나의 꼴로 고친다.

❺ 양변을 x의 계수 a로 나눈다. 이때 a가 음수이면 부등호의 방향이 바뀐다.

예 일차부등식 $0.2(x-4)>1.3x-3$을 풀어 보자.

양변에 10을 곱하면 $2(x-4)>13x-30$

괄호를 풀면 $2x-8>13x-30$

x를 포함한 항은 좌변으로, 상수항은 우변으로 이항하면 $2x-13x>-30+8$

$ax>b$의 꼴로 고치면 $-11x>-22$

양변을 -11로 나누면 $x<2$

개념 Tip 일차부등식의 풀이는 마지막 과정에서 양변을 음수로 나눌 때 부등호의 방향이 바뀐다는 것만 제외하면 일차방정식의 풀이와 똑같다.

1 다음 일차부등식의 해를 구하여라.

(1) $5(x+3)>2x$

(2) $\frac{1}{2}x-1\le\frac{1}{3}x+1$

(3) $0.3x-1>0.1x-0.4$

답 1 (1) $x>-5$ (2) $x\le 12$ (3) $x>3$

필수유형 • 공략하기

유형 039 • 부등식의 뜻

(1) 부등식인 예: $-4<2$, $x-3>9$, $x+1\geq x$
(2) 부등식이 아닌 예: $x-3=9$, $2x+9x-3$

풍쌤의 point 등호가 있는 식은 등식, 부등호가 있는 식은 부등식이다!

207 필수

다음 중 부등식인 것을 모두 고르면? (정답 2개)

① $0>-2$ ② $5x+4=2x$
③ $x+2-3x$ ④ $x+2=3$
⑤ $2-4x\leq 4x-1$

208

다음 중 부등식이 아닌 것을 모두 고르면? (정답 2개)

① $4x\geq 0$ ② $3<7-4$
③ $2x+y-11$ ④ $y=4x+5$
⑤ $2x-1>3y$

209

다음 보기 중 부등식인 것의 개수는?

보기

ㄱ. $-1\leq -1$ ㄴ. $2+3\neq 3$
ㄷ. $2x+3>2x-1$ ㄹ. $6x-2=1$
ㅁ. $-2\geq x$ ㅂ. $2x+7+3$

① 2 ② 3 ③ 4
④ 5 ⑤ 6

유형 040 • 부등식의 표현

(1) 이상: ~보다 크거나 같다, 작지 않다.
(2) 이하: ~보다 작거나 같다, 크지 않다.
(3) 초과: ~보다 크다.
(4) 미만: ~보다 작다.

풍쌤의 point 이상, 이하, 초과, 미만과 관련된 다른 표현을 알아 둔다.

210 필수

다음 중 문장을 부등식으로 나타낸 것으로 옳지 않은 것은?

① x의 2배에서 2를 빼면 9 이상이다. ⇨ $2x-2\geq 9$
② x에서 7을 빼면 10보다 작다. ⇨ $x-7<10$
③ x에 3을 더한 수의 5배는 18보다 작다. ⇨ $5x+3<18$
④ 한 권에 x원인 수첩 6권의 가격은 5000원 미만이다. ⇨ $6x<5000$
⑤ 무게가 200 g인 상자에 한 개당 무게가 600 g인 물건 x개를 넣었더니 전체 무게는 4700 g이 넘었다. ⇨ $200+600x>4700$

211

'x의 5배에서 3을 뺀 수는 x에 8을 더한 수보다 작지 않다.'를 부등식으로 나타내면?

① $5x-3>x+8$ ② $5x-3\geq x+8$
③ $5x-3<x+8$ ④ $5x-3\leq x+8$
⑤ $5x-3=x+8$

212

다음 문장을 부등식으로 나타내어라.

영우는 3권에 x원 하는 공책 12권을 사기 위해 10000원을 내었더니 거스름돈이 400원보다 많지 않았다.

유형 041 부등식의 해

부등식의 해는 부등식을 참이 되게 하는 미지수의 값이다.

예 부등식 $x+2<4$에 $x=1$을 대입하면 부등식이 성립하므로 1은 이 부등식의 해이다.

213 필수

다음 중 $x=-1$일 때, 참인 부등식은?

① $-x<-2$ ② $1-3x\geq 4$
③ $2-x\leq x$ ④ $2x+3<4x-1$
⑤ $3x+2>-1$

214

다음 중 부등식 $3x-2>-2$의 해를 모두 고르면? (정답 2개)

① -2 ② -1 ③ 0
④ 1 ⑤ 2

215

다음 중 [ ] 안의 수가 주어진 부등식의 해가 아닌 것은?

① $x+8>4$ [1] ② $-2x\leq -4$ [2]
③ $x-2<-2$ [-2] ④ $5x+2\leq -2$ [-1]
⑤ $\frac{x}{2}<-1$ [2]

216 서술형

x의 값이 $-2, -1, 0, 1, 2$일 때, 부등식 $x-2\geq 2x-1$의 해를 모두 구하여라.

중요한

유형 042 부등식의 성질

(1) $a<b$이면 $a+c<b+c$, $a-c<b-c$
c가 어떤 값이든 부등호의 방향은 그대로

(2) $a<b$, $c>0$이면 $ac<bc$, $\frac{a}{c}<\frac{b}{c}$

(3) $a<b$, $c<0$이면 $ac>bc$, $\frac{a}{c}>\frac{b}{c}$

풍쌤의 point 부등식의 양변에 음수를 곱하거나 양변을 음수로 나누면 부등호의 방향이 바뀐다.

217 필수

$a<b$일 때, 다음 중 옳지 않은 것은?

① $5a-1<5b-1$ ② $-a+3>-b+3$
③ $-2+2a<2(b-1)$ ④ $-\frac{a}{2}+1>-\frac{b}{2}+1$
⑤ $-2-\frac{2}{3}a<-2-\frac{2}{3}b$

218

$-3a-1<-3b-1$일 때, 다음 중 옳은 것은?

① $a<b$ ② $\frac{a}{3}<\frac{b}{3}$
③ $a-3>b-3$ ④ $1-3a>1-3b$
⑤ $2a+3<2b+3$

219

$a<b<0$, $c<0$일 때, 다음 중 옳은 것은?

① $ac<bc$ ② $\frac{a}{c}<\frac{b}{c}$
③ $a+c>b+c$ ④ $\frac{a}{c^2}<\frac{b}{c^2}$
⑤ $\frac{a+c}{c}<\frac{b+c}{c}$

필수유형 · 공략하기

중요한

유형 043 식의 값의 범위 구하기

식 $ax+b$의 값의 범위는 먼저 x의 값의 범위에 a를 곱한 다음 b를 더하여 구한다.

예 $1<x<3$일 때, $2x+1$의 값의 범위를 구하면

$1<x<3 \xrightarrow{\times 2} 2<2x<6 \xrightarrow{+1} 3<2x+1<7$

220 필수

$2<x\le5$일 때, $3x-2$의 값의 범위는?

① $0<3x-2\le9$ ② $0\le3x-2<9$
③ $4<3x-2\le13$ ④ $4\le3x-2<13$
⑤ $8<3x-2\le17$

221

$1\le x<2$이고, $A=-2x+1$일 때, 다음 중 A의 값이 될 수 있는 것은?

① -9 ② -7 ③ -5
④ -3 ⑤ -1

222

$-5<1-3x<4$일 때, x의 값의 범위에 속하는 정수의 개수를 구하여라.

223 서술형

$-6\le x\le4$일 때, $-\frac{3}{2}x-1$의 최댓값을 a, 최솟값을 b라고 한다. 이때 $a+b$의 값을 구하여라.

유형 044 일차부등식의 뜻

일차부등식: 부등식의 모든 항을 좌변으로 이항하여 정리한 식이
(일차식)<0, (일차식)>0, (일차식)≤0, (일차식)≥0
중 하나의 꼴로 변형되는 부등식

224 필수

다음 중 일차부등식인 것을 모두 고르면? (정답 2개)

① $x>x-2$ ② $(x-1)^2\ge0$
③ $5-1\le4$ ④ $x(x+6)\le x^2-6$
⑤ $-2(x-1)>x+5$

225

다음 중 일차부등식이 아닌 것은?

① $x<-9$ ② $\frac{1}{x}-1>1$
③ $2x+4>x-1$ ④ $2x+9<3x+9$
⑤ $x^2-2x>x^2+x$

226

부등식 $ax-13>7-x$가 일차부등식일 때, 다음 중 상수 a의 값이 될 수 없는 것은?

① -2 ② -1 ③ 0
④ 1 ⑤ 2

유형 045 일차부등식의 풀이

일차방정식 $x-4=3x$	일차부등식 $x-4>3x$
$ax=b$의 꼴로 만든다. $x-3x=4$, $-2x=4$ 양변을 a로 나눈다. $\therefore x=-2$	$ax>b$의 꼴로 만든다. $x-3x>4$, $-2x>4$ 양변을 a로 나눈다. $\therefore x<-2$

→ a가 음수이면 부등호의 방향이 바뀜

풍쌤의 point 일차부등식도 일차방정식과 같이 이항하여 풀 수 있다. 단, 양변을 음수로 나눌 때, 부등호의 방향이 바뀐다는 것만 주의한다.

227 필수

다음 일차부등식 중 해가 $x\geq-2$인 것은?

① $x+9\leq7$　② $x+1\leq-1$
③ $5x-2\leq-12$　④ $2-3x\leq8$
⑤ $2x+4\leq3x+2$

228

오른쪽은 일차부등식 $7-3x>-2$의 풀이 과정이다. (1), (2)에서 각각 이용한 부등식의 성질을 다음 보기에서 찾아 써라.

$7-3x>-2$
(1)
$-3x>-9$
(2)
$\therefore x<3$

보기

ㄱ. $a>b$이면 $a+c>b+c$, $a-c>b-c$

ㄴ. $a>b$, $c>0$이면 $ac>bc$, $\frac{a}{c}>\frac{b}{c}$

ㄷ. $a>b$, $c<0$이면 $ac<bc$, $\frac{a}{c}<\frac{b}{c}$

229

다음 중 일차부등식의 해가 나머지 넷과 다른 하나는?

① $2x<-6$　② $-x>2x+9$
③ $3x+5<-4$　④ $x+7<3x+1$
⑤ $4x+5<x-4$

230 서술형

일차부등식 $-4x+15\leq20+x$를 만족시키는 x의 값 중에서 가장 작은 정수를 구하여라.

231

일차부등식 $2x+7>7x-13$을 만족시키는 자연수 x의 개수는?

① 1　② 2　③ 3
④ 4　⑤ 5

232

일차방정식 $4x-2=a$의 해가 3보다 클 때, 상수 a의 값의 범위는?

① $a>10$　② $a>11$　③ $a>12$
④ $a>13$　⑤ $a>14$

필수유형 · 공략하기

유형 046 일차부등식의 해를 수직선 위에 나타내기

일차부등식의 해를 수직선 위에 나타낼 때에는 일차부등식을 푼 다음 경계의 수가 해에 포함되는지, 포함되지 않는지를 꼭 확인해야 한다.

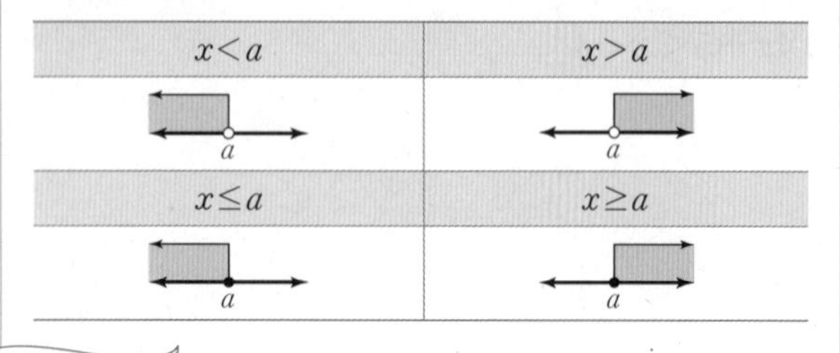

$x<a$	$x>a$
a	a
$x\le a$	$x\ge a$
a	a

풍쌤의 point a가 해에 포함되면 ●, a가 해에 포함되지 않으면 ○

233 필수

다음 중 일차부등식 $3x-2\le 28-2x$의 해를 수직선 위에 바르게 나타낸 것은?

①
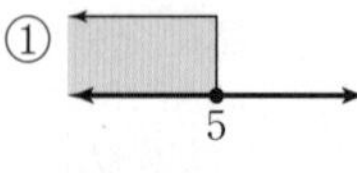

②
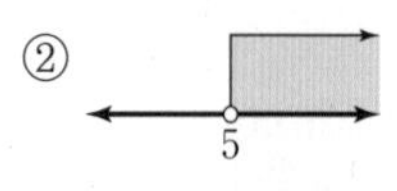

③
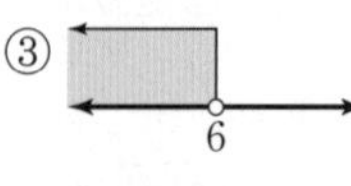

④
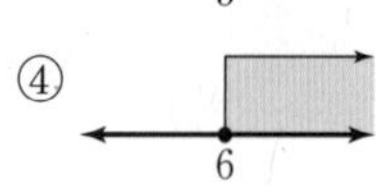

⑤
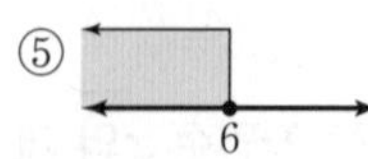

234

다음 부등식 중 해를 수직선 위에 나타내었을 때, 오른쪽 그림과 같은 것은?

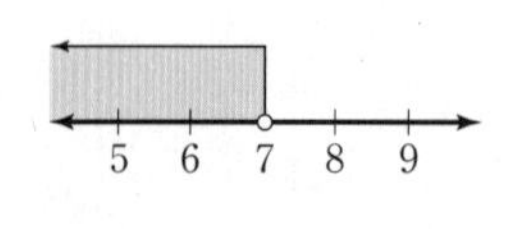

① $3x<-21$　② $x+1>8$
③ $-x+7<0$　④ $10-x>3$
⑤ $4-2x<-10$

235

일차부등식 $2x+6>6x-2$의 해를 다음 수직선 위에 나타내어라.

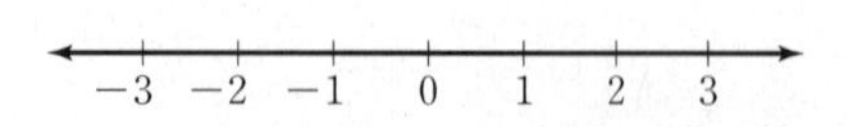

유형 047 괄호가 있는 일차부등식의 풀이

괄호가 있으면 분배법칙을 이용하여 괄호를 푼다.

$a(b+c)=ab+ac$, $a(b-c)=ab-ac$

236 필수

일차부등식 $5(x-1)\le -2(x+6)$을 풀면?

① $x\ge 1$　② $x\ge -1$　③ $x\le -1$
④ $x\ge -2$　⑤ $x\le -2$

237

일차부등식 $4(1-2x)<-3x-6$의 해를 다음 수직선 위에 나타내어라.

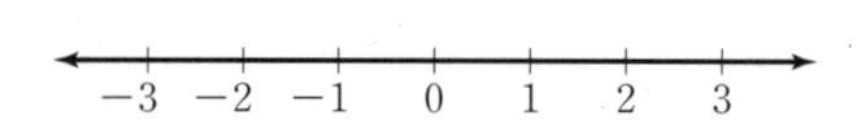

238

일차부등식 $2(4x+3)>3(2x-1)+7$을 만족시키는 x의 값 중에서 가장 작은 정수는?

① -2　② -1　③ 0
④ 1　⑤ 2

239 서술형

일차부등식 $-4(2x-3)+2x\ge 5-3x$를 만족시키는 모든 자연수 x의 값의 합을 구하여라.

중요한

유형 048 계수가 분수 또는 소수인 일차부등식의 풀이

(1) 계수가 분수인 경우 ⇨ 양변에 분모의 최소공배수를 곱한다.

(2) 계수가 소수인 경우 ⇨ 양변에 10, 100, 1000, $\cdots$ 중에서 적당한 수를 곱한다.

풍쌤의 point 계수에 분수나 소수가 있으면 양변에 적당한 수를 곱하여 계수를 정수로 고친 후 푼다.

240 필수

일차부등식 $\dfrac{x-2}{4}-\dfrac{2x-3}{5}<1$을 풀면?

① $x<-6$　② $x>-6$　③ $x<-1$
④ $x<6$　⑤ $x>6$

241

일차부등식 $0.25-0.1x\geq-0.15$를 만족시키는 x의 값 중에서 자연수인 것의 개수를 구하여라.

242

일차부등식 $\dfrac{2}{5}x+\dfrac{1}{10}<0.25x-1$을 만족시키는 x의 값 중에서 가장 큰 정수는?

① -10　② -9　③ -8
④ -7　⑤ -6

243 서술형

일차부등식 $0.5-x>\dfrac{1}{2}(x-5)$를 참이 되게 하는 자연수 x의 개수를 구하여라.

유형 049 x의 계수가 문자인 일차부등식의 풀이

x의 계수가 문자로 주어진 일차부등식에서는 계수의 부호에 따라 부등호의 방향이 결정된다.

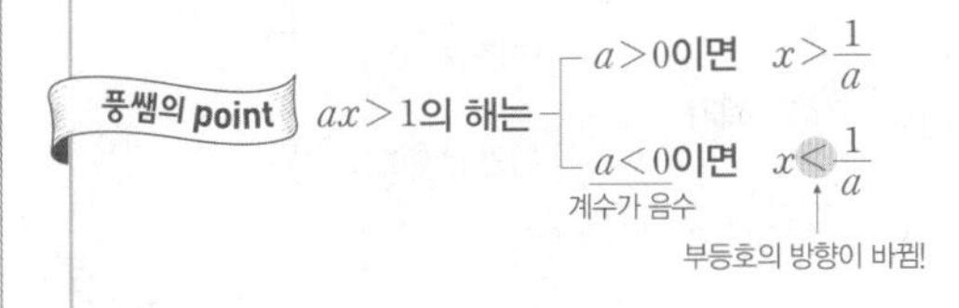

244 필수

$a<0$일 때, x에 대한 일차부등식 $1-ax<3$을 풀면?

① $x<-\dfrac{2}{a}$　② $x>-\dfrac{2}{a}$　③ $x>\dfrac{1}{a}$
④ $x<\dfrac{2}{a}$　⑤ $x>\dfrac{2}{a}$

245

$a<1$일 때, x에 대한 일차부등식 $ax+1>x+7$을 풀면?

① $x>-\dfrac{6}{a-1}$　② $x<\dfrac{3}{a-1}$
③ $x>\dfrac{3}{a-1}$　④ $x<\dfrac{6}{a-1}$
⑤ $x>\dfrac{6}{a-1}$

246

$a<2$일 때, x에 대한 일차부등식 $(a-2)x>4a-8$을 만족시키는 자연수 x의 값을 모두 구하여라.

필수유형 · 공략하기

파란 해설 25~26쪽

중요한

유형 050 ◆ 일차부등식의 해가 주어진 경우

부등호의 방향에 주의하여 일차부등식을 푼 후 주어진 해와 비교한다.

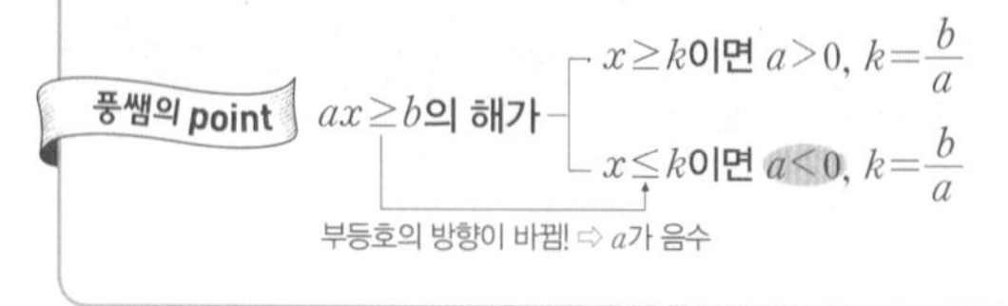

247 필수

일차부등식 $7-4x \leq 2a-x$의 해가 $x \geq 5$일 때, 상수 a의 값은?

① -5　② -4　③ -3　④ -2　⑤ -1

248

일차부등식 $ax-1<3$의 해가 $x<2$일 때, 상수 a의 값은?

① -2　② -1　③ 1　④ 2　⑤ 3

249 서술형

일차부등식 $x+a \leq -5x+9$의 해를 수직선 위에 나타내면 오른쪽 그림과 같을 때, 상수 a의 값을 구하여라.

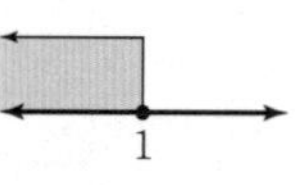

250

두 일차부등식 $2x>2-3x$, $ax+3<1$의 해가 같을 때, 상수 a의 값을 구하여라.

어려운

유형 051 ◆ 일차부등식의 해의 조건이 주어진 경우

(1) 부등식 $x<a$를 만족시키는 자연수 x가 3개

⇨ 자연수 x는 1, 2, 3

⇨ $3<a \leq 4$

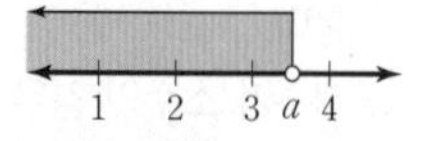

(2) 부등식 $x \leq a$를 만족시키는 자연수 x가 3개

⇨ 자연수 x는 1, 2, 3

⇨ $3 \leq a<4$

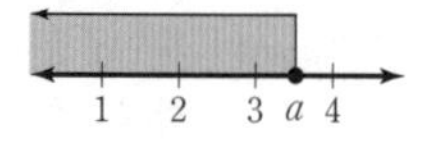

251 필수

일차부등식 $a-x>3$을 만족시키는 자연수 x가 2개일 때, 상수 a의 값의 범위는?

① $5<a<6$　② $5<a \leq 6$　③ $5 \leq a<6$　④ $6<a<7$　⑤ $6<a \leq 7$

252

일차부등식 $2x-3 \geq 7x+a$를 만족시키는 자연수 x가 4개일 때, 상수 a의 값이 될 수 있는 정수는 모두 몇 개인지 구하여라.

253

일차부등식 $\frac{2}{5}x-\frac{x-1}{2} \geq \frac{a}{2}$의 해 중에서 가장 큰 정수가 2일 때, 상수 a의 값의 범위는?

① $-\frac{3}{5} \leq a<-\frac{2}{5}$　② $-\frac{1}{5} \leq a<\frac{2}{5}$　③ $\frac{1}{5} \leq a<\frac{2}{5}$　④ $\frac{2}{5} \leq a<\frac{3}{5}$　⑤ $\frac{2}{5}<a \leq \frac{3}{5}$

254

$a<b<0$일 때, 다음 보기 중 옳은 것을 모두 골라라.

보기

ㄱ. $3a-2<3b-2$　　ㄴ. $a^2<b^2$

ㄷ. $ab>b^2$　　ㄹ. $\frac{1}{a}<\frac{1}{b}$

255 창의

$\frac{a+1}{2}$의 값을 소수점 아래 첫째 자리에서 반올림하면 5가 된다고 할 때, a의 값의 범위를 구하여라.

256

부등식 $ax^2+bx>x^2-10x-8$이 일차부등식이 되기 위한 상수 a, b의 조건은?

① $a=1$, $b=-10$　② $a=1$, $b\neq-10$
③ $a\neq1$, $b=-10$　④ $a=0$, $b=10$
⑤ $a=0$, $b\neq10$

257 서술형

일차부등식 $0.3(2x-7)<\frac{6}{5}-0.3x$를 만족시키는 가장 큰 정수를 a라 하고, 일차부등식 $\frac{2}{5}x-1.5<0.5x-\frac{9}{2}$를 만족시키는 가장 작은 정수를 b라고 할 때, $a+b$의 값을 구하여라.

258

부등식 $ax+1>bx+2$에 대한 다음 설명 중 옳지 않은 것은? (단, a, b는 상수)

① $a>b$이면 $x>\frac{1}{a-b}$이다.
② $a<b$이면 $x<\frac{1}{a-b}$이다.
③ $a=b$이면 해가 없다.
④ $a=0$, $b<0$이면 $x>\frac{1}{b}$이다.
⑤ $a<0$, $b=0$이면 $x<\frac{1}{a}$이다.

259

$x=2$가 일차부등식 $\frac{2x-a}{5}-\frac{x}{2}<1$의 해가 아닐 때, 상수 a의 값의 범위를 구하여라.

260

일차부등식 $(a-3b)x-(2a-b)>0$의 해가 $x<1$일 때, $(a+3b)x+a+2b<0$의 해를 구하여라. (단, a, b는 상수)

261

일차부등식 $\frac{x+1}{3}-\frac{x-2}{2}>\frac{a}{2}$를 만족시키는 자연수 x가 존재하지 않도록 하는 정수 a의 최솟값을 구하여라.

2 일차부등식의 활용

01 일차부등식의 활용

개념 Link 풍산자 개념완성편 56쪽

일차부등식의 활용 문제는 다음 순서에 따라 푼다.

미지수 정하기 ⇨ 부등식 세우기 ⇨ 부등식 풀기 ⇨ 문제에 맞는 답하기

예 어느 전시회의 1인당 입장료가 어른은 1000원, 학생은 700원이라고 한다. 어른 한 명과 학생 몇 명이 10000원으로 이 전시회에 가려고 할 때, 학생은 최대 몇 명까지 입장할 수 있는지 구하여라.

일차부등식의 활용 문제 풀이 순서	문제 풀이
❶ 미지수 정하기	학생 수를 x명으로 놓는다.
❷ 부등식 세우기	$700x+1000\le 10000$
❸ 부등식 풀기	$7x+10\le 100$, $7x\le 90$ $\therefore x\le \frac{90}{7}$
❹ 문제에 맞는 답하기	따라서 학생은 최대 12명까지 입장할 수 있다.

⇨ 학생이 12명일 때 입장료는 $700\times 12+1000=9400$(원), 학생이 13명일 때 입장료는 $700\times 13+1000=10100$(원)
따라서 10000원으로 입장하려면 학생은 최대 12명까지 입장할 수 있다.

개념 Tip 일차부등식의 활용 문제를 풀 때, 사람 수, 물건의 개수, 나이, 길이, 넓이, 부피 등을 구하는 문제의 답은 양수이다. 특히 사람 수, 물건의 개수, 나이 등의 답은 자연수이어야 한다.

02 여러 가지 일차부등식의 활용

개념 Link 풍산자 개념완성편 56쪽

(1) **수에 대한 문제**

① 차가 a인 두 정수 ⇨ x, $x+a$ 또는 $x-a$, x

② 연속하는 세 정수 ⇨ $x-1$, x, $x+1$ 또는 x, $x+1$, $x+2$

③ 연속하는 세 홀수(짝수) ⇨ $x-2$, x, $x+2$ 또는 x, $x+2$, $x+4$

(2) **원가, 정가에 대한 문제**

① x원에서 a % 인상한 가격 ⇨ $x\left(1+\frac{a}{100}\right)$원

② x원에서 b % 할인한 가격 ⇨ $x\left(1-\frac{b}{100}\right)$원

(3) **거리, 속력, 시간에 대한 문제**

① (거리)=(속력)×(시간) ② (속력)=$\frac{(\text{거리})}{(\text{시간})}$ ③ (시간)=$\frac{(\text{거리})}{(\text{속력})}$

(4) **농도에 대한 문제**

① (소금물의 농도)=$\frac{(\text{소금의 양})}{(\text{소금물의 양})}\times 100(\%)$

② (소금의 양)=$\frac{(\text{소금물의 농도})}{100}\times$(소금물의 양)

소금물에 들어 있는 소금의 비율

개념 Tip 일차부등식의 활용 문제에서 답은 꼭 단위를 포함하여 쓰도록 한다.

1 연속하는 세 자연수의 합이 92보다 클 때, 이와 같은 세 자연수 중 가장 작은 세 자연수를 구하여라.

2 원가가 2000원인 상품에 x %의 이익을 붙여 판매 가격을 2500원 이하가 되게 하려고 한다. 최대 몇 %의 이익을 붙일 수 있는지 구하여라.

답 1 30, 31, 32
2 25 %

필수유형 • 공략하기

파란 해설 27~28쪽

중요한

유형 052 • 수에 대한 문제

(1) 정수 또는 자연수에 대한 문제는 구하려는 수를 x로 놓는다.

(2) 자주 나오는 수의 형태

① 차가 a인 두 정수 ⇨ x, $x+a$ 또는 $x-a$, x

② 연속하는 세 정수 ⇨ $x-1$, x, $x+1$ 또는 x, $x+1$, $x+2$

③ 연속하는 세 홀수(짝수) ⇨ $x-2$, x, $x+2$ 또는 x, $x+2$, $x+4$

풍쌤의 point '어떤 수'라는 말이 있으면 이를 x로 놓는다. 만약 없으면 문제를 풀기에 편한 수를 x로 놓는다.

262 필수

차가 9인 두 정수의 합이 30보다 작다고 한다. 이와 같은 두 정수 중에서 작은 수의 최댓값은?

① 8 ② 9 ③ 10 ④ 11 ⑤ 12

263

연속하는 세 정수에 대하여 작은 두 수의 합에서 가장 큰 수를 뺀 것이 6보다 작다. 이와 같은 수 중에서 가장 큰 세 정수를 구하여라.

264 서술형

연속하는 세 짝수의 합이 78보다 크다고 한다. 이와 같은 수 중에서 가장 작은 세 짝수를 구하여라.

유형 053 • 평균에 대한 문제

(1) 두 수 a, b의 평균 ⇨ $\frac{a+b}{2}$

(2) 세 수 a, b, c의 평균 ⇨ $\frac{a+b+c}{3}$

풍쌤의 point (평균) $=\frac{(\text{자료의 총합})}{(\text{자료의 개수})}$

265 필수

주영이는 세 번의 수학 시험에서 평균 80점을 얻었다. 네 번째까지의 평균 점수가 82점 이상이 되려면 네 번째 시험에서 몇 점 이상을 받아야 하는가?

① 85점 ② 86점 ③ 87점 ④ 88점 ⑤ 89점

266 서술형

연속하는 세 홀수의 평균이 16 이하라고 할 때, 이와 같은 세 홀수로 가능한 것은 모두 몇 가지인지 구하여라.

267

준혁이네 반은 남학생이 24명이고, 여학생이 20명이다. 이번 수학 시험에서 남학생의 점수의 평균은 80점이고, 반 전체의 평균은 85점 이상이었다. 이때 여학생의 점수의 평균은 적어도 몇 점 이상이었는지 구하여라.

필수유형 • 공략하기

유형 054 도형에 대한 문제

(1) 삼각형이 되기 위한 세 변의 길이의 조건:
 (가장 긴 변의 길이)<(나머지 두 변의 길이의 합)

(2) (사다리꼴의 넓이)$=\frac{1}{2}\times${(윗변)+(아랫변)}$\times$(높이)

(3) (각기둥의 부피)=(밑넓이)$\times$(높이)

(4) (각뿔의 부피)$=\frac{1}{3}\times$(밑넓이)$\times$(높이)

풍쌤의 point 도형에서 변의 길이는 항상 양수이다.

268 필수

길이가 각각 x cm, $(x+6)$ cm, $(x+8)$ cm인 세 선분으로 삼각형을 만들 때, 다음 중 x의 값으로 옳지 않은 것은?

① 2 ② 3 ③ 4
④ 5 ⑤ 6

269

아랫변의 길이가 4 cm이고, 높이가 2 cm인 사다리꼴이 있다. 이 사다리꼴의 넓이가 12 cm^2 이하일 때, 윗변의 길이는 몇 cm 이하이어야 하는가?

① 8 cm ② 9 cm ③ 10 cm
④ 11 cm ⑤ 12 cm

270

반지름의 길이가 6 cm인 원을 밑면으로 하는 원뿔의 부피가 60π cm^3 이상이 되게 하려면 높이를 몇 cm 이상으로 하여야 하는가?

① 4 cm ② 5 cm ③ 6 cm
④ 7 cm ⑤ 8 cm

유형 055 최대 개수에 대한 문제 (1)

(물건의 가격)+(추가된 가격) □ (전체의 가격)
조건에 맞는 부등호 <, >, ≤, ≥를 써넣는다.

풍쌤의 point a원인 물건 x개에 b원이 추가된 가격은 $(ax+b)$원이다.

271 필수

2000원짜리 바구니에 한 개에 1500원 하는 사과를 넣어서 전체 가격이 30000원 이하가 되게 하려고 할 때, 사과는 최대 몇 개까지 넣을 수 있는가?

① 14개 ② 16개 ③ 18개
④ 20개 ⑤ 22개

272

카네이션 한 송이의 가격은 500원이고, 안개꽃 한 다발의 가격은 1000원이다. 카네이션과 안개꽃 두 다발을 섞어서 2000원짜리 포장지로 포장한다고 할 때, 전체 가격이 20000원 이하가 되게 하려면 카네이션은 최대 몇 송이까지 살 수 있는가?

① 31송이 ② 32송이 ③ 33송이
④ 34송이 ⑤ 35송이

273

어느 씨름 선수가 무게가 9 kg인 장비를 사용하여 한 번에 들 수 있는 무게는 150 kg이라고 한다. 상자 하나의 무게가 13 kg일 때, 이 선수가 장비를 이용하여 한 번에 들 수 있는 상자의 최대 개수는?

① 7 ② 8 ③ 9
④ 10 ⑤ 11

유형 056 최대 개수에 대한 문제 (2)

A, B를 합하여 10개를 산다.
⇨ A를 x개 사면 B는 $(10-x)$개를 사야 한다.
⇨ B를 x개 사면 A는 $(10-x)$개를 사야 한다.

274 필수

어느 가게에서 한 개에 1500원 하는 음료수와 한 개에 2000원 하는 샌드위치를 합하여 29개를 팔았다고 한다. 총 판매액이 50000원 이상이라면 음료수는 최대 몇 개까지 팔았는지 구하여라.

275

한 개에 600원 하는 빵과 한 개에 800원 하는 우유를 합하여 35개를 사려고 한다. 총 금액을 25000원 이하로 하려면 우유는 최대 몇 개까지 살 수 있는가?

① 16개 ② 18개 ③ 20개
④ 22개 ⑤ 24개

276

친구들 6명이 각각 2000원씩 모아서 함께 한 개에 900원 하는 아이스크림과 한 개에 1200원 하는 과자를 사기로 하였다. 아이스크림과 과자를 합하여 11개를 사려고 할 때, 과자는 최대 몇 개까지 살 수 있는지 구하여라.

유형 057 추가 금액에 대한 문제

(기본 금액)+(추가 금액) □ (이용 가능 금액)
조건에 맞는 부등호 <, >, ≤, ≥를 써넣는다.

풍쌤의 point 기본 금액은 무조건 내야 하는 돈이므로 빼먹지 말자.

277 필수

어느 박물관의 입장료는 20명까지는 1인당 1000원이고, 20명을 초과하면 초과된 사람에 한하여 1인당 600원이라고 한다. 이때 30000원으로 이 박물관에 입장할 수 있는 인원은 최대 몇 명인가?

① 36명 ② 37명 ③ 38명
④ 39명 ⑤ 40명

278

어느 공원의 자전거 대여료는 기본 1시간에 5000원이고, 1시간을 초과하면 1분에 100원의 추가 요금을 내야 한다고 한다. 자전거 대여료가 15000원 이하가 되도록 하려면 자전거를 탈 수 있는 시간은 최대 몇 시간 몇 분인지 구하여라.

279 서술형

어느 사진관에서 증명사진을 뽑으면 기본 6장에 4000원이고, 추가로 뽑을 때마다 한 장에 200원씩 받는다고 한다. 증명사진 한 장의 평균 가격이 500원 이하가 되도록 하려면 최소 몇 장을 추가로 뽑아야 하는지 구하여라.

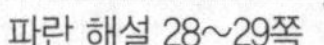

필수유형 • 공략하기

유형 058 예금액에 대한 문제

현재 예금액이 a원이고 매달 b원씩 예금할 때, x개월 후의 총 예금액은 $(a+bx)$원이다.

280 필수

현재 준호의 예금액은 2000원, 건우의 예금액은 5000원이다. 다음 주부터 매주 준호는 1200원씩, 건우는 500원씩 예금한다고 할 때, 준호의 예금액이 건우의 예금액보다 많아지는 것은 몇 주 후부터인가?

① 5주 후 ② 6주 후 ③ 7주 후
④ 8주 후 ⑤ 9주 후

281

소영이는 아빠의 선물을 사기 위하여 다음 달부터 매달 6000원씩 저축하기로 하였다. 현재 가진 돈은 15000원이고 사려는 선물의 가격은 40000원이라고 할 때, 소영이가 아빠의 선물을 살 수 있는 것은 몇 개월 후부터인가?

① 3개월 후 ② 4개월 후 ③ 5개월 후
④ 6개월 후 ⑤ 7개월 후

282 서술형

100원짜리 동전만 150개 들어 있는 저금통 A와 500원짜리 동전만 60개 들어 있는 저금통 B가 있다. 한 번에 저금통 A에서는 동전을 2개씩, 저금통 B에서는 동전을 3개씩 동시에 꺼낼 때, 저금통 A에 남아 있는 금액이 저금통 B에 남아 있는 금액보다 많아지는 것은 몇 번 꺼낸 후부터인지 구하여라. (단, 20번까지만 꺼낸다.)

유형 059 원가, 정가에 대한 문제

(1) 원가 x원에 a %의 이익을 붙인 정가

$$\left(x+x\times\frac{a}{100}\right)\text{원} \Rightarrow x\left(1+\frac{a}{100}\right)\text{원}$$

예 원가 x원에 30 % 이익을 붙인 정가 ⇨ $1.3x$원

(2) 정가 x원을 b % 할인한 가격

$$\left(x-x\times\frac{b}{100}\right)\text{원} \Rightarrow x\left(1-\frac{b}{100}\right)\text{원}$$

예 정가 x원을 10 % 할인한 가격 ⇨ $0.9x$원

풍쌤의 point (정가)=(원가)+(이익)

283 필수

원가가 4200원인 필통을 정가의 30 %를 할인하여 팔아서 원가의 40 % 이상의 이익을 얻으려고 한다. 이때 이 필통의 정가는 얼마 이상으로 정하면 되는가?

① 8000원 ② 8200원 ③ 8400원
④ 8600원 ⑤ 8800원

284

어느 제품의 원가에 20 %의 이익을 붙여 정한 정가에서 840원을 할인해서 판매하였더니 이익이 원가의 15 % 이상이었다. 이때 이 제품의 원가는 얼마 이상인지 구하여라.

285 서술형

어느 가구점에서 의자의 원가에 50 %의 이익을 붙여 정가를 정하였다. 세일 기간 동안 정가의 20 %를 할인하여 판매하였더니 의자 한 개를 판매할 때마다 5000원 이상의 이익이 남았을 때, 이 의자의 원가의 최솟값을 구하여라.

유형 060 · 유리한 선택에 대한 문제

(1) 집 앞 슈퍼보다 버스를 타고 가는 할인 매장이 유리한 경우

(슈퍼의 물건 가격)>(할인 매장의 물건 가격)+(왕복 교통비)

슈퍼의 물건 가격이 더 비쌈 ⇨ 할인 매장이 유리

(2) 단체 입장료가 개인별 입장료의 합보다 유리한 경우

(a명의 단체 입장료)<(x명의 개인별 입장료의 합)

개인별 입장료의 합이 더 큼 ⇨ 단체 입장료가 유리

(단, $a>x$)

풍쌤의 point 돈이 적게 드는 것이 유리한 선택이다.

286 필수

동네 시장에서는 사과 한 개의 가격이 800원인데 도매시장에서는 500원이다. 동네 시장에서는 전 품목을 20 % 할인하여 팔고 있고 도매 시장에 갔다 오는 데는 교통비가 2800원이 든다면 사과를 몇 개 이상 사야 도매 시장에서 사는 것이 유리한가?

① 20개 ② 21개 ③ 22개
④ 23개 ⑤ 24개

287

집 앞 슈퍼에서는 생수 한 통의 가격이 1100원인데 할인 매장에서는 600원이다. 할인 매장에 갔다 오는 데 교통비가 2000원이 든다고 할 때, 생수를 몇 통 이상 사야 할인 매장에서 사는 것이 유리한지 구하여라.

288

어느 지역에서 버스 요금은 이동 거리에 관계없이 1인당 600원이고, 택시 요금은 2 km까지는 기본요금 1300원이고 이후로는 200 m당 100원씩 올라간다고 한다. 3명이 함께 이동할 때, 택시를 타고 가는 것이 버스를 타고 가는 것보다 유리하려면 이동 거리가 몇 km 미만이어야 하는가?

① 1 km ② 2 km ③ 3 km
④ 4 km ⑤ 5 km

289

회원제로 운영되는 어느 인터넷 서점에서는 주문한 책의 권수나 배송 장소에 관계없이 주문 횟수에 따라 다음 표와 같이 배송료를 받고 있다. 이 서점에서 일 년에 몇 회 이상 주문하면 회원으로 가입하여 책을 주문하는 것이 비회원으로 주문하는 것보다 유리한지 구하여라.

구분	비회원	회원
연회비	없음	6000원
1회 주문시 배송료	2500원	1000원

290 서술형

A, B 두 통신사의 휴대전화 요금제가 다음과 같을 때, A 통신사를 선택하는 것이 유리하려면 휴대전화 통화 시간이 몇 분 미만이어야 하는지 구하여라.

통신사	기본 통화료(원)	1초당 통화료(원)
A	18000	5
B	25200	1

291

어느 전망대의 입장료는 1인당 1000원이고, 100명 이상의 단체는 입장료의 40 %를 할인해 준다고 한다. 몇 명 이상이면 100명의 단체 입장권을 구매하는 것이 유리한지 구하여라.

292

A 놀이동산의 1인당 입장료는 4000원이고, 40명 이상 50명 미만이면 20 %를, 50명 이상이면 30 %를 입장료에서 할인해 준다고 한다. 40명 이상 50명 미만인 단체는 몇 명 이상이면 50명의 단체 입장권을 구매하는 것이 유리한가?

① 41명 ② 42명 ③ 43명
④ 44명 ⑤ 45명

필수유형 · 공략하기

유형 061 거리, 속력, 시간에 대한 문제

거리가 x km인 A, B 두 지점 사이를 갈 때는 시속 a km로, 올 때는 시속 b km로 걸어서 k시간 이내로 왕복하였다.
⇨ (갈 때 걸린 시간)+(올 때 걸린 시간)$\leq k$
⇨ $\frac{x}{a}+\frac{x}{b}\leq k$

풍쌤의 point 범위가 시간으로 주어지면 시간에 대한 부등식을 세우면 된다.

293 필수

근영이가 등산을 하는데 올라갈 때는 시속 2 km로, 내려올 때는 같은 길을 시속 4 km로 걸어서 전체 걸리는 시간을 6시간 이내로 하려고 한다. 근영이는 최대 몇 km까지 올라갔다 내려올 수 있는가?

① 4 km ② 6 km ③ 8 km
④ 10 km ⑤ 12 km

294

현민이가 집에서 8 km 떨어진 극장에 가는데 처음에는 시속 12 km로 자전거를 타고 가다가 도중에 자전거가 고장 나서 시속 6 km로 걸어갔다. 극장까지 1시간 이내에 도착했다면 현민이가 걸어간 거리는 최대 몇 km인지 구하여라.

295

역에서 기차를 기다리는데 출발 시각까지 1시간의 여유가 있어서 이 시간 동안 상점에서 물건을 사오려고 한다. 물건을 사는 데 20분이 걸리고 시속 3 km로 걸을 때, 최대 몇 km 이내에 있는 상점을 이용할 수 있는가?

① 0.5 km ② 1 km ③ 1.5 km
④ 2 km ⑤ 2.5 km

296 서술형

수현이가 집에서 출발하여 시속 10 km로 인라인스케이트를 타고 가다가 30분 동안 휴식을 취한 후 같은 길을 따라 시속 6 km로 인라인스케이트를 타고 집으로 돌아오려고 한다. 전체 걸리는 시간을 4시간 30분 이내로 하려고 할 때, 수현이는 집에서 최대 몇 km 떨어진 지점까지 인라인스케이트를 타고 다녀올 수 있는지 구하여라.

297

지훈이가 산책을 하는데 갈 때는 시속 3 km로 걷고, 돌아올 때는 갈 때보다 1 km 더 먼 길을 시속 4 km로 걸었다. 산책을 하는 데 걸린 시간이 2시간 이내였다면 지훈이가 걸은 거리는 최대 몇 km인지 구하여라.

298

하민이와 하운이는 같은 지점에서 동시에 출발하여 하민이는 북쪽으로 분속 190 m로 달려가고 하운이는 남쪽으로 분속 60 m로 걸어가고 있다. 하민이와 하운이가 2 km 이상 멀어지려면 출발한 지 최소 몇 분이 지나야 하는지 구하여라.

299

정수네 학교의 등교 시간은 오전 8시 30분까지이다. 어느 날 정수는 오전 8시에 집에서 출발하여 분속 60 m로 걷다가 늦을 것 같아서 분속 100 m로 뛰었더니 지각을 하지 않았다고 한다. 집에서 학교까지의 거리가 2 km일 때, 정수가 걸어간 거리는 몇 km 이하인지 구하여라.

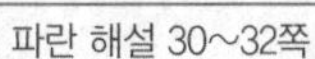

유형 062 농도에 대한 문제

a %의 소금물 x g과 b %의 소금물 y g을 섞은 소금물의 농도가 c % 이상이다.

$$\Rightarrow \frac{\frac{a}{100}\times x+\frac{b}{100}\times y}{x+y}\times 100\geq c$$

300 필수

15 %의 소금물 200 g에 10 %의 소금물을 섞어서 12 % 이하의 소금물을 만들려고 한다. 10 %의 소금물은 몇 g 이상 넣어야 하는가?

① 200 g ② 250 g ③ 300 g
④ 350 g ⑤ 400 g

301

10 %의 소금물 500 g에 물을 넣어 4 % 이하의 소금물을 만들려고 한다. 넣어야 하는 물의 양은 최소 몇 g인지 구하여라.

302

20 %의 설탕물 400 g에서 물을 증발시켜 25 % 이상의 설탕물을 만들려고 한다. 증발시켜야 하는 물의 양은 최소 몇 g인지 구하여라.

303 서술형

8 %의 소금물 800 g에 소금을 더 넣어 12 % 이상의 소금물을 만들려고 한다. 넣어야 하는 소금의 양은 몇 g 이상인지 구하여라.

유형 063 여러 가지 일차부등식의 활용

문제의 뜻을 파악하고 알맞은 부등식을 세워서 문제를 해결하도록 한다.

304 필수

200 L의 물이 들어 있는 물통 A와 150 L의 물이 들어 있는 물통 B가 있다. 한 번에 A에서는 10 L씩, B에서는 6 L씩 물을 동시에 빼낼 때, B에 남은 물의 양이 A에 남은 물의 양보다 많아지는 것은 물을 몇 번 빼냈을 때부터인가?

① 10번 ② 11번 ③ 12번
④ 13번 ⑤ 14번

305

수진이는 사탕과 초콜릿을 섞어서 선물 주머니를 만들려고 한다. 선물 주머니에 들어가는 사탕과 초콜릿은 합쳐서 10개를 넘지 않고, 사탕의 개수는 초콜릿의 개수의 2배가 되도록 구성하려고 할 때, 만들 수 있는 선물 주머니는 몇 가지인지 구하여라. (단, 사탕과 초콜릿은 각각 한 종류씩이다.)

306

선생님 1명이 하면 4일, 학생 1명이 하면 6일이 걸려서 끝낼 수 있는 일이 있다. 선생님과 학생을 합하여 5명이 이 일을 하루에 끝내려고 할 때, 선생님은 적어도 몇 명이 필요한지 구하여라.

307 창의

다음은 석현이가 자신의 사물함 번호에 대하여 말한 것이다. 사물함 번호가 1번부터 38번까지 있다고 할 때, 석현이의 사물함 번호를 구하여라.

- 내 사물함 번호를 5로 나눈 후 10을 더한 수는 내 사물함 번호의 반보다 작아.
- 내 사물함 번호는 5의 배수야.

308

부모님은 20000원을 나누어 강우와 영미 두 사람에게 용돈을 주려고 한다. 강우가 받는 용돈을 5배하면 영미가 받는 용돈의 3배 이상이 된다고 할 때, 강우가 받는 용돈은 최소 얼마인지 구하여라.

309

한 개의 무게가 25 kg인 물건과 50 kg인 물건을 트럭에 실으려고 한다. 두 종류의 물건을 합하여 20개를 실어야 하고, 트럭에 실을 수 있는 물건의 최대 무게는 800 kg이다. 무게가 25 kg인 물건을 최대한 적게 실으려고 할 때, 무게가 50 kg인 물건은 몇 개를 실어야 하는지 구하여라.

310

어떤 물건의 정가를 원가에 50 %의 이익을 붙여 정하였다. 원가의 20 % 이상의 이익을 얻으려고 할 때, 정가의 몇 % 까지 할인하여 팔 수 있는지 구하여라.

311

나은이가 어제 수영장을 다녀오는데 갈 때에는 분속 50 m, 돌아올 때에는 분속 60 m로 걸었더니 갈 때보다 돌아올 때 5분 이상의 시간이 단축되었다. 오늘은 수영장에 갈 때와 돌아올 때 모두 자전거를 타고 시속 12 km로 다녀온다면 최소 몇 분이 걸리겠는지 구하여라.

312

8 %의 소금물 500 g에서 물을 증발시키고 증발시킨 물의 양만큼 소금을 넣어 농도가 10 % 이상인 소금물을 만들려고 한다. 몇 g 이상의 물을 증발시켜야 하는가?

① 5 g ② 7 g ③ 10 g
④ 15 g ⑤ 20 g

313 서술형

매일 낮에는 유카리나무의 x m를 올라가고, 밤에는 3 m를 미끄러져 내려오는 코알라가 있다. 지면에 있는 이 코알라가 어느 날 낮부터 올라가기 시작하여 5일째 되는 날 낮에 18 m 이상 올라가 있으려면 낮에 최소 몇 m를 올라가야 하는지 구하여라.

3 연립일차방정식

01 미지수가 2개인 일차방정식

개념 Link 풍산자 개념완성편 66쪽

(1) **미지수가 2개인 일차방정식:** 미지수가 2개이고, 그 차수가 모두 1인 방정식
└ 문자가 곱해진 개수

(2) **미지수가 x, y의 2개인 일차방정식은 다음과 같이 나타낼 수 있다.**

$$ax+by+c=0(a,\ b,\ c\text{는 상수},\ a\neq0,\ b\neq0)$$

(3) **미지수가 2개인 일차방정식의 해:** 미지수가 2개인 일차방정식을 만족시키는 x, y의 값 또는 그 순서쌍 $(x,\ y)$

(4) **일차방정식을 푼다:** 일차방정식의 해를 모두 구하는 것

1 다음 중 미지수가 2개인 일차방정식인 것에는 ○표, 아닌 것에는 ×표를 하여라.

(1) $2x-y=0$ ( )

(2) $3x+5y=5x-7$ ( )

(3) $x(2-y)=3$ ( )

(4) $x(x-1)=x^2+y$ ( )

답 1 (1) ○ (2) ○ (3) × (4) ○

02 미지수가 2개인 연립일차방정식

개념 Link 풍산자 개념완성편 68쪽

(1) **미지수가 2개인 연립일차방정식:** 미지수가 2개인 두 일차방정식을 한 쌍으로 묶어서 놓은 것

(2) **연립방정식의 해:** 연립방정식에서 두 일차방정식을 동시에 만족시키는 x, y의 값 또는 그 순서쌍 $(x,\ y)$를 연립방정식의 해라 하고 연립방정식의 해를 구하는 것을 연립방정식을 푼다고 한다.

개념 Tip ① 미지수가 2개인 연립일차방정식을 간단히 연립방정식이라 한다.
② 연립방정식의 해는 두 일차방정식을 동시에 만족시키는 값이므로 두 일차방정식에 각각 대입해도 등식이 성립한다.
예 연립방정식 $\begin{cases}x+y=5\\2x-y=1\end{cases}$ 의 해는 $x=2,\ y=3$ ⇨ $\begin{cases}2+3=5\\2\times2-3=1\end{cases}$

1 x, y가 자연수일 때, 다음 연립방정식의 해를 구하여라.

(1) $\begin{cases}x-y=1\\2x+y=5\end{cases}$

(2) $\begin{cases}3x+y=11\\5x+y=17\end{cases}$

답 1 (1) $x=2,\ y=1$ (2) $x=3,\ y=2$

03 연립방정식의 풀이 (1) – 식의 대입을 이용

개념 Link 풍산자 개념완성편 72쪽

❶ 한 방정식을 $y=ax+b$ 또는 $x=ay+b$의 꼴로 나타낸 후 다른 방정식에 대입한다.
└ $x=(y$에 대한 식$)$ 또는 $y=(x$에 대한 식$)$

❷ ❶에서 만들어진 일차방정식의 해를 구한다.

❸ ❷에서 구한 해를 한 미지수에 대하여 나타낸 식에 대입하여 다른 미지수의 값을 구한다.

개념 Tip ① 미지수가 2개인 연립방정식을 풀기 위하여 어느 한 미지수를 없애는 것을 소거라고 한다.
② 연립방정식의 한 방정식을 한 미지수에 대한 식으로 나타낸 후 다른 방정식에 대입하여 해를 구하는 방법을 대입법이라고 하고, 연립방정식의 두 방정식 중 하나가
(i) $x=(y$에 대한 식$)$ 또는 $y=(x$에 대한 식$)$의 꼴일 때
(ii) x 또는 y의 계수가 1이거나 -1일 때
이용하면 편리하다.

1 다음은 연립방정식
$\begin{cases}y=4-x & \cdots\cdots ㉠\\3x-2y=7 & \cdots\cdots ㉡\end{cases}$ 을 식의 대입을 이용하여 푸는 과정이다. □ 안에 알맞은 것을 써넣어라.

> ㉠을 ㉡에 대입하면
> $3x-2(\square)=7$
> 등식을 정리하면 $x=\square$
> $x=\square$을 ㉠에 대입하면
> $y=\square$

답 1 $4-x$, 3, 3, 1

04 | 연립방정식의 풀이 (2) – 두 식의 합 또는 차를 이용

개념 Link 풍산자 개념완성편 72쪽

❶ 없애려는 미지수의 계수의 절댓값이 같아지도록 각 방정식의 양변에 적당한 수를 곱한다.

❷ ❶의 두 방정식을 변끼리 더하거나 빼어서 한 미지수를 없앤 후 방정식을 푼다.

❸ ❷에서 구한 해를 두 방정식 중에서 간단한 방정식에 대입하여 다른 미지수의 값을 구한다.

개념 Tip ① 연립방정식의 두 일차방정식을 변끼리 더하거나 빼어서 해를 구하는 방법을 가감법이라고 한다.

② 가감법에서 없애려는 미지수의 계수의 절댓값을 같게 한 후

⇨ 계수의 부호가 같으면 두 방정식을 변끼리 뺀다.
계수의 부호가 다르면 두 방정식을 변끼리 더한다.

1 다음은 연립방정식
$\begin{cases} 2x+y=3 & \cdots\cdots ㉠ \\ 5x+3y=7 & \cdots\cdots ㉡ \end{cases}$을 두 식의 합 또는 차를 이용하여 푸는 과정이다. □ 안에 알맞은 것을 써넣어라.

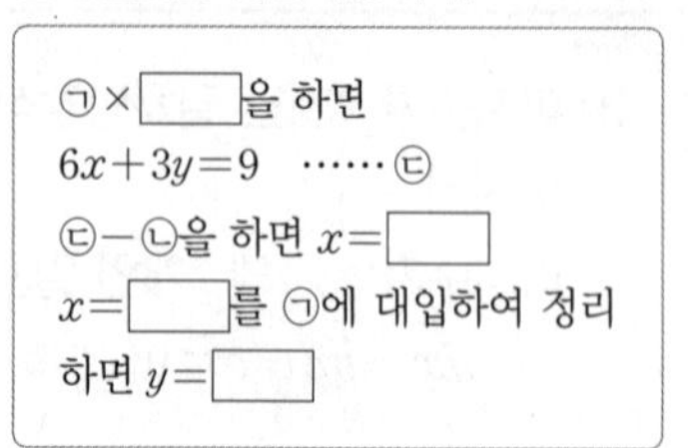
㉠×□을 하면
$6x+3y=9$ ⋯⋯ ㉢
㉢−㉡을 하면 $x=$□
$x=$□를 ㉠에 대입하여 정리하면 $y=$□

답 1 3, 2, 2, −1

05 | 복잡한 연립방정식의 풀이

개념 Link 풍산자 개념완성편 74쪽

(1) 복잡한 연립방정식의 풀이

① 괄호가 있는 경우: 분배법칙을 이용하여 괄호를 풀고 동류항끼리 정리한 후 푼다.

② 계수가 분수인 경우: 양변에 분모의 최소공배수를 곱하여 계수를 정수로 고친 후 푼다.

③ 계수가 소수인 경우: 양변에 10의 거듭제곱을 곱하여 계수를 정수로 고친 후 푼다.

주의 분수나 소수인 계수를 정수로 고칠 때, 계수가 정수인 항에도 같은 수를 반드시 곱해야 한다.

(2) $A=B=C$ 꼴의 연립방정식

다음 세 연립방정식 중 편리한 것을 선택하여 푼다.

$\begin{cases} A=B \\ A=C \end{cases}$, $\begin{cases} A=B \\ B=C \end{cases}$, $\begin{cases} A=C \\ B=C \end{cases}$ → C가 상수일 때에는 $\begin{cases} A=C \\ B=C \end{cases}$로 풀면 편리하다.

1 다음 연립방정식을 풀어라.

(1) $\begin{cases} 2(x+y)-y=5 \\ 2x-y=3 \end{cases}$

(2) $\begin{cases} \dfrac{x}{3}+\dfrac{y}{2}=1 \\ \dfrac{x}{4}+\dfrac{y}{3}=\dfrac{5}{6} \end{cases}$

(3) $\begin{cases} 0.2x+0.1y=1.2 \\ 0.1x-0.2y=0.1 \end{cases}$

답 1 (1) $x=2,\ y=1$ (2) $x=6,\ y=-2$ (3) $x=5,\ y=2$

06 | 해가 특수한 연립방정식

개념 Link 풍산자 개념완성편 76쪽

(1) 해가 무수히 많은 연립방정식

두 방정식을 변형하였을 때, 미지수의 계수와 상수항이 각각 같은 경우 ⇨ 해가 무수히 많다.

(2) 해가 없는 연립방정식

두 방정식을 변형하였을 때, 미지수의 계수는 각각 같고 상수항은 다른 경우 ⇨ 해가 없다.

개념 Tip 연립방정식 $\begin{cases} ax+by=c \\ a'x+b'y=c' \end{cases}$에서

① $\dfrac{a}{a'}=\dfrac{b}{b'}=\dfrac{c}{c'}$ ⇨ 해가 무수히 많다. ② $\dfrac{a}{a'}=\dfrac{b}{b'}\neq\dfrac{c}{c'}$ ⇨ 해가 없다.

1 다음 보기의 연립방정식에 대하여 물음에 답하여라.

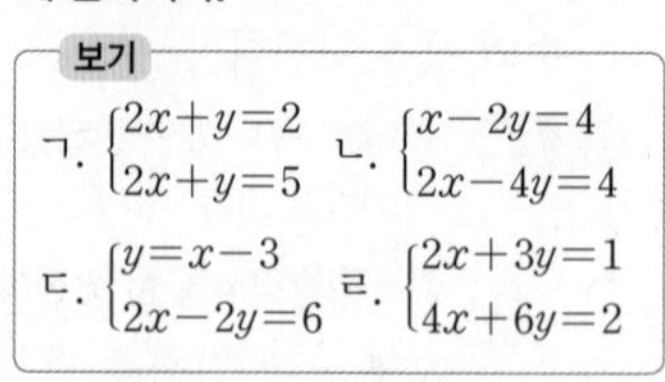
보기
ㄱ. $\begin{cases} 2x+y=2 \\ 2x+y=5 \end{cases}$ ㄴ. $\begin{cases} x-2y=4 \\ 2x-4y=4 \end{cases}$
ㄷ. $\begin{cases} y=x-3 \\ 2x-2y=6 \end{cases}$ ㄹ. $\begin{cases} 2x+3y=1 \\ 4x+6y=2 \end{cases}$

(1) 해가 무수히 많은 연립방정식을 모두 골라라.

(2) 해가 없는 연립방정식을 모두 골라라.

답 1 (1) ㄷ, ㄹ (2) ㄱ, ㄴ

필수유형 · 공략하기

파란 해설 33쪽

유형 064 · 미지수가 2개인 일차방정식

미지수가 2개인 일차방정식은 다음과 같은 순서로 찾는다.

❶ 괄호가 있으면 괄호를 푼다.

❷ 모든 항을 좌변으로 이항하여 간단히 정리한다.

❸ $ax+by+c=0(a\neq0,\ b\neq0)$의 꼴을 찾는다.

풍쌤의 point 주어진 식을 $ax+by+c=0(a,\ b,\ c$는 상수, $a\neq0,\ b\neq0)$의 꼴로 나타낼 수 있는지 확인한다.

314 필수

다음 중 미지수가 2개인 일차방정식인 것은?

① $y=2x$ ② $2x-y+1=x-y$ ③ $x+2y<3$ ④ $x(2-y)=3$ ⑤ $x^2+2y-5=0$

315

다음 보기 중 미지수가 2개인 일차방정식의 개수를 구하여라.

보기

ㄱ. $x+y=0$ ㄴ. $5x+3y=z$

ㄷ. $x^2+y^2=0$ ㄹ. $2(x-y)=1$

ㅁ. $xy=1$ ㅂ. $\frac{1}{x}+\frac{1}{y}+\frac{1}{2}=0$

316

미지수가 2개인 일차방정식 $2(x-y)=3x+y-7$을 정리하여 $ax+by-7=0$으로 나타낼 때, 상수 a, b에 대하여 $a+b$의 값은?

① 1 ② 2 ③ 3 ④ 4 ⑤ 5

유형 065 · 미지수가 2개인 일차방정식의 해

순서쌍 $(a,\ b)$가 일차방정식의 해이다.

⇨ $x=a$, $y=b$를 일차방정식에 대입하면 등식이 성립한다.

풍쌤의 point x, y의 값을 주어진 일차방정식에 대입하여 등식이 성립하는지 확인한다.

317 필수

다음 중 일차방정식 $2x+y=5$의 해인 것을 모두 고르면? (정답 2개)

① $(-2,\ 1)$ ② $(-1,\ 7)$ ③ $(1,\ 3)$ ④ $(3,\ -2)$ ⑤ $(4,\ -4)$

318

다음 중 일차방정식 $3x-2y=1$의 해가 아닌 것은?

① $(-1,\ -2)$ ② $\left(\frac{2}{3},\ \frac{1}{2}\right)$ ③ $(1,\ 1)$ ④ $(2,\ -1)$ ⑤ $(3,\ 4)$

319

다음 일차방정식 중 $x=2$, $y=-2$를 해로 갖는 것은?

① $x+2y=3$ ② $x-2y=5$ ③ $3x+4y=-2$ ④ $3x-2y-1=0$ ⑤ $4x+5y-2=0$

필수유형 · 공략하기

유형 066 · x, y가 자연수 또는 정수일 때, 일차방정식의 해 구하기

x, y가 자연수일 때에는 일차방정식에 $x=1, 2, 3, \cdots$을 차례로 대입하여 y의 값이 자연수인 순서쌍 (x, y)를 모두 찾는다.

풍쌤의 point x, y 중 계수의 절댓값이 큰 미지수에, $1, 2, 3, \cdots$을 차례로 대입하면 해를 구하기 편리하다.

320 필수

x, y가 자연수일 때, 일차방정식 $5x+y=20$의 해의 개수는?

① 1개　② 2개　③ 3개
④ 4개　⑤ 무수히 많다.

321

x, y가 자연수일 때, 다음 일차방정식 중 해의 개수가 가장 많은 것은?

① $x+5y=10$　② $x+y-3=0$
③ $2x+y=8$　④ $3x+2y=7$
⑤ $x+y-1=0$

322

x, y가 음이 아닌 정수일 때, 일차방정식 $2x+3y=15$의 해의 개수는?

① 1개　② 2개　③ 3개
④ 4개　⑤ 5개

중요한

유형 067 · 일차방정식의 해가 주어진 경우

일차방정식의 한 해가 (a, b)이면
❶ $x=a$, $y=b$를 일차방정식에 대입
❷ 등식이 성립하도록 하는 상수의 값 구하기

풍쌤의 point 주어진 해를 일차방정식에 대입하여 등식이 성립하도록 하는 상수의 값을 구한다.

323 필수

일차방정식 $3x+ay=-7$의 한 해가 $(-1, 2)$일 때, 상수 a의 값은?

① -2　② -1　③ 1
④ 2　⑤ 3

324

일차방정식 $5x-3y=4$의 한 해가 $(5, a)$일 때, 상수 a의 값을 구하여라.

325

순서쌍 $(a, -2a+3)$이 일차방정식 $3x+4y=-13$의 한 해일 때, 상수 a의 값을 구하여라.

326 서술형

순서쌍 $(-2, 3)$, $(1, a)$가 모두 일차방정식 $2x+by=5$의 해일 때, 상수 a, b에 대하여 $a+b$의 값을 구하여라.

유형 068 연립방정식 세우기

주어진 문장을 미지수 x, y에 대한 2개의 일차방정식으로 나타낸 후 한 쌍으로 묶는다.

327 필수

다음 문장을 미지수가 2개인 연립방정식으로 나타내면?

> 농구 경기에서 어떤 선수가 2점 슛 x개와 3점 슛 y개를 합하여 10개를 넣어서 24점을 득점하였다.

① $\begin{cases} x-y=10 \\ x+y=24 \end{cases}$ ② $\begin{cases} x+y=10 \\ xy+2+3=24 \end{cases}$

③ $\begin{cases} x+y=10 \\ 2x+3y=24 \end{cases}$ ④ $\begin{cases} 2x+3y=10 \\ 10+x+y=24 \end{cases}$

⑤ $\begin{cases} x+y=10 \\ 3x+2y=24 \end{cases}$

328

입장료가 어른은 2000원, 학생은 1200원인 전시관에 어른과 학생을 합하여 9명이 14000원을 내고 들어갔다. 어른 수를 x명, 학생 수를 y명으로 놓고 연립방정식으로 나타내면 $\begin{cases} x+y=a \\ 2000x+by=c \end{cases}$일 때, 상수 a, b, c에 대하여 $a+b+c$의 값을 구하여라.

329

전체 학생 수가 28명인 어느 학급에서 남학생의 $\frac{1}{3}$과 여학생의 $\frac{1}{2}$인 12명이 안경을 썼다고 한다. 남학생 수를 x명, 여학생 수를 y명으로 놓고 x, y에 대한 연립방정식으로 나타내어라.

유형 069 연립방정식의 해

연립방정식에서 두 일차방정식을 동시에 만족시키는 x, y의 값 또는 그 순서쌍 (x, y)를 연립방정식의 해라고 한다.

풍쌤의 point 연립방정식의 각 방정식에 대하여 공통인 해를 구한다.

330 필수

x, y가 자연수일 때, 연립방정식 $\begin{cases} 2x-y=3 \\ x+2y=9 \end{cases}$의 해는?

① $(1, 4)$ ② $(2, 1)$ ③ $(3, 3)$
④ $(4, 5)$ ⑤ $(5, 2)$

331

다음 연립방정식 중 $x=-1$, $y=3$을 해로 갖는 것은?

① $\begin{cases} 3x-y=0 \\ x+2y=5 \end{cases}$ ② $\begin{cases} 2x+y=1 \\ x-2y=-5 \end{cases}$

③ $\begin{cases} x=2y-1 \\ x-y=-4 \end{cases}$ ④ $\begin{cases} y=x+4 \\ 2x+y=1 \end{cases}$

⑤ $\begin{cases} x+y=2 \\ x+2y=3 \end{cases}$

332 서술형

x, y가 자연수일 때, 다음 물음에 답하여라.

(1) 일차방정식 $x+y=7$의 해를 구하여라.
(2) 일차방정식 $2x+3y=16$의 해를 구하여라.
(3) (1), (2)를 이용하여 연립방정식 $\begin{cases} x+y=7 \\ 2x+3y=16 \end{cases}$의 해를 구하여라.

유형 070 연립방정식의 해가 주어진 경우 (1)

연립방정식의 해가 (a, b)이면
❶ $x=a$, $y=b$를 두 일차방정식에 각각 대입
❷ 등식이 성립하도록 하는 상수의 값 구하기

풍쌤의 point 해를 두 일차방정식에 각각 대입하여 등식이 모두 성립하도록 하는 상수의 값을 구한다.

333 필수

연립방정식 $\begin{cases} 3x-2y=a \\ x+by=7 \end{cases}$의 해가 $(3, -2)$일 때, 상수 a, b에 대하여 $a+b$의 값은?

① -15　② -11　③ 2
④ 11　⑤ 15

334

연립방정식 $\begin{cases} x-y=5 \\ 2x+y=a \end{cases}$의 해가 $(2, b)$일 때, $a-b$의 값을 구하여라. (단, a는 상수)

335 서술형

연립방정식 $\begin{cases} 2x+3y=17 \\ ax+y=15 \end{cases}$의 해가 $(b, b-1)$일 때, ab의 값을 구하여라. (단, a는 상수)

유형 071 연립방정식의 풀이(1) – 식의 대입을 이용

예 $\begin{cases} y=x+1 & \cdots\cdots ㉠ \\ x+2y=8 & \cdots\cdots ㉡ \end{cases}$ $\xrightarrow{㉠을\ ㉡에\ 대입}$ $x+2(x+1)=8$

$\therefore x=2 \xrightarrow{x=2를\ ㉠에\ 대입} y=2+1=3$

풍쌤의 point 두 일차방정식 중 하나가
$x=ay+b$ 또는 $y=ax+b$
의 꼴일 때, 이 식을 다른 식에 대입하여 미지수를 없앤다.

336 필수

연립방정식 $\begin{cases} x=3y-2 \\ 2x-5y=1 \end{cases}$의 해가 $x=a$, $y=b$일 때, $a-b$의 값은?

① -8　② 5　③ 8
④ 13　⑤ 18

337

연립방정식 $\begin{cases} x=2y-1 & \cdots\cdots ㉠ \\ 3x-y=-2 & \cdots\cdots ㉡ \end{cases}$를 식의 대입을 이용한 방법으로 풀기 위해 ㉠을 ㉡에 대입하여 x를 없앴더니 $ay=1$이 되었다. 이때 상수 a의 값은?

① 2　② 3　③ 4
④ 5　⑤ 6

338

연립방정식 $\begin{cases} y=2x-5 \\ y=-3x-15 \end{cases}$를 풀면?

① $x=-9$, $y=-2$　② $x=-9$, $y=2$
③ $x=-2$, $y=-9$　④ $x=2$, $y=-9$
⑤ $x=2$, $y=9$

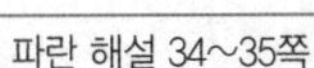

중요한

유형 072 · 연립방정식의 풀이 (2) – 두 식의 합 또는 차를 이용

예 $\begin{cases} 3x-4y=-2 & \cdots\cdots ㉠ \\ x+2y=-4 & \cdots\cdots ㉡ \end{cases}$ $\xrightarrow{㉡\times 2}$ $\begin{array}{r} 3x-4y=-2 \\ +\underline{)\,2x+4y=-8} \\ 5x \quad\;\; =-10 \end{array}$

$\therefore x=-2 \xrightarrow{x=-2\text{를 ㉡에 대입}} -2+2y=-4 \qquad \therefore y=-1$

풍쌤의 point 없애려는 미지수의 계수의 절댓값을 같게 한 후
- 계수의 부호가 같으면 ⇨ 두 방정식을 변끼리 뺀다.
- 계수의 부호가 다르면 ⇨ 두 방정식을 변끼리 더한다.

339 필수

연립방정식 $\begin{cases} 2x+y=10 \\ 3x-y=10 \end{cases}$의 해가 $x=a$, $y=b$일 때, $a+b$의 값은?

① 6 ② 7 ③ 8
④ 9 ⑤ 10

340

연립방정식 $\begin{cases} 2x+3y=1 & \cdots\cdots ㉠ \\ 5x+2y=3 & \cdots\cdots ㉡ \end{cases}$을 풀기 위하여 y를 없애려고 할 때, 필요한 식은?

① ㉠×5−㉡×2 ② ㉠×5+㉡×2
③ ㉠×3−㉡×2 ④ ㉠×2−㉡×3
⑤ ㉠×2+㉡×3

341

연립방정식 $\begin{cases} 2x-7y=9 & \cdots\cdots ㉠ \\ ax+2y=1 & \cdots\cdots ㉡ \end{cases}$에서 x를 없애기 위해 ㉠×3−㉡×2를 하였다. 주어진 연립방정식의 해를 구하여라. (단, a는 상수)

유형 073 · 연립방정식의 해가 주어진 경우 (2)

연립방정식의 해가 (a, b)이면
⇨ $x=a$, $y=b$를 두 일차방정식에 대입하면 등식이 성립한다.

풍쌤의 point 연립방정식의 해를 두 일차방정식에 각각 대입한다.

342 필수

연립방정식 $\begin{cases} ax+by=3 \\ ax-by=-5 \end{cases}$의 해가 $x=-1$, $y=2$일 때, 상수 a, b에 대하여 ab의 값을 구하여라.

343

순서쌍 $(3, 1)$이 연립방정식 $\begin{cases} ax-3by=6 \\ 2ax+5by=23 \end{cases}$의 해일 때, 상수 a, b에 대하여 $a-b$의 값은?

① −2 ② −1 ③ 1
④ 2 ⑤ 3

344 서술형

연립방정식 $\begin{cases} ax+by=9 \\ bx-ay=7 \end{cases}$의 해가 $(5, -1)$일 때, 상수 a, b에 대하여 $a+b$의 값을 구하여라.

필수유형 • 공략하기

유형 074 연립방정식의 해의 조건이 주어진 경우

(1) x의 값이 y의 값의 k배이다. ⇨ $x=ky$
(2) x의 값이 y의 값보다 k만큼 크다. ⇨ $x=y+k$
(3) $x:y=m:n$ ⇨ $nx=my$

풍쌤의 point 주어진 해의 조건을 식으로 나타낸 후 푼다.

345 필수

연립방정식 $\begin{cases} x+3y=10 \\ 3x-5y=a \end{cases}$를 만족시키는 x의 값이 y의 값의 2배일 때, 상수 a의 값을 구하여라.

346

연립방정식 $\begin{cases} x+2y=a+12 \\ 3x+y=18 \end{cases}$을 만족시키는 y의 값이 x의 값의 3배일 때, 상수 a의 값을 구하여라.

347

연립방정식 $\begin{cases} 2x-y=k \\ 5x-2y=2k+1 \end{cases}$을 만족시키는 x의 값이 y의 값보다 3만큼 클 때, 상수 k의 값을 구하여라.

348

연립방정식 $\begin{cases} 2x+y=7 \\ -4x+ay=1 \end{cases}$을 만족시키는 x, y에 대하여 $x:y=2:3$일 때, 상수 a의 값을 구하여라.

유형 075 해가 서로 같은 두 연립방정식

두 연립방정식의 해가 서로 같을 때
❶ 두 연립방정식에서 계수가 모두 주어진 두 일차방정식을 연립하여 푼다.
❷ 구한 해를 다른 두 일차방정식에 대입하여 상수의 값을 구한다.

풍쌤의 point 계수가 모두 주어진 일차방정식끼리 짝 지어서 푼다.

349 필수

두 연립방정식

$$\begin{cases} 3x-by=1 \\ 2x-3y=5 \end{cases}, \begin{cases} 3x-y=4 \\ ax+y=7 \end{cases}$$

의 해가 서로 같을 때, 상수 a, b에 대하여 $a+b$의 값을 구하여라.

350

다음 두 연립방정식의 해가 서로 같을 때, 상수 a, b에 대하여 ab의 값을 구하여라.

$$\begin{cases} 2x+y=2 \\ 3x-by=a+3 \end{cases}, \begin{cases} 3x+2y=1 \\ ax-y=b \end{cases}$$

351 서술형

다음 4개의 일차방정식이 한 개의 공통인 해를 가질 때, 상수 a, b에 대하여 $a+2b$의 값을 구하여라.

(가) $x+2y=7$　　(나) $ax+by=-1$
(다) $4x-y=1$　　(라) $bx+ay=5$

어려운

유형 076 · 잘못 구한 해

(1) 계수나 상수항을 잘못 보고 푼 경우 ⇨ 잘못 본 계수나 상수항을 a로 놓고, 잘못 구한 해를 대입한다.
(2) 계수 a와 b를 서로 바꾸어 놓고 푼 경우 ⇨ $a \to b$, $b \to a$로 바꾼 연립방정식에 잘못 구한 해를 대입한다.

풍쌤의 point 잘못 보고 구한 해를 잘못 본 연립방정식에 대입하여 계수를 구한다.

352 필수

연립방정식 $\begin{cases} ax+by=3 \\ bx+ay=-7 \end{cases}$ 에서 a와 b를 서로 바꾸어 놓고 풀었더니 해가 $x=1$, $y=3$이었다. 이때 처음 연립방정식의 해는? (단, a, b는 상수)

① $x=-3, y=-1$　② $x=-3$, $y=2$
③ $x=1$, $y=3$　④ $x=2$, $y=-3$
⑤ $x=3$, $y=1$

353

연립방정식 $\begin{cases} 2x+3y=6 \\ x+2y=5 \end{cases}$ 에서 $2x+3y=6$의 6을 잘못 보고 풀어서 $y=2$를 얻었다. 6을 어떤 수로 잘못 보고 풀었는지 구하여라.

354 서술형

연립방정식 $\begin{cases} ax+5y=-1 \\ 3x+by=8 \end{cases}$ 을 푸는데 지윤이는 상수 a를 잘못 보고 풀어서 $x=4$, $y=2$를 얻었고, 재선이는 상수 b를 잘못 보고 풀어서 $x=-3$, $y=1$을 얻었다. 처음 연립방정식의 해를 구하여라.

유형 077 · 괄호가 있는 연립방정식

예 $\begin{cases} 2(x+2y)-3y=9 \\ x-(2x-y)=3 \end{cases}$ ⇨ $\begin{cases} 2x+y=9 \\ -x+y=3 \end{cases}$
$\therefore x=2,\ y=5$

풍쌤의 point 분배법칙을 이용하여 괄호를 풀고 동류항끼리 정리한 후 연립방정식을 푼다.

355 필수

연립방정식 $\begin{cases} x+3(y-2)=5 \\ 3(x+y)-4y=13 \end{cases}$ 의 해가 $x=a$, $y=b$일 때, $a+b$의 값을 구하여라.

356

연립방정식 $\begin{cases} y=2(1+x) \\ 4(x-2y)+y=6 \end{cases}$ 을 풀어라.

357

다음 연립방정식을 만족시키는 x의 값이 y의 값의 2배일 때, 상수 k의 값을 구하여라.

$$\begin{cases} 2(x+y)-3y=k-1 \\ 5x-3(2x-y)=k+1 \end{cases}$$

358

연립방정식 $\begin{cases} ax+2y=14 \\ 2(5-y)-(x-3)=3 \end{cases}$ 의 해가 일차방정식 $3(x-y)-2(x+y)+11=0$을 만족시킬 때, 상수 a의 값을 구하여라.

필수유형 • 공략하기

유형 078 계수가 분수 또는 소수인 연립방정식

(1) 계수가 분수인 경우 ⇨ 양변에 분모의 최소공배수를 곱한다.

(2) 계수가 소수인 경우 ⇨ 양변에 10, 100, 1000, ⋯ 중 적당한 수를 곱한다.

풍쌤의 point 계수에 분수나 소수가 있으면 양변에 적당한 수를 곱하여 계수를 정수로 고친 후 연립방정식을 푼다.

359 필수

연립방정식 $\begin{cases} 0.2x-0.1y=1 \\ \frac{1}{4}x+\frac{1}{2}y=0 \end{cases}$ 을 풀면?

① $x=-2,\ y=4$　② $x=1,\ y=2$　③ $x=2,\ y=-4$　④ $x=2,\ y=-2$　⑤ $x=4,\ y=-2$

360

연립방정식 $\begin{cases} \frac{3}{2}(x-2y)+y=1 \\ \frac{2x-y}{3}-\frac{x+3}{4}=\frac{1}{6} \end{cases}$ 을 풀어라.

361

연립방정식 $\begin{cases} 0.02x+0.1y=-0.03 \\ 1.3x+y=0.8 \end{cases}$ 을 만족시키는 x, y에 대하여 $x-2y$의 값을 구하여라.

362

연립방정식 $\begin{cases} \frac{1}{2}x-0.6y=1.3 \\ 0.3x+\frac{1}{5}y=0.5 \end{cases}$ 의 해가 $x=a,\ y=b$일 때, ab의 값은?

① -4　② -1　③ 1　④ 2　⑤ 4

363

연립방정식 $\begin{cases} 0.5x-0.2(x-y)=1.1 \\ 12(x-2y)-7x=3a \end{cases}$ 를 만족시키는 x의 값이 3일 때, 상수 a의 값은?

① -7　② -5　③ -3　④ 3　⑤ 5

364 서술형

연립방정식 $\begin{cases} x+\frac{2}{3}y=1 \\ \frac{x+y}{2}-y=-2 \end{cases}$ 의 해가 일차방정식 $2x-y=k$를 만족시킬 때, 상수 k의 값을 구하여라.

유형 079 비례식이 있는 연립방정식

비례식에서 (외항의 곱)=(내항의 곱)임을 이용하여 비례식을 일차방정식으로 바꾸어 푼다.

풍쌤의 point $a:b=c:d \Rightarrow ad=bc$

365 필수

연립방정식 $\begin{cases} y-x=4(x+y) \\ 2x:(1-y)=3:2 \end{cases}$ 를 풀어라.

366

다음 연립방정식의 해가 $x=a$, $y=b$일 때, $a-b$의 값은?

$$\begin{cases} (2x-3y):(3x-2y)=1:3 \\ 0.6x-y=1.2 \end{cases}$$

① -4　② -3　③ 2　④ 3　⑤ 4

367 서술형

순서쌍 (a, b)가 일차방정식 $\frac{x+y}{2}=\frac{x+2y+1}{3}$의 한 해이고, $a:b=3:2$일 때, ab의 값을 구하여라.

중요한

유형 080 $A=B=C$ 꼴의 연립방정식

(1) $\begin{cases} A=B \\ A=C \end{cases}$, $\begin{cases} A=B \\ B=C \end{cases}$, $\begin{cases} A=C \\ B=C \end{cases}$ 중 편리한 것을 선택하여 푼다.

(2) C가 상수일 때에는 $\begin{cases} A=C \\ B=C \end{cases}$ 로 풀면 편리하다.

풍쌤의 point $A=B$, $A=C$, $B=C$ 중 간단한 것 2개를 선택하여 연립방정식으로 만들어서 푼다.

368 필수

다음 연립방정식을 풀어라.

$$4x+y=-5x+4y=4-3x+2y$$

369

연립방정식 $x+3y+2=ax+5y-4=1$의 해가 $x=5$, $y=b$일 때, 상수 a, b에 대하여 $a-b$의 값은?

① -2　② -1　③ 1　④ 3　⑤ 5

370

연립방정식 $\frac{x-2}{4}=\frac{y-3}{2}=\frac{x+y+1}{12}$의 해가 $x=a$, $y=b$일 때, $a+b$의 값을 구하여라.

유형 081 해가 특수한 연립방정식 (1) – 해가 무수히 많을 때

연립방정식 $\begin{cases} ax+by=c \\ a'x+b'y=c' \end{cases}$ 에서

$\dfrac{a}{a'}=\dfrac{b}{b'}=\dfrac{c}{c'}$이면 ⇨ 해가 무수히 많다.

풍쌤의 point 연립방정식의 두 일차방정식 중 어느 한 방정식을 변형하였을 때, 나머지 방정식과 x, y의 계수, 상수항이 각각 같으면 연립방정식의 해가 무수히 많다.

371 필수

연립방정식 $\begin{cases} 2x-3y=5 \\ ax+6y=b \end{cases}$ 의 해가 무수히 많을 때, 상수 a, b에 대하여 $a-b$의 값은?

① -6 ② -4 ③ 4
④ 6 ⑤ 10

372

다음 연립방정식 중 해가 무수히 많은 것은?

① $\begin{cases} 2x-y=-2 \\ x+y=5 \end{cases}$ ② $\begin{cases} 2x+y=3 \\ 4x+2y=6 \end{cases}$

③ $\begin{cases} 2x+3y=3 \\ 3x+2y=3 \end{cases}$ ④ $\begin{cases} x=y+2 \\ x+y=2 \end{cases}$

⑤ $\begin{cases} 2x+y=4 \\ 2y+x=4 \end{cases}$

373

연립방정식 $\begin{cases} (a+1)x-2y=3 \\ 3x+by=6 \end{cases}$ 의 해가 무수히 많을 때, 상수 a, b에 대하여 ab의 값을 구하여라.

유형 082 해가 특수한 연립방정식 (2) – 해가 없을 때

연립방정식 $\begin{cases} ax+by=c \\ a'x+b'y=c' \end{cases}$ 에서

$\dfrac{a}{a'}=\dfrac{b}{b'}\neq\dfrac{c}{c'}$이면 ⇨ 해가 없다.

풍쌤의 point 연립방정식의 두 일차방정식 중 어느 한 방정식을 변형하였을 때, 나머지 방정식과 x, y의 계수는 각각 같고 상수항만 다르면 연립방정식의 해가 없다.

374 필수

연립방정식 $\begin{cases} x+2y=1 \\ 3x+ay=2 \end{cases}$ 의 해가 없을 때, 상수 a의 값은?

① 3 ② 6 ③ 9
④ 12 ⑤ 15

375

다음 연립방정식 중 해가 없는 것은?

① $\begin{cases} 2x-3y=5 \\ 4x-6y=10 \end{cases}$ ② $\begin{cases} 3x+y=6 \\ -3x-y=-6 \end{cases}$

③ $\begin{cases} 2x+y=1 \\ x-2y=3 \end{cases}$ ④ $\begin{cases} -x+3y=1 \\ 2x-6y=3 \end{cases}$

⑤ $\begin{cases} x-4y=3 \\ 3x-4y=-7 \end{cases}$

376

다음 일차방정식 중에서 두 방정식을 한 쌍으로 하는 연립방정식을 만들었을 때, 해가 없는 것은?

(가) $x-2y=3$ (나) $2x+4y=6$
(다) $x+2y=3$ (라) $3x-6y=3$

① (가), (나) ② (가), (다) ③ (가), (라)
④ (나), (다) ⑤ (다), (라)

필수유형 ◆ 뛰어넘기

유형064~유형082
파란 해설 39~40쪽

377

등식 $x^2-ax+3y-4=bx^2+2x-cy+5$가 미지수가 2개인 일차방정식이 되기 위한 상수 a, b, c의 조건은?

① $a\neq-2$, $b\neq1$, $c=3$
② $a\neq2$, $b=1$, $c=-3$
③ $a\neq-2$, $b=1$, $c\neq-3$
④ $a=-2$, $b\neq1$, $c\neq-3$
⑤ $a=2$, $b=1$, $c\neq-3$

378

한 개에 800원 하는 탄산 음료와 한 개에 1200원 하는 과즙 음료를 섞어서 8000원어치를 사려고 한다. 이때 살 수 있는 음료 전체의 최소 개수와 최대 개수를 각각 구하여라.

(단, 각 음료는 적어도 한 개 이상 산다.)

379

x, y가 모두 절댓값이 4 이하인 정수일 때, 일차방정식 $2x+3y=1$의 해의 개수는?

① 1 ② 3 ③ 5 ④ 7 ⑤ 9

380

두 자연수 a, b에 대하여 $a\star b=2a+b$라고 하자. x, y가 자연수일 때, $3x\star2y=4\star6$을 만족시키는 x, y의 순서쌍 (x, y)를 모두 구하여라.

381

연립방정식 $\begin{cases} ax+4y=5 & \cdots\cdots ㉠ \\ 3x+by=8 & \cdots\cdots ㉡ \end{cases}$에서 y를 없애기 위해 ㉠$\times3-$㉡$\times2$를 하였더니 $x=1$이 되었다. 상수 a, b에 대하여 ab의 값을 구하여라.

382 서술형

연립방정식 $\begin{cases} 3x+5y=9 \\ 2x+ay=8 \end{cases}$의 해를 $x=m$, $y=n$이라 하면 연립방정식 $\begin{cases} bx-2y=3 \\ 3x+2y=1 \end{cases}$의 해는 $x=m+1$, $y=n-1$이다. 이때 상수 a, b에 대하여 $a+b$의 값을 구하여라.

383

다음 두 연립방정식에서 ㈎의 해는 $x=m$, $y=n$이고 ㈏의 해는 $x=n$, $y=m$일 때, 상수 a, b에 대하여 ab의 값을 구하여라.

㈎ $\begin{cases} 3x+y=-1 \\ 4x+by=a \end{cases}$ ㈏ $\begin{cases} 3x-2y=8 \\ ax+y=b \end{cases}$

384

연립방정식 $\begin{cases} 0.04x+0.03y=0.18 \\ \dfrac{x}{2}-\dfrac{y}{4}=1 \end{cases}$ 의 해가 (a, b)일 때, 다음 일차방정식 중 (a, b)를 해로 갖는 것은?

① $x-2y=-1$　② $x+2y=5$
③ $x-3y=3$　④ $3x-y=2$
⑤ $4x-5y=1$

385

연립방정식 $\begin{cases} \dfrac{x+1}{2}-\dfrac{y+2}{3}=a \\ \dfrac{x+1}{4}-\dfrac{y+3}{5}=a \end{cases}$ 를 만족시키는 y의 값이 x의 값보다 4만큼 클 때, 상수 a의 값을 구하여라.

386 창의

다음 연립방정식을 풀어라.

$$\begin{cases} 1.\dot{5}x+1.\dot{4}y=5.\dot{2} \\ \dfrac{2x+y-3}{3}+\dfrac{x}{6}=\dfrac{x+2y+1}{4} \end{cases}$$

387 서술형

다음 두 일차방정식을 동시에 만족시키는 x, y에 대하여 $\dfrac{x}{y}$의 값을 구하여라. (단, $a\neq0$)

$$3x-4y+a=0,\ x+2y-2a=0$$

388

연립방정식 $\begin{cases} \dfrac{1}{x}-\dfrac{2}{y}=5 \\ \dfrac{3}{x}+\dfrac{5}{y}=4 \end{cases}$ 를 풀어라.

389

다음 일차방정식을 모두 만족시키는 상수 k의 값은?

$$3x+2y+1=k,\ x-4y-1=k,\ y+6=k$$

① -1　② 1　③ 2
④ 5　⑤ 7

390

다음 연립방정식의 해가 없을 때, 상수 k의 값은?

$$x+y=2x-y+1=4x-ky+5$$

① 1　② 2　③ 3
④ 4　⑤ 5

391

연립방정식 $\begin{cases} 2x+4y+6=0 \\ 3x+(a+1)y+b=0 \end{cases}$ 의 해가 무수히 많을 때, 일차방정식 $ax+by=33$의 해 중에서 x, y가 모두 자연수인 것을 구하여라. (단, a, b는 상수)

연립일차방정식의 활용

01 연립일차방정식의 활용

개념 Link 풍산자 개념완성편 82쪽

연립일차방정식의 활용 문제는 다음 순서에 따라 푼다.

❶ 미지수 정하기: 문제의 뜻을 파악하여 구하려고 하는 값을 미지수 x, y로 놓는다.

❷ 연립방정식 세우기: 문제의 뜻에 맞게 연립방정식을 세운다.

❸ 연립방정식 풀기: 연립방정식을 푼다.

❹ 확인하기: 구한 해가 문제의 뜻에 맞는지 확인한다. → 구한 값이 문제의 뜻에 맞는지 확인할 때 나이, 개수, 횟수 등은 자연수이고, 길이, 거리 등은 양수임에 유의한다.

예 합이 22이고, 차가 8인 두 수를 구하여라.

❶ 미지수 정하기	큰 수를 x, 작은 수를 y로 놓는다.
❷ 연립방정식 세우기	$\begin{cases} x+y=22 \\ x-y=8 \end{cases}$
❸ 연립방정식 풀기	연립방정식을 풀면 $x=15$, $y=7$ 따라서 두 수는 7, 15이다.
❹ 확인하기	$7+15=22$, $15-7=8$이므로 7, 15는 합이 22이고 차가 8인 두 수가 맞다.

1 합이 45인 두 자연수가 있다. 큰 수를 작은 수로 나누면 몫이 6이고, 나머지는 3일 때, 다음 물음에 답하여라.

(1) 큰 수를 x, 작은 수를 y라 할 때, 연립방정식을 세워라.

(2) (1)에서 세운 연립방정식을 풀어라.

(3) 두 자연수를 구하여라.

답 1 (1) $\begin{cases} x+y=45 \\ x=6y+3 \end{cases}$ (2) $x=39$, $y=6$ (3) 39, 6

02 거리, 속력, 시간에 대한 문제

개념 Link 풍산자 개념완성편 84쪽

(1) $(거리)=(속력)\times(시간)$

(2) $(속력)=\dfrac{(거리)}{(시간)}$

(3) $(시간)=\dfrac{(거리)}{(속력)}$

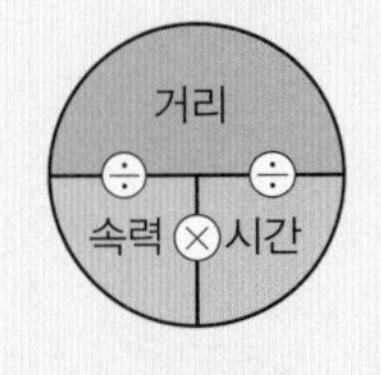

개념 Tip 거리, 속력, 시간에 대한 활용 문제는 먼저 단위를 통일시켜야 한다.
$1\text{ km}=1000\text{ m}$, $1\text{ m}=\dfrac{1}{1000}\text{ km}$, 1시간=60분, 1분=$\dfrac{1}{60}$시간

1 등산을 하는데 올라갈 때는 시속 2 km로 걷고, 내려올 때는 2 km가 더 먼 길을 시속 3 km로 걸어서 총 4시간이 걸렸다고 한다. 올라간 거리를 x km, 내려온 거리를 y km라 할 때, x, y에 대한 연립방정식을 세워라.

답 1 $\begin{cases} y=x+2 \\ \dfrac{x}{2}+\dfrac{y}{3}=4 \end{cases}$

03 농도에 대한 문제

개념 Link 풍산자 개념완성편 84쪽

(1) $(소금물의\ 농도)=\dfrac{(소금의\ 양)}{(소금물의\ 양)}\times100(\%)$

(2) $(소금의\ 양)=\dfrac{(소금물의\ 농도)}{100}\times(소금물의\ 양)$

개념 Tip ① 소금물에 물을 더 넣거나 증발시켜도 소금의 양은 변하지 않는다.
② 농도가 서로 다른 두 소금물을 섞을 때, 소금의 양은 변하지 않으므로
(섞기 전 두 소금물의 소금의 양의 합)=(섞은 후 소금물의 소금의 양)

1 5 %의 소금물과 8 %의 소금물을 섞어서 6 %의 소금물 300 g을 만들었다. 5 %의 소금물의 양을 x g, 8 %의 소금물의 양을 y g이라 할 때, x, y에 대한 연립방정식을 세워라.

답 1 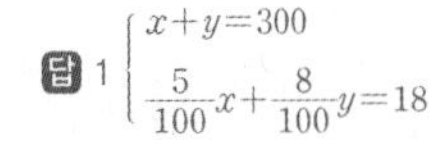
$\begin{cases} x+y=300 \\ \dfrac{5}{100}x+\dfrac{8}{100}y=18 \end{cases}$

필수유형 • 공략하기

유형 083 수의 연산에 대한 문제

x를 y로 나누면 몫이 q, 나머지가 r ⇨ $x=qy+r$

풍쌤의 point 두 수를 x, y로 놓고 문제에 뜻에 맞게 연립방정식을 세운 후 연립방정식을 푼다.

392 필수

두 자연수가 있다. 두 수의 합은 250이고 큰 수에서 작은 수를 빼면 70일 때, 큰 수는?

① 90 ② 110 ③ 140
④ 150 ⑤ 160

393

합이 80인 두 수가 있다. 큰 수는 작은 수의 3배보다 4만큼 클 때, 두 수의 차는?

① 19 ② 25 ③ 42
④ 52 ⑤ 61

394

다음 조건을 모두 만족시키는 두 자연수를 구하여라.

(가) 큰 수를 작은 수로 나누면 몫은 2이고 나머지는 5이다.
(나) 작은 수의 10배를 큰 수로 나누면 몫은 3이고 나머지는 9이다.

중요한 유형 084 자연수의 자릿수 변화에 대한 문제

십의 자리의 숫자를 x, 일의 자리의 숫자를 y라 하면
처음 수 ⇨ $10x+y$
십의 자리의 숫자와 일의 자리의 숫자를 바꾼 수 ⇨ $10y+x$

풍쌤의 point 각 자리의 숫자를 각각 x, y로 놓고 연립방정식을 세운다.

395 필수

각 자리의 숫자의 합이 11인 두 자리의 자연수에서 십의 자리의 숫자와 일의 자리의 숫자를 바꾸면 처음 수보다 63만큼 작아진다고 할 때, 처음 자연수는?

① 29 ② 47 ③ 65
④ 74 ⑤ 92

396 서술형

두 자리의 자연수가 있다. 이 수의 일의 자리의 숫자는 십의 자리의 숫자의 2배보다 1만큼 크고, 십의 자리의 숫자와 일의 자리의 숫자를 바꾼 수는 처음 수의 2배보다 2만큼 크다고 할 때, 처음 자연수를 구하여라.

397

일의 자리의 숫자가 3인 세 자리의 자연수가 있다. 이 자연수의 각 자리의 숫자의 합은 13이고, 백의 자리의 숫자와 십의 자리의 숫자를 바꾼 수는 처음 수보다 180만큼 작다고 한다. 처음 자연수를 구하여라.

중요한

유형 085 나이에 대한 문제

(1) 올해 x세인 사람의 a년 전의 나이 ⇨ $(x-a)$세
(2) 올해 x세인 사람의 b년 후의 나이 ⇨ $(x+b)$세

풍쌤의 point 두 사람의 나이를 각각 x세, y세로 놓고 연립방정식을 세워서 푼다.

398 필수

현재 어머니와 아들의 나이의 차는 30세이다. 지금부터 16년 후에는 어머니의 나이가 아들의 나이의 2배가 된다고 한다. 현재 어머니와 아들의 나이를 각각 구하여라.

399

5년 전에는 오빠와 동생의 나이의 합이 30세이었고, 지금부터 2년 후에는 동생의 나이가 현재의 오빠의 나이와 같아진다고 한다. 현재 오빠의 나이는?

① 17세 ② 18세 ③ 19세
④ 20세 ⑤ 21세

400 서술형

다음 두 사람의 대화를 읽고, 고모의 물음에 답하여라.

> 현석: 고모, 10년 전에 고모의 나이는 제 나이의 6배였어요.
> 고모: 그래?
> 현석: 그런데 지금부터 10년 후에는 고모의 나이가 제 나이의 2배가 돼요.
> 고모: 그러면 고모하고 현석이의 나이 차는 얼마나 되는 거지?

유형 086 가격에 대한 문제

물건 A, B에 대하여 다음과 같이 연립방정식을 세울 수 있다.

$$\begin{cases} (\text{A의 개수})+(\text{B의 개수})=(\text{전체 개수}) \\ (\text{A의 전체 가격})+(\text{B의 전체 가격})=(\text{전체 가격}) \end{cases}$$

풍쌤의 point 개수와 가격 중에서 모르는 것을 미지수로 놓고 연립방정식을 세워서 푼다.

401 필수

어느 자동판매기는 커피 한 잔에 400원, 코코아 한 잔에 300원이다. 어느 날 이 자동판매기로 커피와 코코아를 합하여서 50잔을 판매하여 총 판매 가격이 18000원이 되었을 때, 이날 판매한 커피는 몇 잔인지 구하여라.

402

A, B 두 종류의 과자가 있다. A 과자 3봉지와 B 과자 4봉지의 가격은 5000원이고, A 과자 한 봉지의 가격은 B 과자 한 봉지의 가격보다 200원 더 싸다고 한다. A 과자 한 봉지의 가격을 구하여라.

403

사과 4개와 배 6개의 값은 9200원이고 사과 5개와 배 3개의 값은 7000원일 때, 사과 1개와 배 1개의 값을 각각 구하여라.

404

어느 미술관의 입장료는 어른은 4000원, 학생은 3000원이라고 한다. 이 미술관에 30명이 입장하였는데 입장료의 합계가 107000원이었다. 어른이 학생보다 몇 명 더 많이 입장하였는지 구하여라.

유형 087 • 도형에 대한 문제

(1) (직사각형의 둘레의 길이)
$=2\times\{($가로의 길이$)+($세로의 길이$)\}$
(2) (직사각형의 넓이)$=($가로의 길이$)\times($세로의 길이$)$
(3) (사다리꼴의 넓이)
$=\frac{1}{2}\times\{($윗변의 길이$)+($아랫변의 길이$)\}\times($높이$)$

405 필수

가로의 길이가 세로의 길이보다 7 cm 더 긴 직사각형의 둘레의 길이가 34 cm일 때, 이 직사각형의 넓이는?

① 50 cm^2 ② 60 cm^2 ③ 70 cm^2
④ 80 cm^2 ⑤ 90 cm^2

406

아랫변의 길이가 윗변의 길이보다 4 cm 더 긴 사다리꼴이 있다. 이 사다리꼴의 높이가 4 cm이고 넓이가 28 cm^2일 때, 아랫변의 길이를 구하여라.

407 서술형

둘레의 길이가 22 cm인 직사각형이 있다. 이 직사각형의 가로의 길이는 2배로 늘이고, 세로의 길이는 2 cm 줄였더니 그 둘레의 길이가 26 cm가 되었다. 처음 직사각형의 넓이를 구하여라.

유형 088 • 점수, 계단에 대한 문제

(1) 맞힌 점수를 ⊕, 틀린 점수를 ⊖로 생각한다.
(2) 계단을 올라가는 것을 ⊕, 내려가는 것을 ⊖로 생각한다.

풍쌤의 point A, B 두 사람이 가위바위보를 할 때, A가 이긴 횟수를 x회, 진 횟수를 y회라 하면 B가 이긴 횟수는 y회, 진 횟수는 x회이다.

408 필수

어느 퀴즈대회에서 20문제가 출제되는데 문제를 맞히면 5점을 얻고, 틀리면 3점을 잃는다고 한다. 진석이가 모든 문제를 풀고 60점을 얻었을 때, 진석이가 맞힌 문제의 개수를 구하여라.

409

15문제가 출제된 수학 시험에서 한 문제를 맞히면 5점을 얻고, 틀리면 2점을 잃는다고 한다. 채영이는 15문제를 모두 풀어서 33점을 얻었다고 할 때, 채영이가 틀린 문제의 개수를 구하여라.

410

유리와 기현이가 가위바위보를 하여 이긴 사람은 3계단씩 올라가고, 진 사람은 1계단씩 내려가기로 하였다. 얼마 후 유리는 처음보다 20계단, 기현이는 처음보다 4계단 올라가 있었다. 유리가 이긴 횟수를 구하여라.

(단, 비기는 경우는 생각하지 않는다.)

411

A, B 두 사람이 가위바위보를 하여 이긴 사람은 5계단씩 올라가고, 진 사람은 2계단씩 내려가기로 하였다. 게임이 끝난 후 A는 처음보다 3계단 내려가 있고, B는 처음보다 18계단 올라가 있었다면 B가 이긴 횟수를 구하여라.

(단, 비기는 경우는 생각하지 않는다.)

유형 089 이익, 할인에 대한 문제

(1) (정가)=(원가)+(이익)

(2) x원에 a %의 이익을 붙인 가격 ⇨ $\left(\underset{\text{원가}}{x}+\underset{\text{이익}}{\frac{a}{100}x}\right)$원

(3) x원에서 b % 할인한 가격 ⇨ $\left(\underset{\text{원가}}{x}-\underset{\text{할인}}{\frac{b}{100}x}\right)$원

412 필수

A, B 두 제품을 합하여 50000원에 사서 A 제품은 원가의 5 %, B 제품은 원가의 10 %의 이익을 붙여서 팔았더니 4000원의 이익이 발생하였다. B 제품의 원가는?

① 20000원 ② 22000원 ③ 25000원
④ 28000원 ⑤ 30000원

413

티셔츠와 반바지를 각각 정가의 20 %, 25 %를 할인하여 판매하고 있다. 할인하기 전의 티셔츠와 반바지의 가격의 합은 48000원이고, 할인한 후 티셔츠와 반바지의 가격의 합은 11000원 더 싸다고 한다. 할인 전 티셔츠와 반바지의 가격의 차를 구하여라.

414 서술형

어느 가게에서 A 선물 세트는 정가의 30 %, B 선물 세트는 정가의 20 %를 할인하여 판매하고 있다. A 선물 세트 5개와 B 선물 세트 2개의 판매 가격은 74000원이고, A 선물 세트 3개와 B 선물 세트 4개의 판매 가격은 89200원이라 할 때, A 선물 세트의 정가를 구하여라.

중요한

유형 090 증가, 감소 비율에 대한 문제

(1) x가 a % 증가 ⇨ $x+\underset{\text{증가량}}{\frac{a}{100}x}=\left(1+\frac{a}{100}\right)x$

(2) y가 b % 감소 ⇨ $y-\underset{\text{감소량}}{\frac{b}{100}y}=\left(1-\frac{b}{100}\right)y$

풍쌤의 point 증가하면 +, 감소하면 −를 붙인다.

415 필수

어느 중학교의 작년의 학생 수는 600명이었다. 올해는 작년에 비하여 남학생은 6 % 증가하고, 여학생은 8 % 감소하여 전체적으로 1명이 증가하였다. 올해의 남학생 수를 구하여라.

416

어느 학교에서 올해는 작년에 비하여 남학생은 6 % 감소하고, 여학생은 2 % 증가하여 전체적으로 20명이 감소하였다고 한다. 올해 이 학교의 학생 수가 780명일 때, 올해의 여학생 수는?

① 350명 ② 357명 ③ 400명
④ 423명 ⑤ 450명

417

중간고사에서 주희의 수학 점수와 과학 점수의 평균은 75점이었다. 기말고사에서 수학 점수는 중간고사 때보다 5 % 내려가고, 과학 점수는 중간고사 때보다 15 % 올라가서 두 과목의 점수의 합이 중간고사 때보다 6.5점만큼 올라갔다. 기말고사에서 주희의 수학 점수와 과학 점수를 각각 구하여라.

필수유형 · 공략하기

유형 091 일에 대한 문제

풍쌤의 point 전체 일의 양을 1로 놓고, 한 사람이 단위 시간(1일, 1시간 등)에 할 수 있는 일의 양을 미지수 x, y로 놓은 후 연립방정식을 세워서 푼다.

418 필수

정민이와 예진이가 함께 하면 5일 만에 끝낼 수 있는 일을 정민이가 4일 동안 하고, 나머지는 예진이가 10일 동안 하여 끝냈다. 이 일을 정민이가 혼자 하면 며칠이 걸리는가?

① 6일 ② 7일 ③ 8일
④ 9일 ⑤ 10일

419 서술형

신축 아파트의 실내 공사를 하는데 101호의 공사는 A가 2일 동안 한 후 B가 5일 동안 하여 마쳤고, 102호의 공사는 B가 3일 동안 한 후 A가 3일 동안 하여 마쳤다. 103호의 공사를 B가 혼자 한다면 며칠이 걸리는지 구하여라.
(단, 각 호실의 공사 내용과 면적은 동일하다.)

420

A, B 두 개의 호스로 수영장에 물을 채우는데 A 호스로 4시간, B 호스로 6시간 동안 넣거나 A 호스로 5시간, B 호스로 3시간 동안 넣으면 가득 찬다고 한다. A, B 두 호스를 한꺼번에 사용하여 수영장에 물을 가득 채우는 데 걸리는 시간은?

① 3시간 ② 3시간 30분 ③ 4시간
④ 4시간 30분 ⑤ 5시간

중요한

유형 092 거리, 속력, 시간에 대한 문제(1) – 속력이 달라지는 경우

$(\text{거리})=(\text{속력})\times(\text{시간})$, $(\text{속력})=\dfrac{(\text{거리})}{(\text{시간})}$,

$(\text{시간})=\dfrac{(\text{거리})}{(\text{속력})}$

풍쌤의 point 연립방정식 $\begin{cases}(\text{거리에 대한 일차방정식})\\(\text{시간에 대한 일차방정식})\end{cases}$을 세워서 푼다.

421 필수

집에서 3 km 떨어진 공원까지 시속 4 km로 걸어가다가 약속 시간에 늦을 것 같아서 도중에 시속 6 km로 뛰어갔더니 총 40분이 걸렸다. 뛰어간 거리를 구하여라.

422

민호는 집에서 10 km 떨어진 할머니 댁에 가는데 자전거를 타고 시속 7 km로 가다가 도중에 자전거가 고장나서 시속 2 km로 걸어갔더니 총 2시간 30분이 걸렸다. 민호가 자전거를 타고 간 거리와 걸어간 거리를 각각 구하여라.

423

등산을 하는데 올라갈 때는 시속 4 km로 걷고, 내려올 때는 3 km가 더 짧은 길을 시속 5 km로 걸어서 총 3시간이 걸렸다. 올라갈 때와 내려올 때 걸은 거리를 각각 구하여라.

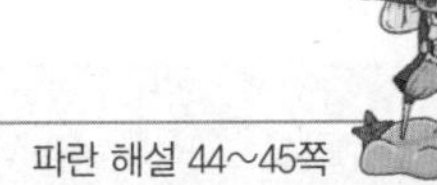

유형 093 · 거리, 속력, 시간에 대한 문제(2) – 만나는 경우

(1) A, B 두 사람이 같은 방향으로 같은 지점에서 시간 차를 두고 출발하여 만나는 경우
⇨ (A가 간 거리)=(B가 간 거리)
(2) A, B 두 사람이 같은 방향으로 거리 차를 두고 동시에 출발하여 만나는 경우
⇨ (A가 걸린 시간)=(B가 걸린 시간)
(3) A, B 두 사람이 반대 방향으로 서로 마주 보고 동시에 출발하여 만나는 경우
⇨ (A, B가 걸은 거리의 합)=(처음 A, B 사이의 거리)
(A가 걸린 시간)=(B가 걸린 시간)

424 필수

혜수가 학교를 출발하여 분속 80 m로 걸어간 지 15분 후에 경호가 학교를 출발하여 자전거를 타고 분속 200 m로 뒤따라갔다. 두 사람이 만나는 시간은 경호가 출발한 지 몇 분 후인가?

① 10분 후 ② 15분 후 ③ 20분 후
④ 25분 후 ⑤ 30분 후

425

형과 동생이 달리기를 하는데 형은 출발 지점에서 초속 6 m로, 동생은 형보다 45 m 앞에서 초속 3 m로 동시에 출발하였다. 두 사람이 만나는 것은 출발한 지 몇 초 후인지 구하여라.

426

21 km 떨어진 두 지점에서 A, B 두 사람이 서로 마주 보고 동시에 출발하였다. A는 시속 6 km로 달리고, B는 시속 8 km로 달릴 때, 두 사람이 만날 때까지 걸린 시간은?

① 1시간 ② 1시간 30분 ③ 2시간
④ 2시간 30분 ⑤ 3시간

유형 094 · 거리, 속력, 시간에 대한 문제(3) – 둘레를 도는 경우

두 사람이 같은 지점에서 출발하여 호수의 둘레를 돌 때
(1) 반대 방향으로 돌다 만나면
⇨ (움직인 거리의 합)=(호수의 둘레의 길이)
(2) 같은 방향으로 돌다 만나면
⇨ (움직인 거리의 차)=(호수의 둘레의 길이)

427 필수

둘레의 길이가 2 km인 트랙을 A, B 두 사람이 같은 지점에서 동시에 출발하여 반대 방향으로 돌면 10분 후에 처음으로 만나고, 같은 방향으로 돌면 40분 후에 처음으로 만난다고 한다. A가 B보다 빠르게 돈다고 할 때, A의 속력은?

① 분속 110 m ② 분속 115 m ③ 분속 120 m
④ 분속 125 m ⑤ 분속 130 m

428

둘레의 길이가 3.4 km인 호수의 둘레를 따라 정원이는 분속 60 m로 걷고, 준혁이는 10분 후에 같은 지점에서 출발하여 반대 방향으로 분속 80 m로 걸었다. 준혁이가 출발한 지 몇 분 후에 처음으로 정원이와 만나는가?

① 10분 후 ② 20분 후 ③ 30분 후
④ 40분 후 ⑤ 50분 후

429 서술형

민지와 준수는 인라인스케이트를 타고 둘레의 길이가 6 km인 공원의 둘레를 따라 돌고 있다. 두 사람이 같은 지점에서 동시에 출발하여 같은 방향으로 돌면 2시간 후에 처음으로 만나고, 반대 방향으로 돌면 40분 후에 처음으로 만난다고 한다. 민지가 준수보다 빠르게 돈다고 할 때, 민지와 준수의 속력을 각각 구하여라.

필수유형 • 공략하기

유형 095 • 강물 위의 배에 대한 문제, 터널을 지나는 기차에 대한 문제

(1) (강을 거슬러 올라갈 때의 배의 속력)
=(정지한 물에서의 배의 속력)−(강물의 속력)
(강을 따라 내려올 때의 배의 속력)
=(정지한 물에서의 배의 속력)+(강물의 속력)

(2) 기차가 일정한 속력으로 다리를 지나갈 때
⇨ (이동한 거리)=(다리의 길이)+(기차의 길이)

풍쌤의 point 기차가 다리를 완전히 지나가는 것은 기차의 몸체가 머리부터 꼬리까지 모두 지나가는 것이다.

430 필수

배를 타고 길이가 16 km인 강을 거슬러 올라가는 데 4시간이 걸리고, 내려오는 데 2시간이 걸린다고 한다. 정지한 물에서의 배의 속력은? (단, 강물과 배의 속력은 일정하다.)

① 시속 2 km ② 시속 3 km ③ 시속 4 km
④ 시속 5 km ⑤ 시속 6 km

431

보트를 타고 길이가 40 km인 강을 거슬러 올라가는 데 2시간이 걸리고, 내려오는 데 1시간 20분이 걸린다고 한다. 정지한 물에서의 보트의 속력과 강물의 속력을 각각 구하여라.
(단, 강물과 보트의 속력은 일정하다.)

432

일정한 속력으로 달리는 기차가 900 m 길이의 다리를 완전히 지나가는 데 1분이 걸리고, 1900 m 길이의 터널을 완전히 통과하는 데 2분이 걸린다고 한다. 기차의 길이를 구하여라.

433 서술형

길이가 279 m인 화물 열차가 일정한 속력으로 철교를 완전히 지나가는 데 67초가 걸리고, 길이가 162 m인 고속 열차가 화물 열차의 2배의 속력으로 이 철교를 완전히 지나가는 데 27초가 걸린다. 철교의 길이를 구하여라.

유형 096 • 소금물의 농도에 대한 문제

(소금의 양)$=\dfrac{(\text{소금물의 농도})}{100}\times$(소금물의 양)임을 이용하여 연립방정식 $\begin{cases}(\text{소금물의 양에 대한 일차방정식})\\(\text{소금의 양에 대한 일차방정식})\end{cases}$을 세운다.

풍쌤의 point 농도가 다른 두 소금물을 섞을 때 소금의 양은 변하지 않음을 이용하여 연립방정식을 세워서 푼다.

434 필수

3 %의 소금물과 7 %의 소금물을 섞어서 6 %의 소금물 400 g을 만들었다. 3 %의 소금물은 몇 g을 섞었는가?

① 100 g ② 150 g ③ 200 g
④ 250 g ⑤ 300 g

435

4 %의 소금물과 9 %의 소금물을 섞어서 5 %의 소금물 300 g을 만들었다. 섞은 4 %의 소금물과 9 %의 소금물의 양의 차를 구하여라.

436

4 %의 소금물과 6 %의 소금물을 섞은 후 물 100 g을 더 넣어 3 %의 소금물 300 g을 만들었다. 4 %의 소금물은 몇 g을 섞었는가?

① 50 g ② 100 g ③ 150 g
④ 200 g ⑤ 250 g

파란 해설 45~46쪽

437

10 %의 소금물에 소금을 더 넣어 25 %의 소금물 300 g을 만들었다. 이때 더 넣은 소금의 양을 구하여라.

438

농도가 다른 두 소금물 A, B가 있다. 소금물 A, B를 각각 300 g, 200 g씩 섞었더니 6 %의 소금물이 되었고, 소금물 A, B를 각각 200 g, 300 g씩 섞었더니 8 %의 소금물이 되었다. 두 소금물 A, B의 농도를 각각 구하여라.

439 서술형

농도가 다른 두 소금물 A, B가 있다. 소금물 A, B를 각각 100 g, 400 g씩 섞었더니 6 %의 소금물이 되었고, 소금물 A, B를 각각 400 g, 100 g씩 섞었더니 12 %의 소금물이 되었다. 두 소금물 A, B의 농도를 각각 a %, b %라 할 때, $2a-b$의 값을 구하여라.

어려운 중요한

유형 097 성분비에 대한 문제

(1) $(\text{금속의 양})=\dfrac{(\text{금속의 백분율})}{100}\times(\text{합금의 양})$

(2) $(\text{영양소의 양})=\dfrac{(\text{영양소의 백분율})}{100}\times(\text{식품의 양})$

440 필수

A는 구리를 15 %, 주석을 15 % 포함한 합금이고, B는 구리를 10 %, 주석을 30 % 포함한 합금이다. 이 두 종류의 합금을 녹여서 구리를 50 g, 주석을 60 g 포함하는 합금을 만들려고 할 때, 필요한 합금 A, B의 양은 각각 몇 g인지 구하여라.

441

다음 표는 두 식품 A, B에 들어 있는 탄수화물과 지방의 비율을 백분율로 각각 나타낸 것이다. 두 식품에서 탄수화물 80 g, 지방 45 g을 섭취하려면 식품 A는 몇 g을 먹어야 하는가?

식품	A	B
탄수화물(%)	40	20
지방(%)	10	30

① 50 g ② 100 g ③ 150 g
④ 200 g ⑤ 250 g

442

금과 구리를 3 : 1의 비율로 포함한 합금 A와 금과 구리를 1 : 1의 비율로 포함한 합금 B가 있다. 이 두 종류의 합금을 녹여서 금과 구리를 3 : 2의 비율로 포함한 합금 550 g을 만들려고 할 때, 필요한 합금 A, B의 양을 각각 구하여라.

(단, 두 합금 A, B는 금과 구리로만 이루어져 있다.)

필수유형 • 뛰어넘기

443

두 수 A, B가 있다. A의 2할과 B의 3할의 합은 7이고, 그 비율을 서로 바꾸어서 합하면 처음 합보다 1만큼 작아진다. 두 수 A, B의 곱을 구하여라.

444

오른쪽 그림과 같이 크기가 같은 직사각형 모양의 타일 5장을 붙여서 둘레의 길이가 44 cm인 직사각형 ABCD를 만들었다. 타일 한 장의 둘레의 길이를 구하여라.

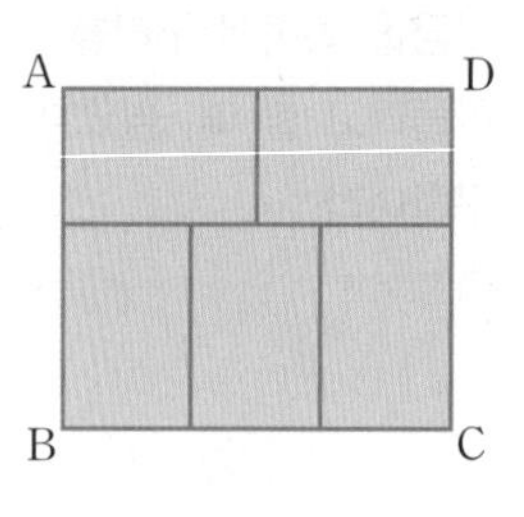

445 창의

어느 피아니스트가 음악회에서 6분짜리 곡과 8분짜리 곡을 섞어서 연주하여 공연 시간을 모두 1시간 45분으로 계획하였으나, 오케스트라 측과 협의하여 6분짜리 곡과 8분짜리 곡의 수를 바꿔서 연주하였더니 모두 1시간 57분이 걸렸다. 곡과 곡 사이에는 쉬는 시간이 1분씩 있다고 할 때, 처음 연주하려고 계획했던 6분짜리 곡은 몇 곡인지 구하여라.

446

어느 인증시험에 응시한 남학생과 여학생 수의 비는 2 : 3, 합격자의 남학생과 여학생 수의 비는 3 : 5, 불합격자의 남학생과 여학생 수는 3 : 4이다. 합격자 수가 80명일 때, 인증시험에 응시한 남학생 수와 여학생 수를 각각 구하여라.

447

일정한 속력으로 달리는 열차가 400 m 길이의 다리를 완전히 지나가는 데 22초가 걸렸다. 또 600 m 길이의 터널을 통과할 때는 18초 동안 열차가 터널에 완전히 가려져 보이지 않았다. 이 열차의 길이와 속력을 각각 구하여라.

448 서술형

3 %의 설탕물 200 g이 있다. 이 설탕물의 일부를 덜어내고 8 %의 설탕물을 넣었더니 4 %의 설탕물 160 g이 되었다. 덜어낸 설탕물과 더 넣은 설탕물의 양을 각각 구하여라.

449

다음 표는 우유와 달걀 100 g 속에 들어 있는 단백질의 양과 열량을 각각 나타낸 것이다. 우유와 달걀을 합하여 단백질 30 g, 열량 440 kcal를 섭취하려면 우유와 달걀은 각각 몇 g을 섭취해야 하는지 구하여라.

	우유	달걀
단백질(g)	3	12
열량(kcal)	70	150

450

물 속에서 금과 은의 무게를 재면 금은 그 무게의 $\frac{1}{19}$만큼 가벼워지고, 은은 그 무게의 $\frac{2}{21}$만큼 가벼워진다. 금과 은을 녹여서 만든 합금 120 g의 무게를 물 속에서 재었더니 111 g이었을 때, 이 합금에 포함되어 있는 금의 양을 구하여라.

일차함수

1 일차함수와 그래프

01 함수와 함숫값

개념 Link 풍산자 개념완성편 94쪽

(1) **함수:** 두 변수 x, y에 대하여 x의 값이 변함에 따라 y의 값이 하나씩 정해지는 두 양 사이의 대응 관계가 성립할 때, y를 x의 함수라 하고, 기호로 $y=f(x)$와 같이 나타낸다.

→ 함수 $y=3x$를 $f(x)=3x$와 같이 나타내기도 한다.

⇨ 0이 아닌 상수 a에 대하여 정비례 관계 $y=ax$, 반비례 관계 $y=\frac{a}{x}(x\neq0)$도 y는 x의 함수이다.

주의 x의 값 하나에 y의 값이 정해지지 않거나 두 개 이상 정해지면 y는 x의 함수가 아니다.

① $y=100x$ ⇨ 함수이다.

x	1	2	3	4	⋯
y	100	200	300	400	⋯

② $y=(x$의 배수$)$ ⇨ 함수가 아니다.

x	1	2	⋯
y	1, 2, 3, ⋯	2, 4, 6, ⋯	⋯

참고 x, y와 같이 변하는 값을 나타내는 문자를 변수라 하고, 변수와 달리 일정한 값을 가지는 수나 문자를 상수라고 한다.

(2) **함숫값:** 함수 $y=f(x)$에서 x의 값에 따라 하나로 정해지는 y의 값 $f(x)$를 함숫값이라 한다.

⇨ 함숫값을 구할 때에는 함수 $y=f(x)$에서 x 대신 수를 대입하면 된다.

(3) **함수의 그래프:** 함수 $y=f(x)$에서 x의 값과 그 값에 따라 하나로 정해지는 함숫값 y의 순서쌍 (x, y)를 좌표로 하는 점을 좌표평면 위에 모두 나타낸 것

개념 Tip 함수 $y=f(x)$에서 $f(a)$ ⇨ $x=a$일 때의 함숫값
⇨ $x=a$일 때, y의 값
⇨ $f(x)$에 x 대신 a를 대입하여 얻은 값

1 다음 중 y가 x에 대한 함수인 것에는 ○표, 함수가 아닌 것에는 ×표를 하여라.

(1) 자연수 x 이하의 짝수 y (　　)

(2) 길이가 100 cm인 끈을 같은 길이의 x개로 나누었을 때, 끈 한 개의 길이 y cm (　　)

(3) 키가 x cm인 학생의 몸무게 y kg (　　)

(4) 자연수 x보다 5 큰 수 y (　　)

2 다음 함수에 대하여 함숫값 $f(2)$, $f(-1)$의 값을 각각 구하여라.

(1) $f(x)=3x$

(2) $f(x)=-\frac{12}{x}$

(3) $f(x)=2x-5$

답 1 (1) × (2) ○ (3) × (4) ○
2 (1) $f(2)=6$, $f(-1)=-3$
(2) $f(2)=-6$, $f(-1)=12$
(3) $f(2)=-1$, $f(-1)=-7$

02 일차함수의 뜻

개념 Link 풍산자 개념완성편 96쪽

함수 $y=f(x)$에서 y가

$$y=ax+b\,(a, b\text{는 상수}, a\neq0)$$

로 나타내어질 때, 이 함수를 x에 대한 일차함수라 한다.

예 $y=2x+3$, $y=4x$, $y=\frac{x}{3}-1$

개념 Tip a, b는 상수이고 $a\neq0$일 때,
① $ax+b$ ⇨ 일차식
② $ax+b=0$ ⇨ 일차방정식
③ $ax+b<0$ ⇨ 일차부등식
④ $y=ax+b$ ⇨ 일차함수

1 다음 보기 중 일차함수인 것을 모두 골라라.

보기
ㄱ. $y=-2x$　ㄴ. $y=3x+y$
ㄷ. $y=\frac{12}{x}$　ㄹ. $y=\frac{1}{2}x+2$
ㅁ. $y=4x^2-5$
ㅂ. $y=x-(6+x)$

답 1 ㄱ, ㄹ

03 | 일차함수 $y=ax+b$의 그래프

개념 Link 풍산자 개념완성편 96쪽

(1) **평행이동:** 한 도형을 일정한 방향으로 일정한 거리만큼 옮기는 것
→ 평행이동하여도 도형의 모양에는 변화가 없다.

(2) **일차함수 $y=ax+b$의 그래프**
일차함수 $y=ax$의 그래프를 y축의 방향으로 b만큼 평행이동한 직선이다.

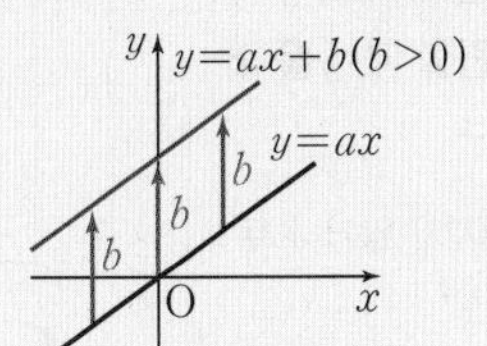

$y=ax$의 그래프 $\xrightarrow[b\text{만큼 평행이동}]{y\text{축의 방향으로}}$ $y=ax+b$의 그래프

1 다음 일차함수의 그래프를 y축의 방향으로 [ ] 안의 수만큼 평행이동한 그래프가 나타내는 일차함수의 식을 구하여라.

(1) $y=5x$ [2]

(2) $y=-\frac{1}{2}x$ [3]

(3) $y=2x$ [-1]

답 1 (1) $y=5x+2$ (2) $y=-\frac{1}{2}x+3$ (3) $y=2x-1$

04 | 일차함수의 그래프의 절편과 기울기

개념 Link 풍산자 개념완성편 98, 100쪽

(1) **일차함수의 그래프의 절편**

① x절편: 일차함수의 그래프가 x축과 만나는 점의 x좌표
⇨ $y=0$일 때 x의 값 → $-\frac{b}{a}$

② y절편: 일차함수의 그래프가 y축과 만나는 점의 y좌표
⇨ $x=0$일 때 y의 값 → b

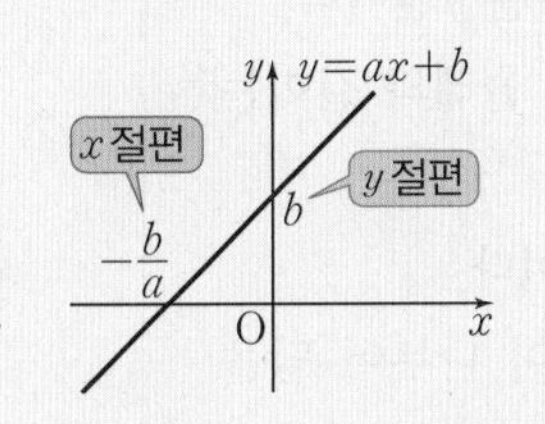

(2) **일차함수의 그래프의 기울기**
일차함수 $y=ax+b$의 그래프에서

$$(\text{기울기})=\frac{(y\text{의 값의 증가량})}{(x\text{의 값의 증가량})}=a$$

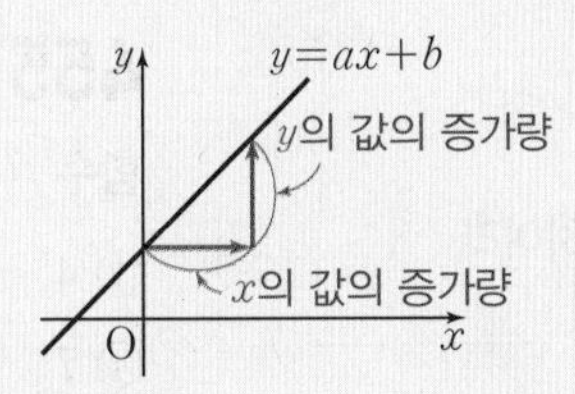

개념 Tip 두 점 (a, b), (c, d)를 지나는 일차함수의 그래프의 기울기 ⇨ $\frac{d-b}{c-a}$

1 다음 일차함수의 그래프의 기울기, x절편, y절편을 차례로 구하여라.

(1) $y=x+4$

(2) $y=-x-3$

(3) $y=3x-2$

(4) $y=-\frac{1}{2}x+5$

2 일차함수 $y=\frac{3}{2}x-1$의 그래프에서 x의 값이 0에서 4까지 증가할 때, y의 값의 증가량을 구하여라.

답 1 (1) 1, -4, 4 (2) -1, -3, -3 (3) 3, $\frac{2}{3}$, -2 (4) $-\frac{1}{2}$, 10, 5
2 6

05 | 일차함수의 그래프 그리기

개념 Link 풍산자 개념완성편 98, 100쪽

(1) **두 점을 이용하여 그리기**
일차함수의 식을 만족시키는 두 점을 좌표평면 위에 나타낸 후 직선으로 연결하여 그린다.

(2) **x절편, y절편을 이용하여 그리기**
x절편과 y절편을 구하여 x축, y축과 만나는 두 점을 좌표평면 위에 나타낸 후 직선으로 연결하여 그린다.

참고 x축과 만나는 점의 좌표 ⇨ (x절편, 0)
y축과 만나는 점의 좌표 ⇨ (0, y절편)

(3) **y절편과 기울기를 이용하여 그리기**
y절편을 구하여 y축과 만나는 점을 좌표평면 위에 나타낸 후, 기울기를 이용하여 다른 한 점을 찾아 두 점을 직선으로 연결하여 그린다.

1 x절편, y절편을 이용하여 $y=2x+2$의 그래프를 그려라.
⇨ x절편: ☐, y절편: ☐

2 기울기와 y절편을 이용하여 $y=-3x+4$의 그래프를 그려라.
⇨ 기울기: ☐, y절편: ☐

답 1 -1, 2
2 -3, 4

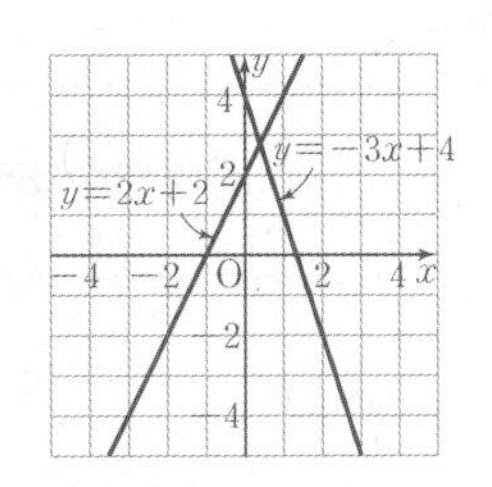

필수유형 • 공략하기

유형 098 • 함수

두 변수 x, y에 대하여 x의 값이 하나로 정해짐에 따라 y의 값이 하나씩 정해지는 두 양 사이의 관계가 성립할 때, y를 x의 함수라고 한다.

풍쌤의 point x의 값 하나에 y의 값이 하나도 정해지지 않거나 두 개 이상 정해지면 함수가 아니다.

451 • 필수 •

다음 중 y가 x의 함수가 아닌 것은?

① 시속 x km로 2시간 동안 간 거리는 y km이다.
② 한 개에 500원 하는 음료수 x개의 값은 y원이다.
③ 한 변의 길이가 x cm인 정사각형의 둘레의 길이는 y cm이다.
④ 기온이 x ℃일 때, 강우량은 y mm이다.
⑤ 모래 200 kg을 x개의 상자에 똑같이 나누어 담을 때, 한 상자에 들어가는 모래의 무게는 y kg이다.

452

다음 보기 중 y가 x의 함수인 것의 개수를 구하여라.

보기

ㄱ. x보다 작은 소수의 개수 y
ㄴ. 자연수 x를 4로 나눈 나머지 y
ㄷ. 한 자루에 700원인 볼펜 x자루를 사고 5000원을 냈을 때의 거스름돈 y원
ㄹ. 절댓값이 x인 수 y
ㅁ. 자연수 x와 서로소인 수 y

453 서술형

다음에서 y가 x의 함수인지 말하여라. 또 그 이유를 설명하여라.

자연수 x의 배수의 개수 y

중요한

유형 099 • 함숫값

함수 $y=f(x)$에 대하여 $f(a)$ ⇨ $\begin{cases} x=a\text{일 때의 함숫값} \\ x=a\text{일 때, } y\text{의 값} \end{cases}$

예 함수 $f(x)=3x$에서 $x=-2$일 때의 함숫값
⇨ $f(-2)=3\times(-2)=-6$

풍쌤의 point 함숫값 $f(a)$는 $f(x)$의 식에 x 대신 a를 대입하여 계산한다. 이때 a의 값이 음수이면 괄호를 사용하여 대입한다.

454 • 필수 •

함수 $f(x)=-2x$에 대하여 $f(2)+f(-1)$의 값은?

① -2　② -1　③ 0　④ 1　⑤ 2

455

함수 $f(x)=2x-3$에 대하여 $f(4)$의 값은?

① 4　② 5　③ 6　④ 7　⑤ 8

456

다음 중 함수 $f(x)=-\frac{3}{4}x$의 함숫값으로 옳지 않은 것은?

① $f(-4)=3$　② $f(-2)=\frac{3}{2}$
③ $f(0)=0$　④ $f(1)=-\frac{3}{4}$
⑤ $f(3)=-4$

457

다음 보기 중 $f(-2)=1$을 만족시키는 함수의 개수는?

보기

ㄱ. $f(x)=x+1$
ㄴ. $f(x)=-x-1$
ㄷ. $f(x)=\frac{1}{2}x+2$
ㄹ. $f(x)=2x-3$
ㅁ. $f(x)=\frac{4}{x}+3$
ㅂ. $f(x)=-\frac{2}{x}-1$

① 1 ② 2 ③ 3
④ 4 ⑤ 5

458

두 함수 $f(x)=\frac{1}{2}x-2$, $g(x)=\frac{14}{x}$에 대하여 $f(8)-2g(-7)$의 값은?

① -3 ② -1 ③ 1
④ 3 ⑤ 6

459 서술형

함수 $f(x)=\frac{12}{x}$에 대하여 $f\left(\frac{1}{2}\right)=a$, $f(-3)=b$라 할 때, $f\left(\frac{a}{b}\right)$의 값을 구하여라.

어려운

유형 100 $f(x)=$(x에 대한 조건) 꼴인 함수의 함숫값

함수 $f(x)=$(자연수 x를 5로 나눈 나머지)라 할 때, $f(8)$의 값
⇨ 8을 5로 나눈 나머지는 3이므로 $f(8)=3$

풍쌤의 point 조건에 x의 값을 대입하여 함숫값을 구한다.

460 필수

함수 $f(x)=$(자연수 x의 약수의 개수)에 대하여 $f(3)+f(4)+f(5)$의 값은?

① 3 ② 5 ③ 7
④ 9 ⑤ 11

461

함수 $f(x)=$(x 이하의 소수의 개수)라 할 때, $f(25)$의 값은?

① 3 ② 5 ③ 7
④ 9 ⑤ 11

462 서술형

자연수 x를 3으로 나누었을 때의 나머지를 y라 할 때, 함수 $y=f(x)$에 대하여 $f(10)+f(32)-f(29)$의 값을 구하여라.

필수유형 · 공략하기

중요한

유형 101 · 함숫값이 주어질 때, 미지수 구하기

풍쌤의 point 함수 $y=f(x)$에서 $f(a)=b$가 주어질 때에는 x 대신 a, y 대신 b를 대입하여 미지수를 구한다.

463 필수

함수 $f(x)=2x+a$에 대하여 $f(2)=-1$일 때, $f(5)$의 값은? (단, a는 상수)

① -5　② -2　③ 2
④ 4　⑤ 5

464

함수 $f(x)=-3x$에 대하여 $f(a)=-12$일 때, a의 값은?

① -8　② -4　③ 4
④ 8　⑤ 12

465

함수 $f(x)=\frac{a}{x}$에 대하여 $f(-2)=6$일 때, 상수 a의 값은?

① -15　② -12　③ -3
④ 3　⑤ 12

466

함수 $f(x)=ax$에 대하여 $f(2)=3$일 때, $f(-1)+f\left(\frac{1}{3}\right)$의 값을 구하여라. (단, a는 상수)

467 서술형

함수 $f(x)=3x+a$에서 $f(-4)=-3$이고 $f(b)=12$일 때, $a+b$의 값을 구하여라. (단, a는 상수)

468

두 함수 $f(x)=ax$, $g(x)=\frac{4}{x}$에 대하여 $f(2)=g(2)$일 때, 상수 a의 값을 구하여라.

469

함수 $f(x)=ax-2$에 대하여
$f(-1)+f(2)+f(3)=-15$일 때, 상수 a의 값은?

① $-\frac{1}{4}$　② $-\frac{4}{3}$　③ $-\frac{3}{2}$
④ $-\frac{9}{4}$　⑤ $-\frac{5}{2}$

470

함수 $f(x)=3x$에 대하여 $a-b=5$일 때, $f(a)-f(b)$의 값을 구하여라.

파란 해설 48~49쪽

유형 102 일차함수

(1) 주어진 식을 $y=ax+b$(a, b는 상수, $a\neq0$)의 꼴로 나타낼 수 있으면 일차함수이다.

(2) $y=ax+b$에서 $b=0$이어도 일차함수이지만 $a=0$이면 일차함수가 아니다.

풍쌤의 point $y=\frac{a}{x}$와 같이 x가 분모에 있으면 일차함수가 아니다.

471 필수

다음 보기 중 일차함수인 것을 모두 골라라.

보기

ㄱ. $2x+3$	ㄴ. $y=-\frac{1}{x}$
ㄷ. $y=\frac{x}{3}-5$	ㄹ. $y=2x(x-1)-2x^2$
ㅁ. $y=x^2+2x$	ㅂ. $4xy=1$

472

다음 중 y가 x에 대한 일차함수가 아닌 것은?

① 전체가 360쪽인 책을 x쪽 읽었을 때 남은 쪽수 y

② 한 개에 500원 하는 빵 x개와 한 개에 700원 하는 우유 2개의 값 y원

③ 시속 80 km로 x시간 동안 달린 거리 y km

④ 한 변의 길이가 x cm인 정사각형의 넓이 y cm^2

⑤ 윗변과 아랫변의 길이가 각각 5 cm, x cm이고 높이가 6 cm인 사다리꼴의 넓이 y cm^2

473

$y=ax+7(3-x)$가 일차함수가 되도록 하는 상수 a의 조건은?

① $a\neq1$　② $a\neq2$　③ $a\neq3$
④ $a\neq5$　⑤ $a\neq7$

유형 103 일차함수의 그래프 위의 점

풍쌤의 point 점 (m, n)이 그래프 위의 점이다.
⇨ 그래프가 점 (m, n)을 지난다.
⇨ $x=m$, $y=n$을 그래프의 식에 대입하면 등식이 성립한다.

474 필수

일차함수 $y=3x+a$의 그래프가 두 점 $(2, -1)$, $(4, b)$를 지날 때, 상수 a, b에 대하여 $a+2b$의 값을 구하여라.

475

다음 중 일차함수 $y=-2x+5$의 그래프 위의 점은?

① $(-3, 10)$　② $(-1, 3)$　③ $(0, -2)$
④ $(2, 1)$　⑤ $(4, -2)$

476

점 $(a, -3a)$가 일차함수 $y=-4x+1$의 그래프 위에 있을 때, a의 값을 구하여라.

477

두 일차함수 $y=ax-5$, $y=3x+1$의 그래프가 모두 점 $(3, b)$를 지날 때, $a+b$의 값을 구하여라. (단, a는 상수)

필수유형 • 공략하기

유형 104 일차함수의 그래프의 평행이동

(1) $y=ax$ —(y축의 방향으로 b만큼 평행이동)→ $y=ax+b$ ← 평행이동한 만큼 더한다.

(2) $y=ax+b$ —(y축의 방향으로 c만큼 평행이동)→ $y=ax+b+c$

풍쌤의 point 평행이동은 그래프를 옮기기만 하는 것이므로 그래프의 모양에는 변화가 없다. ⇨ 기울기는 같다.

478 필수

일차함수 $y=-3x+4$의 그래프를 y축의 방향으로 k만큼 평행이동하면 점 $(-2, 3)$을 지날 때, k의 값은?

① -8 ② -7 ③ -6
④ -5 ⑤ -4

479

다음 일차함수의 그래프 중 일차함수 $y=2x+1$의 그래프를 평행이동하였을 때 겹쳐지는 것을 모두 고르면? (정답 2개)

① $y=-x+1$ ② $y=-2x+1$
③ $y=\frac{1}{2}x-3$ ④ $y=2x+6$
⑤ $y=2x-4$

480

일차함수 $y=ax$의 그래프를 y축의 방향으로 3만큼 평행이동하였더니 $y=-2x+b$의 그래프가 되었다. 상수 a, b에 대하여 $a+b$의 값을 구하여라.

481

일차함수 $y=2x-3$의 그래프를 y축의 방향으로 a만큼 평행이동하면 $y=2x+4$의 그래프가 된다고 할 때, a의 값을 구하여라.

482

다음 중 일차함수 $y=-\frac{1}{5}x$의 그래프를 y축의 방향으로 -2만큼 평행이동한 그래프 위에 있지 않은 점은?

① $(-15, 1)$ ② $(-10, 0)$ ③ $(5, -2)$
④ $(10, -4)$ ⑤ $(15, -5)$

483

일차함수 $y=4x$의 그래프를 y축의 방향으로 b만큼 평행이동하면 두 점 $(-2, 2)$, $(a, -10)$을 지날 때, $a+b$의 값을 구하여라.

484 서술형

일차함수 $y=-2x+b$의 그래프를 y축의 방향으로 -4만큼 평행이동하면 두 점 $(a, -5)$, $(1, -1)$을 지날 때, ab의 값을 구하여라. (단, b는 상수)

중요한

유형 105 일차함수의 그래프의 x절편, y절편

일차함수 $y=ax+b$의 그래프에서

(1) x절편 ⇨ $y=0$일 때 x의 값 ⇨ $-\frac{b}{a}$

(2) y절편 ⇨ $x=0$일 때 y의 값 ⇨ b

485 필수

일차함수 $y=-\frac{1}{2}x+4$의 그래프의 x절편을 a, y절편을 b라 할 때, $a-b$의 값을 구하여라.

486

일차함수 $y=-\frac{1}{2}x+3$의 그래프가 오른쪽 그림과 같을 때, 두 점 A, B의 좌표를 각각 구하여라.

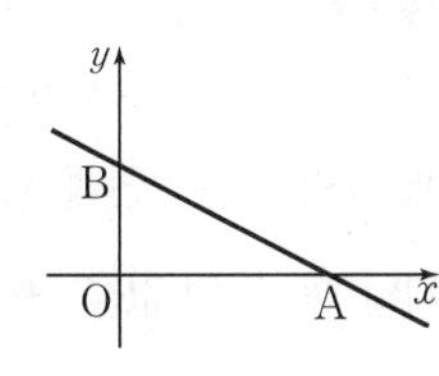

487

다음 일차함수의 그래프 중 x절편과 y절편이 2로 같은 것은?

① $y=x+2$　② $y=-x+2$
③ $y=-x-2$　④ $y=2x+2$
⑤ $y=-2x+2$

488

다음 일차함수의 그래프 중 x절편이 나머지 넷과 다른 하나는?

① $y=-4x+1$　② $y=\frac{1}{2}x-\frac{1}{8}$
③ $y=x-4$　④ $y=2x-\frac{1}{2}$
⑤ $y=4x-1$

489

일차함수 $y=ax+3$의 그래프의 x절편이 3일 때, 상수 a의 값은?

① -3　② -2　③ -1
④ 1　⑤ 3

490 서술형

일차함수 $y=5x-2$의 그래프의 y절편과 일차함수 $y=\frac{3}{2}x+k$의 그래프의 x절편이 서로 같을 때, 상수 k의 값을 구하여라.

491

일차함수 $y=-4x+5$의 그래프를 y축의 방향으로 p만큼 평행이동한 그래프의 x절편이 $\frac{3}{4}$일 때, p의 값을 구하여라.

492

일차함수 $y=\frac{1}{3}x-b$의 그래프가 오른쪽 그림과 같을 때, 점 A의 좌표는? (단, b는 상수)

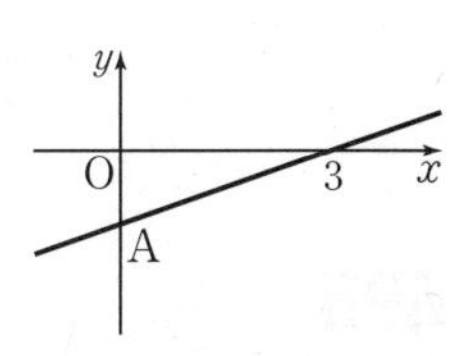

① $(-1,\ 0)$　② $(0,\ -2)$
③ $(0,\ -1)$　④ $(0,\ 1)$
⑤ $(1,\ 0)$

필수유형 · 공략하기

유형 106 일차함수의 그래프의 기울기

일차함수 $y=ax+b$의 그래프에서

(기울기)$=\dfrac{(y\text{의 값의 증가량})}{(x\text{의 값의 증가량})}=a$

⇨ x의 값이 1만큼 증가할 때, y의 값은 a만큼 증가한다.

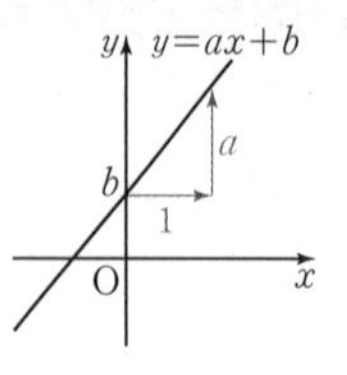

풍쌤의 point 일차함수 $y=ax+b$의 그래프에서 기울기는 x의 계수 a와 같다.

493 필수

다음 일차함수의 그래프 중 x의 값이 3만큼 증가할 때, y의 값이 6만큼 감소하는 것은?

① $y=-2x-1$
② $y=-x-2$
③ $y=-\dfrac{1}{2}x+2$
④ $y=x+2$
⑤ $y=2x-6$

494

일차함수 $y=-\dfrac{2}{3}x+4$의 그래프에서 x의 값이 6만큼 증가할 때, y의 값은 어떻게 변화하는가?

① 2만큼 감소한다.
② 4만큼 감소한다.
③ 2만큼 증가한다.
④ 4만큼 증가한다.
⑤ 6만큼 증가한다.

495

일차함수 $y=ax+5$의 그래프에서 x의 값이 -2에서 1까지 증가할 때, y의 값의 증가량은 -1이다. 이때 상수 a의 값을 구하여라.

496

일차함수 $y=\dfrac{3}{4}x-1$의 그래프에서 x의 값이 -3에서 k까지 증가할 때, y의 값은 $m-6$에서 m까지 증가한다. 이때 k의 값을 구하여라.

497 서술형

일차함수 $y=ax+3$의 그래프에서 x의 값이 3만큼 증가할 때, y의 값은 2만큼 증가한다. 이 그래프가 점 $(b, -1)$을 지날 때, $\dfrac{a}{b}$의 값을 구하여라. (단, a는 상수)

498

일차함수 $f(x)=-2x+7$에 대하여 $\dfrac{f(5)-f(0)}{5-0}$의 값을 구하여라.

유형 107 두 점을 지나는 일차함수의 그래프의 기울기

두 점 (x_1, y_1), (x_2, y_2)를 지나는 일차함수의 그래프의 기울기

⇨ $\dfrac{(y\text{의 값의 증가량})}{(x\text{의 값의 증가량})}=\dfrac{y_2-y_1}{x_2-x_1}=\dfrac{y_1-y_2}{x_1-x_2}$ (단, $x_1 \neq x_2$)

풍쌤의 point 두 점 $(x_{앞}, y_{앞})$, $(x_{뒤}, y_{뒤})$를 지나는 직선의 기울기는 $\dfrac{y_{뒤}-y_{앞}}{x_{뒤}-x_{앞}}$ 또는 $\dfrac{y_{앞}-y_{뒤}}{x_{앞}-x_{뒤}}$로 구한다.

499 필수

두 점 $(-2, k)$, $(4, 7)$을 지나는 일차함수의 그래프의 기울기가 2일 때, k의 값을 구하여라.

500

두 점 $(-2, 3)$, $(2, -3)$을 지나는 일차함수의 그래프의 기울기는?

① -2 ② $-\dfrac{3}{2}$ ③ $-\dfrac{2}{3}$

④ $\dfrac{3}{2}$ ⑤ 2

501

두 점 $(-3, 2)$, $(-6, 7)$을 지나는 일차함수의 그래프에서 x의 값이 -5에서 0까지 증가할 때, y의 값의 증가량은?

① $-\dfrac{25}{3}$ ② $-\dfrac{16}{3}$ ③ $-\dfrac{5}{3}$

④ $\dfrac{7}{3}$ ⑤ $\dfrac{14}{3}$

502

일차함수의 그래프가 오른쪽 그림과 같을 때, 기울기는?

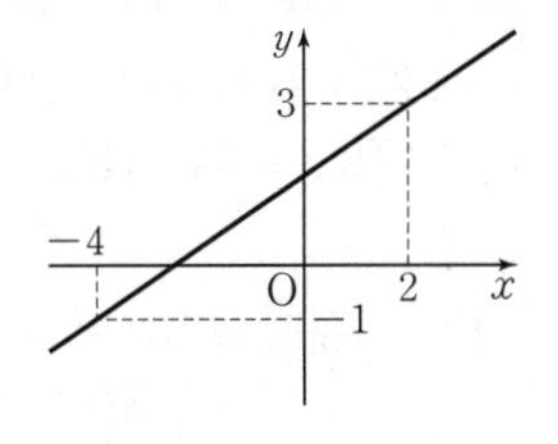

① $\dfrac{1}{4}$ ② $\dfrac{1}{3}$

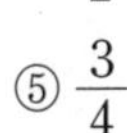

③ $\dfrac{1}{2}$ ④ $\dfrac{2}{3}$

⑤ $\dfrac{3}{4}$

503

x절편이 5이고, y절편이 -2인 일차함수의 그래프의 기울기는?

① -10 ② $-\dfrac{5}{2}$ ③ $-\dfrac{2}{5}$

④ $\dfrac{2}{5}$ ⑤ $\dfrac{5}{2}$

504

오른쪽 그림과 같은 두 일차함수의 그래프 ㉠, ㉡의 기울기를 각각 a, b라고 할 때, $2a+3b$의 값을 구하여라.

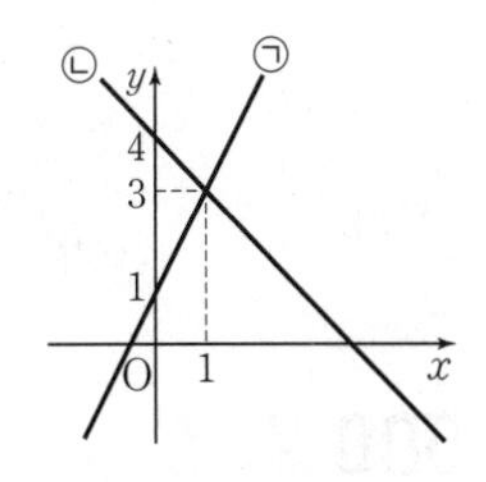

필수유형 • 공략하기

유형 108 • 세 점이 한 직선 위에 있을 조건

세 점 A, B, C가 한 직선 위에 있을 조건
⇨ (직선 AB의 기울기)=(직선 AC의 기울기)
=(직선 BC의 기울기)

풍쌤의 point 세 점이 한 직선 위에 있으면 어떤 두 점을 택하여도 그 두 점을 지나는 직선의 기울기는 같다.

505 필수

세 점 $\mathrm{A}(-1,\ -5)$, $\mathrm{B}(1,\ 1)$, $\mathrm{C}(4,\ a)$가 한 직선 위에 있을 때, a의 값은?

① 5 ② 7 ③ 8
④ 10 ⑤ 11

506

세 점 $\mathrm{A}(-1,\ 6)$, $\mathrm{B}(1,\ 3a-4)$, $\mathrm{C}(2,\ a-2)$가 한 직선 위에 있을 때, a의 값을 구하여라.

507

두 점 $(4k,\ k+1)$, $(2,\ -1)$을 지나는 직선 위에 점 $(-2,\ -3)$이 있을 때, k의 값을 구하여라.

508 서술형

세 점 $(1,\ 2)$, $(2,\ a)$, $(3,\ b)$가 한 직선 위에 있을 때, $\frac{a-1}{b}$의 값을 구하여라. (단, $a\neq1$, $b\neq0$)

유형 109 • 일차함수의 그래프의 기울기와 x절편, y절편

일차함수 $y=ax+b$의 그래프에서
기울기: a
x절편: $-\frac{b}{a}$
y절편: b

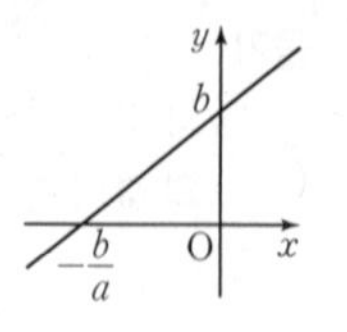

풍쌤의 point $y=ax+b$에서 x의 계수 a는 기울기, 상수항 b는 y절편이다.

509 필수

일차함수 $y=-\frac{3}{4}x+6$의 그래프의 기울기, x절편, y절편을 각각 a, b, c라고 할 때, abc의 값은?

① -36 ② -24 ③ -16
④ -12 ⑤ -8

510

오른쪽 그림과 같은 일차함수의 그래프의 기울기를 a, x절편을 m, y절편을 n이라고 할 때, $a+m+n$의 값을 구하여라.

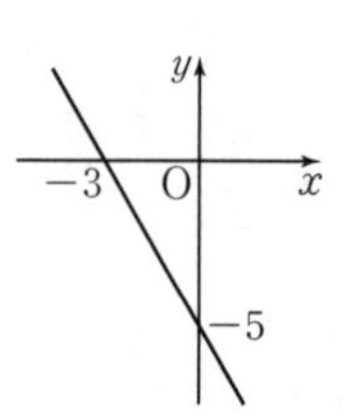

511 서술형

일차함수 $y=ax+b$의 그래프는 일차함수 $y=-2x+4$의 그래프와 x축 위에서 만나고, 일차함수 $y=3x-1$의 그래프와 y축에서 만난다. 상수 a, b에 대하여 $a+b$의 값을 구하여라.

유형 110 일차함수의 그래프 그리기

일차함수 $y=ax+b$의 그래프 그리기

(1) x절편, y절편 이용

⇨ 두 점 $\left(-\frac{b}{a},\ 0\right)$, $(0,\ b)$를 직선으로 연결하여 그린다.

(2) y절편과 기울기 이용

⇨ 두 점 $(0,\ b)$, $(1,\ b+a)$를 직선으로 연결하여 그린다.

풍쌤의 point 일차함수의 그래프는 직선이므로 그래프 위의 두 점을 찾아 직선으로 연결하여 그린다.

512 필수

다음 중 일차함수 $y=2x+2$의 그래프는?

①
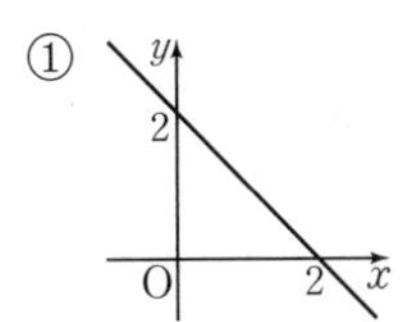

②
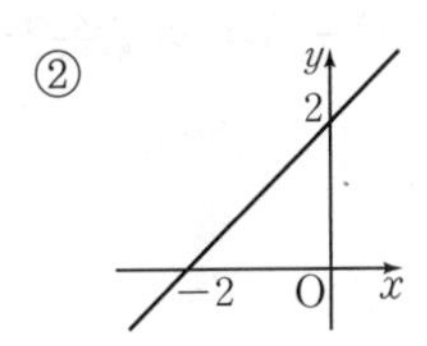

③
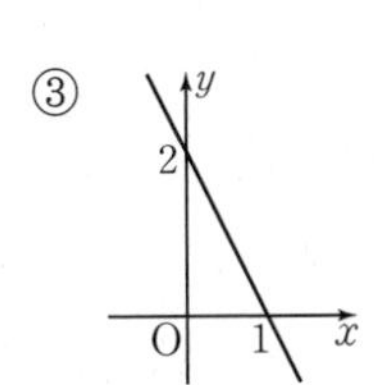

④
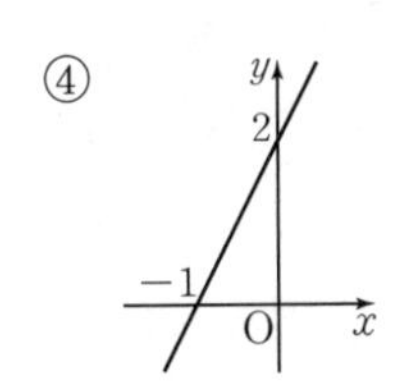

⑤
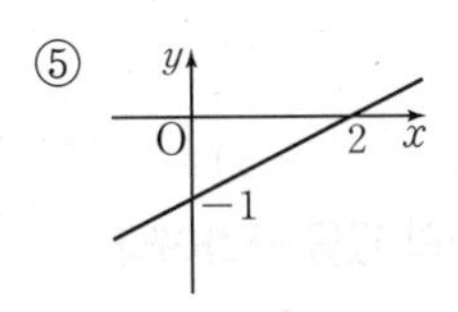

513 서술형

x절편이 5, y절편이 -2인 일차함수의 그래프가 지나지 않는 사분면을 구하여라.

514

일차함수 $y=\frac{1}{2}x+6$의 그래프를 y축의 방향으로 -3만큼 평행이동한 그래프가 지나지 않는 사분면은?

① 제1사분면 ② 제2사분면
③ 제3사분면 ④ 제4사분면
⑤ 제1, 3사분면

중요한

유형 111 일차함수의 그래프와 도형의 넓이

일차함수 $y=ax+b$의 그래프와 x축 및 y축으로 둘러싸인 도형(삼각형)의 넓이는

$\frac{1}{2}\times|x\text{절편}|\times|y\text{절편}|$

$=\frac{1}{2}\times\left|-\frac{b}{a}\right|\times|b|$

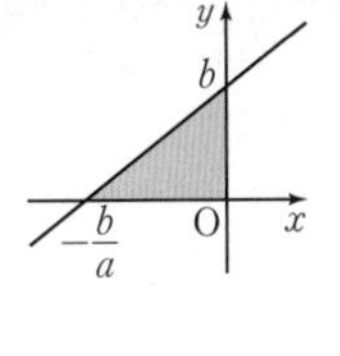

풍쌤의 point x절편과 y절편을 이용하여 도형의 넓이를 구한다.

515 필수

오른쪽 그림과 같이 일차함수 $y=-2x+4$의 그래프가 x축, y축과 만나는 점을 각각 A, B라 할 때, △OAB의 넓이를 구하여라. (단, O는 원점)

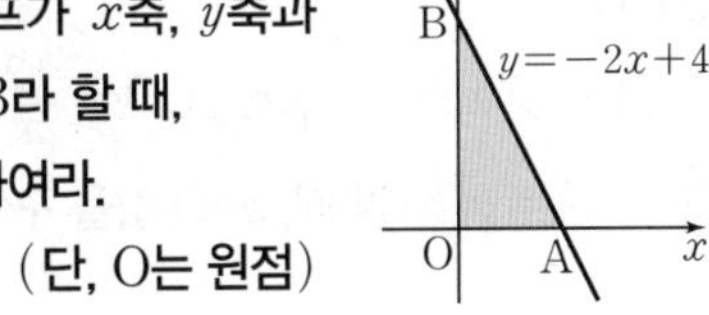

516

일차함수 $y=-\frac{4}{5}x+4$의 그래프와 x축 및 y축으로 둘러싸인 도형의 넓이를 구하여라.

517 서술형

두 일차함수 $y=-x+3$, $y=\frac{3}{5}x+3$의 그래프와 x축으로 둘러싸인 도형의 넓이를 구하여라.

518

오른쪽 그림과 같이 일차함수 $y=\frac{a}{3}x+2$의 그래프가 x축, y축과 만나는 점을 각각 A, B라고 하자. △OAB의 넓이가 6일 때, 양수 a의 값을 구하여라. (단, O는 원점)

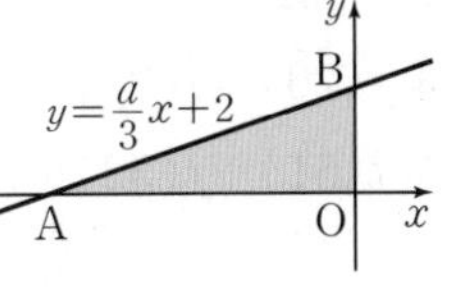
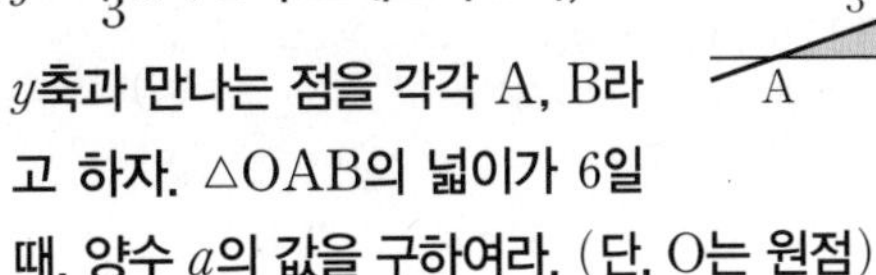

필수유형 • 뛰어넘기

519

$f\left(\frac{x}{3}\right)=-x+1$이 성립할 때, $f(1)$의 값은?

① -2　② -1　③ 0
④ $\frac{1}{3}$　⑤ $\frac{2}{3}$

520

두 함수 $f(x)=-\frac{3}{4}x$, $g(x)=\frac{12}{x}$에 대하여 $g(3)=a$이고 $f(a)=g(b)$일 때, ab의 값을 구하여라.

521

함수 $f(x)=-\frac{x}{2}+5$에 대하여 $f(2a)+f(4a)=4$일 때, $f(a)$의 값을 구하여라.

522

함수 $f(n)=$(자연수 n을 3으로 나눈 나머지)라 할 때, 다음 중 옳지 않은 것은?

① $f(3n)=0$　② $f(6)=f(15)$
③ $f(20)=f(22)$　④ $f(6n)=f(9n)$
⑤ $f(51)+f(52)+f(53)=3$

523

함수 $f(x)=|x|-x$에 대하여

$$f(-2)+f(0)+f(2)+f(4)+\cdots+f(20)$$

의 값을 구하여라.

524

함수 $f(x)=-4x$에 대하여 $f(2)=f(a+b)-12$를 만족시킬 때, $f(a)+f(b)$의 값은?

① 2　② 3　③ 4
④ 5　⑤ 6

525 서술형

함수 $f(x)=ax-2-(x-a)$에 대하여 $f(-2)=-3$이다. $f(2)-3f(-1)=2f(k)$일 때, k의 값을 구하여라.

(단, a는 상수)

526

20 이하의 자연수 x에 대하여 함수 $f(x)=$(x의 약수의 개수)일 때, $f(x)=2$를 만족시키는 x의 값을 모두 구하여라.

527

x의 값이 10 이하의 자연수일 때, 함수
$y=$(x를 5로 나누었을 때의 나머지)의 그래프를 다음 좌표 평면 위에 그려라.

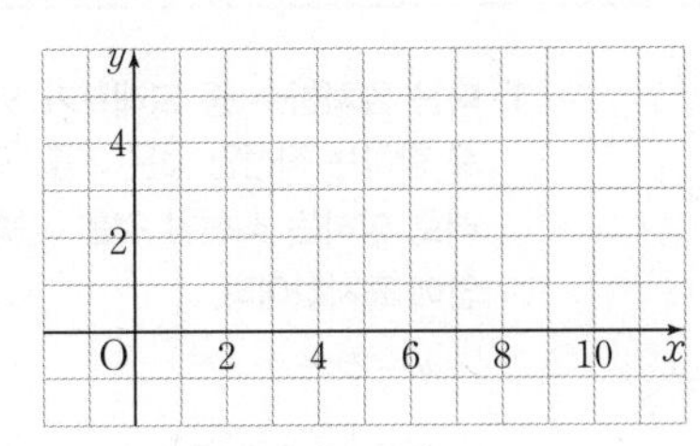

528

상수 a, b, c에 대하여 함수
$2x(5-3ax)+3bx-cy+1=0$이 x에 대한 일차함수가 되도록 하는 상수 a, b, c의 조건은?

① $a=0,\ b=-\frac{10}{3},\ c=0$

② $a=0,\ b\neq-\frac{10}{3},\ c\neq0$

③ $a\neq0,\ b=-\frac{10}{3},\ c\neq0$

④ $a\neq0,\ b\neq-\frac{10}{3},\ c=0$

⑤ $a=\frac{5}{3},\ b=-\frac{10}{3},\ c\neq0$

529

y절편이 같은 두 일차함수 $y=-3x-9$, $y=ax+b$의 그래프가 x축과 만나는 점을 각각 A, B라 하고, y축과 만나는 점을 C라고 하자. $\triangle$ABC의 넓이가 36일 때, 상수 a, b에 대하여 $a+b$의 값은? (단, $a>0$)

① $-\frac{36}{5}$ ② $-\frac{18}{5}$ ③ $-\frac{6}{5}$
④ $\frac{6}{5}$ ⑤ $\frac{18}{5}$

530

오른쪽 그림에서 두 점 A, D는 각각 일차함수 $y=2x$, $y=-3x+11$의 그래프 위의 점이고, 두 점 B, C는 x축 위의 점이다. 사각형 ABCD가 정사각형일 때, 점 B의 좌표를 구하여라.

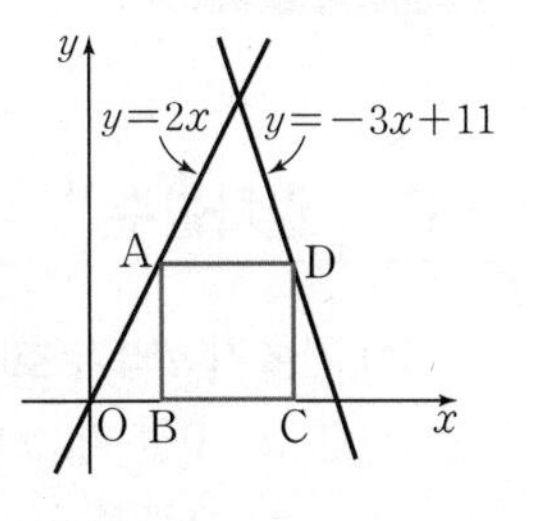

531

네 일차함수

$y=x+2$, $y=x-2$, $y=-x+2$, $y=-x-2$

의 그래프로 둘러싸인 도형의 넓이를 구하여라.

532 서술형 창의

일차함수 $y=-2x+6$의 그래프와 x축, y축으로 둘러싸인 도형을 y축을 회전축으로 하여 1회전 시켰을 때 생기는 입체도형의 부피를 구하여라.

2 일차함수의 그래프의 성질과 활용

01 일차함수 $y=ax+b$의 그래프의 성질

개념 Link 풍산자 개념완성편 106쪽

(1) **기울기 a의 부호:** 그래프의 모양 결정

① $a>0$일 때, x의 값이 증가하면 y의 값도 증가

⇨ 오른쪽 위로 향하는 직선

② $a<0$일 때, x의 값이 증가하면 y의 값은 감소

⇨ 오른쪽 아래로 향하는 직선

(2) **y절편 b의 부호:** 그래프가 y축과 만나는 부분 결정

① $b>0$일 때, y축과 양의 부분에서 만난다. ⇨ y절편이 양수

② $b<0$일 때, y축과 음의 부분에서 만난다. ⇨ y절편이 음수

개념 Tip ① 일차함수 $y=ax+b$에서 $|a|$가 클수록 그래프가 y축에 가깝고, $|a|$가 작을수록 그래프는 x축에 가깝다.

② 일차함수 $y=ax+b$에서 $b=0$이면 그래프는 원점을 지난다.

③ a, b의 부호에 따른 일차함수 $y=ax+b$의 그래프의 모양

$a>0$, $b>0$	$a>0$, $b<0$	$a<0$, $b>0$	$a<0$, $b<0$
증가, 증가	증가, 증가	증가, 감소	증가, 감소
제1, 2, 3사분면을 지난다.	제1, 3, 4사분면을 지난다.	제1, 2, 4사분면을 지난다.	제2, 3, 4사분면을 지난다.

1 다음 일차함수 중 그래프가 오른쪽 위로 향하는 직선인 것은 ↗를, 오른쪽 아래로 향하는 직선인 것은 ↘를 ( ) 안에 표시하여라.

(1) $y=2x+4$ ( )

(2) $y=\frac{1}{3}x-2$ ( )

(3) $y=-\frac{1}{2}x+5$ ( )

(4) $y=-5x-\frac{4}{3}$ ( )

2 일차함수 $y=ax+b$의 그래프가 다음 그림과 같을 때, 상수 a, b의 부호를 각각 정하여라.

(1)

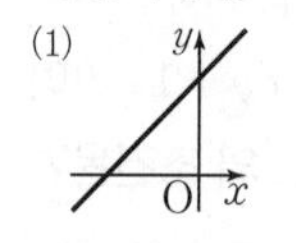

(2)

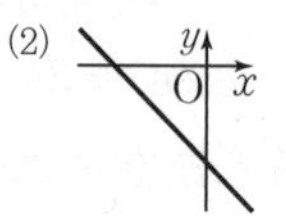

(3)

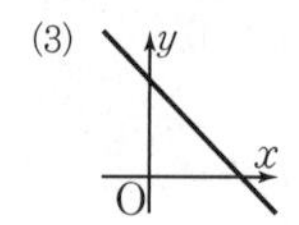

(4)

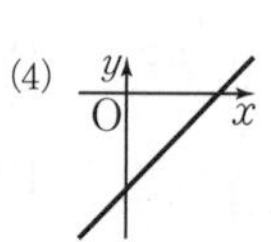

답 1 (1) ↗ (2) ↗ (3) ↘ (4) ↘
2 (1) $a>0$, $b>0$ (2) $a<0$, $b<0$
(3) $a<0$, $b>0$ (4) $a>0$, $b<0$

02 일차함수의 그래프의 평행과 일치

개념 Link 풍산자 개념완성편 108쪽

(1) 기울기가 같은 두 일차함수의 그래프는 서로 평행하거나 일치한다.

즉, 두 일차함수 $y=ax+b$, $y=a'x+b'$에 대하여

① 기울기는 같고 y절편이 다르면 두 그래프는 서로 평행하다.

⇨ $a=a'$, $b\neq b'$이면 평행

② 기울기가 같고 y절편이 같으면 두 그래프는 서로 일치한다.

⇨ $a=a'$, $b=b'$이면 일치

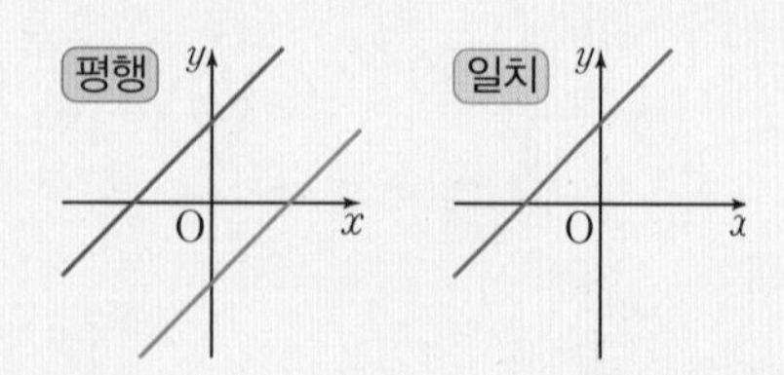

(2) 서로 평행한 두 일차함수의 그래프의 기울기는 같다.

개념 Tip 기울기가 다른 두 일차함수의 그래프는 한 점에서 만난다.

⇨ $y=ax+b$, $y=a'x+b'$에서 $a\neq a'$이면 두 그래프는 한 점에서 만난다.

1 다음 □ 안에 알맞은 수를 써넣어라.

(1) $y=3x-2$의 그래프와 $y=$□$x+1$의 그래프는 서로 평행하다.

(2) $y=-2x+$□의 그래프와 $y=$□$x+5$의 그래프는 서로 일치한다.

답 1 (1) 3 (2) 5, -2

03 일차함수의 식 구하기

개념 Link 풍산자 개념완성편 110쪽

(1) 직선의 기울기와 y절편을 알 때

기울기가 a, y절편이 b인 직선을 그래프로 하는 일차함수의 식

⇨ $y=ax+b$

(2) 직선의 기울기와 한 점의 좌표를 알 때

기울기가 a이고, 한 점 (x_1, y_1)을 지나는 직선을 그래프로 하는 일차함수의 식은 다음의 순서로 구한다.

❶ 기울기가 a이므로 구하는 함수의 식을 $y=ax+b$로 놓는다.

❷ ❶의 식에 $x=x_1$, $y=y_1$을 대입하여 b의 값을 구한다.

예 기울기가 -2이고, 점 $(1, -1)$을 지나는 직선을 그래프로 하는 일차함수의 식

⇨ $y=-2x+b$에 $x=1$, $y=-1$을 대입하면 $b=1$이므로 $y=-2x+1$

(3) 직선 위의 서로 다른 두 점의 좌표를 알 때

서로 다른 두 점 (x_1, y_1), (x_2, y_2)를 지나는 직선을 그래프로 하는 일차함수의 식은 다음의 순서로 구한다. (단, $x_1 \neq x_2$)

❶ 기울기 a를 구한다. ⇨ $a=\frac{y_2-y_1}{x_2-x_1}=\frac{y_1-y_2}{x_1-x_2}$

❷ $y=ax+b$에 한 점의 좌표를 대입하여 b의 값을 구한다.

예 두 점 $(1, -2)$, $(2, 1)$을 지나는 직선을 그래프로 하는 일차함수의 식

⇨ (기울기)$=\frac{1-(-2)}{2-1}=3$이므로 $y=3x+b$에 $x=1$, $y=-2$를 대입하면

$-2=3+b$ $\quad \therefore b=-5$ $\quad \therefore y=3x-5$

(4) 직선의 x절편과 y절편을 알 때

x절편이 m이고, y절편이 n인 직선을 그래프로 하는 일차함수의 식은 다음의 순서로 구한다.

❶ 두 점 $(m, 0)$, $(0, n)$을 지나는 직선의 기울기 a를 구한다.

⇨ $a=\frac{n-0}{0-m}=-\frac{n}{m}$

❷ y절편이 n이므로 일차함수의 식은 $y=-\frac{n}{m}x+n$

예 x절편이 3이고, y절편이 2인 직선을 그래프로 하는 일차함수의 식

⇨ 두 점 $(3, 0)$, $(0, 2)$를 지나는 직선을 그래프로 하는 일차함수의 식

⇨ (기울기)$=\frac{2-0}{0-3}=-\frac{2}{3}$, y절편이 2이므로 $y=-\frac{2}{3}x+2$

1 다음 직선을 그래프로 하는 일차함수의 식을 구하여라.

(1) 기울기가 2이고, y절편이 -3인 직선

(2) 기울기가 -5이고, y절편이 4인 직선

(3) 일차함수 $y=-4x+1$의 그래프와 평행하고, y절편이 5인 직선

2 다음 직선을 그래프로 하는 일차함수의 식을 구하여라.

(1) 기울기가 1이고, 점 $(-2, 3)$을 지나는 직선

(2) 일차함수 $y=5x+1$의 그래프와 평행하고, 점 $(-2, -7)$을 지나는 직선

(3) x의 값이 3만큼 증가할 때 y의 값은 2만큼 감소하고, 점 $(3, -1)$을 지나는 직선

3 다음 두 직선을 지나는 직선을 그래프로 하는 일차함수의 식을 구하여라.

(1) $(1, 1)$, $(3, 7)$

(2) $(-2, 5)$, $(2, -1)$

4 다음 직선을 그래프로 하는 일차함수의 식을 구하여라.

(1) x절편이 -3이고, y절편이 1인 직선

(2) y절편이 6이고, 점 $(2, 0)$을 지나는 직선

답 1 (1) $y=2x-3$ (2) $y=-5x+4$ (3) $y=-4x+5$
2 (1) $y=x+5$ (2) $y=5x+3$ (3) $y=-\frac{2}{3}x+1$
3 (1) $y=3x-2$ (2) $-\frac{3}{2}x+2$
4 (1) $y=\frac{1}{3}x+1$ (2) $y=-3x+6$

04 일차함수의 활용

개념 Link 풍산자 개념완성편 116쪽

일차함수의 활용 문제는 다음과 같은 순서로 푼다.

❶ 변수 x, y 정하기: 문제의 뜻을 파악한 후 변하는 두 양을 x, y로 놓는다.

❷ 관계식 세우기: x, y 사이의 관계를 함수 $y=f(x)$로 나타낸다.

❸ 필요한 값 구하기: 관계식을 이용하여 x의 값 또는 y의 값을 구한다.

❹ 확인하기: 구한 값이 문제의 뜻에 맞는지 확인한다.

개념 Tip 변량에서 먼저 변하는 것을 x로 놓고, 그에 따라 변하는 것을 y로 놓는다.

1 기온이 0 ℃일 때 공기 중에서 소리의 속력은 초속 331 m이고, 기온이 1 ℃올라갈 때마다 소리의 속력은 초속 0.6 m씩 증가한다고 한다. 기온이 x ℃일 때의 소리의 속력을 초속 y m라 할 때, x, y 사이의 관계를 $y=ax+b$의 꼴로 나타내어라.

답 1 $y=0.6x+331$

필수유형 • 공략하기

중요한

유형 112 • 일차함수 $y=ax+b$의 그래프와 a, b의 부호

일차함수 $y=ax+b$의 그래프가

(1) 오른쪽 위로 향하면 ⇨ $a>0$

오른쪽 아래로 향하면 ⇨ $a<0$

(2) y축과 양의 부분에서 만나면 ⇨ $b>0$

y축과 음의 부분에서 만나면 ⇨ $b<0$

풍쌤의 point 일차함수 $y=ax+b$에서 a의 부호는 그래프의 모양을, b의 부호는 그래프가 y축과 만나는 부분을 결정한다.

533 필수

일차함수 $y=ax-b$의 그래프가 오른쪽 그림과 같을 때, 다음 중 옳은 것은? (단, a, b는 상수)

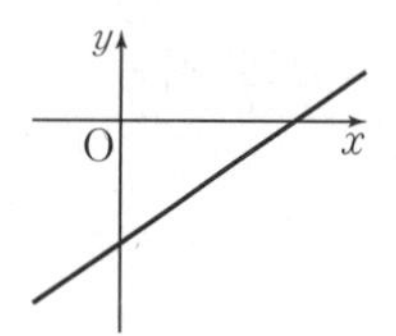

① $a>0$, $b>0$

② $a>0$, $b<0$

③ $a<0$, $b>0$

④ $a<0$, $b<0$

⑤ $a<0$, $b=0$

534

일차함수 $y=-ax+\frac{a}{b}$의 그래프가 오른쪽 그림과 같을 때, 상수 a, b의 부호를 정하여라.

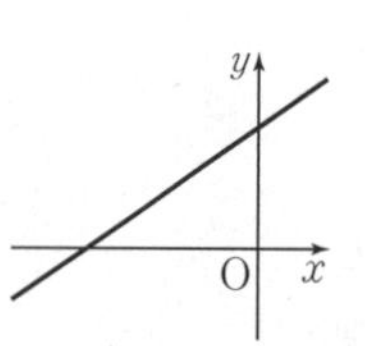

535

일차함수 $y=ax+b$의 그래프가 오른쪽 그림과 같을 때, 일차함수 $y=-bx+a$의 그래프가 지나는 않는 사분면을 구하여라. (단, a, b는 상수)

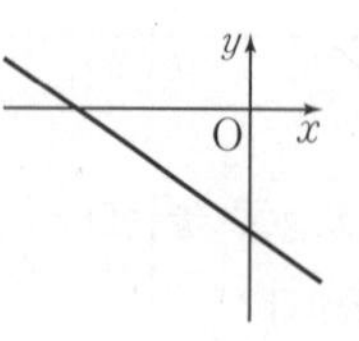

536

$ab<0$, $a-b<0$일 때, 일차함수 $y=ax+b$의 그래프가 지나지 않는 사분면은? (단, a, b는 상수)

① 제1사분면　② 제2사분면

③ 제3사분면　④ 제4사분면

⑤ 제2, 4사분면

537

오른쪽 그림과 같은 일차함수의 그래프의 x절편을 m, y절편을 n이라 하자. 이때 일차함수 $y=mx+n$의 그래프가 지나지 않는 사분면을 구하여라.

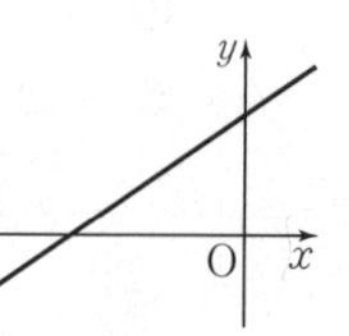

538 서술형

일차함수 $y=ax+ab$의 그래프가 제2, 3, 4사분면을 모두 지날 때, 일차함수 $y=\frac{b}{a}x+(b-a)$의 그래프가 지나는 사분면을 모두 구하여라. (단, a, b는 상수)

파란 해설 55~56쪽

유형 113 · 일차함수의 그래프의 평행

두 일차함수 $y=ax+b$와 $y=cx+d$의 그래프가 서로 평행하려면 ⇨ $a=c$, $b\neq d$

풍쌤의 point 서로 평행한 두 일차함수의 그래프의 기울기는 같고, y절편은 다르다.

539 필수

두 일차함수 $y=2(a+3)x+2$, $y=(a+4)x-1$의 그래프가 서로 평행할 때, 상수 a의 값을 구하여라.

540

다음 일차함수의 그래프 중 일차함수 $y=2x-4$의 그래프와 평행한 것은?

① $y=-2x+2$
② $y=-x+4$
③ $y=x-4$
④ $y=\frac{1}{2}x-1$
⑤ $y=2x+5$

541

두 점 $(2, 5)$, $(k, -4)$를 지나는 직선이 일차함수 $y=\frac{3}{2}x-1$의 그래프와 평행할 때, k의 값을 구하여라.

542

일차함수 $y=ax+2$의 그래프가 오른쪽 그림의 그래프와 평행하고 점 $(b, -2)$를 지날 때, $3a+b$의 값을 구하여라.

(단, a는 상수)

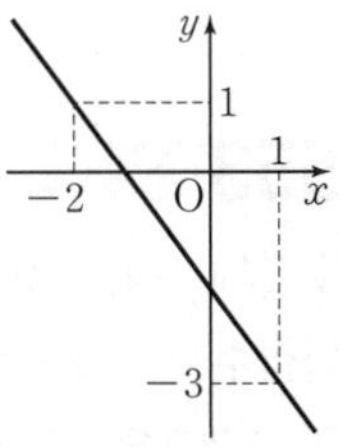

유형 114 · 일차함수의 그래프의 일치

두 일차함수 $y=ax+b$와 $y=cx+d$의 그래프가 일치하려면 ⇨ $a=c$, $b=d$

풍쌤의 point 일치하는 두 일차함수의 그래프의 기울기는 같고, y절편도 같다.

543 필수

일차함수 $y=ax+3$의 그래프를 y축의 방향으로 5만큼 평행이동하였더니 일차함수 $y=7x+2b$의 그래프와 일치하였다. 이때 상수 a, b의 값을 각각 구하여라.

544

두 일차함수 $y=ax+6$, $y=4x+b$의 그래프가 일치하기 위한 상수 a, b의 조건을 구하여라.

545

두 일차함수 $y=(2a+b)x+7$, $y=5x+a+2b$의 그래프가 일치할 때, 상수 a, b에 대하여 $a-b$의 값을 구하여라.

546

점 $(2, 3)$을 지나는 일차함수 $y=5x-a+1$의 그래프와 일차함수 $y=bx-c$의 그래프가 일치할 때, 상수 a, b, c에 대하여 $a+b+c$의 값을 구하여라.

유형 115 • 일차함수의 그래프의 성질

일차함수 $y=ax+b$의 그래프에서

(1) 기울기: a, x절편: $-\frac{b}{a}$, y절편: b

(2) $a>0$이면 오른쪽 위로 향하는 직선이고
$a<0$이면 오른쪽 아래로 향하는 직선이다.

(3) a의 절댓값이 클수록 y축에 가깝다.

547 필수

다음 중 일차함수 $y=4x+2$의 그래프에 대한 설명으로 옳은 것을 모두 고르면? (정답 2개)

① 오른쪽 위로 향하는 직선이다.

② x절편은 $\frac{1}{2}$이고, y절편은 2이다.

③ $y=2x+4$의 그래프와 평행하다.

④ x의 값이 증가할 때, y의 값도 증가한다.

⑤ 그래프는 제1, 2, 4사분면을 지난다.

548

오른쪽 그림의 일차함수의 그래프에 대한 설명으로 옳지 않은 것을 모두 고르면? (정답 2개)

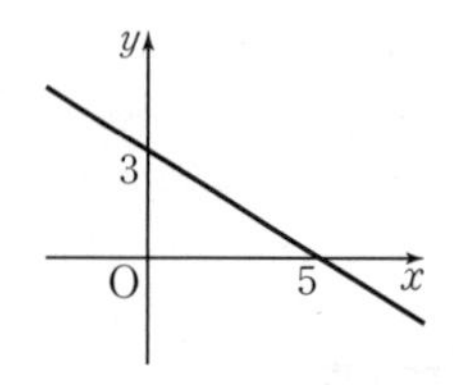

① x절편은 5이다.

② y절편은 3이다.

③ 기울기는 $\frac{3}{5}$이다.

④ $y=-\frac{3}{5}x+1$의 그래프와 평행하다.

⑤ $y=-x+1$의 그래프보다 y축에 가깝다.

549

다음 중 일차함수 $y=ax+b$의 그래프에 대한 설명으로 옳지 않은 것은? (단, a, b는 상수)

① 기울기는 a이고, y절편은 b이다.

② x축과 점 $(a, 0)$에서 만난다.

③ a의 절댓값이 작을수록 x축에 가깝다.

④ $a<0$일 때, x의 값이 증가하면 y의 값은 감소한다.

⑤ $a>0$, $b<0$이면 제2사분면을 지나지 않는다.

유형 116 • 일차함수의 식 구하기 (1) – 기울기와 y절편을 알 때

기울기가 a이고, y절편이 b인 직선을 그래프로 하는 일차함수의 식 ⇨ $y=ax+b$ (기울기: a, y절편: b)

풍쌤의 point 일차함수의 식은 $y=$(기울기)$x+$(y절편)이다.

550 필수

일차함수 $y=3x-5$의 그래프와 평행하고, y절편이 4인 직선을 그래프로 하는 일차함수의 식은?

① $y=-3x-4$　② $y=-3x+4$
③ $y=3x-4$　④ $y=3x+4$
⑤ $y=4x+3$

551

x의 값이 -1에서 2까지 증가할 때 y의 값이 1만큼 감소하고, 점 $(0, -2)$를 지나는 직선을 그래프로 하는 일차함수의 식을 구하여라.

552

오른쪽 그림의 그래프와 평행하고, y절편이 -3인 일차함수의 그래프가 점 $(-5a, 4-3a)$를 지날 때, a의 값을 구하여라.

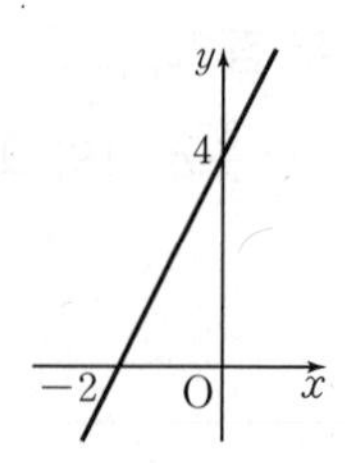

553 서술형

두 점 $(-4, -9)$, $(2, -6)$을 지나는 직선과 평행하고, 일차함수 $y=3x-8$의 그래프와 y축 위에서 만나는 일차함수의 그래프의 x절편을 구하여라.

유형 117 일차함수의 식 구하기 (2) – 기울기와 지나는 한 점을 알 때

기울기가 a이고, 점 (x_1, y_1)을 지나는 직선을 그래프로 하는 일차함수의 식 구하기

❶ 일차함수의 식을 $y=ax+b$로 놓는다.

❷ $x=x_1$, $y=y_1$을 대입하여 b의 값을 구한다.

풍쌤의 point 기울기는 알고 있으므로 지나는 점의 좌표를 대입하여 y절편을 구한다.

554 필수

일차함수 $y=2x+4$의 그래프와 평행하고, 점 $(-3, -1)$을 지나는 직선이 x축과 만나는 점의 좌표를 구하여라.

555

기울기가 $\frac{3}{2}$이고, 점 $(-4, -5)$를 지나는 직선을 그래프로 하는 일차함수의 식을 구하여라.

556

두 점 $(-5, 3)$, $(-3, 2)$를 지나는 직선과 평행하고, 점 $\left(-\frac{2}{3}, 1\right)$을 지나는 일차함수의 그래프의 y절편을 구하여라.

557

다음 중 기울기가 -2이고, 일차함수 $y=\frac{3}{5}x-3$의 그래프와 x축 위에서 만나는 직선 위의 점이 아닌 것은?

① $(-2, 14)$ ② $(-1, 12)$ ③ $(0, 10)$
④ $(4, 6)$ ⑤ $(7, -4)$

유형 118 일차함수의 식 구하기 (3) – 서로 다른 두 점을 알 때

서로 다른 두 점 (x_1, y_1), (x_2, y_2)를 지나는 직선을 그래프로 하는 일차함수의 식 구하기

❶ 기울기 $a=\frac{y_2-y_1}{x_2-x_1}$을 구한다.

❷ 일차함수의 식을 $y=ax+b$로 놓는다.

❸ 한 점의 좌표를 대입하여 b의 값을 구한다.

풍쌤의 point 먼저 기울기를 구한 후 그래프가 지나는 한 점의 좌표를 대입한다.

558 필수

두 점 $(1, 2)$, $(5, -2)$를 지나는 직선을 그래프로 하는 일차함수의 식은?

① $y=-2x+4$ ② $y=-x+1$
③ $y=-x+3$ ④ $y=x+1$
⑤ $y=x+4$

559

오른쪽 그림과 같은 직선을 그래프로 하는 일차함수의 식을 구하여라.

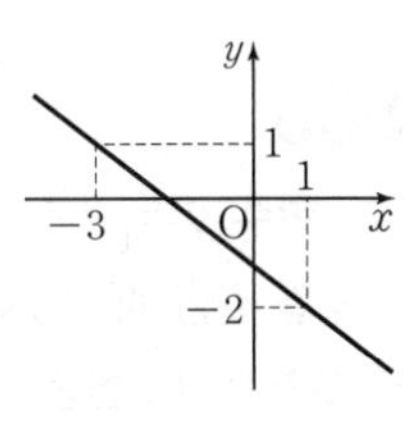

560

다음 중 두 점 $(-4, 1)$, $(2, 4)$를 지나는 직선에 대한 설명으로 옳지 않은 것은?

① 점 $(4, 5)$를 지난다.
② x절편은 -6이다.
③ y절편은 3이다.
④ $y=-2x$의 그래프를 y축의 방향으로 3만큼 평행이동한 직선이다.
⑤ x의 값이 -1에서 1까지 증가할 때, y의 값은 1만큼 증가한다.

필수유형 · 공략하기

유형 119 일차함수의 식 구하기 (4) – x절편과 y절편을 알 때

x절편이 m, y절편이 n인 직선을 그래프로 하는 일차함수의 식 ⇨ $y=-\frac{n}{m}x+n$

풍쌤의 point x절편이 m, y절편이 n인 직선은 두 점 $(m, 0)$, $(0, n)$을 지나는 직선과 같다.

561 필수

x절편이 3, y절편이 -2인 직선이 점 $(a, 4)$를 지날 때, a의 값을 구하여라.

562

일차함수 $y=\frac{1}{3}x+1$의 그래프와 x축 위에서 만나고, $y=-\frac{1}{2}x+5$의 그래프와 y축 위에서 만나는 직선을 그래프로 하는 일차함수의 식을 구하여라.

563

일차함수 $y=ax+b$의 그래프가 오른쪽 그림과 같을 때, 일차함수 $y=-bx+a$의 그래프의 x절편을 구하여라.

(단, a, b는 상수)

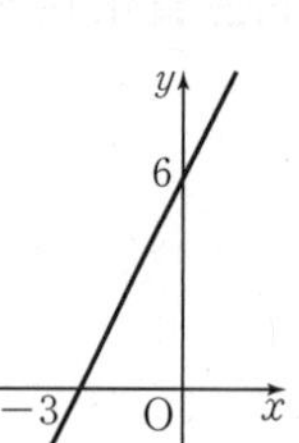

564 서술형

오른쪽 그림과 같이 일차함수 $y=-\frac{2}{3}x+4$의 그래프가 x축, y축과 만나는 점을 각각 A, B라 하자. △ABC의 넓이가 8이 되도록 $\overline{OA}$ 위에 점 C를 잡을 때, 두 점 B, C를 지나는 직선을 그래프로 하는 일차함수의 식을 구하여라. (단, O는 원점)

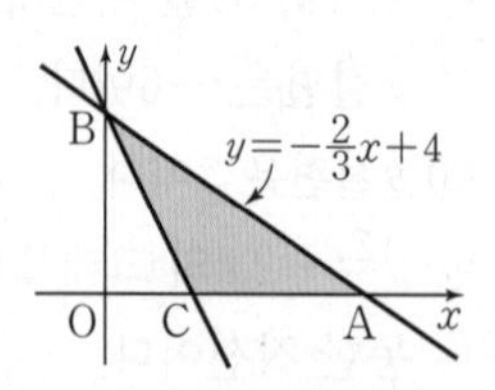

유형 120 온도에 대한 일차함수의 활용

처음 온도가 a ℃, 1분 동안의 온도 변화가 b ℃일 때, x분 후의 온도를 y ℃라 하면
⇨ $y=a+bx$

풍쌤의 point 온도가 올라가면 $b>0$, 온도가 내려가면 $b<0$

565 필수

온도가 20 ℃인 물을 주전자에 담아 끓일 때, 물의 온도는 2분마다 10 ℃씩 올라간다고 한다. 물을 끓이기 시작한 지 x분 후의 물의 온도를 y ℃라 할 때, x와 y 사이의 관계식을 구하여라.

566

지면으로부터 수직 높이 10 km까지는 100 m 높아질 때마다 기온이 0.6 ℃씩 내려간다고 한다. 지면의 기온이 25 ℃일 때, 기온이 -5 ℃인 지점의 지면으로부터의 높이는?

① 3000 m ② 3500 m ③ 4000 m ④ 4500 m ⑤ 5000 m

567 서술형

어떤 약품을 일정한 양의 물에 녹일 때, 물의 온도 x ℃와 물에 녹는 약품의 최대량 y g 사이의 관계를 조사하여 다음과 같은 표를 얻었다. y가 x에 대한 일차식으로 나타내어질 때, 최대 56 g의 약품이 녹을 때의 물의 온도를 구하여라.

x(℃)	0	10	20	30	40
y(g)	10	15	20	25	30

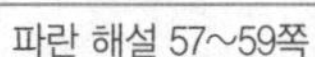

유형 121 · 길이, 액체의 양에 대한 일차함수의 활용

(1) 처음 길이가 a cm, 1 g의 추를 달 때마다 길이 변화가 b cm일 때, x g의 추를 달았을 때의 길이를 y cm라 하면 ⇨ $y=a+bx$

(2) 처음 물의 양이 a L, 1분 동안의 물의 양의 변화가 b L일 때, x분 후의 물의 양을 y L라 하면 ⇨ $y=a+bx$

568 필수

길이가 20 cm인 용수철에 무게가 4 g인 물체를 달 때마다 용수철의 길이가 1 cm씩 늘어난다고 한다. 물체의 무게를 x g, 용수철의 길이를 y cm라 할 때, x와 y 사이의 관계식을 구하여라.

569

용수철 저울에 120 g의 추를 달았을 때 용수철의 길이는 20 cm이었고, 240 g의 추를 달았을 때 용수철의 길이는 25 cm이었다. 이 저울에 384 g의 물체를 달았을 때, 용수철의 길이를 구하여라. (단, 물체의 무게에 따라 용수철의 길이가 늘어나는 비율은 일정하다.)

570

300 L의 물을 담을 수 있는 물통에 120 L의 물이 들어 있다. 이 물통에 5분에 20 L의 비율로 물을 더 넣는다고 할 때, 물통을 가득 채우는 데 걸리는 시간을 구하여라.

571 서술형

휘발유 1 L로 12 km를 달리는 자동차가 있다. 현재 이 자동차에 60 L의 휘발유가 들어 있을 때, 300 km를 달린 후에 남아 있는 휘발유의 양은 몇 L인지 구하여라.

유형 122 · 속력에 대한 일차함수의 활용

풍쌤의 point 변수 x, y를 정한 후 (거리)=(속력)×(시간)임을 이용하여 x와 y 사이의 관계식을 세운다.

572 필수

은수가 집에서 출발하여 2 km 떨어진 공원까지 분속 50 m로 걷고 있다. 은수가 집에서 출발한 지 몇 분 후에 공원까지의 남은 거리가 500 m가 되는지 구하여라.

573

초속 3 m의 일정한 속력으로 내려오는 엘리베이터가 지면으로부터 98 m의 높이에서 출발하여 쉬지 않고 내려오고 있다. x초 후의 엘리베이터의 높이를 y m라 할 때, x와 y 사이의 관계식은?

① $y=-3x$ ② $y=98-x$ ③ $y=98-3x$
④ $y=98+3x$ ⑤ $y=98-\frac{x}{3}$

574

갑이 분속 50 m로 둘레의 길이가 400 m인 운동장 트랙을 걷기 시작하였다. 1분 후 을은 갑과 같은 출발 지점에서 같은 방향으로 분속 140 m로 달리기 시작하였다. 을이 출발한 후 갑보다 정확히 한 바퀴 앞설 때까지 걸리는 시간을 구하여라.

파란 해설 59쪽

중요한

유형 123 도형에서의 일차함수의 활용

선분 AB 위의 한 점 P가 매초 2 cm의 속력으로 점 A를 출발하여 점 B 방향으로 움직일 때

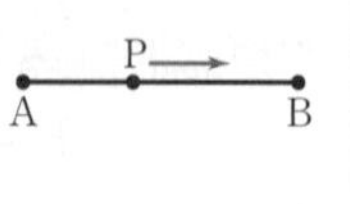

(1) (x초 후의 $\overline{AP}$의 길이)$=2x$ cm

(2) (x초 후의 $\overline{BP}$의 길이)$=$($\overline{AB}$의 길이)$-2x$(cm)

풍쌤의 point 1초에 a cm씩 움직이면 x초 동안에는 ax cm만큼 움직인다.

575 필수

오른쪽 그림과 같은 직사각형 ABCD에서 점 P는 점 A를 출발하여 $\overline{AB}$를 따라 점 B까지 매초 2 cm의 속력으로 움직인다.

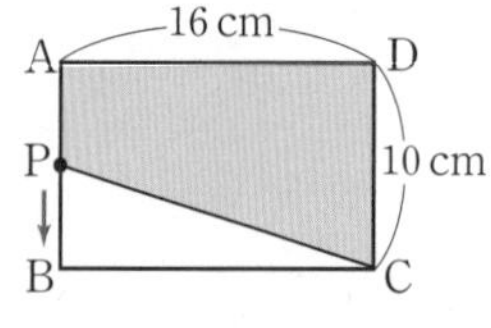

사각형 APCD의 넓이가 144 cm^2가 되는 것은 점 P가 점 A를 출발한 지 몇 초 후인지 구하여라.

576

오른쪽 그림과 같은 직사각형 ABCD에서 점 P는 점 B를 출발하여 $\overline{BC}$를 따라 점 C까지 매초 3 cm의 속력으로 움직인다.

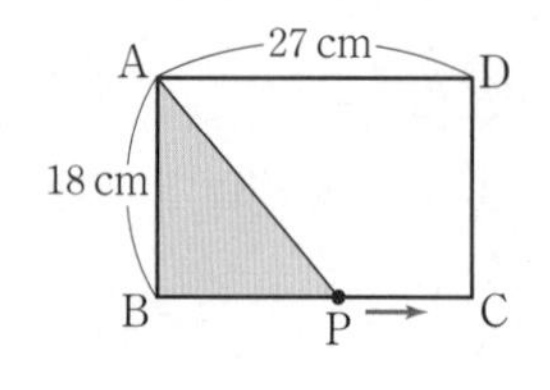

점 P가 점 B를 출발한 지 x초 후의 △ABP의 넓이를 y cm^2라 할 때, x와 y 사이의 관계식을 구하여라.

577 서술형

오른쪽 그림의 점 P는 점 B를 출발하여 $\overline{BC}$를 따라 점 C까지 매초 0.5 cm의 속력으로 움직인다. 점 P가 점 B를 출발한 지 x초 후의 △ABP와 △DPC의 넓이의 합을 y cm^2라 할 때, 점 P가 점 B를 출발한 지 몇 초 후에 △ABP와 △DPC의 넓이의 합이 42 cm^2가 되는지 구하여라.

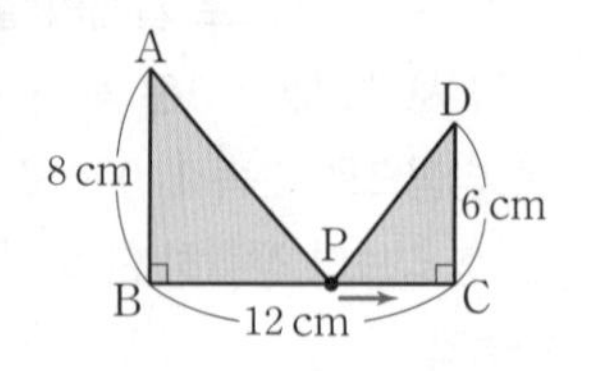

어려운

유형 124 그래프를 이용한 일차함수의 활용

풍쌤의 point 주어진 그래프의 x절편, y절편 또는 그래프가 지나는 점 등을 이용하여 일차함수의 식을 세운다.

578 필수

10 ℃의 물이 든 주전자를 가열한 지 x분 후의 물의 온도를 y ℃라 할 때, x와 y 사이의 관계를 그래프로 나타내면 오른쪽 그림과 같다. 주전자를 가열한 지 20분 후의 물의 온도는?

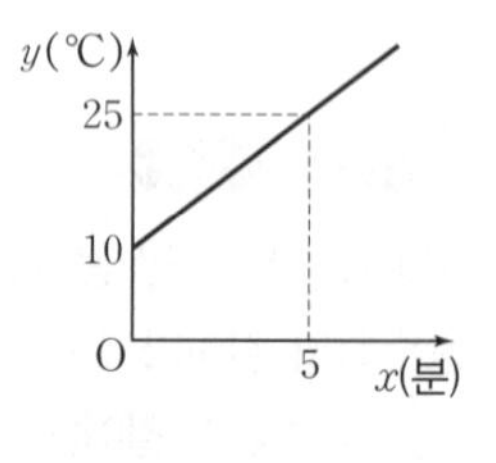

① 40 ℃ ② 50 ℃ ③ 60 ℃
④ 70 ℃ ⑤ 80 ℃

579

400 L의 물이 들어 있는 물통에서 물이 흘러 나가기 시작하여 x분 후 물통에 남아 있는 물의 양을 y L라 할 때, x와 y 사이의 관계를 그래프로 나타내면 오른쪽 그림과 같다. 이때 x와 y 사이의 관계식을 구하여라.

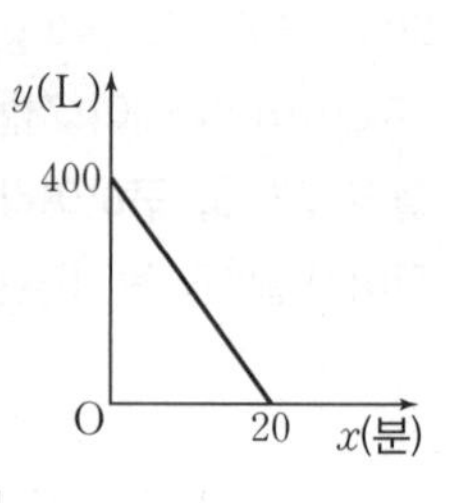

580

파일의 크기가 280 MB인 자료를 내려받기 시작한 지 x초 후에 더 받아야 할 자료의 양을 y MB라 할 때, x와 y 사이의 관계를 그래프로 나타내면 오른쪽 그림과 같다. 자료를 내려받기 시작한 지 30초 후에 더 받아야 할 자료의 양은 몇 MB인지 구하여라.

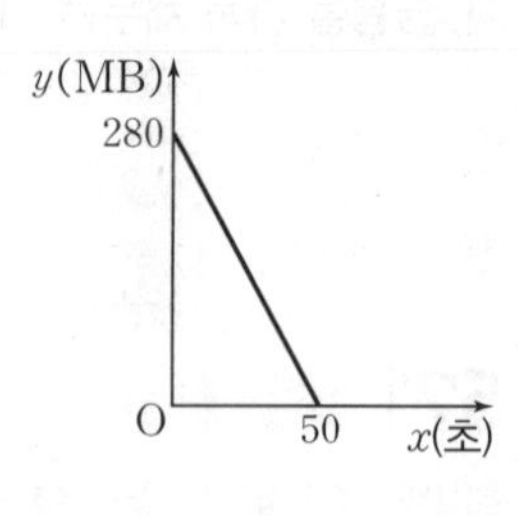

필수유형 • 뛰어넘기

581

$a^2bc<0$일 때, 일차함수 $y=-\frac{b}{a}x+\frac{c}{a}$의 그래프가 반드시 지나는 사분면은? (단, a, b, c는 상수)

① 제1, 2사분면　② 제1, 3사분면
③ 제2, 3사분면　④ 제2, 4사분면
⑤ 제3, 4사분면

582

일차함수 $y=-3x+2k-9$의 그래프가 제3사분면을 지나지 않도록 하는 상수 k의 값의 범위를 구하여라.

583

서로 평행한 두 일차함수 $y=-5x-10$, $y=mx+n$의 그래프가 x축과 만나는 점을 각각 A, B라 하면 $\overline{AB}=6$이다. 이때 상수 m, n에 대하여 $m+n$의 값을 구하여라.

(단, $n>0$)

584

일차함수 $y=ax+b$의 그래프가 오른쪽 그림과 같을 때, 다음 설명 중 옳은 것은? (단, a, b는 상수)

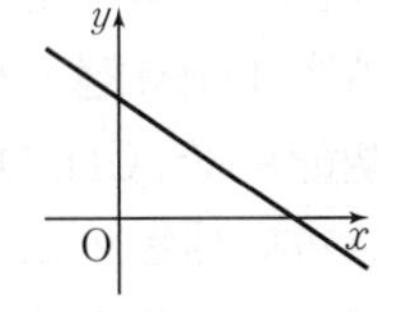

① 점 $(1, a)$를 지난다.
② $a>0$, $b>0$이다.
③ $y=-ax+b$의 그래프는 제1사분면을 지나지 않는다.
④ $y=ax-b$의 그래프는 제1, 2, 3사분면을 지난다.
⑤ $y=-ax-b$의 그래프와 x축 위에서 만난다.

585

보기에 주어진 일차함수의 그래프를 한 좌표평면 위에 나타낸 그림에 오른쪽과 같이 얼룩이 생겼다. 그래프와 일차함수를 바르게 연결한 것을 모두 고르면? (정답 2개)

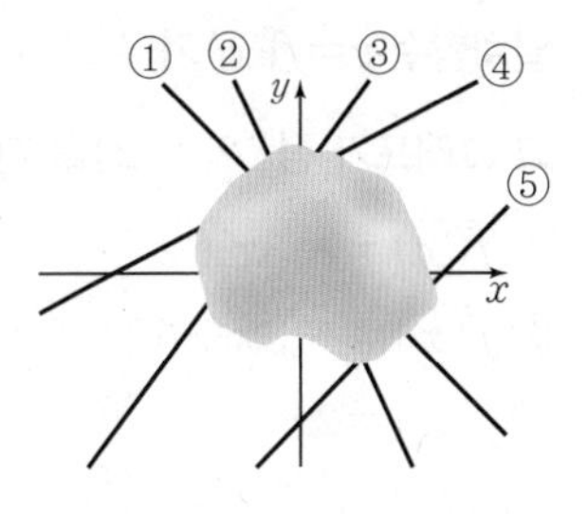

보기

ㄱ. $y=x-3$　ㄴ. $y=-2x+1$
ㄷ. $y=-x+1$　ㄹ. $y=\frac{1}{2}x+2$
ㅁ. $y=\frac{4}{3}x+2$

① ㄱ　② ㄴ　③ ㄷ
④ ㄹ　⑤ ㅁ

586

오른쪽 그림과 같은 좌표평면 위에 일차함수 $y=2x+b$의 그래프를 그리면 $\triangle ABC$와 만난다고 한다. 상수 b의 값의 최댓값을 M, 최솟값을 m이라 할 때, Mm의 값을 구하여라.

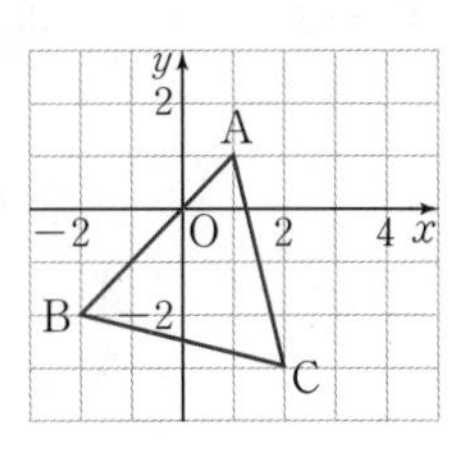

587

세 점 $(0, 4)$, $(a, -8)$, $(2, b)$를 지나는 직선과 x축 및 y축으로 둘러싸인 도형의 넓이가 6일 때, ab의 값은?

(단, $a>0$)

① 10　② 12　③ 15
④ 18　⑤ 20

588

일차함수 $y=f(x)$가 $\dfrac{f(4)-f(-1)}{5}=-3$을 만족시키고 그 그래프가 점 $(2,\ -2)$를 지날 때, 이 일차함수의 식은?

① $f(x)=-3x+2$ ② $f(x)=-3x+4$
③ $f(x)=-3x+6$ ④ $f(x)=3x-2$
⑤ $f(x)=3x-4$

589

일차함수 $y=ax+b$의 그래프를 그리는데, 승기는 기울기를 잘못 보아 두 점 $(-4,\ -3)$, $(2,\ 6)$을 지나는 직선을 그렸고, 민아는 y절편을 잘못 보아 두 점 $(-2,\ 3)$, $(0,\ 2)$를 지나는 직선을 그렸다. 일차함수 $y=ax+b$의 그래프가 점 $(8,\ k)$를 지날 때, k의 값은? (단, a, b는 상수)

① -5 ② -4 ③ -3
④ -2 ⑤ -1

590 창의

오른쪽 그림과 같이 두 점 $\mathrm{A}(0,\ 5)$, $\mathrm{B}(8,\ 3)$이 있다. x축 위의 점 P에 대하여 $\overline{\mathrm{AP}}+\overline{\mathrm{BP}}$의 값이 최소일 때의 점 P의 x좌표는?

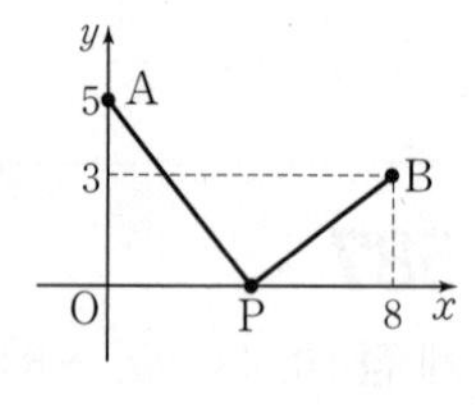

① 2 ② 3 ③ 4
④ 5 ⑤ 6

591 서술형

오른쪽 그림과 같이 일차함수 $y=-\dfrac{2}{3}x+6$의 그래프가 x축, y축과 만나는 점을 각각 A, B라 하자. 일차함수 $y=ax$의 그래프가 △OAB의 넓이를 이등분할 때, 상수 a의 값을 구하여라. (단, O는 원점)

592

다음 그림과 같이 성냥개비를 배열할 때, x단계에서 만들어지는 정삼각형의 개수를 y라 하자. 이때 x와 y 사이의 관계식을 구하여라.

(단, 정삼각형의 한 변은 성냥개비 한 개로 한다.)

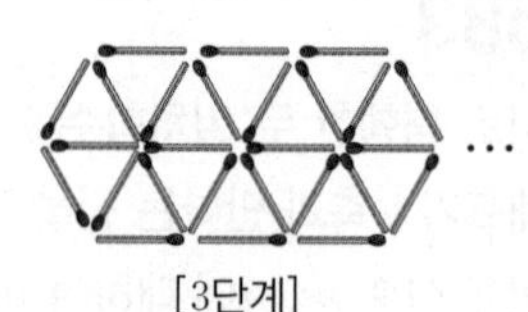

[1단계] [2단계] [3단계]

593

오른쪽 그림과 같은 직사각형 ABCD에서 점 P가 점 B를 출발하여 $\overline{\mathrm{BC}}$, $\overline{\mathrm{CD}}$, $\overline{\mathrm{DA}}$를 따라 점 A까지 매초 2 cm의 속력으로 움직인다. 점 P가 점 B를 출발한 지 11초 후의 △ABP의 넓이는?

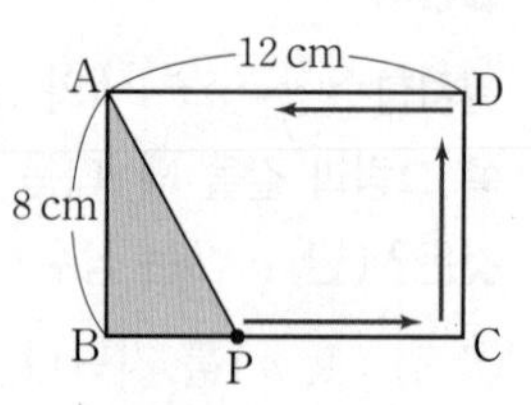

① $36\ \mathrm{cm^2}$ ② $38\ \mathrm{cm^2}$ ③ $40\ \mathrm{cm^2}$
④ $42\ \mathrm{cm^2}$ ⑤ $44\ \mathrm{cm^2}$

3 일차함수와 일차방정식의 관계

01 일차함수와 일차방정식의 그래프

개념 Link 풍산자 개념완성편 124쪽

(1) 직선의 방정식

x, y의 값의 범위가 수 전체일 때, 일차방정식

$ax+by+c=0$(a, b, c는 상수, $a\neq0$ 또는 $b\neq0$)

의 해는 무수히 많고, 그 해를 좌표평면 위에 나타내면 직선이 된다. 이 직선을 일차방정식 $ax+by+c=0$의 그래프라 하고, 일차방정식 $ax+by+c=0$을 직선의 방정식이라 한다.

(2) 일차방정식과 일차함수의 그래프

일차방정식 $ax+by+c=0$(a, b, c는 상수, $a\neq0$, $b\neq0$)의 그래프는 일차함수 $y=-\frac{a}{b}x-\frac{c}{b}$의 그래프와 같다.

$ax+by+c=0$ ($a\neq0$, $b\neq0$) 일차방정식	그래프 → / ← 직선의 방정식	직선	← 그래프 / 함수의 식 →	$y=-\frac{a}{b}x-\frac{c}{b}$ ($a\neq0$, $b\neq0$) 일차함수

예 일차방정식 $2x-y+1=0$의 그래프는 일차함수 $y=2x+1$의 그래프와 같다.

개념 Tip ① 일차방정식의 그래프인 직선 위의 모든 점의 순서쌍 (x, y)는 일차방정식의 해이다.
② 일차방정식을 일차함수의 식으로 나타낼 때에는 주어진 일차방정식을 $y=ax+b$의 꼴로 나타낸다.

1 다음 일차방정식을 $y=ax+b$의 꼴로 나타내어라.

(1) $2x+y=3$
(2) $x-y=-4$
(3) $x+y+1=0$
(4) $x-2y+6=0$

2 보기의 일차함수의 그래프 중 다음 일차방정식의 그래프와 일치하는 것끼리 짝 지어라.

보기
(가) $y=\frac{3}{4}x+\frac{1}{4}$
(나) $y=\frac{1}{3}x-\frac{1}{2}$
(다) $y=-\frac{1}{3}x+2$

(1) $x+3y-6=0$
(2) $3x-4y+1=0$
(3) $-2x+6y+3=0$

답 1 (1) $y=-2x+3$ (2) $y=x+4$ (3) $y=-x-1$ (4) $y=\frac{1}{2}x+3$
2 (1) (다) (2) (가) (3) (나)

02 일차방정식 $x=p$, $y=q$의 그래프

개념 Link 풍산자 개념완성편 126쪽

(1) $x=p$(p는 상수)의 그래프

점 $(p, 0)$을 지나고, y축에 평행한(x축에 수직인) 직선이다. 특히, $x=0$의 그래프는 y축이다.

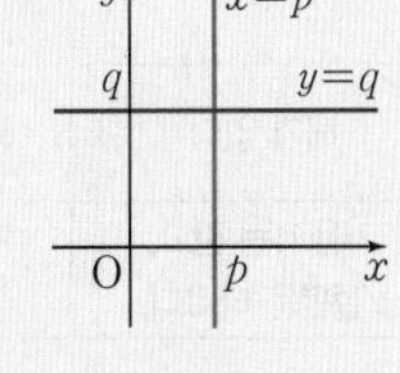

(2) $y=q$(q는 상수)의 그래프

점 $(0, q)$를 지나고, x축에 평행한(y축에 수직인) 직선이다. 특히, $y=0$의 그래프는 x축이다.

예 $x=1$의 그래프는 점 $(1, 0)$을 지나고, y축에 평행한(x축에 수직인) 직선이다.
$y=2$의 그래프는 점 $(0, 2)$를 지나고, x축에 평행한(y축에 수직인) 직선이다.

개념 Tip 직선의 방정식 $ax+by+c=0$에서
(1) $a\neq0$, $b=0$ ⇨ $x=-\frac{c}{a}$ ⇨ y축에 평행한 직선, x축에 수직인 직선
(2) $a=0$, $b\neq0$ ⇨ $y=-\frac{c}{b}$ ⇨ x축에 평행한 직선, y축에 수직인 직선

1 다음 조건을 만족시키는 직선의 방정식을 구하여라.

(1) 점 $(3, 4)$를 지나고 x축에 평행한 직선
(2) 점 $(-5, 2)$를 지나고 y축에 평행한 직선
(3) 점 $(1, -2)$를 지나고 x축에 수직인 직선
(4) 점 $(0, 7)$을 지나고 y축에 수직인 직선

답 1 (1) $y=4$ (2) $x=-5$ (3) $x=1$ (4) $y=7$

03 연립방정식의 해와 그래프

개념 Link 풍산자 개념완성편 128쪽

연립방정식 $\begin{cases} ax+by+c=0 \\ a'x+b'y+c'=0 \end{cases}$ 의 해는 두 일차방정식 $ax+by+c=0$과 $a'x+b'y+c'=0$의 그래프의 교점의 좌표와 같다.

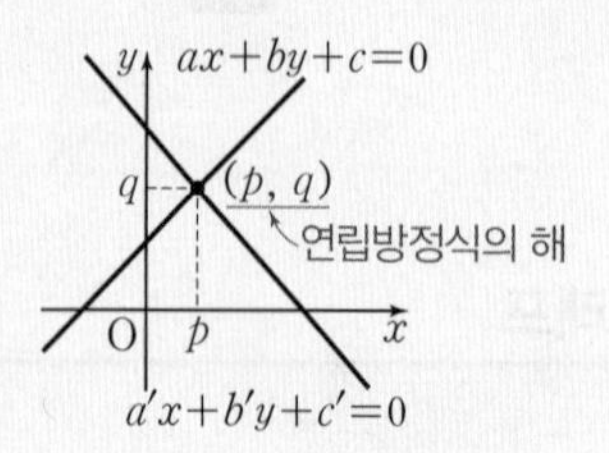

연립방정식의 해 $x=p, y=q$	⟷	두 일차방정식의 그래프의 교점의 좌표 (p, q)

예 두 일차방정식 $x+2y-4=0$, $x-y-1=0$의 그래프가 오른쪽 그림과 같을 때, 두 직선의 교점의 좌표는 $(2, 1)$이다.

따라서 연립방정식 $\begin{cases} x+2y-4=0 \\ x-y-1=0 \end{cases}$ 의 해는 $x=2$, $y=1$이다.

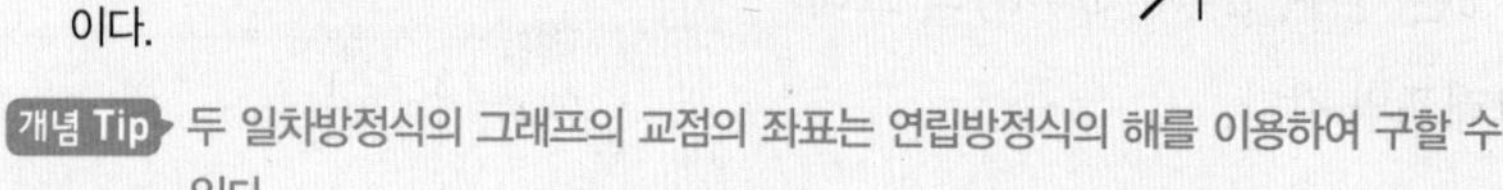

개념 Tip 두 일차방정식의 그래프의 교점의 좌표는 연립방정식의 해를 이용하여 구할 수 있다.

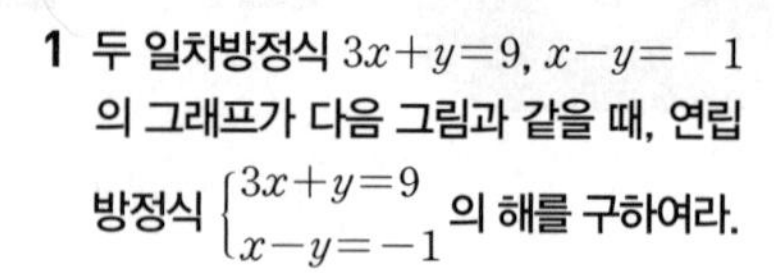

1 두 일차방정식 $3x+y=9$, $x-y=-1$의 그래프가 다음 그림과 같을 때, 연립방정식 $\begin{cases} 3x+y=9 \\ x-y=-1 \end{cases}$ 의 해를 구하여라.

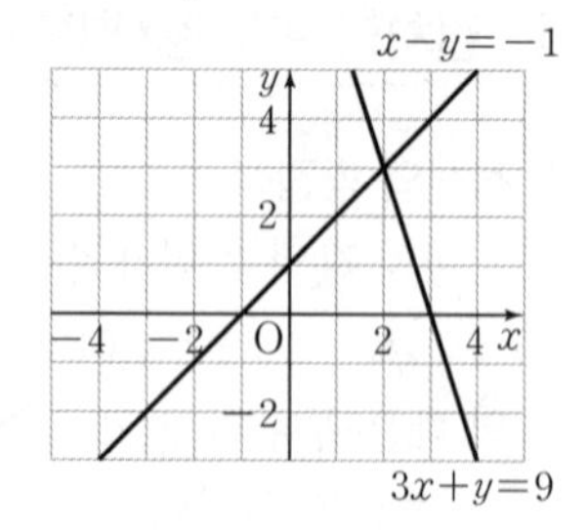

답 1 $x=2$, $y=3$

04 연립방정식의 해의 개수와 두 그래프의 위치 관계

개념 Link 풍산자 개념완성편 128쪽

연립방정식 $\begin{cases} ax+by+c=0 \\ a'x+b'y+c'=0 \end{cases}$ 의 해의 개수는 두 일차방정식 $ax+by+c=0$과 $a'x+b'y+c'=0$의 그래프의 교점의 개수와 같다.

두 일차방정식의 그래프의 위치 관계	한 점에서 만난다.	서로 평행하다.	일치한다.
두 그래프의 교점의 개수	1	0	무수히 많다. 직선 위의 점의 좌표에 해당하는 순서쌍만이 연립방정식의 해이다.
연립방정식의 해의 개수	해가 한 쌍이다.	해가 없다.	해가 무수히 많다.
기울기와 y절편	기울기가 다르다.	기울기는 같고, y절편은 다르다.	기울기와 y절편이 각각 같다.

개념 Tip 연립방정식 $\begin{cases} ax+by+c=0 \\ a'x+b'y+c'=0 \end{cases}$ 에서

(1) 해가 한 쌍이다. ⇨ 두 직선이 한 점에서 만난다. ⇨ $\frac{a}{a'} \neq \frac{b}{b'}$

(2) 해가 없다. ⇨ 두 직선이 서로 평행하다. ⇨ $\frac{a}{a'} = \frac{b}{b'} \neq \frac{c}{c'}$

(3) 해가 무수히 많다. ⇨ 두 직선이 일치한다. ⇨ $\frac{a}{a'} = \frac{b}{b'} = \frac{c}{c'}$

1 연립방정식 $\begin{cases} ax+y-3=0 \\ 4x-2y+b=0 \end{cases}$ 의 해가 다음과 같을 때, 상수 a, b의 조건을 구하여라.

(1) 해가 한 쌍일 때

(2) 해가 무수히 많을 때

(3) 해가 없을 때

답 1 (1) $a \neq -2$ (2) $a=-2$, $b=6$ (3) $a=-2$, $b \neq 6$

필수유형 • 공략하기

파란 해설 61~62쪽

중요한

유형 125 일차방정식과 일차함수의 관계

일차방정식 $ax+by+c=0$ $(a\neq 0,\ b\neq 0)$의 그래프

⇨ 일차함수 $y=-\frac{a}{b}x-\frac{c}{b}$의 그래프와 같다.

풍쌤의 point 일차방정식을 $y=ax+b$의 꼴로 나타내면 일차함수가 된다.

594 필수

다음 중 일차방정식 $3x-2y+1=0$의 그래프에 대한 설명으로 옳지 않은 것은?

① x절편은 $-\frac{1}{3}$이다.

② y절편은 $\frac{1}{2}$이다.

③ 제1, 2, 4사분면을 지난다.

④ x의 값이 증가할 때, y의 값도 증가한다.

⑤ 일차함수 $y=\frac{3}{2}x-1$의 그래프와 평행하다.

595

일차함수 $y=ax+3$의 그래프와 일차방정식 $2x-y+b=0$의 그래프가 일치할 때, 상수 a, b에 대하여 $a+b$의 값은?

① 5　② 6　③ 7

④ 8　⑤ 9

596

다음 일차방정식 중 그 그래프의 기울기가 나머지 넷과 다른 하나는?

① $-2x+y+3=0$　② $4x=2y-8$

③ $2x+1-y=0$　④ $8x-4y=2$

⑤ $3x-6y=3$

597

다음 중 일차방정식 $x-3y+6=0$의 그래프를 바르게 나타낸 것은?

①
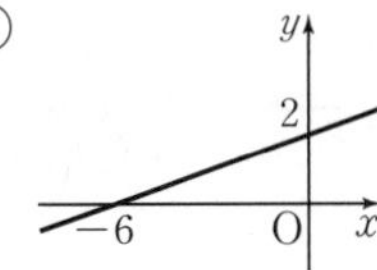

②
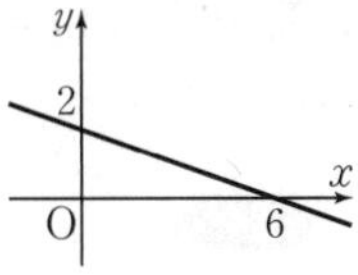

③
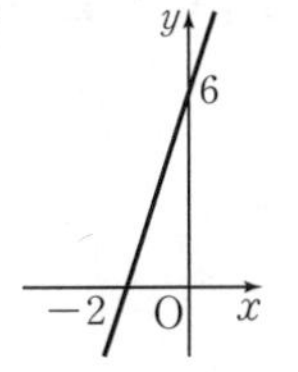

④
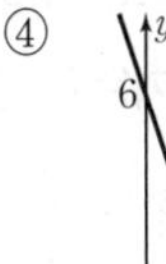

⑤
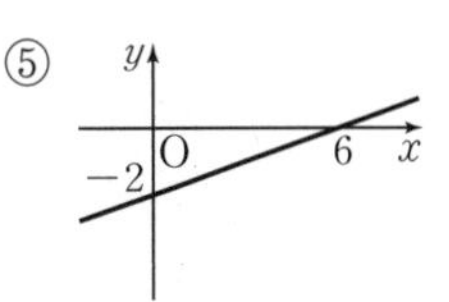

598

일차방정식 $3x-2y-4=0$의 그래프의 기울기를 a, x절편을 b, y절편을 c라 할 때, abc의 값을 구하여라.

599 서술형

일차함수 $y=ax+b$의 그래프는 일차방정식 $4x-2y+10=0$의 그래프와 평행하고, 일차방정식 $x+2y-4=0$의 그래프와 y축 위에서 만난다. 이때 상수 a, b에 대하여 ab의 값을 구하여라.

600

일차방정식 $2x+3y-6=0$의 그래프와 x축, y축으로 둘러싸인 부분을 y축을 회전축으로 하여 1회전 시킬 때 생기는 입체도형의 부피를 구하여라.

필수유형 • 공략하기

유형 126 일차방정식의 그래프 위의 점

일차방정식 $ax+by+c=0$의 그래프가 점 (p, q)를 지난다.
⇨ $ax+by+c=0$에 $x=p$, $y=q$를 대입하면 등식이 성립한다. 즉, $ap+bq+c=0$이 성립한다.

601 필수

일차방정식 $ax-2y-6=0$의 그래프가 점 $(4, 3)$을 지날 때, 이 그래프의 기울기는? (단, a는 상수)

① -3　② $-\frac{3}{2}$　③ -1
④ $\frac{3}{2}$　⑤ 3

602

일차방정식 $3x-2y=5$의 그래프가 점 $(2a-1, a)$를 지날 때, a의 값은?

① 1　② 2　③ 3
④ 4　⑤ 5

603

일차방정식 $3ax+2y-4b=0$의 그래프가 오른쪽 그림과 같을 때, 상수 a, b에 대하여 $3a+b$의 값을 구하여라.

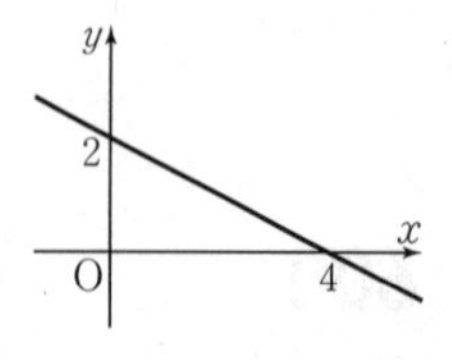

604 서술형

일차방정식 $2x-(a+5)y+1=0$의 그래프가 두 점 $(2, -5)$, $(b, 1)$을 지날 때, 상수 a, b에 대하여 $a+2b$의 값을 구하여라.

605

일차방정식 $x-3ky+5=0$의 그래프가 점 $(3, 4)$를 지날 때, 다음 중 이 그래프 위의 점은? (단, k는 상수)

① $\left(-2, \frac{1}{4}\right)$　② $\left(-1, -\frac{2}{3}\right)$
③ $\left(0, \frac{5}{2}\right)$　④ $\left(1, \frac{4}{3}\right)$
⑤ $(2, -1)$

606

일차방정식 $ax+2y+6=0$의 그래프를 y축의 방향으로 4만큼 평행이동하면 점 $(2, -2)$를 지난다. 이때 상수 a의 값을 구하여라.

파란 해설 62~63쪽

유형 127 ◆ 일차방정식의 미지수 구하기

일차방정식 $ax+by+c=0$의 그래프의 기울기가 m, y절편이 n이다.

⇨ $m=-\frac{a}{b}$, $n=-\frac{c}{b}$

풍쌤의 point $ax+by+c=0$에서 $y=-\frac{a}{b}x-\frac{c}{b}$이다.

607 필수

일차방정식 $ax+by+6=0$의 그래프가 일차함수 $y=-\frac{3}{2}x$의 그래프와 평행하고 y절편은 -3일 때, 상수 a, b에 대하여 $a+b$의 값을 구하여라.

608

일차방정식 $3x+my-2=0$의 그래프가 오른쪽 그림의 직선과 서로 평행할 때, 상수 m의 값을 구하여라.

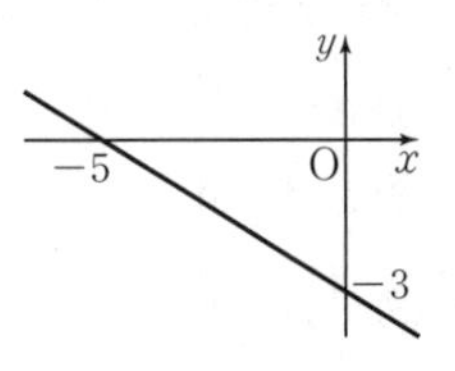

609

두 점 $(-1, 5)$, $(2, -1)$을 지나는 직선과 일차방정식 $ax+5y-3=0$의 그래프가 서로 평행할 때, 상수 a의 값을 구하여라.

610

일차방정식 $(2a-3b)x-2y+(a+4b)=0$의 그래프의 기울기가 5이고 y절편이 -3일 때, 상수 a, b에 대하여 $a+b$의 값을 구하여라.

유형 128 ◆ 일차방정식의 그래프의 모양

풍쌤의 point 일차방정식을 $y=ax+b$의 꼴로 나타내어 기울기와 y절편의 부호를 구하면 그래프의 모양을 알 수 있다.

611 필수

일차방정식 $ax+y-b=0$의 그래프가 오른쪽 그림과 같을 때, 다음 중 옳은 것은? (단, a, b는 상수)

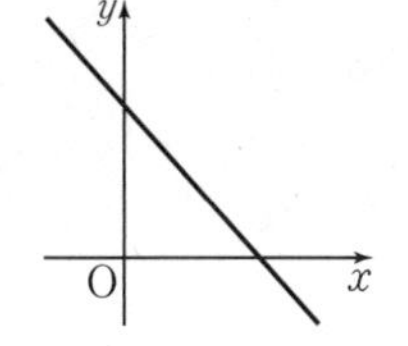

① $a>0$, $b>0$
② $a>0$, $b<0$
③ $a>0$, $b=0$
④ $a<0$, $b>0$
⑤ $a<0$, $b<0$

612

일차방정식 $ax+by+c=0$의 그래프가 오른쪽 그림과 같을 때, 다음 중 일차방정식 $bx-ay+c=0$의 그래프로 알맞은 것은? (단, a, b는 상수)

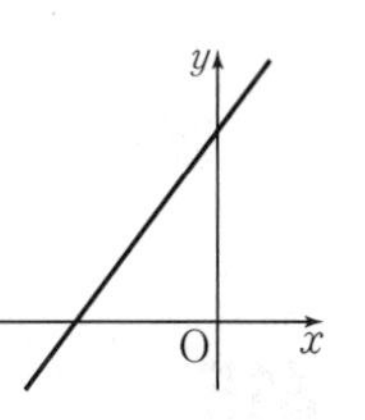

① 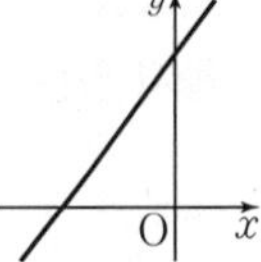

② 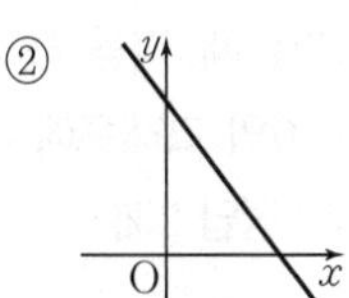

③

④ 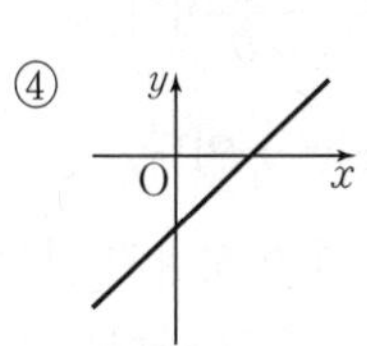

⑤ 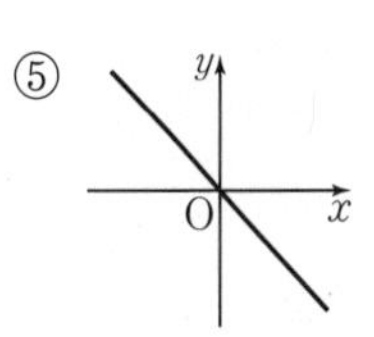

필수유형 • 공략하기

613

$a>0$, $b<0$, $c>0$일 때, 일차방정식 $ax-by-c=0$의 그래프가 지나지 않는 사분면은?

① 제1사분면 ② 제2사분면
③ 제3사분면 ④ 제4사분면
⑤ 제2, 3사분면

614 서술형

일차방정식 $x+ay+b=0$의 그래프가 제1, 3, 4사분면을 모두 지날 때, 상수 a, b의 부호를 정하여라.

615

$ac<0$, $bc>0$일 때, 다음 중 x, y에 대한 일차방정식 $ax+by+c=0$의 그래프에 대한 설명으로 옳지 않은 것을 모두 고르면? (정답 2개)

① 기울기는 $-\frac{a}{b}$이다.
② y절편은 $-\frac{c}{b}$이다.
③ 제1사분면을 지나지 않는다.
④ 제3사분면을 지난다.
⑤ 오른쪽 아래로 향하는 직선이다.

유형 129 ◆ 좌표축에 평행한 직선의 방정식

0이 아닌 상수 p, q에 대하여
(1) $x=p$의 그래프 ⇨ y축에 평행(x축에 수직)
(2) $y=q$의 그래프 ⇨ x축에 평행(y축에 수직)
(3) 두 점 (p, y_1), (p, y_2)를 지나는 직선의 방정식 ⇨ $x=p$
(4) 두 점 (x_1, q), (x_2, q)를 지나는 직선의 방정식 ⇨ $y=q$

616 필수

y축에 평행하고 점 $(-2, 3)$을 지나는 직선의 방정식은?

① $y=-2x+3$ ② $y=2x-3$
③ $x=-2$ ④ $y=3$
⑤ $y+2=0$

617

다음 방정식 중 그 그래프가 y축에 수직인 것은?

① $x-y+3=0$ ② $x-y=0$
③ $x=-4$ ④ $2x=0$
⑤ $\frac{1}{2}y=1$

618

두 점 $(2, 1)$, $(2, -4)$를 지나는 직선의 방정식은?

① $y=-\frac{5}{4}x+2$ ② $y=\frac{5}{4}x+2$
③ $x=-2$ ④ $x=2$
⑤ $y=2$

619

방정식 $2y-3=a-1$의 그래프가 오른쪽 그림과 같을 때, 상수 a의 값을 구하여라.

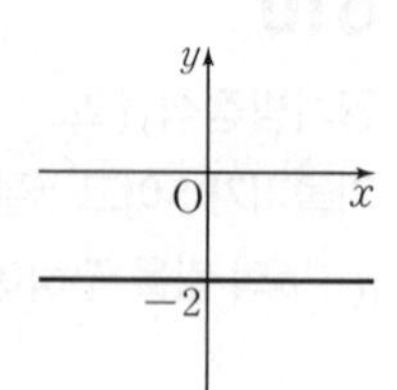

620

다음 중 방정식 $2x+2=0$의 그래프에 대한 설명으로 옳지 않은 것은?

① 점 $(-1, 3)$을 지난다.
② x축과 만나는 점의 x좌표가 -1이다.
③ x축에 수직인 직선이다.
④ 제1, 4사분면을 지난다.
⑤ 직선 $x=2$와 만나지 않는다.

621 서술형

x축에 수직인 직선이 두 점 $(a+3, 4)$, $(9-2a, -6)$을 지날 때, 이 직선의 방정식을 구하여라. (단, a는 상수)

622

직선 $(a-3)x+(b+1)y+2=0$이 x축에 평행하고 점 $(2, -1)$을 지날 때, 상수 a, b에 대하여 $a+b$의 값을 구하여라.

623

일차방정식 $ax+by-6=0$의 그래프가 y축에 평행하고 제2, 3사분면을 지날 때, 상수 a, b의 조건은?

① $a=0$, $b>0$
② $a=0$, $b<0$
③ $a>0$, $b=0$
④ $a<0$, $b=0$
⑤ $a<0$, $b<0$

유형 130 좌표축에 평행한 직선으로 둘러싸인 도형의 넓이

풍쌤의 point 좌표축에 평행한 네 직선으로 둘러싸인 도형은 직사각형이다.

624 필수

다음 네 방정식의 그래프로 둘러싸인 도형의 넓이를 구하여라.

$$x=-\frac{1}{2},\ x=\frac{7}{2},\ y=0,\ y=4$$

625

네 방정식 $x=1$, $3x-9=0$, $4y=16$, $y+2=0$의 그래프로 둘러싸인 도형의 넓이는?

① 6
② 8
③ 9
④ 10
⑤ 12

626

다음 네 직선으로 둘러싸인 도형의 넓이가 32일 때, 양수 a의 값을 구하여라.

$$x-6=0,\ x=2,\ y-2=a,\ y=-a$$

필수유형 · 공략하기

유형 131 · 연립방정식의 해와 그래프

연립방정식의 해	⇄	두 그래프의 교점의 좌표
$x=p, y=q$		(p, q)

풍쌤의 point 연립방정식의 해는 두 일차방정식의 그래프의 교점의 좌표와 같다.

627 필수

두 직선 $x+3y=12$와 $-2x+y=-3$의 교점의 좌표를 (a, b)라 할 때, $a+b$의 값은?

① 3　② 4　③ 5　④ 6　⑤ 7

628

오른쪽 그림은 연립방정식 $\begin{cases} ax+by=c \\ px+qy=r \end{cases}$를 풀기 위하여 두 방정식의 그래프를 나타낸 것이다. 이 연립방정식의 해를 구하여라.

(단, a, b, c, p, q, r는 상수)

629

두 일차방정식 $x-2y=6$, $x+y=3$의 그래프의 교점이 일차함수 $y=kx+7$의 그래프 위에 있을 때, 상수 k의 값을 구하여라.

630 서술형

오른쪽 그림에서 두 직선 l, m의 교점의 좌표를 구하여라.

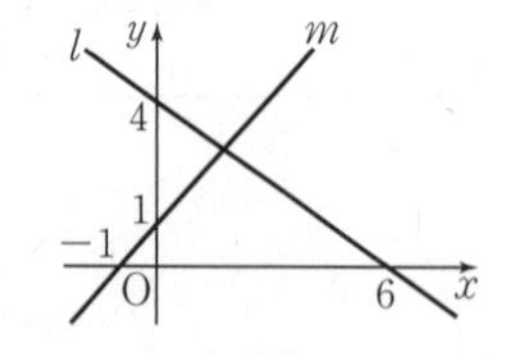

중요한 유형 132 · 두 직선의 교점의 좌표를 이용하여 미지수의 값 구하기

두 직선 $ax+by+c=0$, $a'x+b'y+c'=0$의 교점의 좌표가 (p, q)이다.

⇨ $ap+bq+c=0$, $a'p+b'q+c'=0$

풍쌤의 point (두 직선의 교점의 좌표)=(연립방정식의 해)임을 이용한다.

631 필수

오른쪽 그림은 연립방정식 $\begin{cases} ax+y=-3 \\ x+by=-5 \end{cases}$를 풀기 위하여 두 방정식의 그래프를 나타낸 것이다. 상수 a, b에 대하여 ab의 값은?

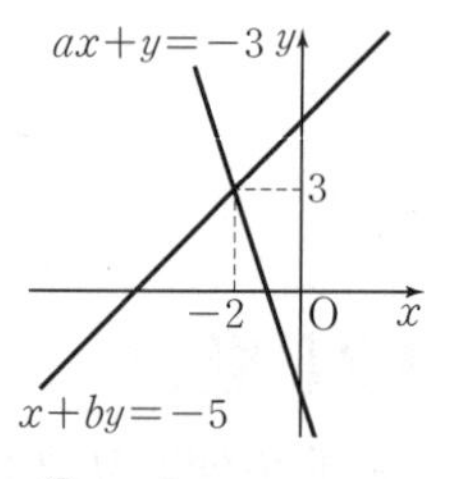

① -5　② -4　③ -3　④ -2　⑤ -1

632

두 직선 $ax-y+b=0$, $bx-y+a=0$의 교점의 좌표가 $(4, -5)$일 때, 상수 a, b에 대하여 $a+b$의 값은?

① -2　② -1　③ 1　④ 2　⑤ 3

633

두 일차방정식 $\frac{1}{2}ax-by-2=0$, $bx+2ay-12=0$의 그래프가 오른쪽 그림과 같을 때, 상수 a, b의 값을 각각 구하여라.

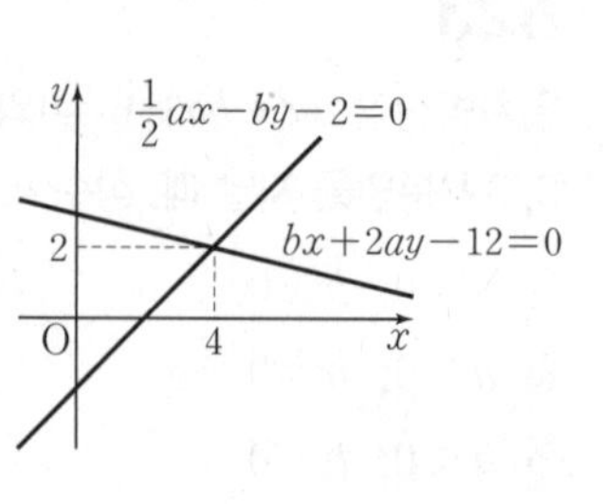

파란 해설 64~66쪽

634

오른쪽 그림은 연립방정식 $\begin{cases} 2x-y=4 \\ x+ay=7 \end{cases}$ 을 풀기 위하여 두 방정식의 그래프를 나타낸 것이다. 이때 상수 a의 값을 구하여라.

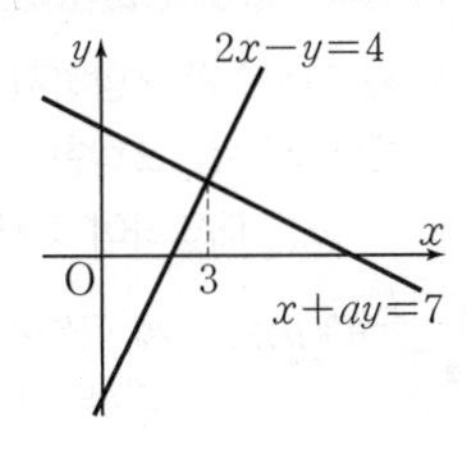

635

두 직선 $2x+3ay+8=0$, $4x-3y+6=0$의 교점이 y축 위에 있을 때, 상수 a의 값을 구하여라.

636

두 일차방정식 $4x+ay-3=0$, $bx-6y-12=0$의 그래프가 한 점 $(2, -1)$에서 만날 때, 직선 $y=ax+b$의 x절편을 구하여라. (단, a, b는 상수)

637 서술형

오른쪽 그림과 같이 두 일차방정식 $x-2y+a=0$, $3x+4y-b=0$의 그래프가 x축과 만나는 점을 각각 A, B라 할 때, $\overline{AB}$의 길이를 구하여라.

(단, a, b는 상수)

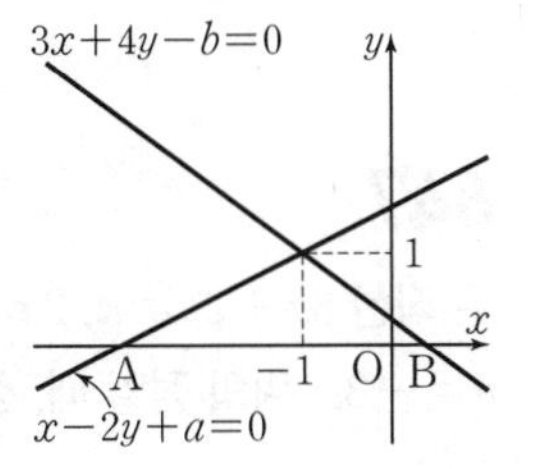

유형 133 ◆ 두 직선의 교점을 지나는 직선의 방정식

두 직선 $ax+by+c=0$, $a'x+b'y+c'=0$의 교점을 지나는 직선의 방정식 구하기

❶ 연립방정식 $\begin{cases} ax+by+c=0 \\ a'x+b'y+c'=0 \end{cases}$ 의 해를 구한다.

❷ (i) 좌표축에 평행한 직선일 때

x축에 평행한 직선 ⇨ $y=$(교점의 y좌표)

y축에 평행한 직선 ⇨ $x=$(교점의 x좌표)

(ii) 기울기 m이 주어졌을 때

$y=mx+k$에 교점의 좌표를 대입하여 k의 값을 구한다.

(iii) 직선을 지나는 한 점이 주어졌을 때

교점과 주어진 점을 지나는 직선의 방정식을 구한다.

638 필수

두 직선 $3x-y-11=0$, $x+2y-13=0$의 교점을 지나고, x축에 평행한 직선의 방정식은?

① $x=4$ ② $x=5$ ③ $y=4$
④ $y=5$ ⑤ $y=6$

639

두 직선 $2x+3y-4=0$, $3x+4y-5=0$의 교점을 지나고, y축에 수직인 직선의 방정식을 구하여라.

640

두 직선 $7x+8y+2=0$, $3x-4y-14=0$의 교점을 지나고, 직선 $x-3y-3=0$과 평행한 직선의 방정식은?

① $x-3y-8=0$ ② $x-3y+8=0$
③ $x+3y-8=0$ ④ $x+3y+8=0$
⑤ $x-3y=0$

641

두 직선 $x-y=2$, $5x+2y=-11$의 교점을 지나고 y절편이 -6인 직선의 x절편은?

① -3 ② -2 ③ -1
④ 1 ⑤ 2

642

두 직선 $x-2y-5=0$, $2x+3y+4=0$의 교점과 점 $(5, 6)$을 지나는 직선의 방정식을 $ax-y-b=0$이라 할 때, 상수 a, b에 대하여 $a+b$의 값을 구하여라.

643

직선 $x=-2$가 두 직선 $3x+ay-2=0$, $x-y+4=0$의 교점을 지날 때, 상수 a의 값은?

① -4 ② -2 ③ 2
④ 4 ⑤ 6

유형 134 · 한 점에서 만나는 세 직선

❶ 미지수를 포함하지 않은 두 직선의 교점의 좌표를 구한다.
❷ 미지수를 포함한 직선의 방정식에 ❶에서 구한 교점의 좌표를 대입하여 미지수의 값을 구한다.

풍쌤의 point 세 직선이 한 점에서 만날 때, 세 직선 중 두 직선의 교점의 좌표는 나머지 한 직선의 방정식의 해이다.

644 필수

세 직선 $x+y=-5$, $3x-11y=13$, $2x+ay=8$이 한 점에서 만날 때, 상수 a의 값은?

① -7 ② -5 ③ -2
④ 5 ⑤ 7

645

방정식 $x=2$의 그래프가 두 직선 $ax-y+1=0$, $\frac{1}{2}x-y-2=0$의 교점을 지날 때, 상수 a의 값을 구하여라.

646 서술형

두 점 $(-1, 2)$, $(1, 6)$을 지나는 직선 위에 두 직선 $y-x-1=0$, $y-ax-2=0$의 교점이 있다. 이때 상수 a의 값을 구하여라.

647

두 직선 $3x+2y=a$, $2x-y=16+a$의 교점이 직선 $y=-3x$ 위의 점일 때, 상수 a의 값은?

① -10 ② -6 ③ -2
④ 2 ⑤ 6

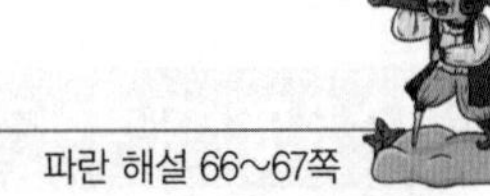

유형 135 · 연립방정식의 해의 개수와 그래프

연립방정식 $\begin{cases} ax+by+c=0 \\ a'x+b'y+c'=0 \end{cases}$ 에서 $\begin{cases} y=-\dfrac{a}{b}x-\dfrac{c}{b} \\ y=-\dfrac{a'}{b'}x-\dfrac{c'}{b'} \end{cases}$

(1) 해가 한 쌍이다. ⇨ 두 그래프가 한 점에서 만난다.

⇨ $-\dfrac{a}{b}\neq-\dfrac{a'}{b'}$ → $\dfrac{a}{a'}\neq\dfrac{b}{b'}$

(2) 해가 없다. ⇨ 두 그래프가 평행하다.

⇨ $-\dfrac{a}{b}=-\dfrac{a'}{b'}$, $-\dfrac{c}{b}\neq-\dfrac{c'}{b'}$ → $\dfrac{a}{a'}=\dfrac{b}{b'}\neq\dfrac{c}{c'}$

(3) 해가 무수히 많다. ⇨ 두 그래프가 일치한다.

⇨ $-\dfrac{a}{b}=-\dfrac{a'}{b'}$, $-\dfrac{c}{b}=-\dfrac{c'}{b'}$ → $\dfrac{a}{a'}=\dfrac{b}{b'}=\dfrac{c}{c'}$

648 필수

연립방정식 $\begin{cases} ax-2y=b \\ 2x-y=1 \end{cases}$ 의 해가 무수히 많을 때, 상수 a, b에 대하여 $2a+b$의 값을 구하여라.

649

연립방정식 $\begin{cases} ax-y+2=0 \\ 5x+2y-b=0 \end{cases}$ 의 해가 존재하지 않도록 하는 상수 a, b의 조건은?

① $a=-\dfrac{5}{2}$, $b=4$　② $a=-\dfrac{5}{2}$, $b\neq4$

③ $a\neq-\dfrac{5}{2}$, $b\neq4$　④ $a=4$, $b\neq-\dfrac{5}{2}$

⑤ $a\neq4$, $b=-\dfrac{5}{2}$

650

오른쪽 그림은 연립방정식 $\begin{cases} 4x+2y=5 \\ 3ax-y=-1 \end{cases}$ 의 두 방정식의 그래프를 나타낸 것이다. 이때 상수 a의 값이 될 수 없는 것은?

$4x+2y=5$, $3ax-y=-1$, O, x, y

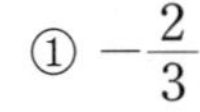

① $-\dfrac{2}{3}$　② $-\dfrac{1}{4}$　③ $-\dfrac{1}{5}$

④ $-\dfrac{2}{15}$　⑤ $-\dfrac{2}{21}$

어려운

유형 136 · 직선이 선분과 만날 조건

y절편이 b인 직선 $y=ax+b$가 선분 AB와 만나기 위한 a의 조건

⇨ 점 A를 지나고 y절편이 b인 직선 l, 점 B를 지나고 y절편이 b인 직선 m에 대하여

(직선 m의 기울기)$\leq a\leq$(직선 l의 기울기)

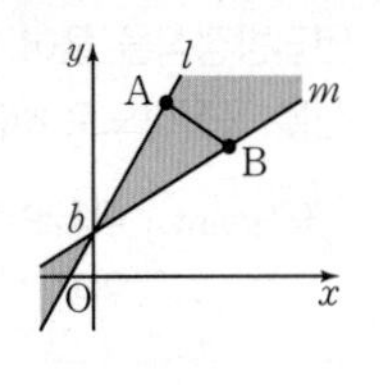

풍쌤의 point　직선이 선분의 양 끝 점을 지날 때, a의 값은 최대 또는 최소이다.

651 필수

직선 $y=ax-1$이 두 점 $\mathrm{A}(1,\ 5)$, $\mathrm{B}(4,\ 1)$을 이은 선분 AB와 만나도록 하는 상수 a의 값의 범위는?

① $-\dfrac{1}{2}\leq a\leq4$　② $-\dfrac{1}{2}\leq a\leq6$

③ $\dfrac{1}{2}\leq a\leq4$　④ $\dfrac{1}{2}\leq a\leq6$

⑤ $4\leq a\leq5$

652

오른쪽 그림과 같이 좌표평면 위에 두 점 $\mathrm{A}(2,\ 7)$, $\mathrm{B}(3,\ -2)$가 있다. 직선 $y=-ax+3$이 선분 AB와 만나도록 하는 상수 a의 값의 범위를 구하여라.

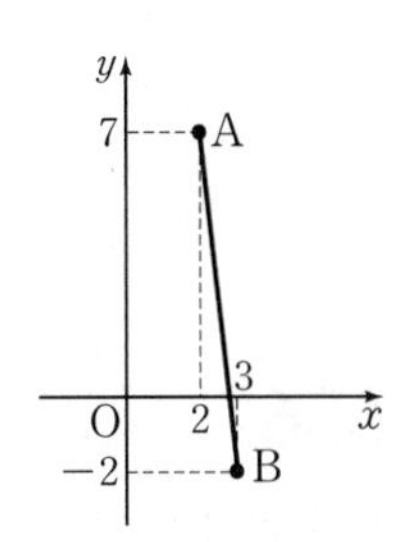

653

직선 $y=ax+2$가 두 점 $\mathrm{A}(2,\ 5)$, $\mathrm{B}(4,\ 3)$을 이은 선분 AB와 만나도록 하는 상수 a의 값의 범위가 $p\leq a\leq q$일 때, $p+q$의 값은?

① 1　② $\dfrac{5}{4}$　③ $\dfrac{3}{2}$

④ $\dfrac{7}{4}$　⑤ 2

필수유형 · 공략하기

파란 해설 67~68쪽

중요한

유형 137 ◆ 세 직선으로 둘러싸인 도형의 넓이

연립방정식을 풀어 두 직선의 교점의 좌표를 구한 후, 세 교점을 꼭짓점으로 하는 도형의 넓이를 구한다.

풍쌤의 point 좌표평면 위에서 세 직선으로 둘러싸인 부분은 삼각형이고, 직선의 교점의 좌표를 이용하여 넓이를 구한다.

654 필수

오른쪽 그림과 같이 두 직선 $2x-y-1=0$, $x+y-5=0$의 교점을 P, 두 직선이 x축과 만나는 점을 각각 A, B라 할 때, $\triangle$PAB의 넓이를 구하여라.

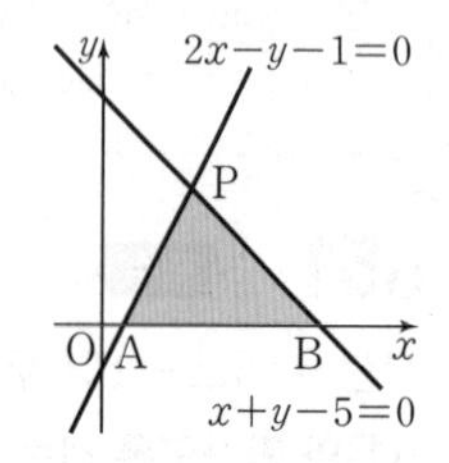

655 서술형

오른쪽 그림과 같이 두 직선 $x-y-3=0$, $x+4y-8=0$과 y축으로 둘러싸인 도형의 넓이를 구하여라.

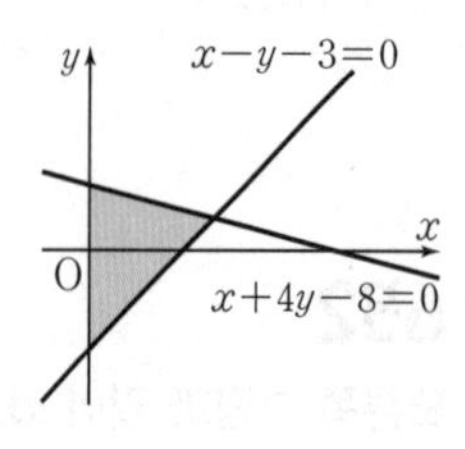

656

세 직선 $2x+y+2=0$, $y=2$, $3x-3=0$으로 둘러싸인 도형의 넓이를 구하여라.

657

두 직선 $ax-y-6=0$, $-2x+y+6=0$과 x축으로 둘러싸인 부분의 넓이가 15일 때, 음수 a의 값을 구하여라.

어려운

유형 138 ◆ 넓이를 이등분하는 직선의 방정식

오른쪽 그림에서 꼭짓점 A를 지나는 직선 l이 $\triangle$ABC의 넓이를 이등분할 때,

⇨ ($\triangle$ABD의 넓이)=($\triangle$ADC의 넓이)

⇨ $\overline{BD}=\overline{CD}$

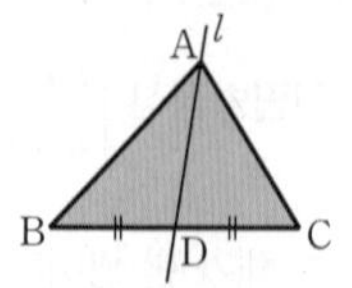

풍쌤의 point 삼각형의 한 꼭짓점을 지나면서 삼각형의 넓이를 이등분하는 직선은 그 꼭짓점의 대변을 이등분한다.

658 필수

오른쪽 그림과 같이 직선 $ax-y+b=0$이 두 직선 $2x-y=0$, $4x+3y-20=0$의 교점을 지나면서 두 직선과 x축으로 둘러싸인 부분의 넓이를 이등분할 때, 상수 a, b에 대하여 $a+b$의 값을 구하여라.

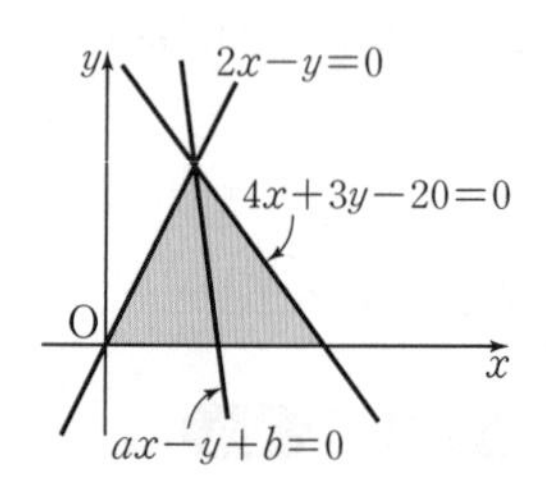

659

두 직선 $x-y+2=0$, $2x+y-8=0$의 교점을 지나면서 두 직선과 x축으로 둘러싸인 부분의 넓이를 이등분하는 직선의 방정식을 구하여라.

660 서술형

오른쪽 그림에서 사각형 ABCD는 $\overline{AD}/\!/\overline{BC}$인 사다리꼴이다. 이 사다리꼴의 넓이를 이등분하고, y축에 평행한 직선의 방정식을 구하여라.

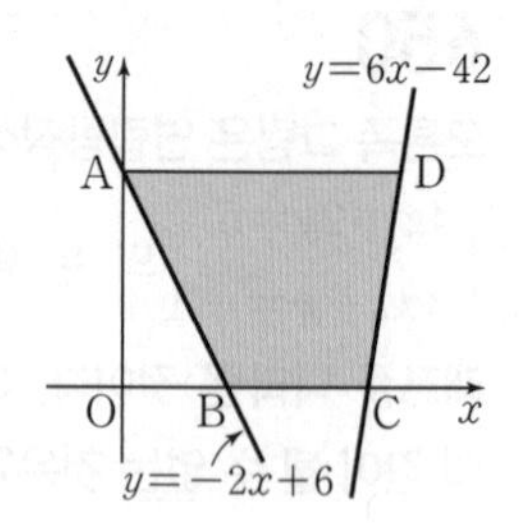

661

두 점 $(1, 2a-10)$, $(4, -3a+5)$를 지나는 직선이 x축에 평행할 때, 일차방정식 $2x-ay+6=0$의 그래프가 지나지 않는 사분면을 구하여라. (단, a는 상수)

662

다음 조건을 모두 만족시키는 상수 a, b에 대하여 $a+b$의 값을 구하여라.

> (가) 연립방정식 $\begin{cases} 2x-y=5 \\ ax+y=b \end{cases}$의 해는 $(1, -3)$이다.
> (나) 일차함수 $y=ax+2b$의 그래프의 x절편은 일차방정식 $x+2y-1=0$의 그래프의 x절편과 같다.

663

다음 네 직선이 한 점에서 만나도록 하는 상수 a, b에 대하여 $a-b$의 값을 구하여라.

> $ax-y=4$, $x-y=1$, $x+by=-1$, $3x-y=2$

664 서술형

세 일차방정식

$$x+3y-1=0,\ 2x-y+5=0,\ ax+y+7=0$$

의 그래프에 의하여 삼각형이 만들어지지 않도록 하는 상수 a의 값을 모두 구하여라.

665 서술형

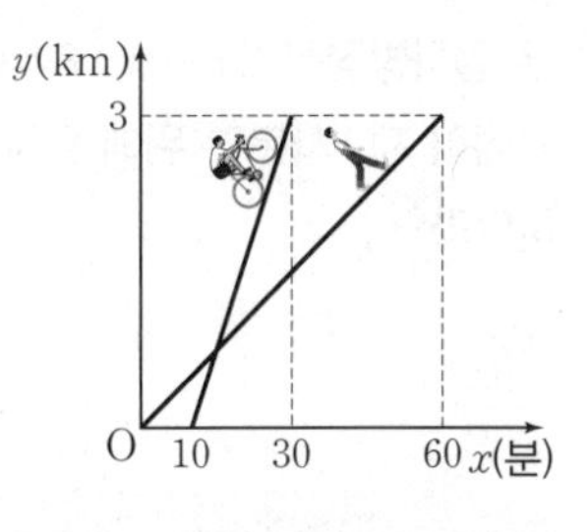

집에서 3 km 떨어진 도서관까지 동생은 걸어서 가고, 형은 동생이 출발한 지 10분 후에 자전거를 타고 출발하였다. 동생이 출발한 지 x분 후에 동생과 형이 간 거리를 y km라 할 때, x와 y 사이의 관계를 그래프로 나타내면 위 그림과 같다. 형과 동생이 만나는 것은 동생이 출발한 지 몇 분 후인지 구하여라.

666

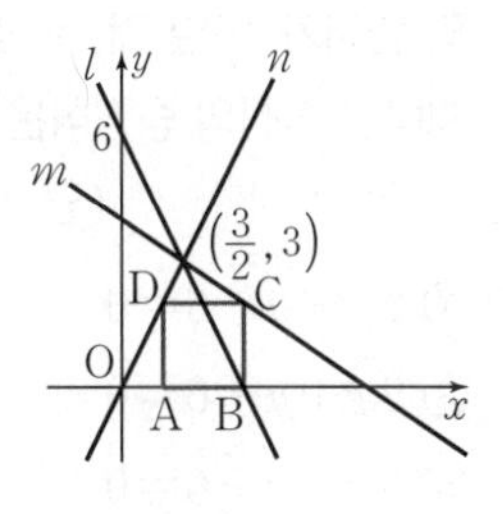

오른쪽 그림과 같이 세 직선 l, m, n은 한 점 $\left(\frac{3}{2}, 3\right)$에서 만나고 네 점 A, B, C, D는 각각 x축, 직선 l, m, n 위의 점이다. 점 B는 직선 l과 x축의 교점이고 사각형 ABCD가 정사각형일 때, 직선 m의 방정식은?

① $2x+3y-12=0$
② $2x+3y-4=0$
③ $2x+3y+4=0$
④ $3x+2y+4=0$
⑤ $3x+2y+12=0$

667

좌표평면 위에 네 점 A$(-5, 4)$, B$(-5, 2)$, C$(-2, 2)$, D$(-2, 4)$를 꼭짓점으로 하는 사각형이 있다. 일차함수 $y=ax+1$의 그래프가 이 사각형과 만나도록 하는 상수 a의 값의 범위를 구하여라.

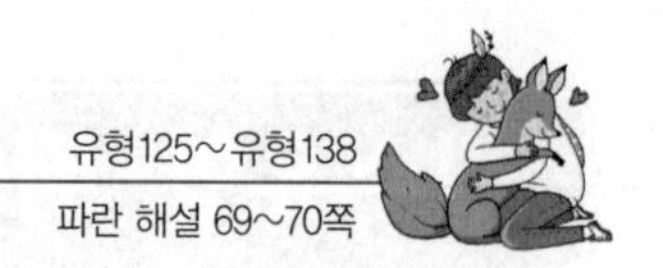

668

두 일차방정식 $2x+y-8=0$, $mx+y-2=0$의 그래프의 교점이 제4사분면 위에 있을 때, 상수 m의 값의 범위를 구하여라.

669

오른쪽 그림과 같이 직선 $3x+4y-24=0$이 y축, x축과 만나는 점을 각각 A, C라 하자. $\overline{OC}$ 위의 점 B에 대하여 $\triangle ABC$의 넓이가 15일 때, 두 점 A, B를 지나는 직선의 방정식은? (단, O는 원점)

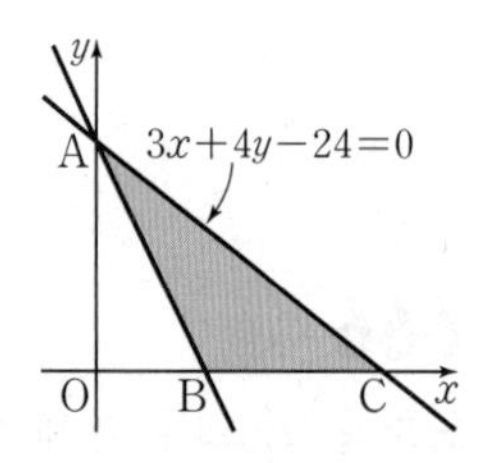

① $2x-y-6=0$ ② $2x+y-6=0$
③ $2x+y+6=0$ ④ $3x+y-6=0$
⑤ $3x+y+6=0$

670

다음 네 방정식의 그래프로 둘러싸인 도형의 넓이를 구하여라.

$$x-4=0,\quad x-y=-2,\quad y=-1,\quad x+2y=6+x$$

671 서술형

두 점 A(0, 4), B(8, 0)을 지나는 직선과 x축, y축 및 직선 $y=a(x-4)$로 둘러싸인 도형이 사다리꼴일 때, 이 사다리꼴의 넓이를 구하여라. (단, a는 상수)

672

두 직선 $x+2y+6=0$, $5x+3y-5=0$이 x축과 만나는 점을 각각 A, B라 하고, 두 직선의 교점을 C라 할 때, $\triangle ABC$를 x축을 회전축으로 하여 1회전 시켜서 생기는 입체도형의 부피를 구하여라.

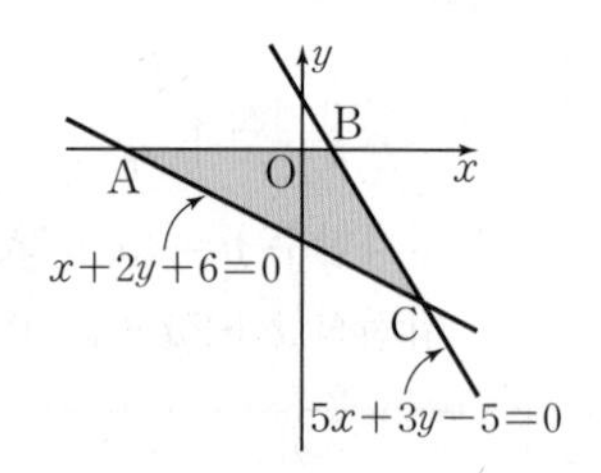

673

오른쪽 그림과 같이 두 직선 $x+y=4$, $x+4y=4$가 y축과 만나는 점을 각각 A, B라 하고 두 직선의 교점을 C, 직선 $x+y=4$와 직선 $ax+by+2=0$의 교점을 D라 하자. $\triangle ABC$와 $\triangle ABD$의 넓이의 비가 3 : 1일 때, 상수 a, b에 대하여 ab의 값을 구하여라.

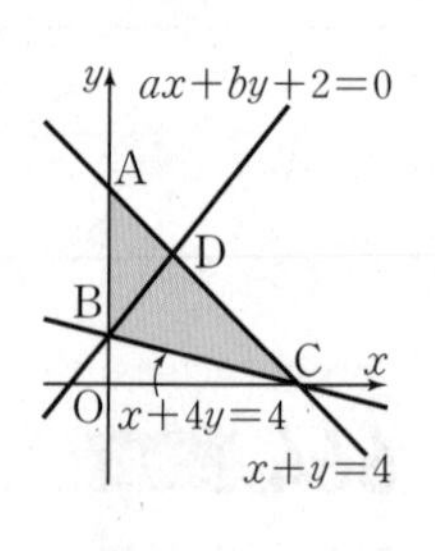

유형북

Ⅰ. 수와 식의 계산

1 유리수와 순환소수

필수유형 공략하기 10~18쪽

001 (1) 1.75, 유한소수 (2) 0.6, 유한소수 (3) $1.666\cdots$, 무한소수 (4) $0.8333\cdots$, 무한소수 (5) 0.45, 유한소수 (6) 0.1, 유한소수

002 ㄱ, ㄷ, ㄹ

003 A의 성공률: 유한소수, B의 성공률: 무한소수

004 ④ 005 ② 006 ③ 007 ⑤

008 ③ 009 0 010 $0.\dot{0}\dot{1}$ 011 ⑤

012 4, 9 013 2 014 ② 015 ④

016 $a=3$, $b=175$ 017 ④ 018 ⑤

019 ④ 020 3 021 $\frac{6}{12}$, $\frac{9}{12}$

022 85개 023 3 024 ④ 025 ③

026 22 027 126 028 ⑤ 029 ②

030 ③ 031 7 032 ④ 033 31

034 $a=63$, $b=20$ 035 59 036 ③

037 ② 038 ① 039 ③ 040 13

041 ④ 042 $0.1\dot{3}\dot{6}$ 043 $\frac{27}{28}$ 044 ⑤

045 ④ 046 ② 047 2 048 ②

049 $0.\dot{4}2857\dot{1}$ 050 $x=1$ 051 ③

052 ④ 053 $0.\dot{4}$ 054 $\frac{1}{5}$ 055 ②

056 ⑤ 057 ⑤ 058 ㄱ, ㄷ

필수유형 뛰어넘기 19~20쪽

059 12 060 224 061 77 062 32

063 198 064 $x=\frac{13}{10}$ 065 6 066 $\frac{433}{330}$

067 $\frac{1}{2}$ 068 $0.\dot{0}\dot{5}$ 069 ⑤ 070 55

071 $5.\dot{5}$ 072 2 073 30 074 $1.\dot{3}\dot{9}$

2 단항식의 계산

필수유형 공략하기 23~32쪽

075 ⑤ 076 7 077 ① 078 ⑤

079 ③ 080 2^{15} bit 081 15 082 ③

083 ④ 084 ② 085 17 086 15

087 40 088 10 089 ③ 090 ②

091 ③ 092 ② 093 22 094 6

095 4 096 ④ 097 5 098 ⑤

099 ④ 100 -2 101 6 102 ③

103 ⑤ 104 5 105 6 106 ②

107 13 108 ③ 109 ③ 110 ④

111 ① 112 ④ 113 ⑤ 114 ②

115 $\frac{9}{2}ab^2$ 116 ⑤ 117 11 118 8자리

119 ③ 120 13 121 8 122 ②

123 36 124 -20 125 $-\frac{1}{3}x^2$ 126 ②

127 3 128 5 129 $\frac{3y^3}{2x}$ 130 ②

131 $\frac{3}{4}x^4$ 132 -4 133 $\frac{3a^5}{b^2}$

134 (1) $-5x^3y$ (2) $-3x^2y$ 135 $\frac{3y^2}{4x^5}$

136 ③ 137 $6a^3b^4$ 138 $4ab^3$ 139 ①

140 ⑤ 141 ④

필수유형 뛰어넘기 33~34쪽

142 ④ 143 ④ 144 20 145 5

146 $4a+2$　147 11자리　148 8　149 ab^2

150 $-2x^3$　151 $\frac{2}{5}$　152 $\frac{9}{2}a^3$　153 ④

154 $\frac{24a^2}{b}$　155 $\frac{3a}{2b}$　156 $4xy^3$

3 다항식의 계산

필수유형 공략하기 37~43쪽

157 ③　158 ③　159 $\frac{7}{12}x+\frac{11}{12}y$

160 ③　161 ②, ⑤　162 $\frac{1}{2}$　163 ③

164 2　165 6　166 $3x^2-8x+9$

167 ②　168 $-5x+2y$　169 ⑤

170 $-4x^2-7x+11$　171 18

172 $18a+2b-2$　173 ④　174 $8a+10b$

175 12　176 ④　177 -4　178 ⑤

179 ①　180 -3　181 ⑤　182 $-3xy$

183 ⑤　184 ④　185 ④　186 ④

187 $\frac{8}{3}x^2y-\frac{4}{3}x$　188 $3x^3-12x^2y$

189 $\frac{4}{3}a^3b^5+\frac{16}{9}a^2b^5$　190 $4a^2b+ab^2$

191 $4a^2b+6ab^2$　192 $12\pi a^5b^2+8\pi a^4b^3$

193 $(4x^2+3x)\ \mathrm{m}^2$　194 $\frac{11}{2}ab+\frac{3}{2}b^2$

195 $3ab-5a^2$　196 $2a+5$

197 ②　198 6　199 -32

필수유형 뛰어넘기 44쪽

200 ③　201 $2x^2-13x-9$

202 $9x^2+4x-11$　203 11

204 $-2x^2-5xy$　205 $9x^3y-6x$　206 2

Ⅱ. 일차부등식과 연립일차방정식

1 일차부등식

필수유형 공략하기 48~54쪽

207 ①, ⑤　208 ③, ④　209 ②　210 ③

211 ②　212 $10000-4x\le 400$　213 ②

214 ④, ⑤　215 ⑤　216 -2, -1　217 ⑤

218 ③　219 ④　220 ③　221 ⑤

222 2개　223 1　224 ④, ⑤　225 ②

226 ②　227 ④　228 (1) ㄱ　(2) ㄷ

229 ④　230 -1　231 ③　232 ①

233 ⑤　234 ④

235 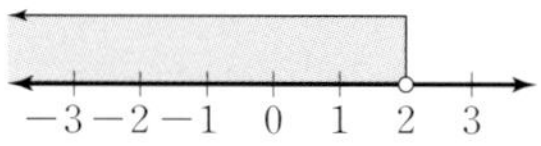

236 ③

237 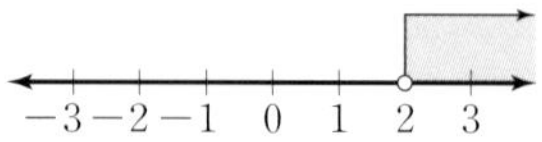

238 ③

239 3　240 ②　241 4　242 ③

243 1개　244 ①　245 ④　246 1, 2, 3

247 ②　248 ④　249 3　250 -5

251 ②　252 5개　253 ⑤

필수유형 뛰어넘기 55쪽

254 ㄱ, ㄷ　255 $8\le a<10$　256 ②

257 34　258 ④　259 $a\le -6$　260 $x<0$

261 3

2 일차부등식의 활용

필수유형 공략하기 57~63쪽

262 ③　263 6, 7, 8　264 26, 28, 30

265 ④　266 7가지　267 91점　268 ①

269 ①　270 ②　271 ③　272 ②

273 ④ 274 16개 275 ③ 276 7개
277 ① 278 2시간 40분 279 4장
280 ① 281 ③ 282 12번 꺼낸 후
283 ③ 284 16800원 285 25000원 286 ②
287 5통 288 ③ 289 5회 290 30분
291 61명 292 ④ 293 ③ 294 4 km
295 ② 296 15 km 297 7 km 298 8분
299 1.5 km 300 ③ 301 750 g 302 80 g
303 $\frac{400}{11}$ g 304 ④ 305 3가지 306 2명

필수유형 뛰어넘기 64쪽

307 35번 308 7500원 309 12개 310 20 %
311 15분 312 ③ 313 6 m

3 연립일차방정식

필수유형 공략하기 67~76쪽

314 ① 315 2개 316 ④ 317 ②, ③
318 ④ 319 ③ 320 ③ 321 ③
322 ③ 323 ① 324 7 325 5
326 4 327 ③ 328 15209
329 $\begin{cases} x+y=28 \\ \frac{1}{3}x+\frac{1}{2}y=12 \end{cases}$ 330 ③ 331 ④
332 (1) (1, 6), (2, 5), (3, 4), (4, 3), (5, 2), (6, 1)
(2) (2, 4), (5, 2) (3) (5, 2)
333 ④ 334 4 335 12 336 ③
337 ④ 338 ③ 339 ① 340 ④
341 $x=1$, $y=-1$ 342 2 343 ④
344 3 345 2 346 9 347 4
348 3 349 6 350 4 351 0
352 ⑤ 353 8 354 $x=2$, $y=-1$
355 7 356 $x=-2$, $y=-2$ 357 -2

358 2 359 ⑤ 360 $x=\frac{9}{2}$, $y=\frac{23}{8}$
361 2 362 ② 363 ③ 364 -5
365 $x=-3$, $y=5$ 366 ⑤ 367 24
368 $x=1$, $y=3$ 369 ⑤ 370 11
371 ④ 372 ② 373 -2 374 ②
375 ④ 376 ③

필수유형 뛰어넘기 77~78쪽

377 ③ 378 최소 개수: 7개, 최대 개수: 9개
379 ② 380 (1, 4), (2, 1) 381 10
382 -3 383 6 384 ① 385 -1
386 $x=\frac{17}{7}$, $y=1$ 387 $\frac{6}{7}$
388 $x=\frac{1}{3}$, $y=-1$ 389 ④ 390 ⑤
391 $x=3$, $y=2$

4 연립일차방정식의 활용

필수유형 공략하기 80~87쪽

392 ⑤ 393 ③ 394 17, 6 395 ⑤
396 25 397 643
398 어머니의 나이: 44세, 아들의 나이: 14세 399 ⑤
400 25세 401 30잔 402 600원
403 사과 1개의 값: 800원, 배 1개의 값: 1000원
404 4명 405 ② 406 9 cm 407 28 cm^2
408 15개 409 6개 410 8회 411 4회
412 ⑤ 413 8000원 414 12000원
415 371명 416 ②
417 수학 점수: 76점, 과학 점수: 80.5점 418 ①
419 9일 420 ④ 421 1 km
422 자전거를 타고 간 거리: 7 km, 걸어간 거리: 3 km
423 올라갈 때 걸은 거리: 8 km, 내려올 때 걸은 거리: 5 km
424 ① 425 15초 후 426 ②

427 ④ 428 ②

429 민지의 속력: 시속 6 km, 준수의 속력: 시속 3 km

430 ⑤

431 보트의 속력: 시속 25 km, 강물의 속력: 시속 5 km

432 100 m 433 324 m 434 ① 435 180 g

436 ③ 437 50 g

438 소금물 A의 농도: 2 %, 소금물 B의 농도: 12 %

439 24 440 합금 A: 300 g, 합금 B: 50 g

441 ③ 442 합금 A: 220 g, 합금 B: 330 g

필수유형 뛰어넘기 88쪽

443 144 444 20 cm 445 10곡

446 남학생: 60명, 여학생: 90명

447 열차의 길이: 150 m, 열차의 속력: 초속 25 m

448 덜어낸 설탕물의 양: 72 g, 더 넣은 설탕물의 양: 32 g

449 우유: 200 g, 달걀: 200 g 450 57 g

III. 일차함수

1 일차함수와 그래프

필수유형 공략하기 92~101쪽

451 ④ 452 3 453 풀이 참조

454 ① 455 ② 456 ⑤ 457 ③

458 ⑤ 459 -2 460 ③ 461 ④

462 1 463 ⑤ 464 ③ 465 ②

466 -1 467 10 468 1 469 ④

470 15 471 ㄷ, ㄹ 472 ④ 473 ⑤

474 3 475 ④ 476 1 477 15

478 ② 479 ④, ⑤ 480 1 481 7

482 ③ 483 5 484 15 485 4

486 A(6, 0), B(0, 3) 487 ② 488 ③

489 ③ 490 3 491 -2 492 ③

493 ① 494 ② 495 $-\frac{1}{3}$ 496 5

497 $-\frac{1}{9}$ 498 -2 499 -5 500 ②

501 ① 502 ④ 503 ④ 504 1

505 ④ 506 2 507 3 508 $\frac{1}{2}$

509 ① 510 $-\frac{29}{3}$ 511 $-\frac{1}{2}$ 512 ④

513 제2사분면 514 ④ 515 4

516 10 517 12 518 1

필수유형 뛰어넘기 102~103쪽

519 ① 520 -16 521 4 522 ③

523 4 524 ③ 525 $\frac{3}{2}$

526 2, 3, 5, 7, 11, 13, 17, 19

527

528 ② 529 ① 530 (1, 0) 531 8
532 18π

2 일차함수의 그래프의 성질과 활용

필수유형 공략하기 106~112쪽

533 ① 534 $a<0$, $b<0$ 535 제2사분면
536 ③ 537 제3사분면
538 제1, 2, 4사분면 539 -2 540 ⑤
541 -4 542 -1 543 $a=7$, $b=4$
544 $a=4$, $b=6$ 545 -2 546 20
547 ①, ④ 548 ③, ⑤ 549 ② 550 ④
551 $y=-\frac{1}{3}x-2$ 552 -1 553 16
554 $\left(-\frac{5}{2}, 0\right)$ 555 $y=\frac{3}{2}x+1$
556 $\frac{2}{3}$ 557 ④ 558 ③
559 $y=-\frac{3}{4}x-\frac{5}{4}$ 560 ④ 561 9
562 $y=\frac{5}{3}x+5$ 563 $\frac{1}{3}$
564 $y=-2x+4$ 565 $y=5x+20$
566 ⑤ 567 92 ℃ 568 $y=20+\frac{1}{4}x$
569 31 cm 570 45분 571 35 L 572 30분 후
573 ③ 574 5분 575 4초 후
576 $y=27x$ 577 12초 후 578 ④
579 $y=-20x+400$ 580 112 MB

필수유형 뛰어넘기 113~114쪽

581 ③ 582 $k\geq\frac{9}{2}$ 583 15 584 ⑤
585 ②, ④ 586 -14 587 ② 588 ②
589 ⑤ 590 ④ 591 $\frac{2}{3}$
592 $y=4x+2$ 593 ③

3 일차함수와 일차방정식의 관계

필수유형 공략하기 117~126쪽

594 ③ 595 ① 596 ⑤ 597 ①
598 -4 599 4 600 6π 601 ④
602 ② 603 2 604 -8 605 ③
606 3 607 5 608 5 609 10
610 0 611 ① 612 ② 613 ③
614 $a<0$, $b<0$ 615 ③, ⑤ 616 ③
617 ⑤ 618 ④ 619 -6 620 ④
621 $x=5$ 622 4 623 ④ 624 16
625 ⑤ 626 3 627 ④
628 $x=-1$, $y=2$ 629 -2 630 $\left(\frac{9}{5}, \frac{14}{5}\right)$
631 ③ 632 ① 633 $a=2$, $b=1$
634 2 635 $-\frac{4}{3}$ 636 $-\frac{3}{5}$ 637 $\frac{10}{3}$
638 ③ 639 $y=2$ 640 ① 641 ②
642 6 643 ④ 644 ① 645 -1
646 $\frac{4}{3}$ 647 ② 648 10 649 ②
650 ① 651 ④ 652 $-2\leq a\leq\frac{5}{3}$
653 ④ 654 $\frac{27}{4}$ 655 10 656 9
657 -3 658 12
659 $4x-y-4=0$ (또는 $y=4x-4$) 660 $x=\frac{9}{2}$

필수유형 뛰어넘기 127~128쪽

661 제4사분면 662 1 663 4
664 $-2, \frac{1}{3}, 4$ 665 15분 후 666 ①
667 $-\frac{3}{2}\leq a\leq-\frac{1}{5}$ 668 $\frac{1}{2}<m<2$
669 ② 670 20 671 12 672 $\frac{175}{3}\pi$
673 -5

실전북

◇ 서술유형 집중연습 ◇

서술형 문제는 정답을 확인하는 것보다 바른 풀이 과정을 확인하는 것이 더 중요합니다.
파란 해설 72~87쪽에서 확인해 보세요.

실전북

◇ 최종점검 TEST ◇

실전 TEST 1회 40~43쪽

01 ②, ⑤ 02 ④ 03 ③ 04 ③
05 ⑤ 06 ② 07 ③ 08 ②
09 ② 10 ③ 11 ④ 12 ①
13 ③ 14 ③ 15 ① 16 ⑤
17 ③ 18 ② 19 ④ 20 ④
21 3 22 18 23 $-5ab+7$ 24 $a\le\frac{2}{3}$
25 26 km

실전 TEST 2회 44~47쪽

01 ⑤ 02 ④ 03 ⑤ 04 ④
05 ③, ④ 06 ② 07 ⑤ 08 ③
09 ⑤ 10 ① 11 ⑤ 12 ⑤
13 ① 14 ③ 15 ⑤ 16 ④
17 ③ 18 ① 19 ④ 20 ③
21 16 22 $5x^2+8x-9$ 23 0
24 84 25 100 g

실전 TEST 3회 48~51쪽

01 ②, ③ 02 ② 03 ① 04 ⑤
05 ③ 06 ⑤ 07 ① 08 ④
09 ② 10 ⑤ 11 ③ 12 ④
13 ③ 14 ① 15 ⑤ 16 ②
17 ④ 18 ① 19 ② 20 ④
21 -8 22 $x=-1$, $y=2$
23 6 km 24 8분 후 25 9

실전 TEST 4회 52~55쪽

01 ①, ④ 02 ③ 03 ③ 04 ②
05 ⑤ 06 ② 07 ③ 08 ②
09 ⑤ 10 ③ 11 ② 12 ③
13 ⑤ 14 ① 15 ③ 16 ①
17 ② 18 ① 19 ② 20 ②
21 4 22 5 23 $y=-3x-2$
24 180 g 25 -18

이 책을 검토한 선생님들

서울

강현숙 유니크수학학원
길정균 교육그룹볼에이블학원
김도헌 강서명일학원
김영준 목동해법수학학원
김유미 대성제넥스학원
박미선 고릴라수학학원
박미정 최강학원
박미진 목동쌤올림학원
박부림 용경M2M학원
박성웅 M.C.M학원
박은숙 BMA유명학원
손남천 최고수수학학원
심정민 애플캠퍼스학원
안중학 에듀탑학원
유영호 UMA우마수학학원
유정선 UPI한국학원
유종호 정석수리학원
유지현 수리수리학원
이미선 휴브레인학원
이범준 편수학학원
이상덕 제이투학원
이신애 TOP명문학원
이영철 Hub수학전문학원
이은희 한솔학원
이재봉 형설학원
이지영 프라임수학학원
장미선 형설학원
전동철 남림학원
조현기 메타에듀수학학원
최원준 쌤수학학원
최장배 청산학원
최종구 최종구수학학원

강원

김순애 Kim's&청석학원
류경민 문막한빛입시학원
박준규 홍인학원

경기

강병덕 청산학원
김기범 하버드학원
김기태 수풀림학원
김지형 행신학원
김한수 최상위학원
노태환 노선생해법학원
문상현 힘수학학원
박수빈 엠탑수학학원
박은영 M245U수학학원
송인숙 영통세종학원
송혜숙 진흥학원
유시경 에이플러스수학학원
윤효상 페르마학원
이가람 현수학학원
이강국 계룡학원
이민희 유수하학원
이상진 진수학학원
이종진 한뜻학원
이창준 청산학원
이혜용 우리학원
임원국 멘토학원
정오태 정선생수학교실
조정민 바른셈학원
조주희 이츠매쓰학원
주정호 라이프니츠영수학학원
최규헌 하이베스트학원
최일규 이츠매쓰학원
최재원 이지수학학원
하재상 이헤수학학원
한은지 페르마학원
한인경 공감왕수학학원
황미라 한울학원

경상

강동일 에이원학원
강소정 정훈입시학원
강영환 정훈입시학원
강윤정 정훈입시학원
강희정 수학교실
구아름 구수한수학교습소
김성재 The쎈수학학원
김정휴 비상에듀학원
남유경 유니크수학학원
류현지 유니크수학학원
박건주 청림학원
박성규 박샘수학학원
박소현 청림학원
박재훈 달공수학학원
박현철 정훈입시학원
서명원 입시박스학원
신동훈 유니크수학학원
유병호 캔깨쓰학원
유지민 비상에듀학원
윤영진 유클리드수학과학학원
이소리 G1230학원
이은미 수학의한수학원
전현도 A스쿨학원
정재헌 에디슨아카데미
제준헌 니그학원
최혜경 프라임학원

광주

강동호 리엔학원
김국철 필즈영어수학학원
김대균 김대균수학학원
김동신 정평학원
김동석 MFA수학학원
노승균 정평학원
신선미 명문학원
양우식 정평학원
오성진 오성진선생의수학스케치학원
이수현 원수학학원
이재구 소촌엘리트학원
정민철 연승학원
정　석 정석수학전문학원
정수종 에스원수학학원
지행은 최상위영어수학학원
한병선 매쓰로드학원

대구

권영원 영원수학학원
김영숙 마스터박수학학원
김유리 최상위수학과학학원
김은진 월성해법수학학원
김정희 이레수학학원
김지수 율사학원
김태수 김태수수학학원
박미애 학림수학학원
박세열 송설수학학원
박태영 더좋은하늘수학학원
박호연 필즈수학학원
서효정 에이스학원
송유진 차수학학원
오현정 솔빛입시학원
윤기호 사인수학학원
이선미 에스엠학원
이주형 DK경대학원
장경미 휘영수학학원
전진철 전진철수학학원
조현진 수앤지학원
지현숙 클라무학원
하상희 한빛하쌤학원

대전

강현중 J학원
박재춘 제크아카데미
배용제 해마학원
윤석주 윤석주수학학원
이은혜 J학원
임진희 청담클루빌플레이팩토 황선생학원
장보영 윤석주수학학원
장현상 제크아카데미
정유진 청담클루빌플레이팩토 황선생학원
정진혁 버드내종로엠학원
홍선화 홍수학학원

부산

김선아 아연학원
김옥경 더매쓰학원
김원경 옥샘학원
김정민 이경철학원
김창기 우주수학원
김채화 채움수학전문학원
박상희 맵플러스금정캠퍼스학원
박순들 신진학원
손종규 화인수학학원
심정섭 전성학원
유소영 매쓰트리수학학원
윤한수 기능영재아카데미학원
이승윤 한길학원
이재명 청진학원
전현정 전성학원
정상원 필수통합학원
정영판 뉴피플학원
정진경 대원학원
정희경 육영재학원
조이석 레몬수학학원
천미숙 유레카학원
황보상 우진수학학원

인천

곽소윤 밀턴수학학원
김상미 밀턴수학학원
안상준 세종EMI학원
이봉섭 정일학원
정은영 밀턴수학학원
채수현 밀턴수학학원
황찬욱 밀턴수학학원

전라

이강화 강승학원
최진영 필즈수학전문학원
한성수 위드클래스학원

충청

김선경 해머수학학원
김은향 루트수학학원
나종복 나는수학학원
오일영 해미수학학원
우명제 필즈수학학원
이태린 이태린으뜸수학학원
장경진 히파티아수학학원
장은희 자기주도학습센터 홀로세움학원
정한용 청록학원
정혜경 팔로스학원
현정화 멘토수학학원
홍승기 청록학원

풍산자 라인업

중학 풍산자로 개념 과 문제 를 꼼꼼히 풀면

성적이 지속적으로 향상됩니다

상위권으로의 도약을 위한 중학 풍산자 로드맵

중학 풍산자 교재	하	중하	중	상

원리 개념서

풍산자 개념완성

하 ~ 중: 필수 문제로 개념 정복, 개념 학습 완성

기초 반복훈련서

풍산자 반복수학

하 ~ 중: 개념 및 기본 연산 정복, 기초 실력 완성

실전평가 테스트

풍산자 테스트북

중하 ~ 상: 단원별 엄선 문제, 실력 점검 및 실전 대비

실전 문제유형서

풍산자 필수유형

중하 ~ 상: 모든 기출 유형 정복, 시험 준비 완료

풍산자

필수 유형

필수 유형 문제와
학교 시험 예상 문제로
내신을 완벽하게 대비하는
문제기본서!

중학수학 2-1

풍산자수학연구소 지음

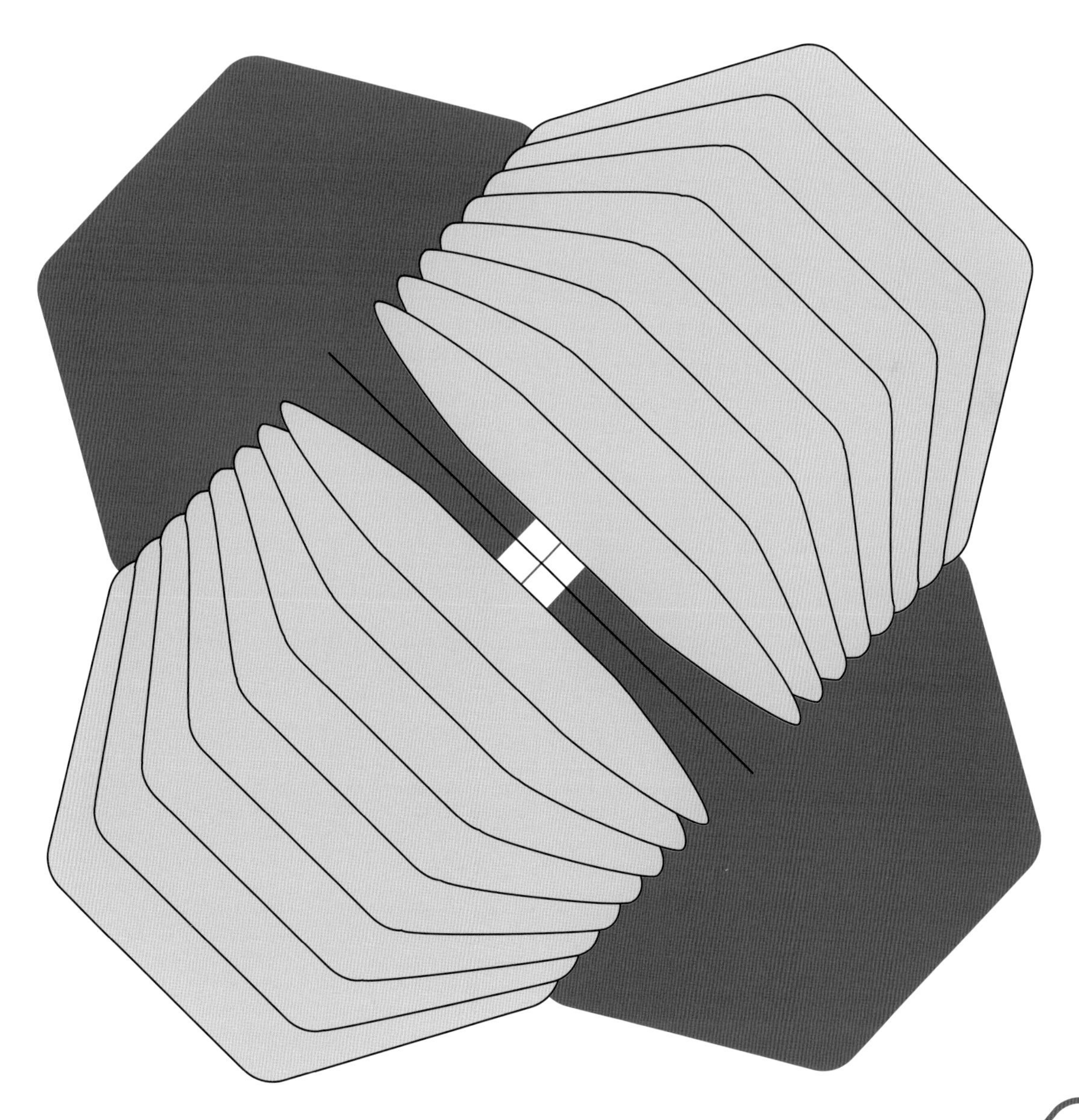

실전북

지학사

실전북

풍쌤비법으로 모든 유형을 대비하는
문제기본서

풍산자 필수유형

서술유형 집중연습

중학수학 2-1

1 순환소수의 소수점 아래 n번째 자리의 숫자

→ 유형 003

예제 분수 $\frac{5}{13}$를 소수로 나타내었을 때, 소수점 아래 22번째 자리의 숫자를 a, 소수점 아래 77번째 자리의 숫자를 b라고 하자. $a+b$의 값을 구하여라. [7점]

풀이

step❶ 분수를 소수로 나타내고 순환마디의 숫자의 개수 구하기 [2점]

$\frac{5}{13}=$____________이므로 순환마디의 ___개의 숫자가 소수점 아래 ___번째 자리에서부터 반복된다.

step❷ a의 값 구하기 [2점]

이때 $22=$________이므로 소수점 아래 22번째 자리의 숫자는 순환마디의 ___번째 숫자인 ___이다. 즉, $a=$___이다.

step❸ b의 값 구하기 [2점]

또 $77=$________이므로 소수점 아래 77번째 자리의 숫자는 순환마디의 ___번째 숫자인 ___이다. 즉, $b=$___이다.

step❹ $a+b$의 값 구하기 [1점]

$\therefore a+b=$________

유제 1-1

→ 유형 003

분수 $\frac{2}{7}$를 소수로 나타내었을 때, 순환마디의 숫자의 개수를 a라 하고 소수점 아래 100번째 자리의 숫자를 b라고 하자. ab의 값을 구하여라. [6점]

풀이

step❶ a의 값 구하기 [2점]

$\frac{2}{7}=$____________이므로 순환마디의 숫자는 ___개이다.

$\therefore a=$___

step❷ b의 값 구하기 [3점]

순환마디의 숫자는 소수점 아래 ___번째 자리에서부터 반복되고, $100=$________이므로 소수점 아래 100번째 자리의 숫자는 순환마디의 ___번째 숫자인 ___이다.

$\therefore b=$___

step❸ ab의 값 구하기 [1점]

$\therefore ab=$________

유제 1-2

→ 유형 003

분수 $\frac{3}{14}$을 소수로 나타내었을 때, 소수점 아래 첫 번째 자리의 숫자부터 소수점 아래 70번째 자리의 숫자까지의 합을 구하여라. [8점]

풀이

step❶ 분수를 소수로 나타내고 소수점 아래의 규칙성 알기 [2점]

$\frac{3}{14}=$____________이므로 순환마디의 ___개의 숫자가 소수점 아래 ___번째 자리에서부터 반복된다.

step❷ 순환마디가 반복되는 횟수 구하기 [3점]

$70-$___$=$________이므로 소수점 아래 ___번째 자리에서부터 순환마디가 ___번 반복되고 소수점 아래 ________번째 자리의 숫자는 각각 ________이다.

step❸ 답 구하기 [3점]

따라서 구하는 합은

____

2 ✦ 유한소수가 되도록 하는 자연수 구하기

➜ 유형 006

예제 $\frac{6}{140}\times a$가 유한소수로 나타내어질 때, a의 값이 될 수 있는 가장 작은 두 자리의 자연수를 구하여라. [6점]

풀이

step❶ $\frac{6}{140}$을 기약분수로 나타내고 분모를 소인수분해하기 [2점]
$\frac{6}{140}=$ ______

step❷ a의 조건 구하기 [2점]
______이 유한소수로 나타내어지려면 분모의 소인수가 ___나 ___뿐이어야 한다. 즉, 분모의 ___이 약분되어야 하므로 a는 ______이어야 한다.

step❸ 답 구하기 [2점]
따라서 a의 값이 될 수 있는 가장 작은 두 자리의 자연수는 ___이다.

유제 2-1

➜ 유형 006

두 분수 $\frac{n}{14}$과 $\frac{n}{75}$을 소수로 나타내면 모두 유한소수가 될 때, n의 값이 될 수 있는 두 자리의 자연수의 개수를 구하여라. [7점]

풀이

step❶ 두 분수의 분모를 소인수분해하기 [각 1점]

$\frac{n}{14}=$ ______, $\frac{n}{75}=$ ______

step❷ n의 조건 구하기 [3점]

두 분수가 모두 유한소수로 나타내어지려면 각 분수의 분모의 소인수가 ___나 ___뿐이어야 한다.
즉, 분모의 ___과 ___이 약분되어야 하므로 n은 ______________이어야 한다.

step❸ 답 구하기 [2점]

따라서 n의 값이 될 수 있는 두 자리의 자연수는 ________의 ___개이다.

유제 2-2

➜ 유형 008

30보다 작은 자연수 a에 대하여 $\frac{a}{90}$를 소수로 나타내면 유한소수가 되고, 기약분수로 나타내면 $\frac{3}{b}$이 된다. $a+b$의 값을 구하여라. [8점]

풀이

step❶ a가 될 수 있는 수 구하기 [4점]

$\frac{a}{90}=$ ______가 유한소수로 나타내어지려면 분모의 ___이 약분되어야 하므로 a는 ________이어야 한다. 이때 a는 30보다 작은 자연수이므로 a가 될 수 있는 수는 ______이다.

step❷ $\frac{a}{90}$를 기약분수로 나타내기 [1점]

즉, $\frac{a}{90}$는 ________________

step❸ a, b의 값 각각 구하기 [각 1점]

$\frac{a}{90}$를 기약분수로 나타내면 $\frac{3}{b}$이 되므로

$a=$ ___, $b=$ ___

step❹ $a+b$의 값 구하기 [1점]

$\therefore a+b=$ ________

서술유형 실전대비

1-4 주어진 단계에 맞게 답안을 작성하여라.

1 분수 $\frac{35}{126}$에 어떤 자연수를 곱하면 유한소수로 나타내어질 때, 곱해야 할 가장 작은 두 자리의 자연수를 구하여라. [6점]

풀이

step1: 분수를 기약분수로 나타내고 분모를 소인수분해하기 [2점]

step2: 곱하는 자연수의 조건 구하기 [3점]

step3: 답 구하기 [1점]

답

2 $2.\dot{1}\dot{8}=\frac{a}{b}$이고 a와 b가 서로소일 때, $a+b$의 값을 구하여라. (단, 순환소수를 분수로 나타내는 과정을 자세히 써라.) [6점]

풀이

step1: $2.\dot{1}\dot{8}$을 기약분수로 나타내기 [4점]

step2: $a+b$의 값 구하기 [2점]

답

3 어떤 기약분수를 소수로 나타내는데 지석이는 분자를 잘못 보아 $0.3\dot{5}$로 나타내었고, 서연이는 분모를 잘못 보아 $1.\dot{2}\dot{7}$로 나타내었다. 처음의 기약분수를 소수로 바르게 나타내어라. (단, 잘못 본 분수도 기약분수이다.) [8점]

풀이

step1: 처음 기약분수의 분모 구하기 [3점]

step2: 처음 기약분수의 분자 구하기 [3점]

step3: 처음 기약분수를 소수로 나타내기 [2점]

답

4 순환소수 $1.41\dot{6}$에 자연수 a를 곱하여 어떤 자연수의 제곱이 되게 하려고 한다. a의 값이 될 수 있는 수 중 가장 큰 세 자리의 자연수를 구하여라. [7점]

풀이

step1: 순환소수를 분수로 나타내기 [2점]

step2: a의 조건 구하기 [3점]

step3: a의 값 구하기 [2점]

답

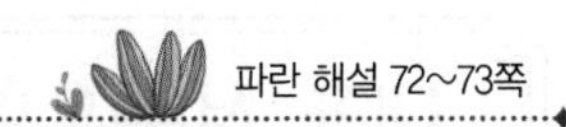

[5-8] 풀이 과정을 자세히 써라.

5 24를 분모로 하는 23개의 분수 $\frac{1}{24}$, $\frac{2}{24}$, $\frac{3}{24}$, $\cdots$, $\frac{23}{24}$을 소수로 나타낼 때, 유한소수로 나타내어지는 가장 큰 수와 가장 작은 수의 차를 구하여라. [6점]

풀이

답 ______

6 분수 $\frac{77}{100x}$이 유한소수로 나타내어질 때, x의 값이 될 수 있는 두 자리의 홀수의 개수를 구하여라. [7점]

풀이

답 ______

도전 창의 서술

7 $273\times\left(\frac{1}{10^3}+\frac{1}{10^6}+\frac{1}{10^9}+\cdots\right)=\frac{b}{a}$일 때, $a+b$의 값을 구하여라. (단, a, b는 서로소인 자연수이다.) [7점]

풀이

답 ______

8 분수 $\frac{6}{13}$을 소수로 나타낼 때, 소수점 아래 첫 번째 자리의 숫자부터 소수점 아래 n번째 자리의 숫자까지의 합을 $f(n)$이라고 하자. $f(a)=286$일 때, 다음 물음에 답하여라. [총 8점]

(1) a의 값을 구하여라. [6점]

(2) 소수점 아래 a번째 자리까지의 숫자 중에서 6이 나오는 횟수를 구하여라. [2점]

풀이

답 ______

대표 서술유형

1 ◆ 지수법칙의 응용

→ 유형 019

예제 $2^{12}+2^{12}+2^{12}+2^{12}=2^x$, $2^{12}\times2^{12}\times2^{12}\times2^{12}=2^y$, $(2^{12})^2=2^z$일 때, $x+y-z$의 값을 구하여라. [7점]

풀이

step❶ x의 값 구하기 [2점] ➲ $2^{12}+2^{12}+2^{12}+2^{12}=$________

$\therefore x=$___

step❷ y의 값 구하기 [2점] ➲ $2^{12}\times2^{12}\times2^{12}\times2^{12}=$________

$\therefore y=$___

step❸ z의 값 구하기 [2점] ➲ $(2^{12})^2=$____

$\therefore z=$___

step❹ $x+y-z$의 값 구하기 [1점] ➲ $\therefore x+y-z=$________

유제 1-1

→ 유형 020

$a=2^x$, $b=5^{x-1}$일 때, 80^x을 a, b를 사용하여 나타내어라. [7점]

풀이

step❶ 5^x을 b를 사용하여 나타내기 [2점]

$b=5^{x-1}$의 양변에 ___를 곱하면

____

step❷ 80^x의 밑을 소인수분해하여 나타내기 [2점]

$80^x=$________

step❸ 80^x을 a, b를 사용하여 나타내기 [3점]

$80^x=$________

____

____

유제 1-2

→ 유형 021

$7\times a\times8^9\times5^{25}$이 28자리의 자연수가 되도록 하는 가장 작은 자연수 a의 값을 구하여라. [7점]

풀이

step❶ 주어진 식을 10의 거듭제곱을 사용하여 나타내기 [2점]

$7\times a\times8^9\times5^{25}=$________

____

____

step❷ 주어진 식이 28자리의 자연수가 되기 위한 조건 알기 [3점]

$7\times a\times8^9\times5^{25}$이 28자리의 자연수가 되려면

___$\times a$가 ___자리의 자연수이어야 한다.

step❸ 조건을 만족시키는 a의 값 구하기 [2점]

___$\times$___$=$_____이므로 조건을 만족시키는 가장 작은 자연수 a의 값은 ___이다.

파란 해설 74쪽

2 ◆ 단항식의 곱셈과 나눗셈

→ 유형 024

예제 $(-3x^2y)^3 \div \frac{9}{4}x^5y^4 \times (-2x^2y^3)$을 간단히 하면 ax^by^c일 때, 상수 a, b, c에 대하여 abc의 값을 구하여라. [7점]

풀이

step❶ 주어진 식을 간단히 하기 [4점] ➜ $(-3x^2y)^3 \div \frac{9}{4}x^5y^4 \times (-2x^2y^3) =$ ____________

step❷ a, b, c의 값 구하기 [2점] ➜ 이것이 ax^by^c과 같으므로

$a=$ ___, $b=$ ___, $c=$ ___

step❸ abc의 값 구하기 [1점] ➜ $\therefore abc=$ ____________

유제 2-1

→ 유형 024

두 식 A, B가 다음과 같을 때, $A \div 5B$를 간단히 하여라. [8점]

$$A=8x^4y^2 \times (-2xy^2)^2 \div \frac{16}{5}x^5y^3$$

$$B=(x^2y^3)^2 \times \left(\frac{x^2}{y}\right)^3 \div x^4y$$

풀이

step❶ 주어진 식 A 간단히 하기 [3점]

$A=8x^4y^2 \times (-2xy^2)^2 \div \frac{16}{5}x^5y^3$

$=$ ____________

step❷ 주어진 식 B 간단히 하기 [3점]

$B=(x^2y^3)^2 \times \left(\frac{x^2}{y}\right)^3 \div x^4y$

$=$ ____________

step❸ $A \div 5B$ 간단히 하기 [2점]

$A \div 5B=$ ____________

____

유제 2-2

→ 유형 025

다음 □ 안에 알맞은 식을 구하여라. [6점]

$$(-18x^5y^4) \div 9x^4y^3 \times (\square) = 10x^2y^3$$

풀이

step❶ $(-18x^5y^4) \div 9x^4y^3$ 간단히 하기 [2점]

$(-18x^5y^4) \div 9x^4y^3=$ ____________

____

step❷ □ 안에 알맞은 식 구하기 [4점]

______ $\times (\square) = 10x^2y^3$에서

$\square=$ ____________

____

서술유형 실전대비

1-4 주어진 단계에 맞게 답안을 작성하여라.

1 $\left(\frac{x^4}{3}\right)^m=\frac{x^n}{27}$ 일 때, 상수 m, n에 대하여 $m+n$의 값을 구하여라. [5점]

풀이

step 1: m의 값 구하기 [2점]

step 2: n의 값 구하기 [2점]

step 3: $m+n$의 값 구하기 [1점]

답

2 밑면의 반지름의 길이가 $3a$인 원뿔의 부피가 $27\pi a^2b^2$일 때, 이 원뿔의 높이를 구하여라. [6점]

풀이

step 1: 원뿔의 부피에 대한 식 세우기 [3점]

step 2: 원뿔의 높이 구하기 [3점]

답

3 다음 조건을 만족시키는 a, b에 대하여 ab의 값을 구하여라. [7점]

(가) $4(a^3+a^3+a^3+a^3)=2^7$

(나) $\frac{4^4+4^4}{3^7+3^7+3^7}\div\frac{2^8+2^8+2^8+2^8}{9^5}=b$

풀이

step 1: a의 값 구하기 [3점]

step 2: b의 값 구하기 [3점]

step 3: ab의 값 구하기 [1점]

답

4 $\frac{4}{9}x^ay^5\times x^3y\times(-3xy)^2=bx^8y^c$일 때, 상수 a, b, c에 대하여 $a+b+c$의 값을 구하여라. [7점]

풀이

step 1: 좌변을 간단히 하기 [3점]

step 2: a, b, c의 값 각각 구하기 [각 1점]

step 3: $a+b+c$의 값 구하기 [1점]

답

5-8 풀이 과정을 자세히 써라.

5 $8^3 \div 4^{x-3} \times 32 = 16^2$을 만족시키는 x의 값을 구하여라. [6점]

풀이

답

6 어떤 식 A를 $\frac{2}{5}x^3y^2$으로 나누어야 할 것을 잘못하여 곱하였더니 $4x^7y^5$이 되었다. 다음 물음에 답하여라. [총 7점]

(1) 어떤 식 A를 구하여라. [4점]

(2) 바르게 계산한 답을 구하여라. [3점]

풀이

답

도전 창의 서술

7 밑면은 한 변의 길이가 $3xy^2$인 정사각형이고, 높이가 $\frac{4\pi x^4}{y}$인 직육면체 모양의 고무찰흙이 있다. 이 고무찰흙으로 반지름의 길이가 x^2y인 구 모양의 구슬을 만들려고 한다. 다음 물음에 답하여라. [총 8점]

(1) 직육면체 모양의 고무찰흙의 부피를 구하여라. [3점]

(2) 구슬의 부피를 구하여라. [3점]

(3) 구슬을 몇 개 만들 수 있는지 구하여라. [2점]

풀이

답

8 $7 \times 8^9 \times 50^{30}$은 m자리의 자연수이고, 각 자릿수의 합은 n이라고 한다. 이때 $m+n$의 값을 구하여라. [8점]

풀이

답

대표 서술유형

1 ✦ 잘못 계산한 식에서 바른 답 구하기

➔ 유형 031

예제 어떤 식에서 $3x-2y+7$을 빼야 할 것을 잘못하여 더했더니 $5x+8y-11$이 되었다. 이때 바르게 계산한 답을 구하여라. [7점]

풀이

step❶ 잘못 계산한 식 세우기 [2점]
어떤 식을 A라 하면 잘못 계산한 식은

____

step❷ 어떤 식 구하기 [2점]
$A=$______________________

____

____

step❸ 바르게 계산한 답 구하기 [3점]
따라서 바르게 계산하면

____

____

____

유제 1-1 ➔ 유형 031

$2x^2-5x+3$에 어떤 식을 더해야 할 것을 잘못하여 빼었더니 $-3x^2+7x+4$가 되었다. 이때 바르게 계산한 답을 구하여라. [7점]

풀이

step❶ 잘못 계산한 식 세우기 [2점]
어떤 식을 A라 하면 잘못 계산한 식은

____

step❷ 어떤 식 구하기 [2점]
$A=$______________________

____

____

step❸ 바르게 계산한 답 구하기 [3점]
따라서 바르게 계산하면

____

유제 1-2 ➔ 유형 036

어떤 식을 $\frac{3}{4}xy$로 나누어야 할 것을 잘못하여 곱하였더니 $6x^2y^3-9x^3y^5$이 되었다. 이때 바르게 계산한 답을 구하여라. [7점]

풀이

step❶ 잘못 계산한 식 세우기 [2점]
어떤 식을 A라 하면 잘못 계산한 식은

____

step❷ 어떤 식 구하기 [2점]
$A=$______________________

____

____

step❸ 바르게 계산한 답 구하기 [3점]
따라서 바르게 계산하면

____

____

2 ◆ 사칙연산의 혼합 계산

➜ 유형 035

예제 $4x(x-5y)+(6x^2y+9x)\div 3x=ax^2+bxy+c$일 때, 상수 a, b, c에 대하여 $a+b+c$의 값을 구하여라. [6점]

풀이

step❶ 좌변을 간단히 하기 [2점] ➜ $4x(x-5y)+(6x^2y+9x)\div 3x=$ ________

____

____

step❷ a, b, c의 값 구하기 [각 1점] ➜ ________ $=ax^2+bxy+c$이므로

$a=$ __, $b=$ ____, $c=$ __

step❸ $a+b+c$의 값 구하기 [1점] ➜ $\therefore a+b+c=$ ________

유제 2-1

➜ 유형 035

$6x\left(\frac{1}{2}x-2y\right)+(4x-5y)\times(-3x)$를 간단히 한 식에서 x^2의 계수를 a, xy의 계수를 b라고 할 때, $a+b$의 값을 구하여라. [6점]

풀이

step❶ 주어진 식 간단히 하기 [3점]

$6x\left(\frac{1}{2}x-2y\right)+(4x-5y)\times(-3x)$

$=$ ________

____

step❷ a, b의 값 구하기 [각 1점]

따라서 x^2의 계수는 __, xy의 계수는 __이므로

$a=$ __, $b=$ __

step❸ $a+b$의 값 구하기 [1점]

$\therefore a+b=$ ________

유제 2-2

➜ 유형 038

$x=\frac{1}{3}$, $y=\frac{2}{7}$일 때, $\frac{4x^2+6xy}{-2x}-\frac{12y^2-15xy}{3y}$의 값을 구하여라. [6점]

풀이

step❶ 주어진 식 간단히 하기 [3점]

$\frac{4x^2+6xy}{-2x}-\frac{12y^2-15xy}{3y}$

$=$ ________

____

____

step❷ 식의 값 구하기 [3점]

위에서 간단히 한 식에 $x=\frac{1}{3}$, $y=\frac{2}{7}$를 대입하면

____

서술유형 실전대비

[1-4] 주어진 단계에 맞게 답안을 작성하여라.

1 $3(2x^2-5x-1)-2(x^2+3x-4)$를 간단히 했을 때, x^2의 계수와 상수항의 합을 구하여라. [5점]

풀이

step 1: 주어진 식 간단히 하기 [2점]

step 2: x^2의 계수와 상수항 구하기 [각 1점]

step 3: x^2의 계수와 상수항의 합 구하기 [1점]

답

2 다항식 A를 $\frac{3}{2}x$로 나누었더니 $6x^2-8x+4y^2$이 되었다. 다항식 A를 구하여라. [5점]

풀이

step 1: A를 구하기 위한 식 세우기 [2점]

step 2: A 구하기 [3점]

답

3 $x=2$, $y=-1$일 때, $x(3y-5)-\frac{10x^2-8xy}{2x}$의 값을 구하여라. [6점]

풀이

step 1: 주어진 식 간단히 하기 [3점]

step 2: 식의 값 구하기 [3점]

답

4 밑면의 반지름의 길이가 $3ab$인 원기둥과 원뿔이 있다. 원기둥의 부피가 $9\pi a^4b^2-27\pi a^2b^4$이고, 원뿔의 부피가 $6\pi a^4b^2+3\pi a^2b^4$일 때, 두 입체도형의 높이의 합을 구하여라. [7점]

풀이

step 1: 원기둥의 높이 구하기 [3점]

step 2: 원뿔의 높이 구하기 [3점]

step 3: 높이의 합 구하기 [1점]

답

[5-8] 풀이 과정을 자세히 써라.

5 $2x^2-\{3x^2+7-2(6x-1)\}+5x=ax^2+bx+c$일 때, 상수 a, b, c에 대하여 $a+2(b+c)$의 값을 구하여라. [6점]

풀이

답

6 어떤 식 A에서 $9x^2-4x+2$를 빼야 할 것을 잘못하여 더했더니 $10x^2-x-2$가 되었다. 다음 물음에 답하여라. [총 7점]

(1) 어떤 식 A를 구하여라. [4점]

(2) 바르게 계산한 답을 구하여라. [3점]

풀이

답

도전 창의 서술

7 다음 그림과 같이 수직선 위에 네 점 A, B, C, D가 있다. $\overline{AB}$의 길이는 $12x^2+8xy$이고, $\overline{CD}$의 길이는 $2x^2-5xy$이다. $\overline{BC}$의 길이는 $\overline{AB}$의 길이의 $\frac{3}{4}$이고 $\overline{AD}$의 길이는 ax^2+bxy일 때, 상수 a, b에 대하여 $a-b$의 값을 구하여라. [7점]

$12x^2+8xy$ $2x^2-5xy$

A B C D

풀이

답

8 오른쪽 그림과 같은 직사각형 ABCD에서 색칠한 부분의 넓이를 구하여라. [7점]

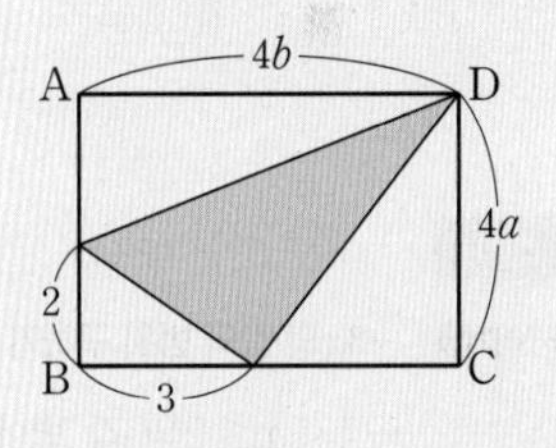

풀이

답

대표 서술유형

1 식의 값의 범위 구하기

→ 유형 043

예제 $-6 \le x < 12$일 때, $-4-\frac{2}{3}x$의 값의 범위는 $a < -4-\frac{2}{3}x \le b$이다. 상수 a, b에 대하여 $b-2a$의 값을 구하여라. [6점]

풀이

step❶ $-\frac{2}{3}x$의 값의 범위 구하기 [3점]
$-6 \le x < 12$의 각 변에 ____를 곱하면

____

step❷ $-4-\frac{2}{3}x$의 값의 범위 구하기 [2점]
위의 식의 각 변에 ____를 더하면

____

step❸ $b-2a$의 값 구하기 [1점]
따라서 $a=$____, $b=$____이므로
$b-2a=$________

유제 1-1

→ 유형 043

$-4 < x \le 2$일 때, $5-3x$의 값의 범위를 구하여라. [5점]

풀이

step❶ $-3x$의 값의 범위 구하기 [3점]
$-4 < x \le 2$의 각 변에 ____을 곱하면

____

step❷ $5-3x$의 값의 범위 구하기 [2점]
위의 식의 각 변에 ____를 더하면

____

유제 1-2

→ 유형 043

$-8 \le x < 4$일 때, $4-\frac{x}{2}$의 값 중에서 가장 큰 정수를 a, 가장 작은 정수를 b라고 한다. 이때 $a-b$의 값을 구하여라. [7점]

풀이

step❶ $-\frac{x}{2}$의 값의 범위 구하기 [3점]
$-8 \le x < 4$의 각 변에 ____을 곱하면

____

step❷ $4-\frac{x}{2}$의 값의 범위 구하기 [2점]
위의 식의 각 변에 ____를 더하면

____

step❸ $a-b$의 값 구하기 [2점]
따라서 $a=$____, $b=$____이므로
$a-b=$________

2 ✦ 복잡한 일차부등식의 풀이

→ 유형 048

예제 일차부등식 $\frac{1}{3}(x-1)>\frac{1}{4}(5-2x)+1$을 만족시키는 x의 값 중 가장 작은 정수를 구하여라. [6점]

풀이

step❶ 계수를 정수로 고치기 [2점]
주어진 일차부등식의 양변에 분모의 최소공배수 ___를 곱하면
$\_\_\_(x-1)>\_\_\_(5-2x)+\_\_\_$

step❷ 부등식의 해 구하기 [3점]
괄호를 풀면
$\_\_\_\_\_\_>\_\_\_\_\_\_\_\_\_\_$
$\_\_\_x>\_\_\_$ ∴ ______

step❸ 부등식을 만족시키는 가장 작은 정수 구하기 [1점]
따라서 부등식을 만족시키는 x의 값 중 가장 작은 정수는 ___이다.

유제 2-1 → 유형 048

일차부등식 $\frac{x}{3}-2\le-\frac{x-4}{5}$를 만족시키는 자연수 x의 개수를 구하여라. [6점]

풀이

step❶ 계수를 정수로 고치기 [2점]
주어진 일차부등식의 양변에 분모의 최소공배수 ___를 곱하면
$\_\_\_\_\_\_\le\_\_\_\_\_\_$

step❷ 부등식의 해 구하기 [3점]
괄호를 풀면
$\_\_\_\_\_\_\le\_\_\_\_\_\_$
$\_\_\_x\le\_\_\_$ ∴ ______

step❸ 부등식을 만족시키는 자연수 x의 개수 구하기 [1점]
따라서 부등식을 만족시키는 자연수 x는 ______이므로 ___개이다.

유제 2-2 → 유형 048

일차부등식 $0.5(x-3)>\frac{4}{5}x-0.9$를 만족시키는 x의 값 중 가장 큰 정수를 구하여라. [6점]

풀이

step❶ 계수를 정수로 고치기 [2점]
주어진 일차부등식의 양변에 ___을 곱하면
$\_\_\_(x-3)>\_\_\_x-\_\_\_$

step❷ 부등식의 해 구하기 [3점]
괄호를 풀면
$\_\_\_\_\_\_>\_\_\_x-\_\_\_$
$\_\_\_x>\_\_\_$ ∴ ______

step❸ 부등식을 만족시키는 가장 큰 정수 구하기 [1점]
따라서 부등식을 만족시키는 x의 값 중 가장 큰 정수는 ___이다.

서술유형 실전대비

[1-4] 주어진 단계에 맞게 답안을 작성하여라.

1 $-3\leq x-2\leq 5$일 때, $A=4-3x$의 최댓값을 a, 최솟값을 b라고 하자. 이때 $a-b$의 값을 구하여라. [6점]

풀이

step 1: x의 값의 범위 구하기 [2점]

step 2: A의 값의 범위 구하기 [3점]

step 3: $a-b$의 값 구하기 [1점]

답 ______

2 일차부등식 $4(2x-3)<3(1+x)-5$의 해를 구하고, 그 해를 다음 수직선 위에 나타내어라. [5점]

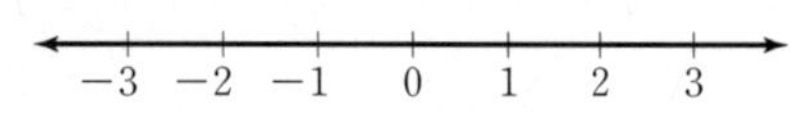

풀이

step 1: 일차부등식 풀기 [3점]

step 2: 일차부등식의 해를 수직선 위에 나타내기 [2점]

답 ______

3 부등식 $\frac{3x+2}{4}-a\geq 2x-\frac{1}{2}$의 해를 수직선 위에 나타내면 오른쪽 그림과 같을 때, 상수 a의 값을 구하여라. [6점]

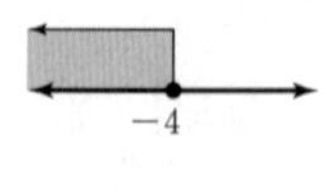
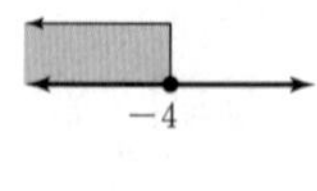

풀이

step 1: 부등식의 계수를 정수로 고치기 [2점]

step 2: 부등식의 해 구하기 [2점]

step 3: a의 값 구하기 [2점]

답 ______

4 일차부등식 $-2+3x\leq a+1$의 해 중에서 가장 큰 정수가 -1일 때, 상수 a의 값의 범위를 구하여라. [7점]

풀이

step 1: 일차부등식 풀기 [2점]

step 2: 가장 큰 정수인 해가 -1일 조건 밝히기 [3점]

step 3: a의 값의 범위 구하기 [2점]

답 ______

5-8 풀이 과정을 자세히 써라.

5 $1<y<2$일 때, $4x+y=8$을 만족시키는 x의 값의 범위를 구하여라. [6점]

풀이

답

6 x에 대한 일차부등식 $ax+3\geq 4x-5$의 해가 $x\leq 4$일 때, 상수 a의 값을 구하여라. [6점]

풀이

답

도전 창의 서술

7 두 식 a, b에 대하여 연산 $\diamond$을 $a\diamond b=2a-b+1$이라고 하자. 부등식 $(0.3x+1)\diamond(0.4x-2)<\frac{3}{5}\diamond a$를 만족시키는 자연수 x가 존재하지 않을 때, 상수 a의 값의 범위를 구하여라. [8점]

풀이

답

8 일차부등식 $3x-2a<-3$을 만족시키는 자연수 x가 4개일 때, 모든 정수 a의 값의 합을 구하여라. [8점]

풀이

답

대표 서술유형

1 ◆ 최대 개수에 대한 문제

➜ 유형 056

예제 한 송이에 800원 하는 장미와 한 송이에 1000원 하는 백합을 합하여 20송이를 사서 2000원짜리 바구니에 담아 장식하기로 하였다. 총 금액을 19000원 이하로 하려면 백합은 최대 몇 송이까지 살 수 있는지 구하여라. [6점]

풀이

step❶ 부등식 세우기 [3점]

백합을 x송이 산다고 하면 장미는 (______)송이를 살 수 있으므로

$800(\_\_\_\_\_\_)+1000x+\_\_\_\_\_\_\le\_\_\_\_\_\_$

step❷ 부등식 풀기 [2점]

____

__________ ∴ ______

step❸ 답 구하기 [1점]

따라서 백합은 최대 ___송이까지 살 수 있다.

유제 1-1

➜ 유형 056

한 개에 1000원 하는 사과와 한 개에 1500원 하는 배를 합하여 10개를 사려고 한다. 총 가격이 12000원을 넘지 않도록 할 때, 배는 최대 몇 개까지 살 수 있는지 구하여라. [6점]

풀이

step❶ 부등식 세우기 [3점]

배를 x개 산다고 하면 사과는 (______)개를 살 수 있으므로

$1000(\_\_\_\_\_\_)+1500x\le\_\_\_\_\_\_$

step❷ 부등식 풀기 [2점]

$\_\_\_\_\_\_\_\_\_\_+1500x\le\_\_\_\_\_\_$

__________ ∴ ______

step❸ 답 구하기 [1점]

따라서 배는 최대 ___개까지 살 수 있다.

유제 1-2

➜ 유형 055

최대 500 kg을 실을 수 있는 엘리베이터를 이용하여 한 상자에 15 kg인 상자를 실어 나르려고 한다. 몸무게가 60 kg인 작업자 한 명이 상자를 실어 나른다면 한 번에 최대 몇 개의 상자를 실어 나를 수 있는지 구하여라. [5점]

풀이

step❶ 부등식 세우기 [2점]

한 번에 실어 나를 수 있는 상자의 개수를 x라고 하면

$15x+\_\_\_\_\le\_\_\_\_\_\_$

step❷ 부등식 풀기 [2점]

__________ ∴ ______

step❸ 답 구하기 [1점]

따라서 상자의 개수는 자연수이므로 한 번에 최대 ____ 개를 실어 나를 수 있다.

파란 해설 79쪽

2 거리, 속력, 시간에 대한 문제

→ 유형 061

예제 도연이가 산책을 하는데 갈 때는 시속 2 km로 걷고, 돌아올 때는 같은 길을 시속 3 km로 걸으려고 한다. 산책을 하는 데 걸리는 시간이 2시간 30분 이내가 되려면 도연이는 최대 몇 km 떨어진 지점까지 산책을 갔다 올 수 있는지 구하여라. [6점]

풀이

step❶ 부등식 세우기 [3점]

도연이가 x km 떨어진 지점까지 산책을 갔다 온다고 하면

(갈 때 걸린 시간)$+$(올 때 걸린 시간)$\le$(2시간 30분)이므로

___ $+$ ___ $\le 2+$ ___, 즉 ________

step❷ 부등식 풀기 [2점]

위의 식의 양변에 ___을 곱하면

________ $\therefore$ ______

step❸ 답 구하기 [1점]

따라서 도연이는 최대 ___ km 떨어진 지점까지 산책을 갔다 올 수 있다.

유제 2-1

→ 유형 061

유나는 집에서 3 km 떨어진 도서관까지 가는데 처음에는 분속 60 m로 걷다가 도중에 분속 120 m로 뛰어서 40분 이내에 도착하였다. 유나가 뛰어간 거리는 몇 km 이상인지 구하여라. [6점]

풀이

step❶ 부등식 세우기 [3점]

유나가 뛰어간 거리를 x m라고 하면 걸어간 거리는 (________) m이므로

____

step❷ 부등식 풀기 [2점]

위의 식의 양변에 ___을 곱하면

____

$\therefore$ ______

step❸ 답 구하기 [1점]

따라서 유나가 뛰어간 거리는 ___ m, 즉 ___ km 이상이다.

유제 2-2

→ 유형 061

정우가 기차역에서 출발 시각까지 1시간의 여유가 있어서 이 시간을 이용하여 상점에서 물건을 사오려고 한다. 물건을 사는 데 12분이 걸리고, 시속 4 km로 걷는다면 정우는 역에서 몇 km 이내에 있는 상점을 이용할 수 있는지 구하여라. [6점]

풀이

step❶ 부등식 세우기 [3점]

역에서 상점까지의 거리를 x km라고 하면

___ $+$ ___ $+$ ___ ≤ 1, 즉 ________

step❷ 부등식 풀기 [2점]

위의 식의 양변에 ___을 곱하면

____

$\therefore$ ______

step❸ 답 구하기 [1점]

따라서 역에서 ___ km 이내에 있는 상점을 이용할 수 있다.

서술유형 실전대비

[1-4] 주어진 단계에 맞게 답안을 작성하여라.

1 어떤 자연수의 5배에서 9를 빼었더니 그 수를 2배한 것보다 작았다고 한다. 이와 같은 자연수 중에서 가장 큰 수를 구하여라. [5점]

풀이

step 1: 부등식 세우기 [2점]

step 2: 부등식 풀기 [2점]

step 3: 조건을 만족시키는 가장 큰 자연수 구하기 [1점]

답 ____________________

2 오른쪽 그림과 같이 윗변의 길이가 16 cm이고 높이가 9 cm인 사다리꼴의 넓이가 180 cm^2 이상일 때, 이 사다리꼴의 아랫변의 길이는 몇 cm 이상이어야 하는지 구하여라. [6점]

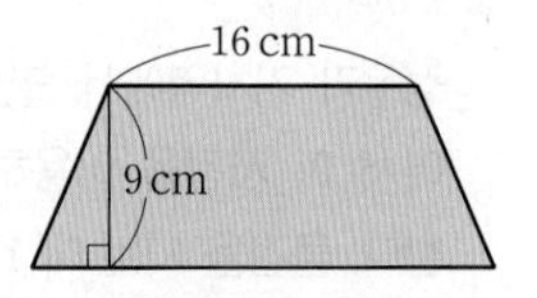

풀이

step 1: 부등식 세우기 [3점]

step 2: 부등식 풀기 [2점]

step 3: 답 구하기 [1점]

답 ____________________

3 어느 사진관에서 증명사진을 뽑으면 기본 8장에 5000원이고, 추가로 뽑을 때마다 한 장에 250원씩 받는다고 한다. 증명사진 한 장의 평균 가격이 450원 이하가 되게 하려면 증명사진을 몇 장 이상 뽑아야 하는지 구하여라. [6점]

풀이

step 1: 부등식 세우기 [3점]

step 2: 부등식 풀기 [2점]

step 3: 답 구하기 [1점]

답 ____________________

4 어느 박물관의 입장료는 1인당 12000원이고, 30명 이상의 단체에 대하여 입장료의 15 %를 할인해 준다고 한다. 30명 미만의 단체가 몇 명 이상이면 30명의 단체 입장권을 구매하는 것이 유리한지 구하여라. [7점]

풀이

step 1: 부등식 세우기 [4점]

step 2: 부등식 풀기 [2점]

step 3: 답 구하기 [1점]

답 ____________________

5-8 풀이 과정을 자세히 써라.

5 현재까지 언니는 40000원, 동생은 30000원을 예금하였다. 다음 달부터 매달 언니는 4000원, 동생은 1000원씩 예금한다고 할 때, 언니의 예금액이 동생의 예금액의 3배보다 많아지는 것은 몇 개월 후부터인지 구하여라. [6점]

풀이

답

6 원가가 20000원인 아동복을 정가의 20 %를 할인하여 팔아서 원가의 15 % 이상의 이익을 얻으려고 한다. 이때 이 아동복의 정가의 최솟값을 구하여라. [7점]

풀이

답

도전 창의 서술

7 A, B 두 통신사의 휴대전화 요금제가 다음과 같다. B 통신사를 이용하는 것이 A 통신사를 이용하는 것보다 유리하려면 한 달 통화 시간이 몇 분을 초과해야 하는지 구하여라. [7점]

통신사	기본 통화료	분당 통화료
A	10000원	1분당 80원
B	16000원 (30분 무료)	1분당 50원 (30분 초과시)

풀이

답

8 다음 조건을 만족시키는 두 자리의 자연수를 모두 구하여라. [8점]

> (가) 십의 자리의 숫자와 일의 자리의 숫자의 합은 6이다.
> (나) 처음 두 자리의 자연수는 이 자연수의 십의 자리의 숫자와 일의 자리의 숫자를 바꾼 수의 2배보다 작다.

풀이

답

1 ◆ 일차방정식의 해가 주어진 경우

→ 유형 067

예제 일차방정식 $ax-3y=6$의 한 해가 $x=6$, $y=2$이다. $x=9$일 때의 y의 값을 구하여라. (단, a는 상수) [5점]

풀이

step❶ a의 값 구하기 [3점]

$x=$___, $y=$___를 $ax-3y=6$에 대입하면

____

$\therefore a=$___

step❷ $x=9$일 때의 y의 값 구하기 [2점]

$x=9$를 ___$x-3y=6$에 대입하면

____

$\therefore y=$___

유제 1-1

→ 유형 067

일차방정식 $ax-y=9$의 한 해가 $x=2$, $y=3$이다. $y=-3$일 때의 x의 값을 구하여라. (단, a는 상수) [5점]

풀이

step❶ a의 값 구하기 [3점]

$x=$___, $y=$___을 $ax-y=9$에 대입하면

____

$\therefore a=$___

step❷ $y=-3$일 때의 x의 값 구하기 [2점]

$y=-3$을 ___$x-y=9$에 대입하면

____

$\therefore x=$___

유제 1-2

→ 유형 067

순서쌍 $(-4, -2)$, $(a, 3)$이 모두 일차방정식 $x-3y=b$의 해일 때, 상수 a, b에 대하여 $a+b$의 값을 구하여라. [6점]

풀이

step❶ b의 값 구하기 [3점]

$x=$___, $y=$___를 $x-3y=b$에 대입하면

____

$\therefore b=$___

step❷ a의 값 구하기 [2점]

$x=$___, $y=$___을 $x-3y=$___에 대입하면

____

$\therefore a=$___

step❸ $a+b$의 값 구하기 [1점]

$\therefore a+b=$__________

2 ◆ 연립방정식의 풀이

→ 유형 071, 072

예제 연립방정식 $\begin{cases} 4x+y=7 & \cdots\cdots ㉠ \\ 5x+2y=11 & \cdots\cdots ㉡ \end{cases}$ 을 식의 대입을 이용한 방법과 두 식의 합 또는 차를 이용한 방법으로 각각 풀어라. [6점]

풀이

step❶ 식의 대입을 이용한 방법으로 풀기 [3점]

㉠을 $y=ax+b$의 꼴로 나타내면 ________ ······㉢

y를 없애기 위하여 ㉢을 ㉡에 대입하면

________________ $\therefore x=$ ___

$x=$ ___ 을 ㉢에 대입하면

________ $\therefore y=$ ___

따라서 구하는 해는 $x=$ ___, $y=$ ___

step❷ 두 식의 합 또는 차를 이용한 방법으로 풀기 [3점]

y를 없애기 위하여 ㉠× ___ −㉡을 하면

______ $\therefore x=$ ___

$x=$ ___ 을 ㉠에 대입하면 ________ $\therefore y=$ ___

따라서 구하는 해는 $x=$ ___, $y=$ ___

유제 2-1

→ 유형 071, 072

연립방정식 $\begin{cases} 2x-y=10 & \cdots\cdots ㉠ \\ 2x=-3y+2 & \cdots\cdots ㉡ \end{cases}$ 를 식의 대입을 이용한 방법과 두 식의 합 또는 차를 이용한 방법으로 각각 풀어라. [6점]

풀이

step❶ 식의 대입을 이용한 방법으로 풀기 [3점]

㉡을 ㉠에 대입하면

________________ $\therefore y=$ ___

$y=$ ___ 를 ㉡에 대입하면

________________ $\therefore x=$ ___

따라서 구하는 해는 $x=$ ___, $y=$ ___

step❷ 두 식의 합 또는 차를 이용한 방법으로 풀기 [3점]

㉡에서 $-3y$를 이항하면 ________ ······㉢

㉠−㉢을 하면 ________ $\therefore y=$ ___

$y=$ ___ 를 ㉠에 대입하면

________________ $\therefore x=$ ___

따라서 구하는 해는 $x=$ ___, $y=$ ___

유제 2-2

→ 유형 072

연립방정식 $\begin{cases} x-3y=5 & \cdots\cdots ㉠ \\ 3x-y=7 & \cdots\cdots ㉡ \end{cases}$ 의 해가 일차방정식 방정식 $x-2y+a=0$을 만족시킬 때, 상수 a의 값을 구하여라. [6점]

풀이

step❶ 연립방정식을 풀기 [3점]

㉠× ___ −㉡을 하면

________ $\therefore y=$ ___

$y=$ ___ 을 ㉠에 대입하면

________ $\therefore x=$ ___

따라서 연립방정식의 해는 $x=$ ___, $y=$ ___

step❷ a의 값 구하기 [3점]

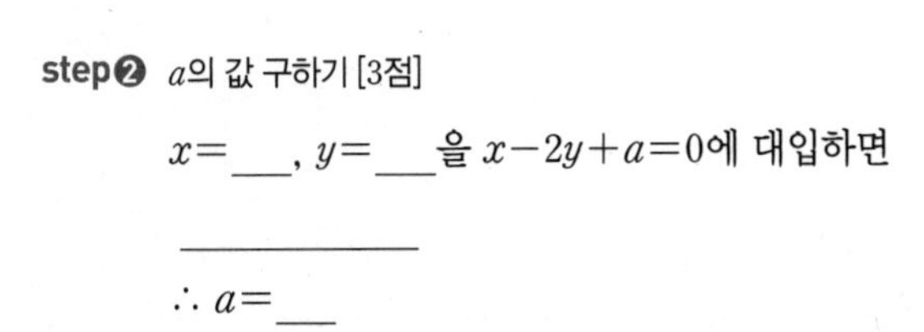

$x=$ ___, $y=$ ___ 을 $x-2y+a=0$에 대입하면

____

$\therefore a=$ ___

서술유형 실전대비

1-4 주어진 단계에 맞게 답안을 작성하여라.

1 일차방정식 $mx+3y=24$의 한 해가 $x=1$, $y=6$이다. $x=2$일 때의 y의 값을 구하여라. (단, m은 상수) [5점]

풀이

step 1: m의 값 구하기 [3점]

step 2: $x=2$일 때의 y의 값 구하기 [2점]

답 ______________________

2 연립방정식 $\begin{cases} 0.3x+0.4y=1.7 \\ \frac{2}{3}x+\frac{1}{2}y=3 \end{cases}$ 을 풀어라. [5점]

풀이

step 1: 주어진 연립방정식의 계수를 정수로 바꾸기 [2점]

step 2: 연립방정식의 해 구하기 [3점]

답 ______________________

3 연립방정식 $\begin{cases} ax+y=6 \\ x-2y=-5 \end{cases}$ 를 만족시키는 x와 y의 값의 비가 $1 : 3$일 때, 상수 a의 값을 구하여라. [7점]

풀이

step 1: x와 y의 값의 비를 이용하여 식 세우기 [2점]

step 2: 연립방정식의 해 구하기 [3점]

step 3: a의 값 구하기 [2점]

답 ______________________

4 다음 두 연립방정식의 해가 서로 같을 때, 상수 a, b의 값을 각각 구하여라. [7점]

$$\begin{cases} ax+by=11 \\ x+2y=7 \end{cases}, \quad \begin{cases} x+3y=9 \\ ax-4y=7 \end{cases}$$

풀이

step 1: 연립방정식의 해 구하기 [3점]

step 2: a의 값 구하기 [2점]

step 3: b의 값 구하기 [2점]

답 ______________________

5-8 풀이 과정을 자세히 써라.

5 x, y가 자연수일 때, 다음 물음에 답하여라. [총 5점]

(1) 일차방정식 $x+y=6$의 해를 순서쌍으로 나타내어라. [2점]

(2) 일차방정식 $x+3y=16$의 해를 순서쌍으로 나타내어라. [2점]

(3) (1), (2)를 이용하여 연립방정식 $\begin{cases} x+y=6 \\ x+3y=16 \end{cases}$의 해를 순서쌍으로 나타내어라. [1점]

풀이

답

6 연립방정식 $\frac{x-y}{4}=\frac{x+ay}{3}=3$의 해가 $x=b$, $y=1$일 때, $a+b$의 값을 구하여라. (단, a는 상수) [7점]

풀이

답

도전 창의 서술

7 연립방정식 $\begin{cases} ax+by=4 \\ bx-ay=3 \end{cases}$에서 잘못하여 a와 b를 서로 바꾸어 놓고 풀었더니 해가 $x=2$, $y=1$이 되었다. 상수 a, b에 대하여 $a-b$의 값을 구하여라. [7점]

풀이

답

8 연립방정식 $\begin{cases} 3x-y=0 \\ 4x-2y=ax \end{cases}$가 $x=0$, $y=0$ 이외의 해를 가질 때, 상수 a의 값을 구하여라. [7점]

풀이

답

대표 서술유형

1 + 수에 대한 문제

➜ 유형 084

예제 두 자리의 자연수가 있다. 각 자리의 숫자의 합은 13이고, 십의 자리의 숫자와 일의 자리의 숫자를 바꾼 수는 처음 수보다 9만큼 작다고 할 때, 처음 자연수를 구하여라. [6점]

풀이

step❶ 연립방정식 세우기 [3점]

십의 자리의 숫자를 ___, 일의 자리의 숫자를 ___라고 하면

각 자리의 숫자의 합은 13이므로 ________

각 자리의 숫자를 바꾼 수는 처음 수보다 9만큼 작으므로 ________________

연립방정식을 세우면 { ________ / ________ , 즉 { ________ / ________

step❷ 연립방정식 풀기 [2점]

이 연립방정식을 풀면

$x=$___, $y=$___

step❸ 처음 자연수 구하기 [1점]

따라서 처음 자연수는 ___이다.

유제 1-1

➜ 유형 084

두 자리의 자연수가 있다. 이 수는 각 자리의 숫자의 합의 4배이고, 이 수의 십의 자리의 숫자와 일의 자리의 숫자를 바꾼 수는 처음 수보다 27만큼 클 때, 처음 자연수를 구하여라. [6점]

풀이

step❶ 연립방정식 세우기 [3점]

십의 자리의 숫자를 ___, 일의 자리의 숫자를 ___라 하면 이 수는 각 자리의 숫자의 합의 4배이므로

____

각 자리의 숫자를 바꾼 수는 처음 수보다 27만큼 크므로 ________________

연립방정식을 세우면

{ ________ / ________ , 즉 { ________ / ________

step❷ 연립방정식 풀기 [2점]

이 연립방정식을 풀면 $x=$___, $y=$___

step❸ 처음 자연수 구하기 [1점]

따라서 처음 자연수는 ___이다.

유제 1-2

➜ 유형 083

합이 39인 두 자연수가 있다. 큰 수를 작은 수로 나누면 몫과 나머지가 모두 3일 때, 두 수의 차를 구하여라. [6점]

풀이

step❶ 연립방정식 세우기 [3점]

큰 수를 ___, 작은 수를 ___라 하면

두 수의 합은 39이므로 ________

큰 수를 작은 수로 나누면 몫과 나머지가 모두 3이므로 ________

연립방정식을 세우면

{ ________ / ________

step❷ 연립방정식 풀기 [2점]

이 연립방정식을 풀면 $x=$___, $y=$___

step❸ 두 수의 차 구하기 [1점]

따라서 두 수의 차는

____

2 ✦ 거리, 속력, 시간에 대한 문제

➜ 유형 092

예제 희수는 총 10 km를 달리는 단축 마라톤 대회에 참가하여 처음에는 시속 8 km의 속력으로 뛰다가 도중에 시속 6 km의 속력으로 걸어 1시간 30분 만에 결승점에 도착하였다. 희수가 뛰어간 거리를 구하여라. [7점]

풀이

step❶ 연립방정식 세우기 [4점]

뛰어간 거리를 ___ km, 걸어간 거리를 ___ km라 하면

(뛰어간 거리)+(걸어간 거리)=10 km이므로 ________

(뛰어간 시간)+(걸어간 시간)=(1시간 30분)이므로 ________

연립방정식을 세우면 { ________ / ________ , 즉 { ________ / ________

step❷ 연립방정식 풀기 [2점]

이 연립방정식을 풀면

$x=$___, $y=$___

step❸ 뛰어간 거리 구하기 [1점]

따라서 희수가 뛰어간 거리는 ___ km이다.

유제 2-1

➜ 유형 093

연희가 공원 입구에서 출발하여 분속 300 m로 달려간 지 12분 후에 우식이가 공원 입구를 출발하여 분속 500 m로 달려서 같은 길로 뒤따라갔다. 두 사람이 만나는 것은 우식이가 출발한 지 몇 분 후인지 구하여라. [7점]

풀이

step❶ 연립방정식 세우기 [4점]

연희가 달린 시간을 ___분, 우식이가 달린 시간을 ___분이라고 하면

(연희가 달린 시간)−(우식이가 달린 시간)=(12분)이므로 ________

(연희가 달린 거리)=(우식이가 달린 거리)이므로 ________

연립방정식을 세우면 { ________ / ________ , 즉 { ________ / ________

step❷ 연립방정식 풀기 [2점]

이 연립방정식을 풀면 $x=$___, $y=$___

step❸ 우식이가 출발한 지 몇 분 후에 만나는지 구하기 [1점]

따라서 두 사람이 만나는 것은 우식이가 출발한 지 ___분 후이다.

유제 2-2

➜ 유형 095

일정한 속력으로 달리는 기차가 있다. 이 기차가 길이가 800 m인 터널을 완전히 통과하는 데는 3분이 걸리고 길이가 1400 m인 철교를 완전히 건너는 데는 5분이 걸릴 때, 이 기차의 길이를 구하여라. [7점]

풀이

step❶ 연립방정식 세우기 [4점]

기차의 길이를 ___ m, 기차의 속력을 분속 ___ m라 하면

(터널의 길이)+(기차의 길이)=(기차가 간 거리)이므로 ________

(철교의 길이)+(기차의 길이)=(기차가 간 거리)이므로 ________

연립방정식을 세우면 { ________ / ________

step❷ 연립방정식 풀기 [2점]

이 연립방정식을 풀면 $x=$______, $y=$______

step❸ 기차의 길이 구하기 [1점]

따라서 기차의 길이는 ______ m이다.

서술유형 실전대비

[1-4] 주어진 단계에 맞게 답안을 작성하여라.

1 각 자리의 숫자의 합이 8인 두 자리의 자연수에서 십의 자리의 숫자와 일의 자리의 숫자를 바꾼 수의 3배는 처음 수보다 16만큼 크다고 할 때, 처음 자연수를 구하여라. [6점]

풀이

step 1: 연립방정식 세우기 [3점]

step 2: 연립방정식 풀기 [2점]

step 3: 처음 자연수 구하기 [1점]

답 ______________________

2 경환이와 미림이가 가위바위보를 하여 이긴 사람은 계단을 세 칸씩 올라가고, 진 사람은 계단을 두 칸씩 내려가기로 하였다. 게임이 끝난 후 경환이는 처음보다 10계단, 미림이는 처음보다 5계단 올라가 있었다. 이때 경환이가 이긴 횟수를 구하여라.

(단, 비기는 경우는 생각하지 않는다.) [6점]

풀이

step 1: 연립방정식 세우기 [3점]

step 2: 연립방정식 풀기 [2점]

step 3: 경환이가 이긴 횟수 구하기 [1점]

답 ______________________

3 둘레의 길이가 600 m인 트랙을 따라 지후와 연지는 각자 일정한 속력으로 자전거를 타고 달리고 있다. 같은 지점에서 동시에 출발해 같은 방향으로 달리면 2분 30초 만에 지후가 연지를 따라 잡고, 서로 반대 방향으로 달리면 1분 만에 처음으로 만난다고 한다. 두 사람은 자전거로 1초에 각각 몇 m를 가는지 구하여라. [7점]

풀이

step 1: 연립방정식 세우기 [4점]

step 2: 연립방정식 풀기 [2점]

step 3: 지후와 연지가 자전거로 1초에 몇 m 가는지 구하기 [1점]

답 ______________________

4 5 %의 소금물과 10 %의 소금물을 섞어서 8 %의 소금물 300 g을 만들 때, 5 %의 소금물과 10 %의 소금물은 각각 몇 g씩 섞어야 하는지 구하여라. [7점]

풀이

step 1: 연립방정식 세우기 [4점]

step 2: 연립방정식 풀기 [2점]

step 3: 5 %의 소금물과 10 %의 소금물의 양 구하기 [1점]

답 ______________________

[5-8] 풀이 과정을 자세히 써라.

5 현재 아버지와 아들의 나이의 합은 53세이고, 11년 후에는 아버지의 나이가 아들의 나이의 2배가 된다고 한다. 현재 아버지와 아들의 나이를 각각 구하여라. [6점]

풀이

답

6 다음은 그리스의 수학자 유클리드가 지은 '그리스 시화집'에 나오는 문제이다.

> 노새와 당나귀가 짐을 운반하고 있다. 너무 무거워서 당나귀가 한탄하자 노새가 당나귀에게 말하였다.
> "네가 진 짐 중에서 한 자루만 내 등에 옮겨 놓으면 내 짐은 너의 짐의 2배가 되지. 또, 내 짐 한 자루를 네 등에 옮기면 나와 너는 같은 수의 짐을 운반하게 되지."

위의 글에서 노새와 당나귀는 짐을 각각 몇 자루씩 운반하고 있는지 구하여라. [6점]

풀이

답

도전 창의 서술

7 어떤 물탱크에 물이 가득 차 있다. 이 물탱크의 물을 A, B 두 호스로 6시간 동안 빼면 모두 뺄 수 있고, A 호스로 3시간 동안 뺀 후 B 호스로 12시간 동안 빼면 모두 뺄 수 있다고 한다. A 호스로만 물을 모두 빼려면 몇 시간이 걸리는지 구하여라. [7점]

풀이

답

8 속력이 일정한 배를 타고 길이가 20 km인 강을 거슬러 올라가는 데 2시간이 걸리고, 강을 따라 내려오는 데 1시간이 걸렸다. 흐르지 않는 물에서의 배의 속력을 구하여라. (단, 강물의 속력은 일정하다.) [7점]

풀이

답

대표 서술유형

1 ◆ 함숫값이 주어질 때, 미지수 구하기

→ 유형 101

예제 함수 $f(x)=\frac{6}{x}$에 대하여 $f(2)=a$, $f(b)=-\frac{1}{3}$일 때, $a+b$의 값을 구하여라. [6점]

풀이

step❶ a의 값 구하기 [2점]
$f(2)=\frac{6}{\_\_}=\_\_\_=a$

step❷ b의 값 구하기 [3점]
$f(b)=\frac{6}{__}=-\frac{1}{3}$이므로
$b=$______

step❸ $a+b$의 값 구하기 [1점]
$\therefore a+b=$__________

유제 1-1

→ 유형 101

함수 $f(x)=\frac{18}{x}$에 대하여 $f(-6)=a$, $f(b)=2$일 때, $b-a$의 값을 구하여라. [6점]

풀이

step❶ a의 값 구하기 [2점]

$f(-6)=$______$=a$

step❷ b의 값 구하기 [3점]

$f(b)=$___$=2$이므로

$b=$______

step❸ $b-a$의 값 구하기 [1점]

$\therefore b-a=$__________

유제 1-2

→ 유형 101

함수 $f(x)=ax+1$에 대하여 $f(3)=7$, $f(b)=-9$일 때, ab의 값을 구하여라. (단, a는 상수) [8점]

풀이

step❶ a의 값 구하기 [3점]

$f(3)=$______$=7$이므로

______ $\therefore a=$___

step❷ 함수 $f(x)$ 구하기 [1점]

$f(x)=$______

step❸ b의 값 구하기 [3점]

$f(b)=$______$=-9$이므로

________ $\therefore b=$___

step❹ ab의 값 구하기 [1점]

$\therefore ab=$__________

2 · 일차함수의 식 구하기

→ 유형 117

예제 두 점 $(-1, 3)$, $(4, -2)$를 지나는 직선과 평행하고, x절편이 4인 직선을 그래프로 하는 일차함수의 식을 구하여라. [6점]

풀이

step❶ 기울기 구하기 [3점]

두 점 $(-1, 3)$, $(4, -2)$를 지나는 직선의 기울기는 ______________ 이므로 구하는 일차함수의 그래프의 기울기는 ____ 이다.

step❷ 일차함수의 식 구하기 [3점]

구하는 일차함수의 식을 $y=$____$+b$로 놓자.

이 그래프의 x절편이 4이므로 $x=$___, $y=$___을 대입하면

___________ $\therefore b=$___

따라서 구하는 일차함수의 식은 $y=$_______

유제 2-1

→ 유형 117

오른쪽 그림의 그래프와 평행하고, 점 $(1, 2)$를 지나는 일차함수의 그래프의 y절편을 구하여라. [6점]

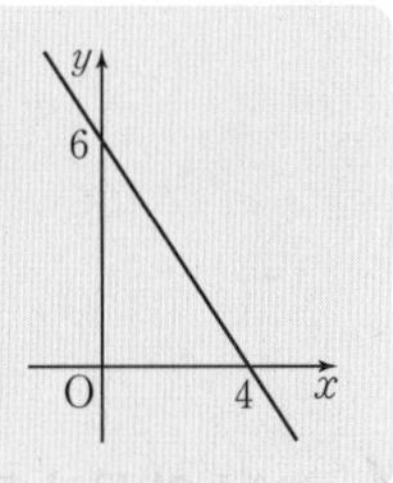

풀이

step❶ 기울기 구하기 [3점]

주어진 그래프가 두 점 $(0,$ ___$)$, $($___$, 0)$을 지나므로

(기울기)$=$___________

즉, 구하는 일차함수의 그래프의 기울기는 ___ 이다.

step❷ y절편 구하기 [3점]

구하는 일차함수의 식을 $y=$____$+b$로 놓자.

이 그래프가 점 $(1, 2)$를 지나므로 $x=$___, $y=$___를 대입하면 ___________ $\therefore b=$___

따라서 구하는 일차함수의 식은 $y=$________ 이므로 이 그래프의 y절편은 ___ 이다.

유제 2-2

→ 유형 119

일차함수 $y=ax+b$의 그래프가 오른쪽 그림과 같을 때, 일차함수 $y=bx-\frac{1}{a}$의 그래프의 x절편과 y절편을 각각 구하여라. (단, a, b는 상수) [6점]

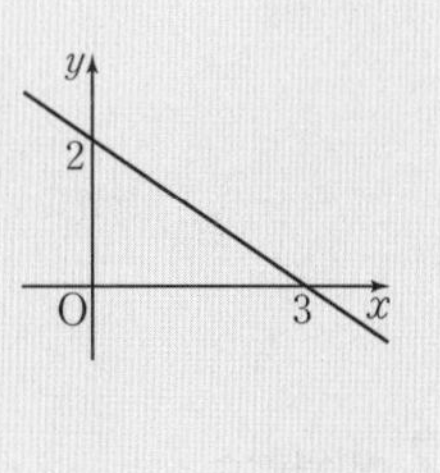

풀이

step❶ a, b의 값 각각 구하기 [2점]

주어진 그래프가 두 점 $(0,$ ___$)$, $($___$, 0)$을 지나므로

$a=$(기울기)$=$________

$b=$(y절편)$=$___

step❷ $y=bx-\frac{1}{a}$의 x절편, y절편 각각 구하기 [4점]

$y=bx-\frac{1}{a}$, 즉 $y=$_______ 에서

$y=0$일 때, ________ $\therefore$ _______

$x=0$일 때, _____________

$\therefore$ (x절편)$=$____, (y절편)$=$___

서술유형 실전대비

1-4 주어진 단계에 맞게 답안을 작성하여라.

1 두 일차함수 $f(x)=ax+3$, $g(x)=bx+a$에 대하여 $f(1)=7$, $g(2)=8$일 때, 상수 a, b에 대하여 ab의 값을 구하여라. [5점]

풀이

step 1: a의 값 구하기 [2점]

step 2: b의 값 구하기 [2점]

step 3: ab의 값 구하기 [1점]

답

2 일차함수 $y=-2x+7$의 그래프를 y축의 방향으로 p만큼 평행이동하면 두 점 $(1, 2)$, $(2, k)$를 지난다. 이때 $p+k$의 값을 구하여라. [6점]

풀이

step 1: 평행이동한 그래프의 식 구하기 [3점]

step 2: p, k의 값 각각 구하기 [2점]

step 3: $p+k$의 값 구하기 [1점]

답

3 세 점 $(2, k)$, $(4, 2k-1)$, $(-6, 10)$이 한 직선 위에 있을 때, 상수 k의 값을 구하여라. [5점]

풀이

step 1: k의 값을 구하는 식 세우기 [3점]

step 2: k의 값 구하기 [2점]

답

4 200 L의 물이 들어 있는 물통에서 5분에 20 L씩 물이 새어 나간다. 물이 새어 나가기 시작하여 x분 후 물통에 남아 있는 물의 양을 y L라고 할 때, 다음 물음에 답하여라. [총 7점]

(1) x와 y 사이의 관계식을 구하여라. [4점]

(2) 24분 후 물통에 남아 있는 물의 양을 구하여라. [3점]

풀이

step 1: x와 y 사이의 관계식 구하기 [4점]

step 2: 24분 후 물통에 남아 있는 물의 양 구하기 [3점]

답

[5-8] 풀이 과정을 자세히 써라.

5 $ab>0$, $bc<0$일 때, 일차함수 $y=\frac{b}{a}x+\frac{c}{a}$의 그래프가 지나지 않는 사분면을 구하여라. [6점]

풀이

답

6 일차함수 $y=ax+4$의 그래프가 오른쪽 그림의 그래프와 평행하고, 점 $(3, b)$를 지날 때, 상수 a, b에 대하여 $a+b$의 값을 구하여라. [6점]

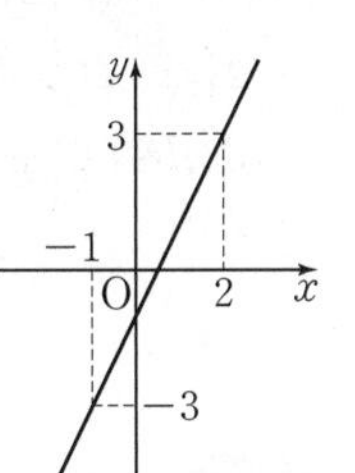

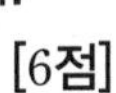

풀이

답

도전 창의 서술

7 함수 $f(x)=(x$보다 작은 소수의 개수$)$에 대하여 $\frac{4f(5)-f(6)}{f(8)}$의 값을 구하여라. [7점]

풀이

답

8 오른쪽 그림과 같이 두 함수 $y=\frac{2}{3}x+a$, $y=bx+2$의 그래프가 y축 위의 점 A에서 만나고 두 함수의 그래프와 x축으로 둘러싸인 삼각형 ABC의 넓이가 5일 때, 상수 a, b에 대하여 ab의 값을 구하여라. (단, $b<0$) [7점]

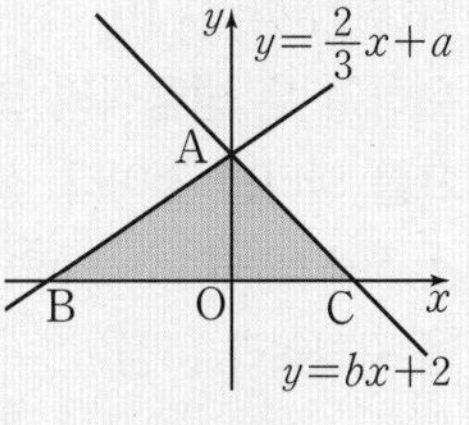

풀이

답

대표 서술유형

1 ◆ 두 직선의 교점의 좌표를 이용하여 미지수의 값 구하기

➔ 유형 132

예제 오른쪽 그림은 연립방정식 $\begin{cases} ax+2y=3 \\ x+y=b \end{cases}$를 풀기 위하여 두 방정식의 그래프를 나타낸 것이다. 상수 a, b에 대하여 $a+b$의 값을 구하여라. [5점]

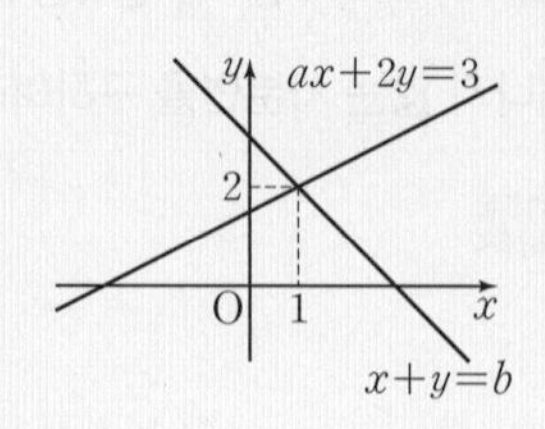

풀이

step❶ 연립방정식의 해 구하기 [2점]
주어진 그래프에서 두 직선의 교점의 좌표가 (___, ___)이므로 연립방정식의 해는 $x=$___, $y=$___

step❷ a, b의 값 구하기 [2점]
$ax+2y=3$에 $x=$___, $y=$___를 대입하면 ________ $\therefore a=$___
$x+y=b$에 $x=$___, $y=$___를 대입하면 ________ $\therefore b=$___

step❸ $a+b$의 값 구하기 [1점]
$\therefore a+b=$________

유제 1-1

➔ 유형 132

오른쪽 그림은 연립방정식 $\begin{cases} ax+4y=8 \\ 5x+by=-10 \end{cases}$을 풀기 위하여 두 방정식의 그래프를 나타낸 것이다. 상수 a, b에 대하여 $a-b$의 값을 구하여라. [5점]

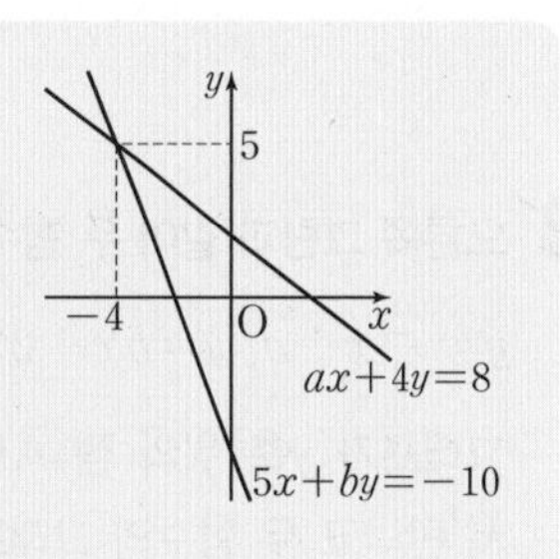

풀이

step❶ 연립방정식의 해 구하기 [2점]
주어진 그래프에서 두 직선의 교점의 좌표가 (___, ___)이므로 연립방정식의 해는
$x=$___, $y=$___

step❷ a, b의 값 각각 구하기 [2점]
$ax+4y=8$에 $x=$___, $y=$___를 대입하면
________ $\therefore a=$___
$5x+by=-10$에 $x=$___, $y=$___를 대입하면
________ $\therefore b=$___

step❸ $a-b$의 값 구하기 [1점]
$\therefore a-b=$________

유제 1-2

➔ 유형 132

두 일차방정식 $ax+by=-1$, $4bx-ay=6$의 그래프가 오른쪽 그림과 같을 때, 상수 a, b에 대하여 ab의 값을 구하여라. [6점]

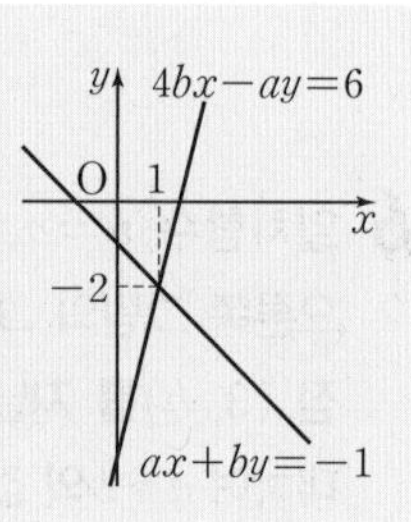

풀이

step❶ 연립방정식의 해 구하기 [2점]
주어진 그래프에서 두 직선의 교점의 좌표가
(___, ___)이므로 연립방정식
$\begin{cases} ax+by=-1 \\ 4bx-ay=6 \end{cases}$의 해는 $x=$___, $y=$___

step❷ a, b의 값 각각 구하기 [3점]
$ax+by=-1$, $4bx-ay=6$에 $x=$___, $y=$___를
각각 대입하면 ________, ________
위의 두 식을 연립하여 풀면 $a=$___, $b=$___

step❸ ab의 값 구하기 [1점]
$\therefore ab=$________

2 ✦ 세 직선으로 둘러싸인 도형의 넓이

→ 유형 137

예제 두 직선 $2x+y-5=0$, $x-3y-6=0$과 y축으로 둘러싸인 도형의 넓이를 구하여라. [6점]

풀이

step❶ 두 직선의 y절편 각각 구하기 [2점]

직선 $2x+y-5=0$의 y절편은 ___이고, 직선 $x-3y-6=0$의 y절편은 ___이다.

step❷ 두 직선의 교점의 좌표 구하기 [2점]

연립방정식 $\begin{cases} 2x+y-5=0 \\ x-3y-6=0 \end{cases}$을 풀면 $x=$___, $y=$___

따라서 두 직선의 교점의 좌표는 (___, ___)

step❸ 넓이 구하기 [2점]

두 직선이 오른쪽 그림과 같으므로 구하는 넓이는

___

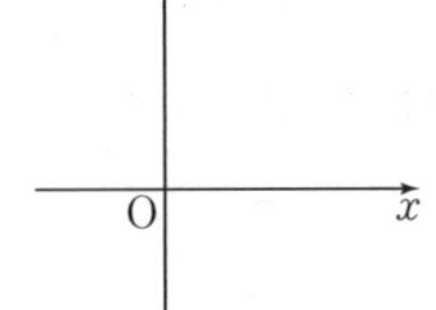

유제 2-1

→ 유형 137

두 직선 $4x-y+12=0$, $x+y-2=0$과 x축으로 둘러싸인 도형의 넓이를 구하여라. [6점]

풀이

step❶ 두 직선의 x절편 각각 구하기 [2점]

직선 $4x-y+12=0$의 x절편은 ___이고,
직선 $x+y-2=0$의 x절편은 ___이다.

step❷ 두 직선의 교점의 좌표 구하기 [2점]

연립방정식 $\begin{cases} 4x-y+12=0 \\ x+y-2=0 \end{cases}$을 풀면

$x=$___, $y=$___
따라서 두 직선의 교점의 좌표는 (___, ___)

step❸ 넓이 구하기 [2점]

두 직선이 오른쪽 그림과 같으므로 구하는 넓이는

___

유제 2-2

→ 유형 137

세 직선 $y=-2x+11$, $y=3x+1$, $y=1$로 둘러싸인 도형의 넓이를 구하여라. [7점]

풀이

step❶ 두 직선 $y=-2x+11$과 $y=1$의 교점의 좌표 구하기 [1점]

직선 $y=-2x+11$과 직선 $y=1$의 교점의 좌표는 (___, 1)

step❷ 두 직선 $y=3x+1$과 $y=1$의 교점의 좌표 구하기 [1점]

직선 $y=3x+1$과 직선 $y=1$의 교점의 좌표는 (___, 1)

step❸ 두 직선 $y=-2x+11$과 $y=3x+1$의 교점의 좌표 구하기 [2점]

연립방정식 $\begin{cases} y=-2x+11 \\ y=3x+1 \end{cases}$을 풀면 $x=$___, $y=$___

따라서 두 직선의 교점의 좌표는 (___, ___)

step❹ 넓이 구하기 [3점]

세 직선이 오른쪽 그림과 같으므로 구하는 넓이는

___

서술유형 실전대비

(1-4) 주어진 단계에 맞게 답안을 작성하여라.

1 일차방정식 $ax-2y+b-3=0$의 그래프의 기울기가 2이고 y절편이 -3일 때, 상수 a, b에 대하여 $a+b$의 값을 구하여라. [5점]

풀이

step 1: 일차방정식을 $y=ax+b$의 꼴로 나타내기 [2점]

step 2: a, b의 값 구하기 [2점]

step 3: $a+b$의 값 구하기 [1점]

답 ______________________

2 두 직선 $2x+y=8$, $3x-2y=-2$의 교점을 지나고 x축에 수직인 직선의 방정식을 구하여라. [5점]

풀이

step 1: 두 직선의 교점의 좌표 구하기 [3점]

step 2: 직선의 방정식 구하기 [2점]

답 ______________________

3 다음 세 일차방정식의 그래프가 한 점에서 만날 때, 상수 a의 값을 구하여라. [6점]

$$x+y=4, \quad x+ay=-2, \quad 2x+y=6$$

풀이

step 1: 교점의 좌표 구하기 [3점]

step 2: a의 값 구하기 [3점]

답 ______________________

4 다음 세 방정식의 그래프로 둘러싸인 도형의 넓이를 구하여라. [7점]

$$2x-y+2=0, \quad x=1, \quad y+2=0$$

풀이

step 1: 세 직선의 교점의 좌표 각각 구하기 [4점]

step 2: 넓이 구하기 [3점]

답 ______________________

5-8 풀이 과정을 자세히 써라.

5 일차방정식 $ax+y+b=0$의 그래프가 오른쪽 그림과 같을 때, 상수 a, b의 부호를 정하여라. [6점]

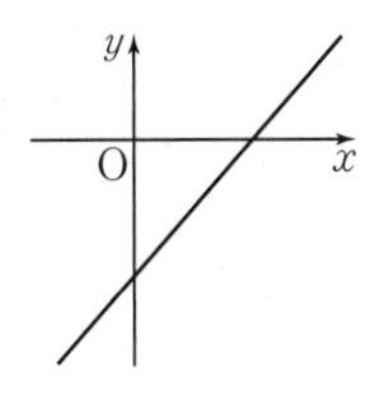

풀이

답 ______

6 오른쪽 그림과 같은 두 직선 l, m의 교점의 좌표를 구하여라. [6점]

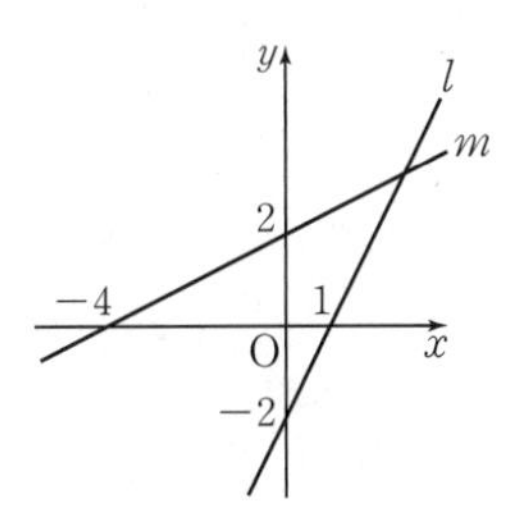

풀이

답 ______

도전 창의 서술

7 연립방정식 $\begin{cases} ax-3y=-4 \\ 4x+y=b \end{cases}$에 대하여 다음 물음에 답하여라. [총 6점]

(1) 연립방정식의 해가 무수히 많을 때, 상수 a, b의 값을 구하여라. [3점]

(2) 연립방정식의 해가 없을 때, 상수 a, b의 조건을 구하여라. [3점]

풀이

답 ______

8 일차방정식 $2x-3y+12=0$의 그래프와 x축, y축으로 둘러싸인 도형의 넓이를 직선 $y=mx$가 이등분할 때, 상수 m의 값을 구하여라. [8점]

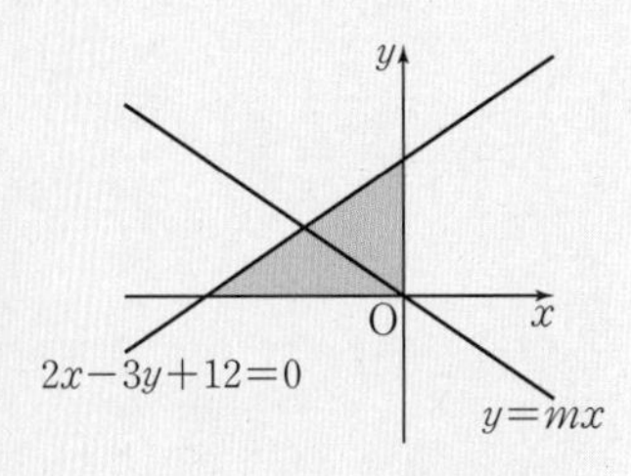

풀이

답 ______

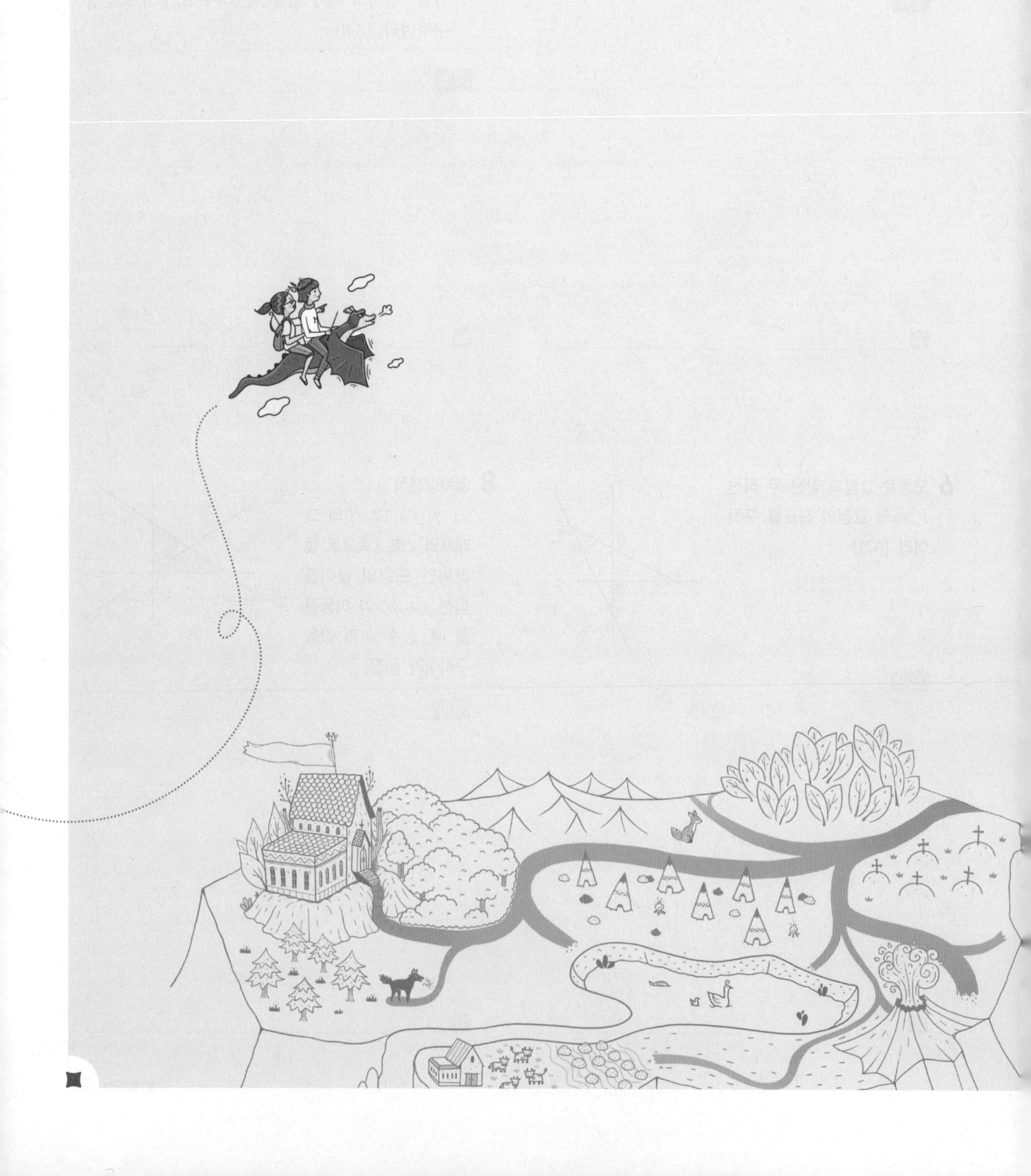

실전북

풍쌤비법으로 모든 유형을 대비하는
문제기본서

풍산자 필수유형

최종점검 TEST

중학수학 2-1

실전 TEST • 1회

시간제한: 45분 점수: / 100점

01 다음 분수 중 유한소수로 나타낼 수 있는 것을 모두 고르면? (정답 2개) [3점]

① $\frac{12}{21}$ ② $\frac{9}{30}$ ③ $\frac{3}{36}$
④ $\frac{13}{165}$ ⑤ $\frac{91}{260}$

02 다음 중 순환소수를 분수로 나타낸 것으로 옳은 것은? [3점]

① $0.\dot{7}=\frac{7}{10}$ ② $0.\dot{3}\dot{6}=\frac{11}{30}$
③ $0.\dot{0}5\dot{8}=\frac{29}{495}$ ④ $3.\dot{4}\dot{5}=\frac{38}{11}$
⑤ $1.2\dot{6}=\frac{25}{18}$

03 $3^4\times9^4\div27^2=3^k$일 때, k의 값은? [3점]

① 2 ② 4 ③ 6
④ 8 ⑤ 10

04 다음 중 옳은 것은? [3점]

① $a^6\div a^2=a^3$
② $a^3\div a^7=a^4$
③ $(a^4)^3\div a^3=a^9$
④ $a^5\div a\div a^2=a^3$
⑤ $a^5\div a^2\div a^3=a$

05 가로의 길이가 $4a^3b$인 직사각형의 넓이가 $12a^4b^5$일 때, 이 직사각형의 세로의 길이는? [3점]

① ab^4 ② a^2b^3 ③ a^2b
④ $3ab^2$ ⑤ $3ab^4$

06 $2x(3x-2)+(2x^3-5x^2)\div\left(-\frac{1}{2}x\right)$를 간단히 하면? [3점]

① $2x^2-14x$ ② $2x^2+6x$
③ $4x^2-14x$ ④ $6x^2+10x$
⑤ $10x^2-6x$

07 $\boxed{}-(2x^2-5x)=-x^2+2x+3$일 때, □ 안에 알맞은 식은? [3점]

① $-3x^2+7x+3$
② $-3x^2+5x+3$
③ x^2-3x+3
④ x^2-5x+3
⑤ $3x^2+-5x+3$

08 $a<b$일 때, 다음 중 옳지 않은 것은? [3점]

① $2-3a>2-3b$
② $-1+7a>-1+7b$
③ $\frac{a}{4}+2<\frac{b}{4}+2$
④ $-\frac{a}{5}+2>-\frac{b}{5}+2$
⑤ $1+\frac{5}{3}a<1+\frac{5}{3}b$

09 $-1\le x<3$일 때, $A=2x-5$의 값의 범위는? [3점]

① $-11\le A<7$ ② $-7\le A<1$
③ $-6\le A<-2$ ④ $-2<A\le 6$
⑤ $3<A\le 11$

10 $\frac{17}{350}\times a$를 소수로 나타내면 유한소수가 될 때, 자연수 a의 값 중 가장 작은 수는? [4점]

① 3 ② 5 ③ 7
④ 14 ⑤ 17

11 다음 중 옳지 않은 것은? [4점]

① 모든 정수는 유리수이다.
② 유한소수는 모두 유리수이다.
③ 모든 순환소수는 분수로 나타낼 수 있다.
④ 순환소수 중에는 유리수가 아닌 것도 있다.
⑤ 정수가 아닌 유리수는 유한소수 또는 순환소수로 나타낼 수 있다.

12 $2^{10}=A$, $3^{10}=B$라고 할 때, $36^{10}\times 3^{20}$을 A, B를 사용하여 나타내면? [4점]

① A^2B^4 ② $2AB^4$ ③ $4AB^2$
④ $6AB^4$ ⑤ $8A^2B^2$

13 $\frac{6^{15}\times5^{13}}{3^{12}}$이 n자리의 자연수일 때, n의 값은? [4점]

① 14 ② 15 ③ 16
④ 17 ⑤ 18

14 $\frac{2(x-3y)}{3}-\frac{3(2x-y)}{2}=ax+by$일 때, 두 상수 a, b에 대하여 $a+b$의 값은? [4점]

① $-\frac{5}{2}$ ② $-\frac{8}{3}$ ③ $-\frac{17}{6}$
④ -3 ⑤ $-\frac{19}{6}$

15 오른쪽은 일차부등식 $-6+7x\le8$의 풀이 과정이다. (1), (2)에서 이용된 부등식의 기본 성질을 보기에서 찾아 차례로 쓰면? [4점]

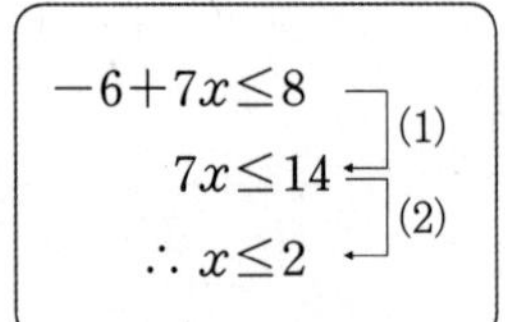

$$-6+7x\le8 \quad (1)$$
$$7x\le14 \quad (2)$$
$$\therefore x\le2$$

보기

ㄱ. $a>b$이면 $a+c>b+c$, $a-c>b-c$
ㄴ. $a>b$, $c>0$이면 $ac>bc$, $\frac{a}{c}>\frac{b}{c}$
ㄷ. $a>b$, $c<0$이면 $ac<bc$, $\frac{a}{c}<\frac{b}{c}$

① ㄱ, ㄴ ② ㄱ, ㄷ ③ ㄴ, ㄱ
④ ㄴ, ㄷ ⑤ ㄷ, ㄱ

16 일차부등식 $3x-2a<14x+33$의 해가 $x>3$일 때, 상수 a의 값은? [4점]

① 33 ② 22 ③ -11
④ -22 ⑤ -33

17 연속하는 세 자연수의 합이 70보다 작다고 한다. 합이 가장 큰 세 자연수 중에서 가장 큰 자연수는? [4점]

① 22 ② 23 ③ 24
④ 25 ⑤ 26

18 세로의 길이가 20 m인 직사각형 모양의 주차장이 있다. 이 주차장의 둘레의 길이가 140 m 이상 190 m 이하일 때, 주차장의 가로의 길이의 범위는? [4점]

① 25 m 이상 50 m 이하
② 50 m 이상 75 m 이하
③ 50 m 이상 100 m 이하
④ 75 m 이상 100 m 이하
⑤ 100 m 이상 125 m 이하

19 분수 $\frac{a}{150}$를 소수로 나타내면 유한소수가 되고, 기약분수로 나타내면 $\frac{11}{b}$이 된다. a가 $50 \le a \le 80$인 정수일 때, $a-b$의 값은? [5점]

① 38 ② 39 ③ 40
④ 41 ⑤ 42

20 400원짜리 구슬과 300원짜리 구슬을 합하여 25개를 사려고 한다. 총 금액을 9000원 이하로 하려면 400원짜리 구슬은 최대 몇 개까지 살 수 있는가? [5점]

① 12개 ② 13개 ③ 14개
④ 15개 ⑤ 16개

서술형 [21-25] 풀이 과정을 자세히 쓰고 답을 적어라.

21 순환소수 0.243243243…에서 소수점 아래 30번째 자리의 숫자를 구하여라. [5점]

22 $\left(\frac{x^2}{ay^3}\right)^b = \frac{x^8}{16y^c}$일 때, 자연수 a, b, c에 대하여 $a+b+c$의 값을 구하여라. [5점]

23 어떤 식에 $-3ab^2$을 곱하였더니 $15a^3b^5-21a^2b^4$이 되었다. 이때 어떤 식을 ab^2으로 나눈 결과를 구하여라. [5점]

24 일차부등식 $x+3a>3x$를 만족시키는 자연수 x가 존재하지 않을 때, 상수 a의 값의 범위를 구하여라. [6점]

25 상수는 휴일에 자전거를 타고 운동을 하는데 갈 때는 시속 30 km로, 올 때는 같은 길을 시속 20 km로 달려서 전체 걸리는 시간을 2시간 10분 이내로 하려고 한다. 상수는 최대 몇 km까지 갔다 올 수 있는지 구하여라. [6점]

실전 TEST · 2회

시간제한: 45분 점수: / 100점

01 다음은 분수 $\frac{23}{50}$을 유한소수로 나타내는 과정이다. 이때 $ab+cd$의 값은? [3점]

$$\frac{23}{50}=\frac{23}{2\times5^a}=\frac{23\times b}{2\times5^a\times b}=\frac{46}{c}=d$$

① 46 ② 47 ③ 48
④ 49 ⑤ 50

02 다음 중 각 순환소수의 순환마디를 바르게 나타낸 것은? [3점]

① 2.777⋯ ⇨ 777
② 2.626262⋯ ⇨ 26
③ 0.045045045⋯ ⇨ 45
④ 0.232323⋯ ⇨ 23
⑤ 1.325132513251⋯ ⇨ 1325

03 다음 중 옳은 것은? [3점]

① $x+x+x+x=x^4$
② $2\times2\times2\times2=8$
③ $x^2\times a^4=a^6$
④ $x^2\times x^4=x^8$
⑤ $a^8\times a^3\times a^2=a^{13}$

04 다음 중 옳은 것은? [3점]

① $(a^2b)^5=a^5b^5$
② $(2ab^3)^3=8a^3b^6$
③ $(-a^3b^2)^2=-a^6b^4$
④ $(-4x^3y)^2=16x^6y^2$
⑤ $(-3x^2y)^3=27x^6y^3$

05 다음 중 x에 대한 이차식을 모두 고르면? (정답 2개) [3점]

① $2x+5$
② $3x^2-2x+4x-3x^2$
③ $x^2-3x-5(x^2-2)$
④ $10-7x-x^2$
⑤ y^2+2x-1

06 $3x-y+[2y-x-\{2(3x-5y)-3(x-2y)\}]$를 간단히 하면? [3점]

① $-x-7y$ ② $-x+5y$
③ $3x-4y$ ④ $5x+6y$
⑤ $7x+5y$

파란 해설 90쪽

07 $(18x^2-15xy)\div 3x+(-35xy-5y^2)\div(-5y)$를 간단히 하였을 때, x의 계수는? [3점]

① -13　② -7　③ 0
④ 7　⑤ 13

08 다음 중 일차부등식인 것은? [3점]

① $2x-1\le 2x$
② $3x-2>3(x+1)$
③ $x^2+2<x(x-4)$
④ $-x-7=x-3$
⑤ $\frac{1}{x}+3>-1$

09 다음 중 부등식 $3x-1\le 2$의 해가 아닌 것은? [3점]

① -2　② -1　③ 0
④ 1　⑤ 2

10 $0.\dot{1}2\dot{3}=\square\times 123$에서 $\square$ 안에 알맞은 순환소수는? [4점]

① $0.\dot{0}0\dot{1}$　② $0.00\dot{1}$　③ $0.\dot{0}0\dot{9}$
④ $0.\dot{0}\dot{1}$　⑤ 0.1

11 $3^{x+1}=A$일 때, 81^x을 A를 사용하여 나타내면? [4점]

① $81A^4$　② $27A^4$　③ $\frac{A^4}{3}$
④ $\frac{A^4}{27}$　⑤ $\frac{A^4}{81}$

12 $(-3x^2y)^A\times Bxy^3=45x^5y^C$일 때, 상수 A, B, C에 대하여 $A+B+C$의 값은? [4점]

① 8　② 9　③ 10
④ 11　⑤ 12

13 $\frac{3}{4}x^5y^6 \div \left(-\frac{3}{2}x^3y^2\right)^2 \times (-6x^3y)$를 간단히 하면? [4점]

① $-2x^2y^3$ ② $-4x^2y^3$ ③ $-4x^2y^3$
④ $2x^2y^3$ ⑤ $4x^3y^3$

14 밑면의 반지름의 길이가 $3x^3$인 원뿔의 부피가 $18\pi x^{12}$일 때, 원뿔의 높이는? [4점]

① $6x$ ② $6x^4$ ③ $6x^6$
④ $12x$ ⑤ $12x^4$

15 다음 중 □ 안에 들어갈 부등호의 방향이 나머지 넷과 다른 하나는? [4점]

① $1+a<1+b$이면 $a\square b$
② $\frac{3}{2}a+\frac{1}{8}<\frac{3}{2}b+\frac{1}{8}$이면 $a\square b$
③ $-2a>-2b$이면 $a\square b$
④ $5-\frac{1}{4}a>5-\frac{1}{4}b$이면 $a\square b$
⑤ $-1+\frac{a}{3}>-1+\frac{b}{3}$이면 $a\square b$

16 $a<0$일 때, x에 대한 일차부등식 $-3ax>9$의 해는? [4점]

① $x<\frac{3}{a}$ ② $x>\frac{3}{a}$ ③ $x<-\frac{3}{a}$
④ $x>-\frac{3}{a}$ ⑤ $x>\frac{a}{3}$

17 음료수 한 병의 가격이 A 마트에서는 1500원이고, B 마트에서는 1200원이다. A 마트는 가까워서 걸어서 다녀올 수 있고 B 마트에 갔다 오는 데에는 교통비가 2400원이 든다고 할 때, 음료수를 몇 병 이상 사야 B 마트에서 사는 것이 유리한가? [4점]

① 7병 ② 8병 ③ 9병
④ 10병 ⑤ 11병

18 어느 휴대전화의 요금제는 기본료 12000원에 100분의 무료 통화가 포함되어 있고, 통화 시간이 100분을 초과하면 1분에 80원의 추가 요금이 생긴다고 한다. 통화료가 20000원을 넘지 않도록 하려면 최대 몇 분까지 통화할 수 있는가? [4점]

① 200분 ② 210분 ③ 220분
④ 230분 ⑤ 240분

19 음이 아닌 한 자리의 정수 $a_1, a_2, a_3, \cdots, a_n, \cdots$에 대하여 $\frac{13}{55}=\frac{a_1}{10}+\frac{a_2}{10^2}+\frac{a_3}{10^3}+\cdots+\frac{a_n}{10^n}+\cdots$이라 할 때, $a_1+a_2+a_3+\cdots+a_{20}$의 값은? [5점]

① 83 ② 84 ③ 85
④ 86 ⑤ 87

20 원가가 22000원인 구두를 정가의 2할을 할인하여 팔아도 원가의 4할 이상의 이익이 남도록 하려고 한다. 이 구두의 정가의 최솟값은? [5점]

① 37500원 ② 38000원 ③ 38500원
④ 39000원 ⑤ 39500원

서술형 [21-25] 풀이 과정을 자세히 쓰고 답을 적어라.

21 분수 $\frac{3}{2\times5^2\times x}$을 소수로 나타내면 순환소수가 될 때, x의 값이 될 수 있는 한 자리의 자연수의 합을 구하여라. [5점]

22 어떤 식에 x^2+3x-2를 더해야 할 것을 잘못하여 빼었더니 $3x^2+2x-5$가 되었다. 이때 바르게 계산한 답을 구하여라. [5점]

23 일차부등식 $\frac{x-3}{2}-\frac{4x-5}{3}<1$을 만족시키는 가장 작은 정수 x를 구하여라. [5점]

24 양의 정수 a, b, c에 대하여 $(x^a y^b z^c)^d=x^{20}y^{15}z^{35}$을 만족시키는 가장 큰 양의 정수 d를 구하고, 이때 이를 만족시키는 a, b, c에 대하여 abc의 값을 구하여라. [6점]

25 6 %의 소금물 300 g에서 물을 증발시켜 9 % 이상의 소금물을 만들려고 한다. 최소 몇 g의 물을 증발시켜야 하는지 구하여라. [6점]

실전 TEST • 3회

시간제한: 45분 점수: / 100점

01 다음 중 미지수가 2개인 일차방정식인 것을 모두 고르면? (정답 2개) [3점]

① $2x+3=0$ ② $x+2y-3=0$

③ $\frac{x}{2}-\frac{y}{3}=1$ ④ $x(x+y)=3$

⑤ $3x+y+1=3(x-y-2)$

02 x, y가 자연수일 때, 일차방정식 $2x+5y=40$을 만족시키는 순서쌍 (x, y)의 개수는? [3점]

① 2 ② 3 ③ 4

④ 5 ⑤ 6

03 연립방정식 $\begin{cases} 3x-y=8 \\ y=x-2 \end{cases}$ 의 해가 $x=a$, $y=b$일 때, $a-2b$의 값은? [3점]

① 1 ② 2 ③ 3

④ 4 ⑤ 5

04 연립방정식 $\begin{cases} ax+3y=7 \\ 2x-y=b \end{cases}$ 의 해가 $(2, -1)$일 때, 상수 a, b에 대하여 $a+b$의 값은? [3점]

① 6 ② 7 ③ 8

④ 9 ⑤ 10

05 다음 중 y가 x의 함수가 아닌 것은? [3점]

① 정수 x에 -2를 곱한 수 y

② 자연수 x에 3을 더한 수 y

③ 자연수 x보다 작은 자연수 y

④ 분속 x m로 10분 동안 걸은 거리 y m

⑤ 배 10개 중에서 x개를 먹었을 때, 남은 배 y개

06 함수 $f(x)=3x+4$에 대하여 $f(1)+f(-3)$의 값은? [3점]

① -3 ② -2 ③ -1

④ 1 ⑤ 2

07 함수 $f(x)=ax-4$에 대하여 $f(-1)=2$일 때, $f(3)$의 값은? (단, a는 상수) [3점]

① -22 ② -20 ③ -18

④ -16 ⑤ -14

08 일차함수 $y=ax$의 그래프를 y축의 방향으로 -1만큼 평행이동하면 $y=5x+b$의 그래프가 된다고 할 때, 상수 a, b에 대하여 $a+b$의 값은? [3점]

① 1 ② 2 ③ 3
④ 4 ⑤ 5

09 다음 보기 중 일차함수인 것의 개수는? [3점]

보기

ㄱ. $-2x+7$ ㄴ. $y=\frac{16}{x}$
ㄷ. $y=\frac{x}{2}+3$ ㄹ. $y=x(5+x)$
ㅁ. $y=2x^2+x-6$ ㅂ. $5y=x$

① 1 ② 2 ③ 3
④ 4 ⑤ 5

10 일차함수 $y=ax+b$의 그래프와 일차방정식 $3x-4y-12=0$의 그래프가 일치할 때, 상수 a, b에 대하여 $a-b$의 값은? [3점]

① $\frac{7}{4}$ ② $\frac{9}{4}$ ③ $\frac{11}{4}$
④ $\frac{13}{4}$ ⑤ $\frac{15}{4}$

11 x축에 평행하고, 점 $(1, -4)$를 지나는 직선의 방정식은? [3점]

① $x=-1$ ② $x=1$ ③ $y=-4$
④ $y=4$ ⑤ $y=x-4$

12 다음 연립방정식의 해가 $x=a$, $y=b$일 때, ab의 값은? [4점]

$$\begin{cases} 0.2(x-y)+0.3y=0.7 \\ \frac{x+3}{2}-\frac{y-2}{3}=1 \end{cases}$$

① 2 ② 3 ③ 4
④ 5 ⑤ 6

13 두발자전거와 세발자전거를 파는 자전거 가게에 진열된 자전거 10대의 바퀴의 개수를 세어 보니 24일 때, 진열된 세발자전거는 몇 대인가? [4점]

① 2대 ② 3대 ③ 4대
④ 5대 ⑤ 6대

실전 TEST・3회

14 각 자리의 숫자의 합이 13인 두 자리의 자연수에서 십의 자리와 일의 자리의 숫자를 바꾸면 처음 수보다 45만큼 커진다고 할 때, 처음 자연수는? [4점]

① 49 ② 58 ③ 67 ④ 85 ⑤ 94

15 다음 중 일차함수 $y=-x+2$의 그래프에 대한 설명으로 옳지 않은 것은? [4점]

① x절편은 2이다.
② y절편은 2이다.
③ $y=-x-2$의 그래프와 평행하다.
④ x의 값이 증가할 때, y의 값은 감소한다.
⑤ 제2, 3, 4사분면을 지난다.

16 세 점 A$(2, 3)$, B$(5, 6)$, C$(4, a)$가 한 직선 위에 있을 때, a의 값은? [4점]

① 4 ② 5 ③ 6 ④ 7 ⑤ 8

17 일차함수 $y=-\frac{1}{2}x+1$의 그래프와 평행하고, 점 $(1, 3)$을 지나는 직선을 그래프로 하는 일차함수의 식은? [4점]

① $y=-2x+4$ ② $y=-2x+5$ ③ $y=-\frac{1}{2}x+\frac{5}{2}$ ④ $y=-\frac{1}{2}x+\frac{7}{2}$ ⑤ $y=x+2$

18 오른쪽 그림과 같이 일차함수 $y=-\frac{1}{2}x+2$의 그래프가 x축, y축과 만나는 점을 각각 A, B라고 할 때, △OAB의 넓이는? (단, O는 원점) [4점]

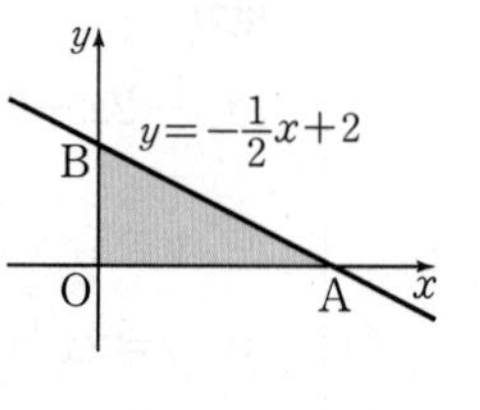

① 4 ② 6 ③ 8 ④ 10 ⑤ 12

19 어느 과수원에서 작년에 감귤과 한라봉을 합해서 600상자를 수확하였는데 올해는 작년에 비하여 감귤의 수확량은 4 % 감소하고 한라봉의 수확량은 14 % 증가하여 전체적으로 수확량이 2 % 증가하였다고 한다. 올해의 한라봉 수확량은? [5점]

① 172상자 ② 228상자 ③ 320상자 ④ 384상자 ⑤ 416상자

20 직선 $y=2x+k$가 두 점 $A(2,\ 3)$, $B(4,\ 1)$을 이은 선분 AB와 만나도록 하는 상수 k의 값의 범위는? [5점]

① $1\le k\le 7$ ② $-1\le k\le 7$
③ $-5\le k\le 3$ ④ $-7\le k\le -1$
⑤ $-8\le k\le -3$

서술형 [21-25] 풀이 과정을 자세히 쓰고 답을 적어라.

21 x절편이 -1, y절편이 4인 직선이 점 $(-3,\ a)$를 지날 때, a의 값을 구하여라. [5점]

22 연립방정식 $\begin{cases} ax+by=-1 \\ bx+ay=5 \end{cases}$ 에서 a와 b를 서로 바꾸어 놓고 풀었더니 해가 $x=2$, $y=-1$이었다. 처음 연립방정식의 해를 구하여라. (단, a, b는 상수) [5점]

23 A 마을에서 10 km 떨어진 B 마을까지 가는데 처음에는 시속 4 km의 속력으로 걷다가 도중에 시속 6 km의 속력으로 걸어 도착하였더니 총 2시간이 걸렸다. 시속 6 km의 속력으로 걸어간 거리를 구하여라. [6점]

24 물이 각각 3 L, 23 L만큼 들어 있는 A, B 두 물통이 있다. A 물통에는 매분 2 L씩 물을 넣고, 동시에 B 물통에서는 매분 0.5 L씩 물을 빼낼 때, 두 물통의 물의 양이 같아지는 것은 물을 넣고 빼기 시작한 지 몇 분 후인지 구하여라. [6점]

25 오른쪽 그림과 같이 두 직선 $x-y+5=0$, $3x+y+3=0$이 x축과 만나는 점을 각각 A, B라 하고, 두 직선의 교점을 C라고 할 때, 점 C를 지나고 △ABC의 넓이를 이등분하는 직선 CD의 y절편을 구하여라. [7점]

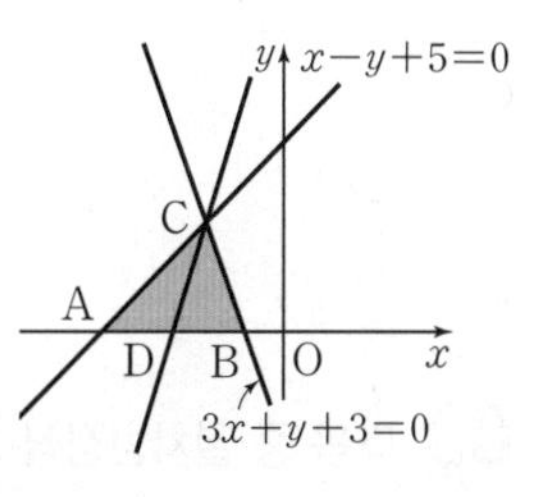

실전 TEST • 4회

시간제한: 45분 점수: / 100점

01 다음 중 미지수가 2개인 일차방정식인 것을 모두 고르면? (정답 2개) [3점]

① $2x-y=0$

② $3x+5y=5y-7$

③ $x(2-y)=3$

④ $\frac{x}{2}+3=y-1$

⑤ $x^2-xy+3=y$

02 다음 문장을 미지수가 2개인 일차방정식으로 바르게 나타낸 것은? [3점]

> 닭 x마리와 고양이 y마리의 다리가 모두 38개이다.

① $x+y=38$ ② $x-y=38$

③ $2x+4y=38$ ④ $4x+2y=38$

⑤ $4x-2y=38$

03 다음 중 일차방정식 $3x-y=5$의 해인 것은? [3점]

① $(-1, -2)$ ② $(0, 5)$ ③ $\left(-\frac{1}{3}, -6\right)$

④ $\left(\frac{1}{3}, 4\right)$ ⑤ $(1, 8)$

04 일차방정식 $2x-y=7$의 해가 $(-1, k)$일 때, k의 값은? [3점]

① -11 ② -9 ③ -7

④ -5 ⑤ -3

05 연립방정식 $\begin{cases} 2x+5y=4 & \cdots\cdots ㉠ \\ 3x-4y=-1 & \cdots\cdots ㉡ \end{cases}$에서 y를 없애려고 할 때, 필요한 식은? [3점]

① ㉠+㉡×4 ② ㉠×3−㉡×2

③ ㉠×3+㉡×2 ④ ㉠×4−㉡×5

⑤ ㉠×4+㉡×5

06 연립방정식 $\begin{cases} 5x-4y=-15 \\ 3x+2y=13 \end{cases}$의 해가 $x=a$, $y=b$일 때, $3a-b$의 값은? [3점]

① -5 ② -2 ③ 1

④ 2 ⑤ 5

07 함수 $f(x)=$(자연수 x를 4로 나누었을 때의 나머지)에 대하여 $f(8)$의 값은? [3점]

① -2 ② -1 ③ 0

④ 1 ⑤ 2

08 점 $(-2a,\ a)$가 일차함수 $y=3x-7$의 그래프 위에 있을 때, a의 값은? [3점]

① -2　② -1　③ 1
④ 2　⑤ 3

09 일차함수 $y=-4x-6$의 그래프의 x절편을 a, y절편을 b라고 할 때, ab의 값은? [3점]

① -9　② -6　③ 1
④ 6　⑤ 9

10 일차함수 $y=-\frac{2}{3}x+1$의 그래프와 평행하고, y절편이 -2인 직선을 그래프로 하는 일차함수의 식은? [3점]

① $y=-\frac{3}{2}x-2$　② $y=-\frac{3}{2}x+1$
③ $y=-\frac{2}{3}x-2$　④ $y=-\frac{2}{3}x+1$
⑤ $y=\frac{2}{3}x-2$

11 다음 연립방정식을 풀면? [4점]

$$\frac{-x+y}{3}=\frac{3x-1}{4}=2x-\frac{y}{4}$$

① $x=-2,\ y=-5$　② $x=-1,\ y=-4$
③ $x=0,\ y=1$　④ $x=1,\ y=6$
⑤ $x=3,\ y=9$

12 연립방정식 $\begin{cases} ax-3y=3 \\ 2x+y=b \end{cases}$ 를 푸는데 a를 잘못 보고 풀었더니 해가 무수히 많았고, b를 잘못 보고 풀었더니 해가 $x=1$, $y=1$이 되었다. 바르게 계산한 연립방정식의 해는? [4점]

① $x=-1,\ y=-2$　② $x=-1,\ y=1$
③ $x=0,\ y=-1$　④ $x=0,\ y=2$
⑤ $x=2,\ y=-1$

13 어느 김밥 전문점에서는 야채 김밥을 한 줄에 1000원, 참치 김밥을 한 줄에 1500원에 판매한다. 어느 날 이 김밥 전문점에서 두 종류의 김밥을 합해서 50줄을 판매하고 총 판매 금액이 60000원이 되었을 때, 이날 판매한 야채 김밥은 몇 줄인가? [4점]

① 10줄　② 15줄　③ 20줄
④ 25줄　⑤ 30줄

14 현재 아버지와 딸의 나이의 차는 36세이고, 지금부터 8년 후에는 아버지의 나이가 딸의 나이의 3배가 된다고 한다. 현재 딸의 나이는? [4점]

① 10세 ② 11세 ③ 12세
④ 13세 ⑤ 14세

15 A, B 두 사람이 함께 하면 8일 만에 끝낼 수 있는 일을 A가 3일 동안 하고, 나머지는 B가 18일 동안 하여 끝냈다. 이 일을 A가 혼자 하면 며칠이 걸리겠는가? [4점]

① 6일 ② 9일 ③ 12일
④ 15일 ⑤ 18일

16 일차함수 $y=ax-b$의 그래프가 오른쪽 그림과 같을 때, 다음 중 옳은 것은? (단, a, b는 상수) [4점]

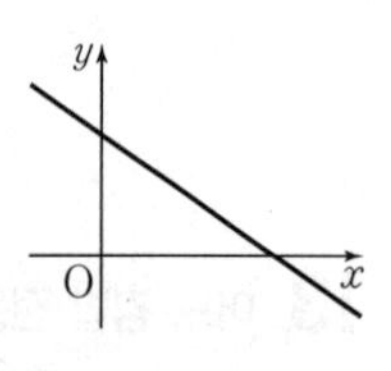

① $a<0$, $b<0$
② $a<0$, $b>0$
③ $a=0$, $b>0$
④ $a>0$, $b<0$
⑤ $a>0$, $b>0$

17 오른쪽 그림과 같은 직사각형 ABCD에서 점 P는 점 B를 출발하여 $\overline{BC}$를 따라 점 C까지 매초 4 cm의 속력으로 움직인다. 점 P가 점 B를 출발한 지 x초 후의 삼각형 ABP의 넓이를 y cm²라고 할 때, x와 y 사이의 관계식은? [4점]

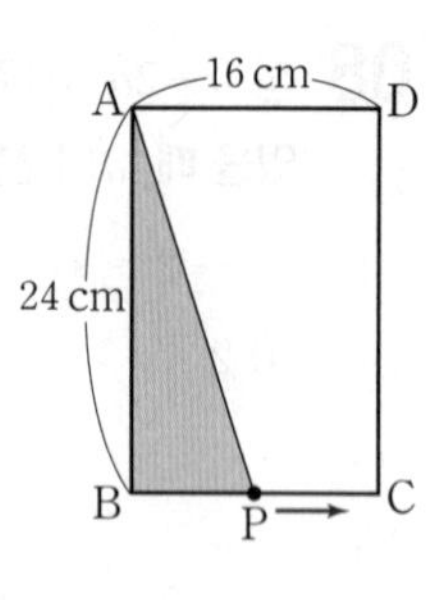

① $y=24x$ ② $y=48x$
③ $y=96x$ ④ $y=192-24x$
⑤ $y=384-48x$

18 오른쪽 그림은 연립방정식 $\begin{cases} ax+y=1 \\ x+by=4 \end{cases}$를 풀기 위하여 두 방정식의 그래프를 나타낸 것이다. 상수 a, b에 대하여 $a+b$의 값은? [4점]

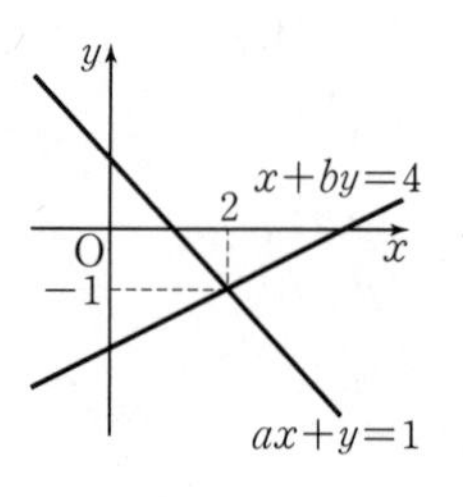

① −1 ② 0 ③ 1
④ 2 ⑤ 3

19 다음 네 직선으로 둘러싸인 도형의 넓이가 35일 때, 양수 k의 값은? [5점]

$$x=-3,\quad y=2k+1,\quad x=2,\quad y=-k$$

① 1 ② 2 ③ 3
④ 4 ⑤ 5

20 직선 $\frac{x}{4}+\frac{y}{2}=1$과 x축, y축으로 둘러싸인 부분의 넓이를 직선 $y=ax$가 이등분할 때, 상수 a의 값은? [5점]

① $\frac{1}{4}$ ② $\frac{1}{2}$ ③ 1
④ 2 ⑤ 4

서술형 [21-25] 풀이 과정을 자세히 쓰고 답을 적어라.

21 두 연립방정식

$$\begin{cases} 2x+y=5 \\ 3x-ay=15 \end{cases}, \begin{cases} y=-x+1 \\ bx+3y=3 \end{cases}$$

의 해가 서로 같을 때, 상수 a, b에 대하여 $a+b$의 값을 구하여라. [5점]

22 두 일차함수 $f(x)=ax+3$, $g(x)=-\frac{1}{2}x+b$에 대하여 $f(2)=-7$, $g(-4)=-3$일 때, $f(-2)+g(6)$의 값을 구하여라. (단, a, b는 상수) [5점]

23 두 점 $(-2, 4)$, $(1, -5)$를 지나는 직선을 그래프로 하는 일차함수의 식을 구하여라. [5점]

24 구리와 아연이 3 : 1의 비율로 포함된 합금 A와 구리와 아연이 1 : 2의 비율로 포함된 합금 B를 합하여 구리와 아연이 3 : 2의 비율로 포함된 합금 500 g을 만들었다. 이때 사용한 합금 B의 양을 구하여라. (단, 합금 A, B는 구리와 아연으로만 이루어져 있다.) [6점]

25 세 직선 $x-2y=8$, $3x+y=a$, $4x-3y=2$에 의하여 삼각형이 만들어지지 않을 때, 상수 a의 값을 구하여라. [7점]

성공은 꿈을 실현하기 위해
항상 깨어 있는 사람을 택한다.

– 로저 워드 밥슨 –

풍산자

필수유형

중학수학 2-1

풍산자
필수유형
중학수학 2-1

풍산자

필수 유형

중학수학 2-1

풍산자수학연구소 지음

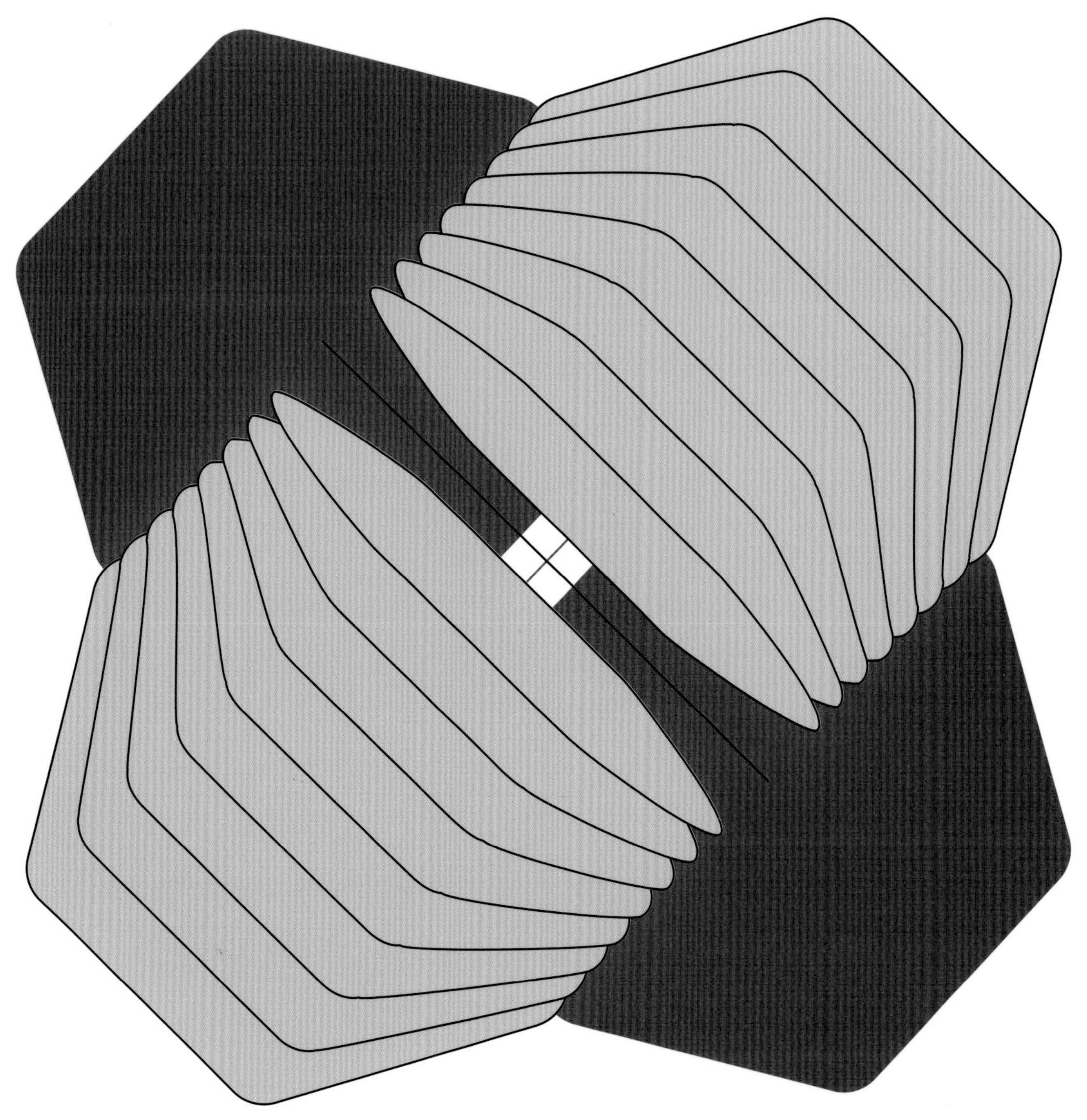

ㅣ학사

정답과 해설

풍쌤비법으로 모든 유형을 대비하는

문제기본서

풍산자 필수유형

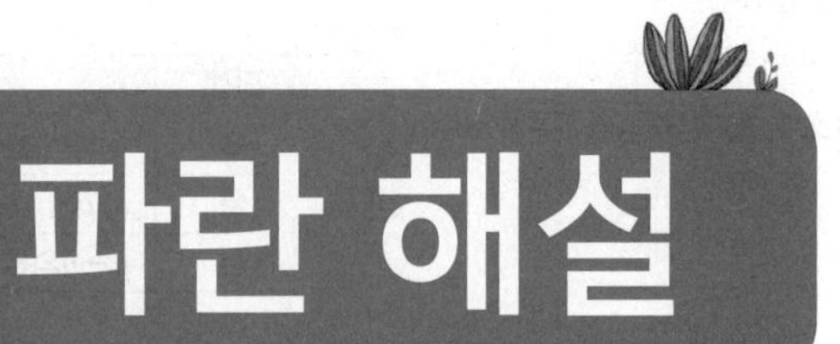

유형북

파란 바닷가처럼

시원하게 문제를 해결해 준다.

중학수학 2-1

I. 수와 식의 계산

1 유리수와 순환소수

필수유형 공략하기 10~18쪽

001

답 (1) 1.75, 유한소수 (2) 0.6, 유한소수 (3) 1.666…, 무한소수 (4) 0.8333…, 무한소수 (5) 0.45, 유한소수 (6) 0.1, 유한소수

002

유한소수는 소수점 아래의 0이 아닌 숫자가 유한개인 소수이므로 ㄱ, ㄷ, ㄹ이다. 답 ㄱ, ㄷ, ㄹ

003

선수 A의 성공률은 $4\div10=0.4$ ⇨ 유한소수
선수 B의 성공률은 $7\div15=0.4666\cdots$ ⇨ 무한소수

답 A의 성공률: 유한소수, B의 성공률: 무한소수

004

① $0.4\dot{0}\dot{9}$ ② $12.\dot{3}1\dot{2}$ ③ $0.\dot{1}\dot{0}$ ⑤ $0.\dot{2}41\dot{0}$

답 ④

> 참고 순환소수를 점을 찍어 나타낼 때에는 정수 부분이 아닌 소수 부분에 점을 찍어 나타낸다.
따라서 $23.232323\cdots=\dot{2}\dot{3}.23$과 같이 나타내면 안 된다.

005

순환마디는 각각 다음과 같다.
① 5 ② 58 ③ 036 ④ 134 ⑤ 1327

답 ②

006

$\frac{2}{33}=0.060606\cdots$이므로 순환마디는 06이다. 답 ③

007

① $\frac{4}{9}=0.444\cdots=0.\dot{4}$

② $\frac{2}{15}=0.1333\cdots=0.1\dot{3}$

③ $\frac{8}{33}=0.242424\cdots=0.\dot{2}\dot{4}$

④ $\frac{24}{55}=0.4363636\cdots=0.4\dot{3}\dot{6}$

⑤ $\frac{140}{99}=1.414141\cdots=1.\dot{4}\dot{1}$

답 ⑤

008

① $\frac{1}{3}=0.333\cdots$이므로 순환마디는 3이다.

② $\frac{1}{30}=0.0333\cdots$이므로 순환마디는 3이다.

③ $\frac{1}{33}=0.030303\cdots$이므로 순환마디는 03이다.

④ $\frac{8}{15}=0.5333\cdots$이므로 순환마디는 3이다.

⑤ $\frac{10}{3}=3.333\cdots$이므로 순환마디는 3이다.

따라서 순환마디가 나머지 넷과 다른 것은 ③이다.

답 ③

009

$\frac{2}{7}=0.\dot{2}8571\dot{4}$, $\frac{12}{13}=0.\dot{9}2307\dot{6}$ ―― ❶

$\frac{2}{7}$의 순환마디의 숫자는 6개이고 $\frac{12}{13}$의 순환마디의 숫자도 6개이므로 $a=6$, $b=6$ ―― ❷

$\therefore a-b=6-6=0$ ―― ❸

답 0

단계	채점 기준	배점
❶	두 분수를 각각 순환소수로 나타내기	각 30 %
❷	a, b의 값 구하기	각 10 %
❸	$a-b$의 값 구하기	20 %

010

$\frac{1}{10^2}+\frac{1}{10^4}+\frac{1}{10^6}+\frac{1}{10^8}+\cdots$
$=0.01+0.0001+0.000001+0.00000001+\cdots$
$=0.01010101\cdots$
$=0.\dot{0}\dot{1}$

답 $0.\dot{0}\dot{1}$

011

$\frac{3}{13}=0.\dot{2}3076\dot{9}$ ⇨ 순환마디의 숫자가 6개 $\therefore a=6$

$100=6\times16+4$이므로 소수점 아래 100번째 자리의 숫자는 순환마디의 4번째 숫자이다. $\therefore b=7$

$\therefore ab=6\times7=42$

답 ⑤

012

$\frac{1}{41}=0.\dot{0}243\dot{9}$이므로 □ 안에 알맞은 숫자는 4이다.
또 순환마디의 숫자가 5개이고 $50=5\times10$이므로 소수점 아래 50번째 자리의 숫자는 순환마디의 5번째 숫자인 9이다.

답 4, 9

013

$1.\dot{8}\dot{6}$ ⇨ 순환마디의 숫자가 2개
$30=2\times15$이므로 소수점 아래 30번째 자리의 숫자는 순환마디의 2번째 숫자인 6이다. $\therefore a=6$ ―― ❶

$0.12\dot{3}4\dot{5}$ ⇨ 순환마디의 숫자가 3개, 순환하지 않는 숫자가 2개
$40-2=3\times12+2$이므로 소수점 아래 40번째 자리의 숫자는 순환마디의 2번째 숫자인 4이다. $\therefore b=4$ ──── ❷
$\therefore a-b=6-4=2$ ──── ❸

답 2

단계	채점 기준	배점
❶	a의 값 구하기	40 %
❷	b의 값 구하기	40 %
❸	$a-b$의 값 구하기	20 %

014

$\frac{17}{50}=\frac{17}{2\times5^{\boxed{2}}}=\frac{17\times\boxed{2}}{2\times5^2\times\boxed{2}}=\frac{\boxed{34}}{100}=\boxed{0.34}$

$\therefore$ (가) 2, (나) 2, (다) 2, (라) 34, (마) 0.34

답 ②

015

$\frac{1}{125}=\frac{1}{5^3}=\frac{1\times2^3}{5^3\times2^3}=\frac{8}{1000}=0.008$

따라서 분모, 분자에 곱해야 하는 가장 작은 자연수는 $2^3=8$이다.

답 ④

016

$\frac{14}{80}=\frac{7}{40}=\frac{7}{2^3\times5}=\frac{7\times5^2}{2^3\times5^3}=\frac{175}{10^3}$ ──── ❶

따라서 $\frac{14}{80}$는 $\frac{175}{10^3}$로 고칠 수 있으므로 가장 작은 자연수 a, b의 값은 각각 3, 175이다. ──── ❷

답 $a=3$, $b=175$

단계	채점 기준	배점
❶	$\frac{14}{80}$를 분모가 10의 거듭제곱인 분수로 고치기	60 %
❷	가장 작은 자연수 a, b의 값 구하기	각 20 %

017

ㄴ. $\frac{7}{12}=\frac{7}{2^2\times3}$

ㄷ. $\frac{12}{18}=\frac{2}{3}$

ㄹ. $\frac{4}{2\times5}=\frac{2}{5}$

ㅁ. $\frac{2\times3}{2^4\times3\times5}=\frac{1}{2^3\times5}$

ㅂ. $\frac{2^2\times7}{5^2\times7^2}=\frac{2^2}{5^2\times7}$

따라서 유한소수로 나타낼 수 있는 것은 ㄹ, ㅁ이다.

답 ④

018

① $\frac{7}{24}=\frac{7}{2^3\times3}$

② $\frac{15}{42}=\frac{5}{14}=\frac{5}{2\times7}$

③ $\frac{9}{54}=\frac{1}{6}=\frac{1}{2\times3}$

④ $\frac{3}{144}=\frac{1}{48}=\frac{1}{2^4\times3}$

⑤ $\frac{18}{300}=\frac{3}{50}=\frac{3}{2\times5^2}$

따라서 유한소수로 나타낼 수 있는 것은 ⑤이다.

답 ⑤

019

① $\frac{15}{48}=\frac{5}{16}=\frac{5}{2^4}$

② $\frac{19}{20}=\frac{19}{2^2\times5}$

③ $\frac{63}{504}=\frac{1}{8}=\frac{1}{2^3}$

④ $\frac{36}{520}=\frac{9}{130}=\frac{9}{2\times5\times13}$

⑤ $\frac{13}{50000}=\frac{13}{2^4\times5^5}$

따라서 유한소수로 나타낼 수 없는 것은 ④이다.

답 ④

020

ㄱ. $\frac{14}{56}=\frac{1}{4}=\frac{1}{2^2}$

ㄴ. $-\frac{3}{57}=-\frac{1}{19}$

ㄷ. $\frac{55}{68}=\frac{5\times11}{2^2\times17}$

ㄹ. $\frac{18}{2\times3^2\times5^2}=\frac{1}{5^2}$

ㅁ. $\frac{36}{3^2\times5^2}=\frac{2^2}{5^2}$

ㅂ. $\frac{52}{2^2\times3\times13}=\frac{1}{3}$

따라서 소수로 나타내었을 때, 순환소수가 되는 것은 ㄴ, ㄷ, ㅂ의 3개이다.

답 3

021

$\frac{1}{4}=\frac{3}{12}$, $\frac{5}{6}=\frac{10}{12}$이고, $12=2^2\times3$이므로 $\frac{3}{12}$과 $\frac{10}{12}$ 사이에 있는 분수 중 분모가 12이고, 유한소수로 나타낼 수 있는 분수는 분자가 3의 배수이어야 한다.

따라서 구하는 분수는 $\frac{6}{12}$, $\frac{9}{12}$이다.

답 $\frac{6}{12}$, $\frac{9}{12}$

022

유한소수로 나타낼 수 있는 경우는 다음과 같이 세 가지가 있다.

(i) 분모의 소인수가 2뿐인 경우

$\frac{1}{2}$, $\frac{1}{4}$, $\frac{1}{8}$, $\frac{1}{16}$, $\frac{1}{32}$, $\frac{1}{64}$ ⇨ 6개

(ii) 분모의 소인수가 5뿐인 경우

$\frac{1}{5}$, $\frac{1}{25}$ ⇨ 2개

(iii) 분모의 소인수가 2와 5뿐인 경우

$\frac{1}{10}$, $\frac{1}{20}$, $\frac{1}{40}$, $\frac{1}{50}$, $\frac{1}{80}$, $\frac{1}{100}$ ⇨ 6개

(i), (ii), (iii)에 의하여 유한소수로 나타낼 수 있는 것의 개수는

$6+2+6=14$(개)

따라서 유한소수로 나타낼 수 없는 것의 개수는

$99-14=85$(개) 답 85개

023

$\frac{11}{60}\times a=\frac{11}{2^2\times3\times5}\times a$를 소수로 나타내면 유한소수가 되므로 a는 3의 배수이어야 한다.

따라서 3의 배수 중에서 가장 작은 자연수는 3이다. 답 3

024

$\frac{a}{140}=\frac{a}{2^2\times5\times7}$가 유한소수로 나타내어지므로 a는 7의 배수이어야 한다.

따라서 a의 값이 될 수 있는 100 이하의 자연수는 7, 14, 21, …, 98의 14개이다. 답 ④

025

$\frac{28}{240}=\frac{7}{60}=\frac{7}{2^2\times3\times5}$

$\frac{28}{240}\times x$가 유한소수가 되려면 x는 3의 배수이어야 한다.

따라서 x의 값이 될 수 없는 것은 ③이다. 답 ③

026

$\frac{a}{2\times3^2\times5}$가 유한소수로 나타내어지므로 a는 $3^2=9$의 배수이어야 한다.

또 $\frac{b}{2^2\times5\times13}$가 유한소수로 나타내어지므로 b는 13의 배수이어야 한다.

이때 $a+b$의 값이 최소가 되려면 a, b의 값이 각각 최소이어야 하므로 $a=9$, $b=13$

따라서 $a+b$의 최솟값은 $9+13=22$ 답 22

027

(가)에 의해 x는 $3\times7=21$의 배수이다.

(나)에 의해 x는 2, 7, 21의 공배수이므로 42의 배수이다.

따라서 42의 배수 중 두 자리의 자연수는 42, 84이므로 두 수의 합은 $42+84=126$ 답 126

028

$\frac{a}{300}=\frac{a}{2^2\times3\times5^2}$, $\frac{a}{270}=\frac{a}{2\times3^3\times5}$에서 두 분수가 모두 유한소수로 나타내어지려면 a는 3^3의 배수이어야 한다. 답 ⑤

029

$\frac{1}{224}=\frac{1}{2^5\times7}$, $\frac{3}{475}=\frac{3}{5^2\times19}$에서 두 분수가 모두 유한소수로 나타내지도록 두 분수에 곱해야 하는 가장 작은 자연수는 7과 19의 최소공배수이므로 133이다. 답 ②

030

③ $a=9$일 때, $\frac{33}{5^2\times9}=\frac{11}{5^2\times3}$

즉, 기약분수의 분모에 2와 5 이외의 수가 있으므로 유한소수로 나타내어지지 않는다. 답 ③

031

$\frac{45}{75\times a}=\frac{3^2\times5}{3\times5^2\times a}=\frac{3}{5\times a}$ ❶

$\frac{3}{5\times a}$을 소수로 나타내면 유한소수가 되므로 a의 값이 될 수 있는 한 자리의 자연수는

1, 2, 3, 4, 5, 6, 8 ❷

따라서 구하는 자연수의 개수는 7이다. ❸

답 7

단계	채점 기준	배점
❶	주어진 분수를 간단히 하기	30 %
❷	a의 값이 될 수 있는 한 자리의 자연수 구하기	50 %
❸	❷의 개수 구하기	20 %

032

$\frac{3}{70}\times\frac{a}{b}=\frac{3}{2\times5\times7}\times\frac{a}{b}$가 유한소수로 나타내어지도록 하는 a, b의 값 중에서 2 이상 10 이하인 자연수만 찾으면

$a=7$

$b=2$, 3, 4, 5, 6, 8, 10

따라서 $\frac{a}{b}$는 $\frac{7}{2}$, $\frac{7}{3}$, $\frac{7}{4}$, $\frac{7}{5}$, $\frac{7}{6}$, $\frac{7}{8}$, $\frac{7}{10}$의 7개이다.

답 ④

033

$\frac{a}{210}=\frac{a}{2\times3\times5\times7}$가 유한소수로 나타내어지므로 a는 $3\times7=21$의 배수이어야 한다.

그런데 $20\le a\le30$이므로 $a=21$

즉, $\frac{21}{210}=\frac{1}{10}$이므로 $b=10$

$\therefore a+b=21+10=31$ 답 31

034

$\frac{a}{180}=\frac{a}{2^2\times3^2\times5}$가 유한소수로 나타내어지므로 a는 $3^2=9$의 배수이어야 한다.

또 기약분수로 나타내면 $\frac{7}{b}$이므로 a는 7의 배수이다.

따라서 a는 9와 7의 공배수이므로 63의 배수이고, 100 이하의 자연수이므로 $a=63$

즉, $\frac{a}{180}=\frac{63}{180}=\frac{7}{20}$이므로 $b=20$ 답 $a=63$, $b=20$

> **참고** a는 9와 7의 공배수인 63의 배수이지만 63의 배수가 모두 a가 될 수 있는 것은 아니다. 예를 들어 189는 63의 배수이지만 $\frac{189}{180}=\frac{21}{20}$이므로 분자가 7인 기약분수로 나타낼 수 없다.

035

$\frac{a}{700}=\frac{a}{2^2\times5^2\times7}$가 유한소수로 나타내어지므로 a는 7의 배수이다.

또 기약분수로 나타내면 $\frac{3}{b}$이므로 a는 3의 배수이다.

즉, a는 7과 3의 공배수이므로 21의 배수이다. ❶

이때 a가 두 자리의 자연수이므로 $a=21$, 42, 63, 84

$a=21$일 때, $\frac{21}{700}=\frac{3}{100}$이므로 $b=100$ $\therefore a-b=-79$

$a=42$일 때, $\frac{42}{700}=\frac{3}{50}$이므로 $b=50$ $\therefore a-b=-8$

$a=63$일 때, $\frac{a}{700}=\frac{63}{700}$이므로 분자가 3인 기약분수로 나타낼 수 없다.

$a=84$일 때, $\frac{84}{700}=\frac{3}{25}$이므로 $b=25$ $\therefore a-b=59$ ❷

따라서 $a-b$의 값 중 가장 큰 값은 59이다. ❸

답 59

단계	채점 기준	배점
❶	a의 조건 구하기	40 %
❷	a의 값 각각에 대하여 $a-b$의 값 구하기	50 %
❸	가장 큰 $a-b$의 값 구하기	10 %

036

$x=0.328328328\cdots$이므로

$1000x=328.328328328\cdots$
$x=\ \ \ \ 0.328328328\cdots$ 〉 소수 부분이 같은 두 식

$\therefore 1000x-x=328$ 답 ③

> **참고** 순환소수를 분수로 나타낼 때, 첫 번째 순환마디를 찾아 그 앞과 뒤에 소수점이 오도록 두 식을 만들면 편리하다.
예를 들어 $x=0.2\underline{53}5353\cdots$의 경우 밑줄 친 53이 첫 번째 순환마디이므로 그 앞과 뒤에 소수점이 오도록 하면
$10x=2.\underline{53}5353\cdots$, $1000x=2\underline{53}.5353\cdots$
이므로 $1000x-10x$를 이용하여 순환소수 $0.2535353\cdots$을 분수로 나타낼 수 있다.

037

순환소수 $0.2\dot{7}\dot{9}$를 x라 하면

$x=0.2797979\cdots$ …… ㉠

㉠의 양변에 $\boxed{10}$을 곱하면

$\boxed{10}x=2.797979\cdots$ …… ㉡

㉠의 양변에 $\boxed{1000}$을 곱하면

$\boxed{1000}x=279.797979\cdots$ …… ㉢

㉢−㉡을 하면 $\boxed{990}x=\boxed{277}$

$\therefore x=\boxed{\frac{277}{990}}$

$\therefore$ (가) 10, (나) 1000, (다) 990, (라) 277, (마) $\frac{277}{990}$ 답 ②

038

① $0.\dot{9}=\frac{9}{9}=1$

② $0.\dot{0}3\dot{7}=\frac{1}{27}$

③ $1.\dot{2}\dot{5}=\frac{125-1}{99}=\frac{124}{99}$

④ $1.8\dot{5}\dot{3}=\frac{1853-18}{990}=\frac{1835}{990}=\frac{367}{198}$

⑤ $3.7\dot{5}=\frac{375-37}{90}=\frac{338}{90}=\frac{169}{45}$ 답 ①

039

① $0.\dot{4}=\frac{4}{9}$

② $1.6\dot{7}=\frac{167-16}{90}$

④ $0.\dot{2}0\dot{7}=\frac{207}{999}$

⑤ $3.0\dot{2}\dot{5}=\frac{3025-30}{990}$

답 ③

040

$0.2\dot{9}=\frac{29-2}{90}=\frac{27}{90}=\frac{3}{10}$

따라서 $a=10$, $b=3$이므로 $a+b=13$ 답 13

041

$1.\dot{8}\dot{1}=\frac{181-1}{99}=\frac{180}{99}=\frac{20}{11}$

따라서 $a=11$, $b=20$이므로 $ab=11\times20=220$ 답 ④

042

$0.\dot{2}\dot{7}=\frac{27}{99}=\frac{3}{11}$ $\therefore a=3$ ❶

$0.6\dot{8}\dot{1}=\frac{681-6}{990}=\frac{675}{990}=\frac{15}{22}$ $\therefore b=22$ ❷

$\therefore \frac{a}{b}=\frac{3}{22}=0.1\dot{3}\dot{6}$ ❸

답 $0.1\dot{3}\dot{6}$

단계	채점 기준	배점
❶	a의 값 구하기	40 %
❷	b의 값 구하기	50 %
❸	$\frac{a}{b}$를 순환소수로 나타내기	10 %

043

$2.\dot{6}=\frac{26-2}{9}=\frac{24}{9}=\frac{8}{3}$의 역수는 $\frac{3}{8}$이므로 $a=\frac{3}{8}$

$0.3\dot{8}=\frac{38-3}{90}=\frac{35}{90}=\frac{7}{18}$의 역수는 $\frac{18}{7}$이므로 $b=\frac{18}{7}$

$\therefore ab=\frac{3}{8}\times\frac{18}{7}=\frac{27}{28}$ 답 $\frac{27}{28}$

044

$\frac{3}{10}+\frac{3}{10^2}+\frac{3}{10^3}+\frac{3}{10^4}+\cdots$

$=0.3+0.03+0.003+0.0003+\cdots$

$=0.3333\cdots=0.\dot{3}$

$=\frac{3}{9}=\frac{1}{3}$ 답 ⑤

045

① $\frac{3}{5}=0.6$이므로 $\frac{3}{5}<0.\dot{6}$

② $\frac{32}{99}=0.\dot{3}\dot{2}$이므로 $\frac{32}{99}>0.3\dot{2}$

③ $\frac{32}{45}=0.7\dot{1}$이므로 $0.71<\frac{32}{45}$

④ $\frac{1}{90}=0.0\dot{1}$이므로 $0.\dot{0}\dot{1}<\frac{1}{90}$

⑤ $\frac{289}{990}=0.2\dot{9}\dot{1}$이므로 $\frac{289}{990}<0.\dot{2}\dot{9}$ 답 ④

› 참고 순환소수를 모두 분수로 나타내어 대소 비교할 수도 있다.

046

순환소수를 풀어서 나타내면 다음과 같다.

① 0.427

② 0.42777⋯

③ 0.427427427⋯

④ 0.4272727⋯

⑤ 0.427 ⇦ $0.426\dot{9}=0.427$

따라서 가장 큰 수는 ②이다. 답 ②

047

$\frac{1}{3}=0.\dot{3}$, $\frac{2}{3}=0.\dot{6}$이므로 주어진 순환소수 중 $\frac{1}{3}$보다 크고 $\frac{2}{3}$보다 작은 수는 $0.\dot{4}$, $0.\dot{5}$의 2개이다. 답 2

› 다른 풀이 $0.\dot{2}=\frac{2}{9}$, $0.\dot{3}=\frac{3}{9}=\frac{1}{3}$, $0.\dot{4}=\frac{4}{9}$, $0.\dot{5}=\frac{5}{9}$

$0.\dot{6}=\frac{6}{9}=\frac{2}{3}$, $0.\dot{7}=\frac{7}{9}$, $0.\dot{8}=\frac{8}{9}$이므로 $\frac{1}{3}=\frac{3}{9}$보다 크고 $\frac{2}{3}=\frac{6}{9}$보다 작은 수는 $0.\dot{4}$, $0.\dot{5}$의 2개이다.

048

$0.4\dot{6}=\frac{46-4}{90}=\frac{42}{90}=42\times\frac{1}{90}$

$\therefore x=\frac{1}{90}=0.0\dot{1}$ 답 ②

049

$0.\dot{7}\times a=0.\dot{2}$에서 $\frac{7}{9}a=\frac{2}{9}$ $\quad\therefore a=\frac{2}{7}$

$0.\dot{4}\times b=0.\dot{6}$에서 $\frac{4}{9}b=\frac{6}{9}$ $\quad\therefore b=\frac{3}{2}$

$\therefore ab=\frac{2}{7}\times\frac{3}{2}=\frac{3}{7}=0.\dot{4}2857\dot{1}$ 답 $0.\dot{4}2857\dot{1}$

050

$1.\dot{1}x=0.\dot{3}x+0.\dot{7}$에서 $\frac{11-1}{9}x=\frac{3}{9}x+\frac{7}{9}$

$10x=3x+7$, $7x=7$ $\quad\therefore x=1$ 답 $x=1$

051

$4.\dot{9}=\frac{49-4}{9}=\frac{45}{9}=5$이므로

$\frac{11}{5}<x\le5$를 만족시키는 자연수 x의 값은 3, 4, 5이고 그 합은

$3+4+5=12$ 답 ③

052

$1.\dot{5}\dot{1}=\frac{151-1}{99}=\frac{50}{33}$이므로 a는 33의 배수이다.

따라서 a의 값이 될 수 있는 가장 작은 자연수는 33이다.

답 ④

053

어떤 수를 x라 하면

$x\times0.2=0.4$ $\quad\therefore x=2$ ――― ❶

따라서 바르게 계산한 값은

$x\times0.\dot{2}=2\times\frac{2}{9}=\frac{4}{9}=0.\dot{4}$ ――― ❷

답 $0.\dot{4}$

단계	채점 기준	배점
❶	어떤 수 구하기	50 %
❷	바르게 계산한 값을 순환소수로 나타내기	50 %

054

$\frac{37}{165}=A+0.\dot{2}\dot{4}$에서

$A=\frac{37}{165}-0.\dot{2}\dot{4}=\frac{37}{165}-\frac{24}{990}=\frac{33}{165}=\frac{1}{5}$ 답 $\frac{1}{5}$

055

$0.7\dot{a}=\frac{70+a-7}{90}=\frac{63+a}{90}$이므로

$\frac{63+a}{90}=\frac{5a+3}{18}$에서 $63+a=5(5a+3)$

$63+a=25a+15$

$-24a=-48$

$\therefore a=2$

답 ②

056

⑤ 무한소수 중 순환소수는 유리수이다.

답 ⑤

057

① $0=\frac{0}{2}$ ② $-3=-\frac{6}{2}$

③ $0.97=\frac{97}{100}$ ④ $1.\dot{3}\dot{2}=\frac{131}{99}$

⑤ $\pi=3.141592\cdots$는 순환하지 않는 무한소수이므로 유리수가 아니다.

답 ⑤

058

ㄴ. 정수가 아닌 유리수에는 순환소수도 있다.

ㄹ. 기약분수의 분모에 2나 5 이외의 소인수가 있으면 유한소수로 나타낼 수 없다.

따라서 옳은 것은 ㄱ, ㄷ이다.

답 ㄱ, ㄷ

필수유형 뛰어넘기 19~20쪽

059

$\frac{36}{63}=\frac{4}{7}=0.\dot{5}7142\dot{8}$ ⇨ 순환마디의 숫자가 6개

$20=6\times3+2$, $21=6\times3+3$, $22=6\times3+4$이므로

$a_{20}=7$, $a_{21}=1$, $a_{22}=4$

$\therefore a_{20}+a_{21}+a_{22}=7+1+4=12$

답 12

060

$\frac{5}{7}=0.\dot{7}1428\dot{5}$이므로

$f(1)=7$, $f(2)=1$, $f(3)=4$, $f(4)=2$, $f(5)=8$, $f(6)=5$

또 $50=6\times8+2$이므로

$f(1)+f(2)+f(3)+f(4)+\cdots+f(50)$

$=(7+1+4+2+8+5)\times8+7+1$

$=27\times8+7+1$

$=224$

답 224

061

조건 (나), (다)에서 $\frac{x}{y}=\frac{x}{2^2\times5^2\times11}$는 유한소수로 나타내어지므로 x는 11의 배수이다.

따라서 x는 7과 11의 공배수 중에서 두 자리의 자연수이므로

$x=77$

답 77

062

$\frac{a}{56}=\frac{a}{2^3\times7}$를 소수로 나타내면 유한소수이므로 a는 7의 배수이고, $10<a<30$이므로

$a=14, 21, 28$

(i) $a=14$일 때, $\frac{a}{56}=\frac{14}{56}=\frac{1}{4}$이므로 $b=1$, $c=4$

$\therefore a+b+c=19$

(ii) $a=21$일 때, $\frac{a}{56}=\frac{21}{56}=\frac{3}{8}$이므로 $b=3$, $c=8$

$\therefore a+b+c=32$

(iii) $a=28$일 때, $\frac{a}{56}=\frac{28}{56}=\frac{1}{2}$이므로 $b=1$, $c=2$

$\therefore a+b+c=31$

(i), (ii), (iii)에서 $a+b+c$의 값이 가장 큰 것은 32이다.

답 32

063

$\frac{7\times N}{90}=\frac{7\times N}{2\times3^2\times5}$, $\frac{3\times N}{220}=\frac{3\times N}{2^2\times5\times11}$ ——— ❶

두 분수를 소수로 나타내면 모두 유한소수가 되므로 N은 9와 11의 공배수이어야 한다. ——— ❷

따라서 N은 99의 배수이므로 가장 작은 세 자리의 자연수 N은 198이다. ——— ❸

답 198

단계	채점 기준	배점
❶	두 분수의 분모를 각각 소인수분해하기	각 20 %
❷	N의 조건 찾기	40 %
❸	가장 작은 세 자리의 자연수 N의 값 구하기	20 %

064

$30x+1=4a$의 해 $x=\frac{4a-1}{2\times3\times5}$을 유한소수로 나타낼 수 있으려면 $4a-1$이 3의 배수이어야 한다.

이때 a는 1 이상 10 이하인 자연수이므로

$a=1$이면 $4a-1=3$ $\therefore x=\frac{1}{10}$

$a=4$이면 $4a-1=15$ $\therefore x=\frac{1}{2}$

$a=7$이면 $4a-1=27$ $\therefore x=\frac{9}{10}$

$a=10$이면 $4a-1=39$ $\therefore x=\frac{13}{10}$

따라서 해는 1보다 크므로 $x=\frac{13}{10}$이다.

답 $x=\frac{13}{10}$

065

$0.3\dot{6}=\frac{36-3}{90}=\frac{33}{90}=\frac{11}{30}=\frac{11}{2\times3\times5}$

$\frac{11}{30}\times a$가 유한소수가 되려면 a는 3의 배수이어야 한다. 따라서 10보다 크고 30보다 작은 3의 배수는 12, 15, 18, 21, 24, 27의 6개이다. 답 6

066

$1+\frac{3}{10}+\frac{1}{100}+\frac{1}{500}+\frac{1}{10000}+\frac{1}{50000}+\frac{1}{1000000}+\frac{1}{5000000}+\cdots$

$=1+\frac{3}{10}+\frac{1}{100}+\frac{2}{1000}+\frac{1}{10000}+\frac{2}{100000}+\frac{1}{1000000}+\frac{2}{10000000}+\cdots$

$=1+0.3+0.01+0.002+0.0001+0.00002+0.000001+0.0000002+\cdots$

$=1.3121212\cdots=1.3\dot{1}\dot{2}$

$=\frac{1312-13}{990}=\frac{1299}{990}=\frac{433}{330}$ 답 $\frac{433}{330}$

067

$0.4\dot{9}\dot{0}=0.4909090\cdots$, $0.\dot{4}9\dot{0}=0.490490490\cdots$,

$(0.7)^2=0.49$, $0.4\dot{9}=0.4999\cdots$이므로

$\{(0.4\dot{9}\dot{0}\ \triangle\ 0.\dot{4}9\dot{0})\ \triangle\ (0.7)^2\}\ \triangle\ 0.4\dot{9}$

$=\{0.4\dot{9}\dot{0}\ \triangle\ (0.7)^2\}\ \triangle\ 0.4\dot{9}$

$=0.4\dot{9}\dot{0}\ \triangle\ 0.49$

$=0.4\dot{9}=\frac{49-4}{90}=\frac{45}{90}=\frac{1}{2}$ 답 $\frac{1}{2}$

068

상배의 계산: $1.\dot{6}=\frac{16-1}{9}=\frac{15}{9}=\frac{5}{3}$ ❶

경애의 계산: $1.\dot{1}\dot{6}=\frac{116-1}{99}=\frac{115}{99}$ ❷

상배는 분자를 제대로 보고, 경애는 분모를 제대로 본 것이므로 처음의 기약분수는

$\frac{5}{99}=0.\dot{0}\dot{5}$ ❸

답 $0.\dot{0}\dot{5}$

단계	채점 기준	배점
❶	상배가 구한 소수를 기약분수로 나타내기	30 %
❷	경애가 구한 소수를 기약분수로 나타내기	30 %
❸	처음의 기약분수를 소수로 나타내기	40 %

069

$0.8\dot{3}=\frac{83-8}{90}=\frac{75}{90}=\frac{5}{6}$

$\frac{2}{3}=\frac{10}{15}$과 $0.8\dot{3}=\frac{10}{12}$ 사이에 있고 분자가 10인 분수 중에서 가장 큰 기약분수는 $\frac{10}{13}$이다.

따라서 $\frac{b}{a}=\frac{10}{13}$이므로 $a+b=13+10=23$ 답 ⑤

070

$0.\dot{4}\dot{5}=\frac{45}{99}=\frac{5}{11}$

자연수 a에 대하여 $\frac{5}{11}\times a$가 어떤 자연수의 제곱이 되려면 $a=11\times5\times(\text{자연수})^2$의 꼴이어야 한다.

따라서 곱해야 할 가장 작은 자연수는

$11\times5\times1^2=55$ 답 55

071

$\frac{0.\dot{1}}{0.1}+\frac{0.\dot{2}}{0.2}+\frac{0.\dot{3}}{0.3}+\frac{0.\dot{4}}{0.4}+\frac{0.\dot{5}}{0.5}$

$=\frac{1}{9}\div\frac{1}{10}+\frac{2}{9}\div\frac{2}{10}+\frac{3}{9}\div\frac{3}{10}+\frac{4}{9}\div\frac{4}{10}+\frac{5}{9}\div\frac{5}{10}$

$=\frac{10}{9}+\frac{10}{9}+\frac{10}{9}+\frac{10}{9}+\frac{10}{9}$

$=\frac{50}{9}=5.\dot{5}$ 답 $5.\dot{5}$

072

$\frac{1}{5}<0.\dot{x}<\frac{1}{3}$에서 $\frac{1}{5}<\frac{x}{9}<\frac{1}{3}$이므로

$\frac{9}{45}<\frac{5x}{45}<\frac{15}{45}$

따라서 구하는 x의 값은 2이다. 답 2

073

$1.0\dot{5}=\frac{105-10}{90}=\frac{95}{90}=\frac{19}{18}$, $1.05=\frac{105}{100}=\frac{21}{20}$,

$0.1\dot{6}=\frac{16-1}{90}=\frac{15}{90}=\frac{1}{6}$

$1.0\dot{5}A-1.05A=0.1\dot{6}$이므로

$\frac{19}{18}A-\frac{21}{20}A=\frac{1}{6}$

양변에 180을 곱하면

$190A-189A=30$

$\therefore A=30$ 답 30

074

$\frac{89}{33}=2.696969\cdots$에서

$a=2$, $b=0.696969\cdots$

따라서 $b=0.\dot{6}\dot{9}=\frac{69}{99}=\frac{23}{33}$이므로

$ab=2\times\frac{23}{33}=\frac{46}{33}=1.\dot{3}\dot{9}$ 답 $1.\dot{3}\dot{9}$

2 단항식의 계산

필수유형 공략하기 23~32쪽

075

① $a\times a^2=a^3$

② $a^3\times a^2=a^5$

③ $a^2\times b^3=a^2b^3$

④ $a\times b^2\times a^3=a^4b^2$ 답 ⑤

076

$3\times 3^4\times 3^2=3^{1+4+2}=3^7$이므로

$3^7=3^n$ $\therefore n=7$ 답 7

077

$5^a\times 625=5^a\times 5^4=5^{a+4}=5^6$이므로

$a+4=6$ $\therefore a=2$ 답 ①

› 참고 2, 3, 5를 거듭제곱한 값 중에서 간단한 경우는 외워 두는 것이 좋다.

2의 거듭제곱: 2, $2^2=4$, $2^3=8$, $2^4=16$, $2^5=32$, $2^6=64$, $2^7=128$, ⋯

3의 거듭제곱: 3, $3^2=9$, $3^3=27$, $3^4=81$, $3^5=243$, ⋯

5의 거듭제곱: 5, $5^2=25$, $5^3=125$, $5^4=625$, ⋯

078

$5^{x+2}=5^x\times 5^2$이므로 $\square=5^2=25$ 답 ⑤

079

$x^2\times y\times x^{a+1}\times y^{2b-1}=x^{2+(a+1)}y^{1+(2b-1)}=x^{a+3}y^{2b}$이므로

$x^{a+3}y^{2b}=x^{2a-1}y^{b+3}$에서

$a+3=2a-1$, $2b=b+3$

따라서 $a=4$, $b=3$이므로

$a+b=4+3=7$ 답 ③

080

$4\text{ KiB}=4\times 2^{10}\text{ B}$

$=4\times 2^{10}\times 2^3\text{ bit}$

$=2^2\times 2^{10}\times 2^3\text{ bit}$

$=2^{15}\text{ bit}$ 답 2^{15} bit

081

$1\times 2\times 3\times 4\times 5\times 6\times 7\times 8\times 9\times 10$

$=1\times 2\times 3\times 2^2\times 5\times (2\times 3)\times 7\times 2^3\times 3^2\times (2\times 5)$

$=2^{1+2+1+3+1}\times 3^{1+1+2}\times 5^{1+1}\times 7$

$=2^8\times 3^4\times 5^2\times 7$ ——— ❶

따라서 $a=8$, $b=4$, $c=2$, $d=1$이므로 ——— ❷

$a+b+c+d=8+4+2+1=15$ ——— ❸

답 15

단계	채점 기준	배점
❶	1부터 10까지의 자연수의 곱을 $2^a\times 3^b\times 5^c\times 7^d$의 꼴로 나타내기	60 %
❷	a, b, c, d의 값 구하기	20 %
❸	$a+b+c+d$의 값 구하기	20 %

082

$(a^2)^4\times b\times a^3\times (b^3)^5=a^8\times b\times a^3\times b^{15}$

$=a^{8+3}\times b^{1+15}$

$=a^{11}b^{16}$ 답 ③

083

(좌변)$=x^{2\times 4}\times x^7=x^{8+7}=x^{15}$

(우변)$=x^{a\times 3}=x^{3a}$

따라서 $x^{15}=x^{3a}$이므로

$15=3a$ $\therefore a=5$ 답 ④

› 다른 풀이 $(x^2)^4\times x^7=x^8\times x^7=x^{15}=x^5\times x^5\times x^5$

$=(x^5)^3=(x^a)^3$이므로 $a=5$

084

$\{(a^3)^2\}^5=(a^6)^5=a^{30}=a^n$

$\therefore n=30$ 답 ②

085

(i) $(a^5)^{\square}=a^{5\times\square}=a^{20}$에서 $5\times\square=20$

$\therefore \square=4$

(ii) $(a^{\square})^3\times a^6=a^{\square\times 3}\times a^6=a^{\square\times 3+6}=a^{21}$에서

$\square\times 3+6=21$ $\therefore \square=5$

(iii) $(a^4)^3\times (a^2)^2=a^{12}\times a^4=a^{16}$이고, $(a^2)^{\square}=a^{2\times\square}$이므로

$16=2\times\square$ $\therefore \square=8$ ——— ❶

따라서 □ 안에 알맞은 세 수의 합은

$4+5+8=17$ ——— ❷

답 17

단계	채점 기준	배점
❶	□ 안에 알맞은 수 각각 구하기	각 30 %
❷	세 수의 합 구하기	10 %

086

$(x^3)^a\times (y^2)^3\times x\times y^5=x^{3a+1}y^{11}=x^{13}y^b$이므로

$3a+1=13$, $11=b$

따라서 $a=4$, $b=11$이므로

$a+b=4+11=15$ 답 15

087

$243^7=(3^5)^7=3^{35}$이므로 $a=5$, $b=35$

$\therefore a+b=5+35=40$ 답 40

088

$2^{2x-1}=8^3$에서 $2^{2x-1}=(2^3)^3=2^9$이므로

$2x-1=9$, $2x=10$ $\therefore x=5$

$9^{y+1}=27^{y-1}$에서 $(3^2)^{y+1}=(3^3)^{y-1}$이므로

$2(y+1)=3(y-1)$

$2y+2=3y-3$ $\therefore y=5$

$\therefore x+y=5+5=10$ 답 10

089

① $a^6\div a^3=a^{6-3}=a^3$

② $a^3\div a^4=\frac{1}{a^{4-3}}=\frac{1}{a}$

③ $a^6\div(a^3)^2=a^6\div a^6=1$

④ $(a^5)^2\div a^5=a^{10}\div a^5=a^{10-5}=a^5$

⑤ $a^5\div a^4\div a^3=a^{5-4}\div a^3=a\div a^3=\frac{1}{a^{3-1}}=\frac{1}{a^2}$ 답 ③

090

$x^7\div x^{n+1}=x^{7-(n+1)}=x^{6-n}$

$x^{6-n}=x^3$이므로 $6-n=3$

$\therefore n=3$ 답 ②

091

$a^4\div a^3\div a^2=a\div a^2=\frac{1}{a}$

① $a^4\div(a^3\div a^2)=a^4\div a=a^3$

② $a^4\times a^2\div a^3=a^6\div a^3=a^3$

③ $a^4\div(a^2\times a^3)=a^4\div a^5=\frac{1}{a}$

④ $a^4\times(a^3\div a^2)=a^4\times a=a^5$

⑤ $a^4\div a^2\times a^3=a^2\times a^3=a^5$ 답 ③

092

$x^n\div x^4=\frac{1}{x^{4-n}}=\frac{1}{x}$이므로

$4-n=1$ $\therefore n=3$

$\therefore x^4\div(x^2)^n=x^4\div(x^2)^3=x^4\div x^6=\frac{1}{x^2}$ 답 ②

093

(가) $2^{10}\div 2^A=\frac{1}{x^{A-10}}=\frac{1}{2^3}$이므로

$A-10=3$ $\therefore A=13$ ——— ❶

(나) $3^6\div 3\div 3^B=3^{6-1-B}=3^{5-B}=3^2$이므로

$5-B=2$ $\therefore B=3$ ——— ❷

(다) $(x^2)^C\div x=x^{2C-1}=x^{11}$이므로

$2C-1=11$ $\therefore C=6$ ——— ❸

$\therefore A+B+C=13+3+6=22$ ——— ❹

답 22

단계	채점 기준	배점
❶	A의 값 구하기	30 %
❷	B의 값 구하기	30 %
❸	C의 값 구하기	30 %
❹	$A+B+C$의 값 구하기	10 %

094

$(2^4)^3\div 8^x=2^{12}\div 2^{3x}=\frac{1}{2^{3x-12}}$, $\frac{1}{64}=\frac{1}{2^6}$

$\frac{1}{2^{3x-12}}=\frac{1}{2^6}$이므로 $3x-12=6$ $\therefore x=6$ 답 6

095

$64^3\times 8^x\div 4^5=(2^6)^3\times(2^3)^x\div(2^2)^5$

$=2^{18}\times 2^{3x}\div 2^{10}$

$=2^{18+3x-10}$

$=2^{3x+8}$

$16^5=(2^4)^5=2^{20}$

$2^{3x+8}=2^{20}$이므로 $3x+8=20$

$3x=12$ $\therefore x=4$ 답 4

096

① $(a^3b)^2=a^{3\times 2}b^2=a^6b^2$

② $(-xy^3)^2=(-1)^2\times x^2y^{3\times 2}=x^2y^6$

③ $\left(\frac{c}{ab^2}\right)^3=\frac{c^3}{a^3b^{2\times 3}}=\frac{c^3}{a^3b^6}$

⑤ $\left(-\frac{2x^2}{3y}\right)^3=\left(-\frac{2}{3}\right)^3\times\frac{x^{2\times 3}}{y^3}=-\frac{8x^6}{27y^3}$

답 ④

097

(가) $(a^xb^2)^2=a^{2x}b^4=a^4b^4$이므로

$2x=4$ $\therefore x=2$

(나) $\left(\frac{b^x}{a^3}\right)^y=\frac{b^{xy}}{a^{3y}}=\frac{b^{2y}}{a^{3y}}=\frac{b^6}{a^9}$이므로

$2y=6$ $\therefore y=3$

$\therefore x+y=2+3=5$ 답 5

098

$(-2x^2)^a=(-2)^a\times x^{2a}=bx^6$이므로

$x^{2a}=x^6$에서 $2a=6$ $\therefore a=3$

$(-2)^a=b$에서 $b=(-2)^3=-8$

$\therefore a-b=3-(-8)=11$ 답 ⑤

099

$(-3x^ay^5)^b=(-3)^b\times x^{ab}\times y^{5b}=9x^6y^c$이므로

$(-3)^b=9$에서 $b=2$

$x^{ab}=x^6$, $y^{5b}=y^c$에서

$ab=6$, $5b=c$

$b=2$이므로 $2a=6$, $10=c$

$\therefore a=3,\ c=10$

$\therefore abc=3\times2\times10=60$ 답 ④

100

좌변을 정리하면 $\left(\dfrac{2x^a}{y^4}\right)^3=\dfrac{8x^{3a}}{y^{12}}$ ——— ❶

$\dfrac{8x^{3a}}{y^{12}}=\dfrac{bx^6}{y^c}$에서

$8=b$, $x^{3a}=x^6$, $y^{12}=y^c$

$\therefore a=2,\ b=8,\ c=12$ ——— ❷

$\therefore a+b-c=2+8-12=-2$ ——— ❸

답 -2

단계	채점 기준	배점
❶	좌변 정리하기	30 %
❷	a, b, c의 값 구하기	각 20 %
❸	$a+b-c$의 값 구하기	10 %

101

$75^2=(3\times5^2)^2=3^2\times5^4=3^x\times5^y$이므로

$x=2$, $y=4$

$\therefore x+y=2+4=6$ 답 6

102

$180^3=(2^2\times3^2\times5)^3=2^6\times3^6\times5^3=2^a\times3^b\times5^c$이므로

$a=6$, $b=6$, $c=3$

$\therefore a+b+c=6+6+3=15$ 답 ③

103

①, ②, ③, ④ a^6　　⑤ a^2 답 ⑤

104

$(x^2)^3\times x\div(x^{\square})^2=x^6\times x\div x^{2\times\square}$

$=x^7\div x^{2\times\square}$

$=\dfrac{1}{x^{2\times\square-7}}$

$\dfrac{1}{x^{2\times\square-7}}=\dfrac{1}{x^3}$이므로 $2\times\square-7=3$　　$\therefore \square=5$ 답 5

105

(가) $(a^3)^4\times a^x=a^{12}\times a^x=a^{12+x}=a^{15}$이므로

$12+x=15$　　$\therefore x=3$ ——— ❶

(나) $a^x\times a^5\div(a^2)^y=a^3\times a^5\div a^{2y}$

$=a^8\div a^{2y}$

$=a^{8-2y}=a^2$

이므로 $8-2y=2$　　$\therefore y=3$ ——— ❷

$\therefore x+y=3+3=6$ ——— ❸

답 6

단계	채점 기준	배점
❶	x의 값 구하기	40 %
❷	y의 값 구하기	40 %
❸	$x+y$의 값 구하기	20 %

106

$3^5+3^5+3^5=3\times3^5=3^6=3^n$　　$\therefore n=6$ 답 ②

107

$5^3\times5^3\times5^3=(5^3)^3=5^9=5^x$　　$\therefore x=9$

$5^3+5^3+5^3+5^3+5^3=5\times5^3=5^4=5^y$　　$\therefore y=4$

$\therefore x+y=9+4=13$ 답 13

108

$16^3\times(4^2+4^2)=16^3\times(2\times4^2)$

$=(2^4)^3\times2\times(2^2)^2$

$=2^{12}\times2\times2^4$

$=2^{17}=2^n$

$\therefore n=17$ 답 ③

109

$125^x=(5^3)^x=5^{3x}=(5^x)^3=a^3$ 답 ③

110

$3^x+3^{x+1}=3^x+3\times3^x=a+3a=4a$ 답 ④

111

$9^5\div9^{15}=\dfrac{1}{9^{10}}=\dfrac{1}{(3^2)^{10}}=\dfrac{1}{3^{20}}=\dfrac{1}{(3^5)^4}=\dfrac{1}{A^4}$ 답 ①

112

$48^6=(2^4\times3)^6=2^{24}\times3^6$

$=(2^8)^3\times(3^3)^2$

$=x^3\times y^2=x^3y^2$ 답 ④

113

$\left(\dfrac{25}{9}\right)^6=\left(\dfrac{5^2}{3^2}\right)^6=\dfrac{5^{12}}{3^{12}}=\dfrac{(5^3)^4}{(3^4)^3}=\dfrac{a^4}{b^3}$ 답 ⑤

114

$A=2^{x-1}$의 양변에 2를 곱하면

$2A=2^{x-1}\times 2=2^x$

$\therefore 16^x=(2^4)^x=2^{4x}=(2^x)^4=(2A)^4=16A^4$ 답 ②

115

$a=2^{x+1}=2\times 2^x$의 양변을 2로 나누면 $\frac{1}{2}a=2^x$

$b=3^{x-1}$의 양변에 3을 곱하면 $3b=3^x$ ❶

$\therefore 18^x=(2\times 3^2)^x$ ❷

$=2^x\times 3^{2x}=2^x\times (3^x)^2$

$=\frac{1}{2}a\times (3b)^2=\frac{9}{2}ab^2$ ❸

답 $\frac{9}{2}ab^2$

단계	채점 기준	배점
❶	2^x, 3^x을 각각 a, b를 사용하여 나타내기	각 20 %
❷	18^x의 밑을 소인수분해하여 나타내기	20 %
❸	18^x을 a, b를 사용하여 나타내기	40 %

116

$2^7\times 3^2\times 5^6=2\times 3^2\times (2^6\times 5^6)$

$=2\times 3^2\times 10^6$

$=18\times 10^6$

따라서 8자리의 자연수이므로 $n=8$ 답 ⑤

117

$5^9\times 12^4=5^9\times (2^2\times 3)^4$

$=5^9\times 2^8\times 3^4$

$=3^4\times 5\times (2^8\times 5^8)$

$=3^4\times 5\times 10^8$

$=405\times 10^8$

따라서 11자리의 자연수이므로 $n=11$ 답 11

118

$4^5\times 15^7\div 18^3=(2^2)^5\times (3\times 5)^7\div (2\times 3^2)^3$

$=2^{10}\times 3^7\times 5^7\div (2^3\times 3^6)$

$=2^7\times 3\times 5^7$

$=3\times 10^7$

따라서 8자리의 자연수이다. 답 8자리

119

① $(-2x)\times 3x^3=-6x^4$

② $2ab\times 3a^2b=6a^3b^2$

④ $\frac{x}{2y^2}\times (-4xy^2)=-2x^2$

⑤ $\frac{x^3}{y}\times \frac{3y^2}{x^4}=\frac{3y}{x}$ 답 ③

120

$(-2xy^a)^3\times (x^2y)^b=(-8x^3y^{3a})\times x^{2b}y^b$

$=-8x^{3+2b}y^{3a+b}$

$-8x^{3+2b}y^{3a+b}=cx^7y^{11}$이므로

$-8=c$, $3+2b=7$, $3a+b=11$

따라서 $a=3$, $b=2$, $c=-8$에서

$a+b-c=3+2-(-8)=13$ 답 13

121

주어진 등식의 좌변을 정리하면

$\left(-\frac{2}{3}xy^A\right)^3\times \frac{3}{4}xy^3\times (-3x^2y)^2$

$=\left(-\frac{8}{27}x^3y^{3A}\right)\times \frac{3}{4}xy^3\times 9x^4y^2$

$=-2x^8y^{3A+5}$

$-2x^8y^{3A+5}=Bx^Cy^{11}$에서

$-2=B$, $8=C$, $3A+5=11$이므로

$A=2$, $B=-2$, $C=8$ ❶

$\therefore A+B+C=2+(-2)+8=8$ ❷

답 8

단계	채점 기준	배점
❶	A, B, C의 값 각각 구하기	각 30 %
❷	$A+B+C$의 값 구하기	10 %

122

① $6x^3\div 2x=\frac{6x^3}{2x}=3x^2$

② $(-2x^5)\div \frac{1}{2}x^3=(-2x^5)\times \frac{2}{x^3}$

$=-4x^2$

③ $6x^2y\div 3x^3y=\frac{6x^2y}{3x^3y}=\frac{2}{x}$

④ $(-2xy^2)^3\div 4x^2y^5=(-8x^3y^6)\div 4x^2y^5$

$=\frac{-8x^3y^6}{4x^2y^5}$

$=-2xy$

⑤ $\left(-\frac{2}{3}x^2y\right)\div \frac{x^2}{6y}=\left(-\frac{2}{3}x^2y\right)\times \frac{6y}{x^2}$

$=-4y^2$ 답 ②

123

$(-x^3y)^2\div\left(-\frac{1}{2}x^4y^3\right)=x^6y^2\times\left(-\frac{2}{x^4y^3}\right)$

$=-\frac{2x^2}{y}$

이 식에 $x=6$, $y=-2$를 대입하면

$-\frac{2x^2}{y}=-\frac{2\times 6^2}{-2}=36$ 답 36

124

$(-2x^2y^a)^3 \div \frac{1}{4}x^by^7 = (-8x^6y^{3a}) \times \frac{4}{x^by^7}$

$= \frac{-32y^{3a-7}}{x^{b-6}}$

$\frac{-32y^{3a-7}}{x^{b-6}} = \frac{cy^5}{x^2}$에서

$-32=c$, $3a-7=5$, $b-6=2$

따라서 $a=4$, $b=8$, $c=-32$이므로

$a+b+c=4+8+(-32)=-20$ 답 -20

125

(주어진 식)$=(-2x^6y^3) \times \frac{7}{2x^3y} \times \frac{1}{21xy^2}$

$=-\frac{1}{3}x^2$ 답 $-\frac{1}{3}x^2$

126

$12x^6y^a \div (-xy^3)^3 \div \frac{4}{3}xy^2$

$=12x^6y^a \times \left(-\frac{1}{x^3y^9}\right) \times \frac{3}{4xy^2}$

$=-\frac{9x^2}{y^{11-a}}$

$-\frac{9x^2}{y^{11-a}} = \frac{bx^c}{y^3}$에서

$-9=b$, $2=c$, $11-a=3$

따라서 $a=8$, $b=-9$, $c=2$이므로

$a+b+c=8+(-9)+2=1$ 답 ②

127

$24x^7 \div \left\{(-2x^2)^3 \div \left(-\frac{2}{3}x^{\square}\right)\right\}$

$=24x^7 \div \left\{(-8x^6) \times \left(-\frac{3}{2x^{\square}}\right)\right\}$

$=24x^7 \div \frac{12x^6}{x^{\square}}$

$=24x^7 \times \frac{x^{\square}}{12x^6}$

$=2x^{1+\square}$

즉, $2x^{1+\square}=\square \times x^A$이므로 $\square=2$

$\therefore A=1+2=3$ 답 3

128

(가) $\boxed{}=(-2x^2y)^3 \div (-2x^3y^2)$

$=\frac{-8x^6y^3}{-2x^3y^2}$

$=4x^3y$ ―――― ❶

(나) $\left(-\frac{1}{2}x^2y\right) \times 4x^3y = -2x^5y^2$

$=Ax^By^C$

따라서 (나)에서 $A=-2$, $B=5$, $C=2$이므로 ―――― ❷

$A+B+C=-2+5+2=5$ ―――― ❸

답 5

단계	채점 기준	배점
❶	(가)에서 □ 안에 들어갈 식 구하기	30 %
❷	(나)에서 A, B, C의 값 구하기	각 20 %
❸	$A+B+C$의 값 구하기	10 %

129

(주어진 식)$=4x^4y^2 \times \left(-\frac{y^6}{8x^3}\right) \times \left(-\frac{3}{x^2y^5}\right)$

$=\frac{3y^3}{2x}$ 답 $\frac{3y^3}{2x}$

130

$14x^2y^3 \div \frac{7}{3}x^ay^4 \times 2xy^3 = 14x^2y^3 \times \frac{3}{7x^ay^4} \times 2xy^3$

$=\frac{12x^3y^2}{x^a}$

$\frac{12x^3y^2}{x^a}=by^c$에서

$a=3$, $b=12$, $c=2$

$\therefore a+b+c=3+12+2=17$ 답 ②

131

$A=(-2x^3y)^2 \times 3xy^3$

$=4x^6y^2 \times 3xy^3$

$=12x^7y^5$

$B=(-2x^2y^2)^3 \div \left(-\frac{1}{2}x^3y\right)$

$=(-8x^6y^6) \times \left(-\frac{2}{x^3y}\right)$

$=16x^3y^5$

$\therefore A \div B = 12x^7y^5 \div 16x^3y^5$

$=\frac{12x^7y^5}{16x^3y^5}=\frac{3}{4}x^4$ 답 $\frac{3}{4}x^4$

132

$3xy^2 \div 6x^2y^3 \times (-2xy)^2 = 3xy^2 \times \frac{1}{6x^2y^3} \times 4x^2y^2$

$=2xy$

이 식에 $x=-\frac{1}{4}$, $y=8$을 대입하면

$2xy=2 \times \left(-\frac{1}{4}\right) \times 8 = -4$ 답 -4

133

$(-ab^2)^3 \times \square \div \left(-\frac{a^2}{2b}\right)^3 = 24a^2b^7$에서

$(-a^3b^6) \times \square \times \left(-\frac{8b^3}{a^6}\right) = 24a^2b^7$이므로

$\square = 24a^2b^7 \times \left(-\frac{1}{a^3b^6}\right) \times \left(-\frac{a^6}{8b^3}\right)$

$= \frac{3a^5}{b^2}$ 답 $\frac{3a^5}{b^2}$

134

(1) $(-4xy) \times \square = 20x^4y^2$에서

$\square = 20x^4y^2 \times \left(-\frac{1}{4xy}\right) = -5x^3y$

(2) $(-15x^2y^3) \div \square = 5y^2$에서

$(-15x^2y^3) \times \frac{1}{\square} = 5y^2$이므로

$\square = (-15x^2y^3) \times \frac{1}{5y^2} = -3x^2y$

답 (1) $-5x^3y$ (2) $-3x^2y$

> 다른 풀이 (1) $A \times \square = B$에서 $\square = B \div A$이므로

$\square = 20x^4y^2 \div (-4xy) = \frac{20x^4y^2}{-4xy} = -5x^3y$

(2) $A \div \square = B$에서 $\square = A \div B$이므로

$\square = (-15x^2y^3) \div 5y^2 = \frac{-15x^2y^3}{5y^2} = -3x^2y$

135

어떤 식을 A라 하면

$A \times 4x^3y^2 = 12xy^6$

$\therefore A = 12xy^6 \times \frac{1}{4x^3y^2} = \frac{3y^4}{x^2}$ ❶

따라서 바르게 계산하면

$\frac{3y^4}{x^2} \div 4x^3y^2 = \frac{3y^4}{x^2} \times \frac{1}{4x^3y^2} = \frac{3y^2}{4x^5}$ ❷

답 $\frac{3y^2}{4x^5}$

단계	채점 기준	배점
❶	어떤 식 구하기	60 %
❷	바르게 계산한 답 구하기	40 %

136

$3a^2b \times$ (세로의 길이) $= 12a^3b^3$이므로

(세로의 길이) $= 12a^3b^3 \times \frac{1}{3a^2b} = 4ab^2$ 답 ③

137

(넓이) $= \frac{1}{2} \times 2a^2b \times 6ab^3 = 6a^3b^4$ 답 $6a^3b^4$

138

직육면체의 높이를 h라 하면

$3a^3b \times 2ab^2 \times h = 24a^5b^6$

$6a^4b^3 \times h = 24a^5b^6$

$\therefore h = 24a^5b^6 \times \frac{1}{6a^4b^3} = 4ab^3$ 답 $4ab^3$

139

원뿔의 높이를 h라 하면

$\frac{1}{3} \times \pi \times (3a^2b)^2 \times h = 15\pi a^5b^4$

$3\pi a^4b^2 \times h = 15\pi a^5b^4$

$\therefore h = \frac{15\pi a^5b^4}{3\pi a^4b^2} = 5ab^2$ 답 ①

140

직사각형의 가로의 길이를 A라 하면

$A \times 6a^2b = \frac{1}{2} \times 3a^3b^2 \times 4ab$

$A \times 6a^2b = 6a^4b^3$

$\therefore A = 6a^4b^3 \times \frac{1}{6a^2b} = a^2b^2$ 답 ⑤

141

회전체는 밑면의 반지름의 길이가 $2ab^2$이고, 높이가 $3ab$인 원뿔이므로

(부피) $= \frac{1}{3} \times \pi \times (2ab^2)^2 \times 3ab$

$= \frac{1}{3} \times \pi \times 4a^2b^4 \times 3ab$

$= 4\pi a^3b^5$ 답 ④

필수유형 뛰어넘기 33~34쪽

142

$ab = 5^{2x} \times 5^{2y} = 5^{2x+2y} = 5^{2(x+y)}$

이때 $x+y=2$이므로 $5^{2(x+y)} = 5^{2\times2} = 5^4 = 625$

$\therefore ab = 625$ 답 ④

143

$(x^ay^bz^c)^d = x^{ad}y^{bd}z^{cd} = x^9y^{12}z^{15}$이므로

$ad=9,\ bd=12,\ cd=15$

즉, d는 9, 12, 15의 공약수이고 $d>1$이므로 $d=3$

따라서 $a=3,\ b=4,\ c=5$이므로

$a+b+c+d = 3+4+5+3 = 15$ 답 ④

144

$(0.\dot{1})^a=\left(\frac{1}{9}\right)^a=\left\{\left(\frac{1}{3}\right)^2\right\}^a=\left(\frac{1}{3}\right)^{2a}=\frac{1}{3^{2a}}$

즉, $\frac{1}{3^{2a}}=\frac{1}{3^6}$이므로 $2a=6$　　$\therefore a=3$ ──── ❶

$(2.\dot{7})^7=\left(\frac{25}{9}\right)^7=\left\{\left(\frac{5}{3}\right)^2\right\}^7=\left(\frac{5}{3}\right)^{14}$

즉, $\left(\frac{5}{3}\right)^{14}=\left(\frac{5}{3}\right)^b$이므로 $b=14$ ──── ❷

$\therefore 2a+b=2\times3+14=20$ ──── ❸

답 20

단계	채점 기준	배점
❶	a의 값 구하기	40 %
❷	b의 값 구하기	40 %
❸	$2a+b$의 값 구하기	20 %

145

$2^{x+1}+2^{x+2}=2^x\times2+2^x\times2^2$

$=2^x\times(2+2^2)$

$=2^x\times6=192$

$2^x=32=2^5$　　$\therefore x=5$

답 5

146

$a=2^{x-1}$의 양변에 2를 곱하면 $2a=2^x$

$\therefore \frac{2^{2x+1}+2^{x+1}}{2^x}=\frac{2^{2x+1}}{2^x}+\frac{2^{x+1}}{2^x}$

$=2^{x+1}+2=2\times2^x+2$

$=2\times2a+2$

$=4a+2$

답 $4a+2$

147

$A=(8^4+16^3)\times15\times5^8$

$=\{(2^3)^4+(2^4)^3\}\times3\times5\times5^8$

$=(2\times2^{12})\times3\times5^9$

$=2^{13}\times3\times5^9$

$=(2^4\times3)\times(2^9\times5^9)$

$=48\times10^9$

따라서 A는 11자리의 자연수이다.

답 11자리

148

$N=5^{x+1}\times(2^{x+1}+2\times2^{x+1}+2^2\times2^{x+1})$

$=5^{x+1}\times2^{x+1}\times(1+2+2^2)$

$=5^{x+1}\times2^{x+1}\times7$

$=7\times(5\times2)^{x+1}$

$=7\times10^{x+1}$

이때 N이 10자리의 자연수이므로

$x+1=9$　　$\therefore x=8$

답 8

149

$a^3b^3\times C=a^7b^4$이므로 $C=a^4b$

$B\times a^2=a^4b$이므로 $B=a^2b$

$A\times a^2b=a^3b^3$이므로 $A=ab^2$

답 ab^2

150

$B\div A=\left(\frac{1}{2x^3}\right)^4$에서 $B\times\frac{1}{A}=\frac{1}{16x^{12}}$

$\therefore B=\frac{A}{16x^{12}}$

$A\div C=(-2x^3)^5$에서 $A\times\frac{1}{C}=-32x^{15}$

$\therefore C=\frac{A}{-32x^{15}}$

$\therefore B\div C=\frac{A}{16x^{12}}\div\frac{A}{-32x^{15}}$

$=\frac{A}{16x^{12}}\times\frac{-32x^{15}}{A}$

$=-2x^3$

답 $-2x^3$

151

$(-a^2bc^3)^3\div\left(-\frac{1}{3}a^2bc^4\right)^2\div(-12abc^2)$

$=(-a^6b^3c^9)\div\frac{1}{9}a^4b^2c^8\div(-12abc^2)$

$=(-a^6b^3c^9)\times\frac{9}{a^4b^2c^8}\times\left(-\frac{1}{12abc^2}\right)$

$=\frac{3a}{4c}$　　⋯⋯ ㉠

한편 $a:b=2:3$, $b:c=4:5$이므로

$3a=2b$, $5b=4c$

따라서 $3a=2b$, $4c=5b$를 ㉠에 대입하면

$\frac{3a}{4c}=\frac{2b}{5b}=\frac{2}{5}$

답 $\frac{2}{5}$

152

(가) $A\times2ab^2=3a^2b$에서

$A=3a^2b\times\frac{1}{2ab^2}=\frac{3a}{2b}$ ──── ❶

(나) $B=\left(-\frac{2b^2}{a}\right)\times\frac{3a}{2b}=-3b$ ──── ❷

(다) $C=(-3b)\times3a^2b=-9a^2b^2$ ──── ❸

$\therefore A\div B\times C=\frac{3a}{2b}\div(-3b)\times(-9a^2b^2)$

$=\frac{3a}{2b}\times\left(-\frac{1}{3b}\right)\times(-9a^2b^2)$

$=\frac{9}{2}a^3$ ──── ❹

답 $\frac{9}{2}a^3$

단계	채점 기준	배점
❶	A 구하기	20 %
❷	B 구하기	20 %
❸	C 구하기	20 %
❹	$A\div B\times C$를 간단히 하기	40 %

153

$4x^2y^3\div\boxed{}\times 3x^4y=6x^5y^2$에서

$4x^2y^3\times\frac{1}{\boxed{}}\times 3x^4y=6x^5y^2$이므로

$\boxed{}=4x^2y^3\times 3x^4y\times\frac{1}{6x^5y^2}=2xy^2$ 답 ④

154

원뿔 모양의 그릇의 높이를 h라 하면

$\frac{1}{3}\times\pi\times(3ab^3)^2\times h=\pi\times(4ab^2)^2\times 6a^2b\times\frac{3}{4}$

$\frac{1}{3}\times\pi\times 9a^2b^6\times h=\pi\times 16\times a^2b^4\times 6a^2b\times\frac{3}{4}$

$3\pi a^2b^6\times h=72\pi a^4b^5$

$\therefore h=72\pi a^4b^5\times\frac{1}{3\pi a^2b^6}$

$=\frac{24a^2}{b}$ 답 $\frac{24a^2}{b}$

155

$V_1=\pi\times(2ab^2)^2\times 3a^2b=\pi\times 4a^2b^4\times 3a^2b=12\pi a^4b^5$

$V_2=\pi\times(3a^2b)^2\times 2ab^2=\pi\times 9a^4b^2\times 2ab^2=18\pi a^5b^4$

$\therefore\frac{V_2}{V_1}=\frac{18\pi a^5b^4}{12\pi a^4b^5}=\frac{3a}{2b}$ 답 $\frac{3a}{2b}$

156

나무토막 1개의 부피는 $(xy^2)^3$이다.

따라서 직육면체의 높이를 h라 하면

$2x^3y^2\times 3x^3y^4\times h=(xy^2)^3\times 24x^4y^3$

$6x^6y^6\times h=x^3y^6\times 24x^4y^3$

$6x^6y^6\times h=24x^7y^9$

$\therefore h=\frac{24x^7y^9}{6x^6y^6}=4xy^3$ 답 $4xy^3$

3 다항식의 계산

필수유형 공략하기 37~43쪽

157

$(7x-5y+1)-2(5x-4y-1)$

$=7x-5y+1-10x+8y+2$

$=-3x+3y+3$

따라서 $a=-3$, $b=3$, $c=3$이므로

$2a+b+c=2\times(-3)+3+3=0$ 답 ③

158

$(x+ay)+(2x-7y)=3x+(a-7)y$

$=bx-5y$

따라서 $3=b$, $a-7=-5$이므로

$a=2$, $b=3$

$\therefore a+b=2+3=5$ 답 ③

159

(주어진 식)$=\frac{12x+4(x+2y)-3(3x-y)}{12}$

$=\frac{12x+4x+8y-9x+3y}{12}$

$=\frac{7x+11y}{12}=\frac{7}{12}x+\frac{11}{12}y$ 답 $\frac{7}{12}x+\frac{11}{12}y$

160

① $(x^2+2x)+(2x^2-1)=3x^2+2x-1$

② $(-x^2+4x)-(x^2+x+2)=-x^2+4x-x^2-x-2$

$=-2x^2+3x-2$

③ $2(x^2-3x)-x^2+5x=2x^2-6x-x^2+5x$

$=x^2-x$

④ $x^2-2(3x^2-5x)=x^2-6x^2+10x$

$=-5x^2+10x$

⑤ $\frac{x^2-x}{2}-\frac{3x^2-x}{4}=\frac{2(x^2-x)-(3x^2-x)}{4}$

$=\frac{2x^2-2x-3x^2+x}{4}$

$=\frac{-x^2-x}{4}=-\frac{1}{4}x^2-\frac{1}{4}x$ 답 ③

161

② $2x^3-2(x^3-2x^2)=2x^3-2x^3+4x^2=4x^2$

④ $2(x^2-1)-2x^2=2x^2-2-2x^2=-2$

따라서 이차식인 것은 ②, ⑤이다. 답 ②, ⑤

162

$$\frac{x^2-3x+1}{2}-\frac{2x^2+x-2}{3}$$
$$=\frac{3(x^2-3x+1)-2(2x^2+x-2)}{6}$$
$$=\frac{3x^2-9x+3-4x^2-2x+4}{6}$$
$$=\frac{-x^2-11x+7}{6}$$
$$=-\frac{1}{6}x^2-\frac{11}{6}x+\frac{7}{6}$$ ❶

따라서 $a=-\frac{1}{6}$, $b=-\frac{11}{6}$, $c=\frac{7}{6}$이므로 ❷

$a-b-c=-\frac{1}{6}-\left(-\frac{11}{6}\right)-\frac{7}{6}=\frac{1}{2}$ ❸

답 $\frac{1}{2}$

단계	채점 기준	배점
❶	이차식의 뺄셈 계산하기	50 %
❷	a, b, c의 값 구하기	30 %
❸	$a-b-c$의 값 구하기	20 %

163

$5x-[2x-y+\{3x-4y-2(x-y)\}]$
$=5x-\{2x-y+(3x-4y-2x+2y)\}$
$=5x-\{2x-y+(x-2y)\}$
$=5x-(3x-3y)$
$=5x-3x+3y$
$=2x+3y$

답 ③

164

$\{y-(3x-4y)\}+3\{x-(2y-x)\}$
$=(y-3x+4y)+3(x-2y+x)$
$=(-3x+5y)+3(2x-2y)$
$=-3x+5y+6x-6y$
$=3x-y$

즉, x의 계수는 3, y의 계수는 -1이다.

따라서 구하는 계수의 합은 $3+(-1)=2$

답 2

165

$3x^2-[2x^2+3x-\{4x-(2x^2-x+3)\}]$
$=3x^2-\{2x^2+3x-(4x-2x^2+x-3)\}$
$=3x^2-\{2x^2+3x-(-2x^2+5x-3)\}$
$=3x^2-(2x^2+3x+2x^2-5x+3)$
$=3x^2-(4x^2-2x+3)$
$=3x^2-4x^2+2x-3$
$=-x^2+2x-3$ ❶

따라서 $a=-1$, $b=2$, $c=-3$이므로 ❷

$abc=(-1)\times2\times(-3)=6$ ❸

답 6

단계	채점 기준	배점
❶	좌변을 간단히 하기	60 %
❷	a, b, c의 값 구하기	20 %
❸	abc의 값 구하기	20 %

166

어떤 식을 A라 하면

$A-(x^2-3x)+(3x^2+2x-7)=5x^2-3x+2$

$\therefore A=(5x^2-3x+2)+(x^2-3x)-(3x^2+2x-7)$
$=3x^2-8x+9$

답 $3x^2-8x+9$

167

$3b-5a+\{2a-(\square)-b\}$
$=3b-5a+2a-(\square)-b$
$=-3a+2b-(\square)=2a-7b$

$\therefore \square=(-3a+2b)-(2a-7b)$
$=-5a+9b$

답 ②

168

서로 마주보는 면에 적힌 두 다항식의 합이 모두 같고,

$(3x+4y)+(x-2y)=4x+2y$ ❶

$A+(2x-y)=4x+2y$이므로

$A=(4x+2y)-(2x-y)=2x+3y$

$(-3x+y)+B=4x+2y$이므로

$B=(4x+2y)-(-3x+y)=7x+y$ ❷

$\therefore A-B=(2x+3y)-(7x+y)$
$=-5x+2y$ ❸

답 $-5x+2y$

단계	채점 기준	배점
❶	마주보는 면에 적힌 두 다항식의 합 구하기	20 %
❷	A, B 각각 구하기	각 30 %
❸	$A-B$ 구하기	20 %

> 다른 풀이 $A+(2x-y)=(-3x+y)+B$이므로
$A-B=(-3x+y)-(2x-y)$
$=-5x+2y$

169

어떤 식을 A라 하면 잘못 계산한 식은

$(2x-5y+6)+A=-x+3y-2$

$\therefore A=(-x+3y-2)-(2x-5y+6)$
$=-3x+8y-8$

따라서 바르게 계산하면

$(2x-5y+6)-(-3x+8y-8)=5x-13y+14$

답 ⑤

170

어떤 식을 A라 하면 잘못 계산한 식은

$(-x^2-2x+5)-A=2x^2+3x-1$

$\therefore A=(-x^2-2x+5)-(2x^2+3x-1)$

$=-3x^2-5x+6$

따라서 바르게 계산하면

$(-x^2-2x+5)+(-3x^2-5x+6)=-4x^2-7x+11$

답 $-4x^2-7x+11$

171

어떤 식을 A라 하면 잘못 계산한 식은

$A+(-2x^2+x-5)=3x^2-x+4$

$\therefore A=(3x^2-x+4)-(-2x^2+x-5)$

$=5x^2-2x+9$ ❶

따라서 바르게 계산하면

$(5x^2-2x+9)-(-2x^2+x-5)=7x^2-3x+14$

즉, $7x^2-3x+14=ax^2+bx+c$이므로

$a=7,\ b=-3,\ c=14$ ❷

$\therefore a+b+c=7+(-3)+14=18$ ❸

답 18

단계	채점 기준	배점
❶	어떤 식 구하기	50 %
❷	바르게 계산하여 $a,\ b,\ c$의 값 구하기	40 %
❸	$a+b+c$의 값 구하기	10 %

172

(둘레의 길이)$=2\times\{(2a+5b-3)+(7a-4b+2)\}$

$=2(9a+b-1)$

$=18a+2b-2$

답 $18a+2b-2$

173

(둘레의 길이)

$=(2x+3y+1)+(3x-2y+5)+(-x+y-3)$

$=4x+2y+3$

답 ④

174

주어진 도형의 둘레의 길이는 다음 그림과 같이 가로의 길이가 $3a+2b$이고, 세로의 길이가 $(2a-b)+(4b-a)=a+3b$인 직사각형의 둘레의 길이와 같다.

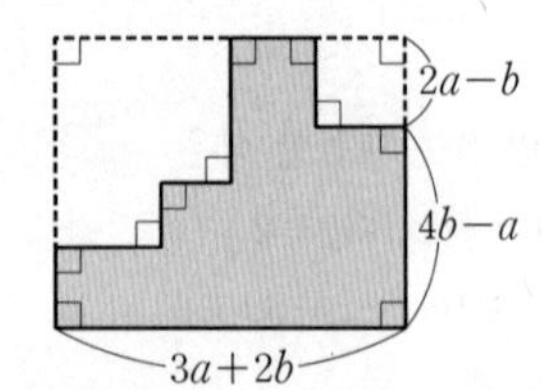

따라서 구하는 둘레의 길이는

$2\times\{(3a+2b)+(a+3b)\}=8a+10b$

답 $8a+10b$

175

$ax(2x-5y-7)=2ax^2-5axy-7ax$

$=bx^2+15xy+cx$

따라서 $2a=b,\ -5a=15,\ -7a=c$이므로

$a=-3,\ b=2a=-6,\ c=-7a=21$

$\therefore a+b+c=(-3)+(-6)+21=12$

답 12

176

① $x(x-1)=x^2-x$

② $-3x(x-2y+1)=-3x^2+6xy-3x$

③ $(2x-1)\times(-x)=-2x^2+x$

⑤ $(-x^2+3xy)\times\left(-\frac{1}{2}x\right)=\frac{1}{2}x^3-\frac{3}{2}x^2y$

답 ④

177

$x(4x-5y)+ay(-x+2y)$

$=4x^2-5xy-axy+2ay^2$

$=4x^2-(5+a)xy+2ay^2$ ❶

xy의 계수가 -1이므로

$-(5+a)=-1 \quad \therefore a=-4$ ❷

이때 y^2의 계수는 $2a=-8$

따라서 x^2의 계수와 y^2의 계수의 합은

$4+(-8)=-4$ ❸

답 -4

단계	채점 기준	배점
❶	주어진 식 간단히 하기	40 %
❷	a의 값 구하기	30 %
❸	x^2의 계수와 y^2의 계수의 합 구하기	30 %

178

$(6x^3-ax^2+20x)\div 2x=\frac{6x^3-ax^2+20x}{2x}$

$=3x^2-\frac{a}{2}x+10$

$=bx^2-6x+c$

따라서 $3=b,\ -\frac{a}{2}=-6,\ 10=c$이므로

$a=12,\ b=3,\ c=10$

$\therefore a+b+c=12+3+10=25$

답 ⑤

179

$\frac{12x^3y-20x^2y^2+8x^2y}{4x^2y}$

$=\frac{12x^3y}{4x^2y}-\frac{20x^2y^2}{4x^2y}+\frac{8x^2y}{4x^2y}$

$=3x-5y+2$

답 ①

180

$(10x^2y-8xy+6xy^2)\div\left(-\frac{2}{3}xy\right)$

$=(10x^2y-8xy+6xy^2)\times\left(-\frac{3}{2xy}\right)$

$=10x^2y\times\left(-\frac{3}{2xy}\right)-8xy\times\left(-\frac{3}{2xy}\right)+6xy^2\times\left(-\frac{3}{2xy}\right)$

$=-15x+12-9y$ ········· ❶

따라서 x의 계수는 -15, 상수항은 12이므로 ········· ❷

구하는 합은 $-15+12=-3$ ········· ❸

답 -3

단계	채점 기준	배점
❶	주어진 식 간단히 하기	50 %
❷	x의 계수와 상수항 구하기	30 %
❸	답 구하기	20 %

181

$x(3x-5)+(12x^3-6x^2)\div(-x)^2$

$=x(3x-5)+(12x^3-6x^2)\div x^2$

$=3x^2-5x+\frac{12x^3-6x^2}{x^2}$

$=3x^2-5x+12x-6$

$=3x^2+7x-6$

답 ⑤

182

$2x(x-5y)-\frac{12x^3-42x^2y}{6x}$

$=(2x^2-10xy)-(2x^2-7xy)$

$=-3xy$

답 $-3xy$

183

$(3x^2-4xy)\div\left(-\frac{3}{2}x^2y\right)\times 6xy^2$

$=(3x^2-4xy)\times\left(-\frac{2}{3x^2y}\right)\times 6xy^2$

$=\left(-\frac{2}{y}+\frac{8}{3x}\right)\times 6xy^2$

$=-12xy+16y^2$

따라서 $a=16$, $b=-12$이므로 $a+b=4$

답 ⑤

184

$(16x^6-80x^5)\div(-2x)^3+(x-2)\times(3x)^2$

$=(16x^6-80x^5)\div(-8x^3)+(x-2)\times 9x^2$

$=-2x^3+10x^2+9x^3-18x^2$

$=7x^3-8x^2$

따라서 최고차항의 차수는 3이고, 각 항의 계수는 7, -8이므로

구하는 합은 $3+7+(-8)=2$

답 ④

185

x항만 생각하면

① $3x+2x=5x$

② $2x-3x=-x$

③ $-x+2x=x$

④ $4x+3x=7x$

⑤ $-3x+6x=3x$

따라서 x의 계수가 가장 큰 것은 ④이다.

답 ④

186

$2x(3x-4)-\left\{(x^3y-3x^2y)\div\left(-\frac{1}{2}xy\right)-7x\right\}$

$=6x^2-8x-\left\{(x^3y-3x^2y)\times\left(-\frac{2}{xy}\right)-7x\right\}$

$=6x^2-8x-\{(-2x^2+6x)-7x\}$

$=6x^2-8x-(-2x^2-x)$

$=8x^2-7x$

답 ④

187

어떤 식을 A라 하면

$A\times\frac{3}{4}xy=2x^3y^2-x^2y$

$\therefore A=(2x^3y^2-x^2y)\div\frac{3}{4}xy$

$=(2x^3y^2-x^2y)\times\frac{4}{3xy}$

$=\frac{8}{3}x^2y-\frac{4}{3}x$

답 $\frac{8}{3}x^2y-\frac{4}{3}x$

188

어떤 식을 A라 하면

$A\div 3x=x^2-4xy$

$\therefore A=(x^2-4xy)\times 3x$

$=3x^3-12x^2y$

답 $3x^3-12x^2y$

189

어떤 식을 A라 하면 잘못 계산한 식은

$A\div\frac{2}{3}ab^2=3ab+4b$ ········· ❶

$\therefore A=(3ab+4b)\times\frac{2}{3}ab^2$

$=2a^2b^3+\frac{8}{3}ab^3$ ········· ❷

따라서 바르게 계산하면

$A\times\frac{2}{3}ab^2=\left(2a^2b^3+\frac{8}{3}ab^3\right)\times\frac{2}{3}ab^2$

$=\frac{4}{3}a^3b^5+\frac{16}{9}a^2b^5$ ········· ❸

답 $\frac{4}{3}a^3b^5+\frac{16}{9}a^2b^5$

단계	채점 기준	배점
❶	잘못 계산한 식 세우기	30 %
❷	어떤 식 구하기	30 %
❸	바르게 계산한 답 구하기	40 %

190

$(\text{넓이})=\frac{1}{2}\times\{(a+2b)+(3a-b)\}\times 2ab$

$=\frac{1}{2}\times(4a+b)\times 2ab$

$=4a^2b+ab^2$ 답 $4a^2b+ab^2$

191

두 대각선의 길이가 각각 $2a+3b$, $4ab$인 마름모의 넓이는

$\frac{1}{2}\times(2a+3b)\times 4ab=2ab\times(2a+3b)$

$=4a^2b+6ab^2$ 답 $4a^2b+6ab^2$

192

$(\text{부피})=\pi\times(2a^2b)^2\times(3a+2b)$

$=\pi\times 4a^4b^2\times(3a+2b)$

$=12\pi a^5b^2+8\pi a^4b^3$ 답 $12\pi a^5b^2+8\pi a^4b^3$

193

$(\text{길의 넓이})=x(3x+2)+x(2x+1)-x^2$

$=3x^2+2x+2x^2+x-x^2$

$=4x^2+3x\ (\text{m}^2)$ 답 $(4x^2+3x)\ \text{m}^2$

194

삼각형 AEF의 넓이는 직사각형 ABCD의 넓이에서 삼각형 ABE, ECF, AFD의 넓이를 뺀 것이므로

$(5a+b)\times 3b$

$-\frac{1}{2}[2a\times 3b+\{\underbrace{(5a+b)-2a}_{3a+b}\}\times b+(5a+b)\times\underbrace{(3b-b)}_{2b}]$

$=15ab+3b^2-\frac{1}{2}(6ab+3ab+b^2+10ab+2b^2)$

$=15ab+3b^2-\frac{1}{2}(19ab+3b^2)$

$=15ab+3b^2-\frac{19}{2}ab-\frac{3}{2}b^2$

$=\frac{11}{2}ab+\frac{3}{2}b^2$ 답 $\frac{11}{2}ab+\frac{3}{2}b^2$

195

(삼각기둥의 부피)=(밑넓이)×(높이)이므로

$6a^2b^3-10a^3b^2=(\text{밑넓이})\times 2ab^2$

$\therefore\ (\text{밑넓이})=(6a^2b^3-10a^3b^2)\div 2ab^2$

$=3ab-5a^2$ 답 $3ab-5a^2$

196

(직육면체의 부피)

=(가로의 길이)×(세로의 길이)×(높이)이므로

$24a^4b^2+60a^3b^2=3a^2b\times 4ab\times(\text{높이})$ ❶

$\therefore\ (\text{높이})=(24a^4b^2+60a^3b^2)\div 3a^2b\div 4ab$

$=(24a^4b^2+60a^3b^2)\times\frac{1}{3a^2b}\times\frac{1}{4ab}$

$=(24a^4b^2+60a^3b^2)\times\frac{1}{12a^3b^2}$

$=2a+5$ ❷

답 $2a+5$

단계	채점 기준	배점
❶	직육면체의 부피에 대한 식 세우기	50 %
❷	높이 구하기	50 %

197

$5x(x+y)-3y(2x+y)$

$=5x^2+5xy-6xy-3y^2$

$=5x^2-xy-3y^2$

$=5\times\left(-\frac{6}{5}\right)^2-\left(-\frac{6}{5}\right)\times\left(-\frac{4}{3}\right)-3\times\left(-\frac{4}{3}\right)^2$

$=\frac{36}{5}-\frac{8}{5}-\frac{16}{3}$

$=\frac{4}{15}$ 답 ②

198

$\frac{4x^3+5x^2}{x^2}+3x(x-2)$

$=4x+5+3x^2-6x$

$=3x^2-2x+5$

$=3\times\left(-\frac{1}{3}\right)^2-2\times\left(-\frac{1}{3}\right)+5$

$=\frac{1}{3}+\frac{2}{3}+5$

$=6$ 답 6

199

$2x(x-2y)-(9x^2y^2-15x^3y)\div(-3xy)$

$=2x(x-2y)-\frac{9x^2y^2-15x^3y}{-3xy}$

$=(2x^2-4xy)-(-3xy+5x^2)$

$=2x^2-4xy+3xy-5x^2$

$=-3x^2-xy$

$=-3\times(-3)^2-(-3)\times\left(-\frac{5}{3}\right)$

$=-27-5$

$=-32$ 답 -32

필수유형 뛰어넘기 44쪽

200

$2x+\{x^2-2(x+A)-5x\}-5=5x^2-3x+1$에서

$2x+(x^2-2x-2A-5x)-5=5x^2-3x+1$

$x^2-5x-5-2A=5x^2-3x+1$

$-2A=5x^2-3x+1-(x^2-5x-5)$

$=4x^2+2x+6$

$\therefore A=-2x^2-x-3$

답 ③

201

$A=(5x^2-4x+6)+(3x^2+x-2)$

$=8x^2-3x+4$

$B=(2x^2-5x-7)-(3x^2+x-2)$

$=-x^2-6x-5$

$(-4x^2+2x-3)+B=C$이므로

$C=(-4x^2+2x-3)+(-x^2-6x-5)$

$=-5x^2-4x-8$

$\therefore A+B+C$

$=(8x^2-3x+4)+(-x^2-6x-5)+(-5x^2-4x-8)$

$=2x^2-13x-9$

답 $2x^2-13x-9$

202

잘못한 계산에서

$(A-B)+C=x^2+2x+3$이므로

$B=A+C-(x^2+2x+3)$

$=(5x^2+3x-4)+(-x^2+5x-6)-(x^2+2x+3)$

$=3x^2+6x-13$ ❶

따라서 바르게 계산하면

$E=(A+B)-C$

$=\{(5x^2+3x-4)+(3x^2+6x-13)\}-(-x^2+5x-6)$

$=9x^2+4x-11$ ❷

답 $9x^2+4x-11$

단계	채점 기준	배점
❶	다항식 B 구하기	50 %
❷	다항식 E 구하기	50 %

203

$(3x^2-bx-4)-(ax^2-2x-1)$

$=3x^2-bx-4-ax^2+2x+1$

$=(3-a)x^2+(-b+2)x-3$

따라서 $3-a=-3$, $-b+2=-3$이므로

$a=6$, $b=5$

$\therefore a+b=6+5=11$

답 11

204

$A=(12x^4y^4-20x^3y^5)\div(-2xy^2)^2$

$=(12x^4y^4-20x^3y^5)\div 4x^2y^4$

$=3x^2-5xy$

$B=12x\times\left(\frac{2}{3}x^3-\frac{1}{2}x^2y\right)\div 2x^2-\left(\frac{3}{4}x^2y-\frac{5}{12}xy^2\right)\div\frac{1}{24}y$

$=(8x^4-6x^3y)\times\frac{1}{2x^2}-\left(\frac{3}{4}x^2y-\frac{5}{12}xy^2\right)\times\frac{24}{y}$

$=(4x^2-3xy)-(18x^2-10xy)$

$=-14x^2+7xy$

$3A+B-2C=-x^2+2xy$에서

$3A+B=3(3x^2-5xy)+(-14x^2+7xy)$

$=-5x^2-8xy$

이므로

$C=\frac{(3A+B)-(-x^2+2xy)}{2}$

$=\frac{(-5x^2-8xy)-(-x^2+2xy)}{2}$

$=\frac{-4x^2-10xy}{2}$

$=-2x^2-5xy$

답 $-2x^2-5xy$

205

$(\text{원뿔의 부피})=\frac{1}{3}\times(\text{밑넓이})\times(\text{높이})$이므로

$12\pi x^5y^5-8\pi x^3y^4=\frac{1}{3}\times\pi\times(2xy^2)^2\times(\text{높이})$

$\therefore (\text{높이})=\frac{3(12\pi x^5y^5-8\pi x^3y^4)}{4\pi x^2y^4}$

$=9x^3y-6x$

답 $9x^3y-6x$

206

$(\text{좌변})=\frac{3x^3-2x^2}{x^2}-(2x-3x^2)\div\left(-\frac{1}{2}x\right)$

$=(3x-2)-(2x-3x^2)\times\left(-\frac{2}{x}\right)$

$=(3x-2)-(-4+6x)$

$=-3x+2$

따라서 $-3x+2=-4$이므로 $x=2$

답 2

Ⅱ. 일차부등식과 연립일차방정식

1 일차부등식

필수유형 공략하기 48~54쪽

207

②, ④ 등식 ③ 다항식

답 ①, ⑤

208

③ 다항식 ④ 등식

답 ③, ④

209

부등식인 것은 ㄱ, ㄷ, ㅁ의 3개이다.

답 ②

210

③ $5(x+3)<18$

답 ③

211

$5x-3\geq x+8$

답 ②

212

공책이 3권에 x원이므로 공책 1권에 $\frac{x}{3}$원이다.

따라서 공책 12권의 가격은 $12\times\frac{x}{3}=4x$(원)

10000원을 냈을 때의 거스름돈은 $(10000-4x)$원이다.

거스름돈이 400원보다 많지 않으므로 부등식으로 나타내면

$10000-4x\leq 400$

답 $10000-4x\leq 400$

213

$x=-1$을 주어진 부등식에 대입하면

① $-(-1)<-2$ (거짓)

② $1-3\times(-1)\geq 4$ (참)

③ $2-(-1)\leq -1$ (거짓)

④ $2\times(-1)+3<4\times(-1)-1$ (거짓)

⑤ $3\times(-1)+2>-1$ (거짓)

따라서 $x=-1$일 때, 참인 부등식은 ②이다.

답 ②

214

주어진 부등식에

① $x=-2$를 대입하면 $3\times(-2)-2>-2$ (거짓)

② $x=-1$을 대입하면 $3\times(-1)-2>-2$ (거짓)

③ $x=0$을 대입하면 $3\times0-2>-2$ (거짓)

④ $x=1$을 대입하면 $3\times1-2>-2$ (참)

⑤ $x=2$를 대입하면 $3\times2-2>-2$ (참)

따라서 주어진 부등식의 해가 되는 것은 ④, ⑤이다.

답 ④, ⑤

215

[ ] 안의 수를 주어진 부등식에 대입하면

① $1+8>4$ (참)

② $-2\times2\leq -4$ (참)

③ $-2-2<-2$ (참)

④ $5\times(-1)+2\leq -2$ (참)

⑤ $\frac{2}{2}<-1$ (거짓)

따라서 [ ] 안의 수가 부등식의 해가 아닌 것은 ⑤이다.

답 ⑤

216

주어진 부등식에

$x=-2$를 대입하면 $-2-2\geq 2\times(-2)-1$ (참)

$x=-1$을 대입하면 $-1-2\geq 2\times(-1)-1$ (참)

$x=0$을 대입하면 $0-2\geq 2\times0-1$ (거짓)

$x=1$을 대입하면 $1-2\geq 2\times1-1$ (거짓)

$x=2$를 대입하면 $2-2\geq 2\times2-1$ (거짓) ——— ❶

따라서 주어진 부등식의 해는 -2, -1이다. ——— ❷

답 -2, -1

단계	채점 기준	배점
❶	주어진 부등식에 x의 값을 대입하여 참, 거짓 판별하기	80 %
❷	부등식의 해 구하기	20 %

217

⑤ $a<b$에서 $-\frac{2}{3}a>-\frac{2}{3}b$

$\therefore -2-\frac{2}{3}a>-2-\frac{2}{3}b$

답 ⑤

218

$-3a-1<-3b-1$에서

$-3a<-3b$ $\therefore a>b$

① $a>b$

② $\frac{a}{3}>\frac{b}{3}$

③ $a-3>b-3$

④ $1-3a<1-3b$

⑤ $2a+3>2b+3$

따라서 옳은 것은 ③이다.

답 ③

219

① $a<b$이고, $c<0$이므로 $ac>bc$

② $a<b$이고, $c<0$이므로 $\frac{a}{c}>\frac{b}{c}$

③ $a+c<b+c$

④ $a<b$이고, $c^2>0$이므로 $\frac{a}{a^2}<\frac{b}{c^2}$

⑤ $a+c<b+c$이고, $c<0$이므로 $\frac{a+c}{c}>\frac{b+c}{c}$

따라서 옳은 것은 ④ 이다. 답 ④

220

$2<x\le 5$에서 $6<3x\le 15$

$\therefore 4<3x-2\le 13$ 답 ③

221

$1\le x<2$에서 $-4<-2x\le -2$

$-3<-2x+1\le -1$

$\therefore -3<A\le -1$

따라서 A의 값이 될 수 있는 것은 ⑤이다. 답 ⑤

222

$-5<1-3x<4$에서 $-6<-3x<3$

$\therefore -1<x<2$

따라서 x의 값의 범위에 속하는 정수는 0, 1로 모두 2개이다.

답 2개

223

$-6\le x\le 4$에서 $-6\le -\frac{3}{2}x\le 9$

$\therefore -7\le -\frac{3}{2}x-1\le 8$ ❶

따라서 $a=8$, $b=-7$이므로 ❷

$a+b=8+(-7)=1$ ❸

답 1

단계	채점 기준	배점
❶	$-\frac{3}{2}x-1$의 값의 범위 구하기	60 %
❷	a, b의 값 각각 구하기	각 10 %
❸	$a+b$의 값 구하기	20 %

224

주어진 식의 괄호를 풀고, 우변의 모든 항을 좌변으로 이항하여 정리하면

① $2>0$

② $x^2-2x+1\ge 0$

③ $0\le 0$

④ $6x+6\le 0$

⑤ $-3x-3>0$

따라서 일차부등식인 것은 ④, ⑤이다. 답 ④, ⑤

225

① $x<-9$에서 $x+9<0$이므로 일차부등식이다.

② $\frac{1}{x}$에서 분모에 x가 있으므로 $\frac{1}{x}-1>1$은 일차부등식이 아니다.

③ $2x+4>x-1$에서 $x+5>0$이므로 일차부등식이다.

④ $2x+9<3x+9$에서 $-x<0$이므로 일차부등식이다.

⑤ $x^2-2x>x^2+x$에서 $-3x>0$이므로 일차부등식이다.

답 ②

226

$ax-13>7-x$에서 $(a+1)x-20>0$

따라서 주어진 부등식이 일차부등식이 되려면 $a\ne -1$이어야 한다. 답 ②

> **참고** $a=-1$이면 주어진 부등식은 $-20>0$이 되므로 일차부등식이 될 수 없다.

227

① $x+9\le 7$에서 $x\le -2$

② $x+1\le -1$에서 $x\le -2$

③ $5x-2\le -12$에서 $5x\le -10$

$\therefore x\le -2$

④ $2-3x\le 8$에서 $-3x\le 6$

$\therefore x\ge -2$

⑤ $2x+4\le 3x+2$에서 $-x\le -2$

$\therefore x\ge 2$ 답 ④

228

(1) 양변에서 7을 빼어도 부등호의 방향은 바뀌지 않는다. ⇨ ㄱ

(2) 양변을 -3으로 나누면 부등호의 방향이 바뀐다. ⇨ ㄷ

답 (1) ㄱ (2) ㄷ

229

① $2x<-6$에서 $x<-3$

② $-x>2x+9$에서 $-3x>9$

$\therefore x<-3$

③ $3x+5<-4$에서 $3x<-9$

$\therefore x<-3$

④ $x+7<3x+1$에서 $-2x<-6$

$\therefore x>3$

⑤ $4x+5<x-4$에서 $3x<-9$

$\therefore x<-3$ 답 ④

230

$-4x+15\leq 20+x$에서 $-5x\leq 5$

$\therefore x\geq -1$ ❶

따라서 주어진 부등식을 만족시키는 x의 값 중에서 가장 작은 정수는 -1이다. ❷

답 -1

단계	채점 기준	배점
❶	일차부등식 풀기	70 %
❷	부등식을 만족시키는 가장 작은 정수 구하기	30 %

231

$2x+7>7x-13$에서 $-5x>-20$

$\therefore x<4$

따라서 주어진 부등식을 만족시키는 자연수 x는 1, 2, 3이므로 3개이다. 답 ③

232

$4x-2=a$에서 $4x=a+2$

$\therefore x=\frac{a+2}{4}$

$\frac{a+2}{4}>3$이므로 $a+2>12$

$\therefore a>10$ 답 ①

233

$3x-2\leq 28-2x$에서 $5x\leq 30$

$\therefore x\leq 6$ 답 ⑤

> 참고 부등식의 해를 수직선 위에 나타내려면 다음의 세 단계만 거치면 된다.
[1단계] 해를 구한다.
[2단계] 경계가 포함되면 ●, 포함 안 되면 ○로 표시한다.
[3단계] x가 경계인 수보다 크(거나 같으)면 오른쪽, x가 경계인 수보다 작(거나 같)으면 왼쪽으로 화살표를 긋는다.

234

주어진 그림은 $x<7$을 나타낸다.

① $3x<-21$에서 $x<-7$

② $x+1>8$에서 $x>7$

③ $-x+7<0$에서 $-x<-7$
 $\therefore x>7$

④ $10-x>3$에서 $-x>-7$
 $\therefore x<7$

⑤ $4-2x<-10$에서 $-2x<-14$
 $\therefore x>7$ 답 ④

235

$2x+6>6x-2$에서 $-4x>-8$ $\therefore x<2$

답 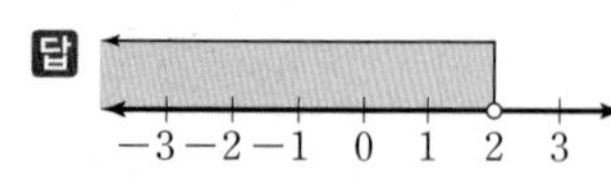

236

$5(x-1)\leq -2(x+6)$에서

$5x-5\leq -2x-12$, $7x\leq -7$

$\therefore x\leq -1$ 답 ③

237

$4(1-2x)<-3x-6$에서

$4-8x<-3x-6$, $-5x<-10$

$\therefore x>2$

답 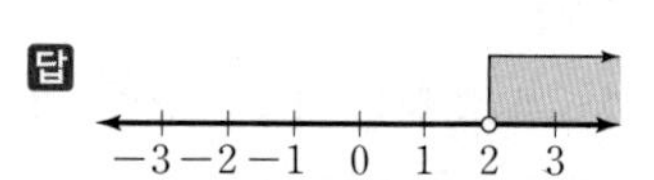

238

$2(4x+3)>3(2x-1)+7$에서

$8x+6>6x+4$, $2x>-2$

$\therefore x>-1$

따라서 주어진 부등식을 만족시키는 x의 값 중에서 가장 작은 정수는 0이다. 답 ③

239

$-4(2x-3)+2x\geq 5-3x$에서

$-8x+12+2x\geq 5-3x$

$-3x\geq -7$

$\therefore x\leq \frac{7}{3}$ ❶

따라서 주어진 부등식을 만족시키는 자연수 x의 값은 1, 2이다. ❷

$\therefore 1+2=3$ ❸

답 3

단계	채점 기준	배점
❶	일차부등식 풀기	60 %
❷	부등식을 만족시키는 자연수 x의 값 구하기	30 %
❸	합 구하기	10 %

240

$\frac{x-2}{4}-\frac{2x-3}{5}<1$의 양변에 분모의 최소공배수 20을 곱하면

$5(x-2)-4(2x-3)<20$

$5x-10-8x+12<20$

$-3x<18$

$\therefore x>-6$ 답 ②

241

$0.25-0.1x\geq-0.15$의 양변에 100을 곱하면

$25-10x\geq-15$, $-10x\geq-40$

$\therefore x\leq4$

따라서 주어진 부등식을 만족시키는 자연수 x는 1, 2, 3, 4의 4개이다. 답 4

242

$\frac{2}{5}x+\frac{1}{10}<0.25x-1$에서

$\frac{2}{5}x+\frac{1}{10}<\frac{1}{4}x-1$

양변에 분모의 최소공배수 20을 곱하면

$8x+2<5x-20$, $3x<-22$

$\therefore x<-\frac{22}{3}$

따라서 주어진 부등식을 만족시키는 x의 값 중에서 가장 큰 정수는 -8이다. 답 ③

243

$0.5-x>\frac{1}{2}(x-5)$의 양변에 10을 곱하면

$5-10x>5(x-5)$, $5-10x>5x-25$

$-15x>-30$

$\therefore x<2$ ──── ❶

따라서 주어진 부등식을 참이 되게 하는 자연수 x는 1뿐이다. ──── ❷

그러므로 그 개수는 1개이다. ──── ❸

답 1개

단계	채점 기준	배점
❶	일차부등식 풀기	60 %
❷	부등식을 참이 되게 하는 자연수 x 구하기	30 %
❸	자연수 x의 개수 구하기	10 %

244

$1-ax<3$에서 $-ax<2$

$a<0$에서 $-a>0$이므로

$x<-\frac{2}{a}$ 답 ①

245

$ax+1>x+7$에서

$ax-x>7-1$, $(a-1)x>6$

$a<1$에서 $a-1<0$이므로

$x<\frac{6}{a-1}$ 답 ④

246

$(a-2)x>4a-8$에서

$(a-2)x>4(a-2)$

$a<2$에서 $a-2<0$이므로

$x<\frac{4(a-2)}{a-2}$

$\therefore x<4$

따라서 주어진 부등식을 만족시키는 자연수 x는 1, 2, 3이다.

답 1, 2, 3

247

$7-4x\leq2a-x$에서 $-3x\leq2a-7$

$\therefore x\geq\frac{-2a+7}{3}$

주어진 부등식의 해가 $x\geq5$이므로

$\frac{-2a+7}{3}=5$, $-2a+7=15$

$-2a=8$ $\therefore a=-4$ 답 ②

248

$ax-1<3$에서 $ax<4$

주어진 부등식의 해가 $x<2$이므로 $a>0$이고, $x<\frac{4}{a}$이다.

따라서 $\frac{4}{a}=2$이므로 $a=2$ 답 ④

249

$x+a\leq-5x+9$에서 $6x\leq9-a$

$\therefore x\leq\frac{9-a}{6}$ ──── ❶

수직선으로부터 주어진 부등식의 해는

$x\leq1$ ──── ❷

따라서 $\frac{9-a}{6}=1$이므로 $9-a=6$

$\therefore a=3$ ──── ❸

답 3

단계	채점 기준	배점
❶	주어진 부등식 풀기	40 %
❷	수직선에서 부등식의 해 구하기	20 %
❸	a의 값 구하기	40 %

250

$2x>2-3x$에서 $5x>2$

$\therefore x>\frac{2}{5}$

$ax+3<1$에서 $ax<-2$

주어진 부등식의 해가 $x>\frac{2}{5}$이므로 $a<0$이고, $x>-\frac{2}{a}$이다.

따라서 $-\frac{2}{a}=\frac{2}{5}$이므로 $a=-5$ 답 -5

251

$a-x>3$에서 $-x>3-a$

$\therefore x<a-3$

이를 만족시키는 자연수 x가 2개이므로

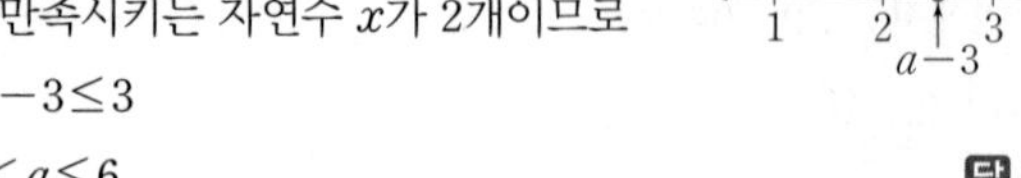

$2<a-3\le3$

$\therefore 5<a\le6$

답 ②

252

$2x-3\ge7x+a$에서 $-5x\ge a+3$

$\therefore x\le-\dfrac{a+3}{5}$

이를 만족시키는 자연수 x가 4개이므로

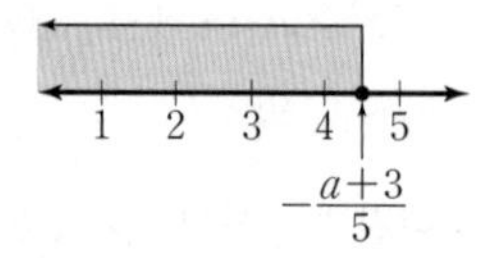

$4\le-\dfrac{a+3}{5}<5$

$-25<a+3\le-20$

$\therefore -28<a\le-23$

따라서 상수 a의 값이 될 수 있는 정수는 -27, -26, -25, -24, -23의 5개이다.

답 5개

253

$\dfrac{2}{5}x-\dfrac{x-1}{2}\ge\dfrac{a}{2}$의 양변에 분모의 최소공배수 10을 곱하면

$4x-5(x-1)\ge5a$

$4x-5x+5\ge5a$

$-x\ge5a-5$

$\therefore x\le-5a+5$

주어진 부등식의 해 중에서 가장 큰 정수가 2이므로

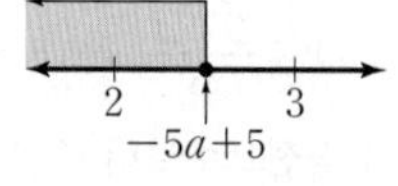

$2\le-5a+5<3$

$-3\le-5a<-2$

$\therefore \dfrac{2}{5}<a\le\dfrac{3}{5}$

답 ⑤

필수유형 뛰어넘기 55쪽

254

ㄱ. $a<b$이므로 $3a<3b$

$\therefore 3a-2<3b-2$ (참)

ㄴ. $a<b<0$이므로 $a^2>b^2$ (거짓)

ㄷ. $b<0$이므로 $a<b$의 양변에 b를 곱하면

$ab>b^2$ (참)

ㄹ. $ab>0$이므로 $a<b$의 양변을 ab로 나누면

$\dfrac{1}{b}<\dfrac{1}{a}$, 즉 $\dfrac{1}{a}>\dfrac{1}{b}$ (거짓)

따라서 옳은 것은 ㄱ, ㄷ이다.

답 ㄱ, ㄷ

255

$4.5\le\dfrac{a+1}{2}<5.5$이므로

$9\le a+1<11$

$\therefore 8\le a<10$

답 $8\le a<10$

256

$ax^2+bx>x^2-10x-8$에서

$(a-1)x^2+(b+10)x+8>0$

이 부등식이 일차부등식이 되려면

$a-1=0$, $b+10\neq0$이어야 하므로

$a=1$, $b\neq-10$

답 ②

257

$0.3(2x-7)<\dfrac{6}{5}-0.3x$의 양변에 10을 곱하면

$3(2x-7)<12-3x$, $6x-21<12-3x$

$9x<33$ $\therefore x<\dfrac{11}{3}$ ······ ❶

이 부등식을 만족시키는 가장 큰 정수는

$a=3$ ······ ❷

$\dfrac{2}{5}x-1.5<0.5x-\dfrac{9}{2}$의 양변에 10을 곱하면

$4x-15<5x-45$, $-x<-30$

$\therefore x>30$ ······ ❸

이 부등식을 만족시키는 가장 작은 정수는

$b=31$ ······ ❹

$\therefore a+b=3+31=34$ ······ ❺

답 34

단계	채점 기준	배점
❶	일차부등식 $0.3(2x-7)<\dfrac{6}{5}-0.3x$ 풀기	35 %
❷	a의 값 구하기	10 %
❸	일차부등식 $\dfrac{2}{5}x-1.5<0.5x-\dfrac{9}{2}$ 풀기	35 %
❹	b의 값 구하기	10 %
❺	$a+b$의 값 구하기	10 %

258

$ax+1>bx+2$에서 $(a-b)x>1$

① $a>b$이면 $a-b>0$이므로 $x>\dfrac{1}{a-b}$

② $a<b$이면 $a-b<0$이므로 $x<\dfrac{1}{a-b}$

③ $a=b$이면 $a-b=0$이므로 $0\times x>1$

즉, $0>1$이므로 해가 없다.

④ $a=0$, $b<0$이면 $-bx>1$이고, $-b>0$이므로 $x>-\dfrac{1}{b}$

⑤ $a<0$, $b=0$이면 $ax>1$이고, $a<0$이므로 $x<\dfrac{1}{a}$

따라서 옳지 않은 것은 ④이다.

답 ④

259

$x=2$는 일차부등식 $\frac{2x-a}{5}-\frac{x}{2}<1$의 해가 아니므로

일차부등식 $\frac{2x-a}{5}-\frac{x}{2}\geq1$의 해이다.

따라서 이 부등식에 $x=2$를 대입하면

$\frac{4-a}{5}-\frac{2}{2}\geq1$

$\frac{4-a}{5}\geq2$

$4-a\geq10$

$-a\geq6$

$\therefore a\leq-6$ 답 $a\leq-6$

260

$(a-3b)x-(2a-b)>0$에서

$(a-3b)x>2a-b$

이 부등식의 해가 $x<1$이므로

$a-3b<0$이고 $x<\frac{2a-b}{a-3b}$

이때 $\frac{2a-b}{a-3b}=1$이므로

$2a-b=a-3b$

$\therefore a=-2b$ ……㉠

$(a+3b)x+a+2b<0$에 ㉠을 대입하면

$bx<0$

한편 $a-3b<0$에 ㉠을 대입하면

$-2b-3b<0$

$-5b<0$ $\therefore b>0$

따라서 구하는 부등식의 해는 $x<0$ 답 $x<0$

261

$\frac{x+1}{3}-\frac{x-2}{2}>\frac{a}{2}$의 양변에 6을 곱하면

$2(x+1)-3(x-2)>3a$

$2x+2-3x+6>3a$

$-x>3a-8$

$\therefore x<8-3a$

이를 만족시키는 자연수 x가 존재하지 않으므로

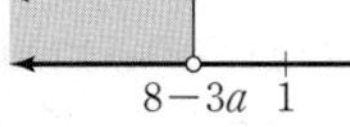

$8-3a\leq1$

$-3a\leq-7$

$\therefore a\geq\frac{7}{3}$

따라서 정수 a의 최솟값은 3이다. 답 3

2 일차부등식의 활용

필수유형 공략하기 57~63쪽

262

두 정수 중 작은 수를 x라 하면 큰 수는 $x+9$이므로

$x+(x+9)<30$

$2x+9<30$, $2x<21$

$\therefore x<10.5$

따라서 두 정수 중 작은 수의 최댓값은 10이다. 답 ③

263

연속하는 세 정수를 $x-1$, x, $x+1$이라 하면

$\{(x-1)+x\}-(x+1)<6$

$x-2<6$

$\therefore x<8$

따라서 연속하는 세 정수가 가장 큰 경우는 x가 7일 때이므로 6, 7, 8이다. 답 6, 7, 8

> 다른 풀이 연속하는 세 정수를 x, $x+1$, $x+2$라 하면

$\{x+(x+1)\}-(x+2)<6$

$\therefore x<7$

따라서 연속하는 세 정수가 가장 큰 경우는 x가 6일 때이므로 6, 7, 8이다.

264

연속하는 세 짝수를 $x-2$, x, $x+2$라 하면

$(x-2)+x+(x+2)>78$ ······ ❶

$3x>78$

$\therefore x>26$ ······ ❷

따라서 연속하는 세 짝수가 가장 작은 경우는 x가 28일 때이므로 26, 28, 30이다. ······ ❸

답 26, 28, 30

단계	채점 기준	배점
❶	부등식 세우기	50 %
❷	부등식 풀기	30 %
❸	연속하는 가장 작은 세 짝수 구하기	20 %

265

세 번째까지의 시험 점수의 총합이 $80\times3=240$(점)이므로 네 번째 시험 점수를 x점이라 하면

$\frac{240+x}{4}\geq82$

$240+x\geq328$

$\therefore x\geq88$

따라서 네 번째 시험에서 88점 이상을 받아야 한다. 답 ④

266

연속하는 세 홀수를 x, $x+2$, $x+4$라 하면
세 홀수의 평균이 16 이하이므로
$\frac{x+(x+2)+(x+4)}{3} \le 16$ ❶
$\frac{3x+6}{3} \le 16$, $x+2 \le 16$
$\therefore x \le 14$ ❷
따라서 홀수 x는 1, 3, 5, 7, 9, 11, 13이므로 연속하는 세 홀수는
(1, 3, 5), (3, 5, 7), (5, 7, 9), (7, 9, 11), (9, 11, 13),
(11, 13, 15), (13, 15, 17)
의 7가지가 가능하다. ❸

답 7가지

단계	채점 기준	배점
❶	부등식 세우기	60 %
❷	부등식 풀기	20 %
❸	연속하는 세 홀수의 가짓수 구하기	20 %

267

전체 학생 수는 24+20=44(명)이므로 여학생의 점수의 평균을 x점이라 하면
$\frac{80\times24+x\times20}{44} \ge 85$
$1920+20x \ge 3740$
$20x \ge 1820$
$\therefore x \ge 91$
따라서 여학생의 점수의 평균은 적어도 91점 이상이었다.

답 91점

268

주어진 세 선분으로 삼각형이 만들어지려면
$x+8<x+(x+6)$
$\therefore x>2$
따라서 x의 값으로 옳지 않은 것은 ①이다. 답 ①

269

윗변의 길이를 x cm라 하면
$\frac{1}{2}\times(x+4)\times2 \le 12$
$\therefore x \le 8$
따라서 윗변의 길이는 8 cm 이하이어야 한다. 답 ①

270

원뿔의 높이를 x cm라 하면
$\frac{1}{3}\times(\pi\times6^2)\times x \ge 60\pi$
$\therefore x \ge 5$
따라서 원뿔의 높이는 5 cm 이상으로 하여야 한다. 답 ②

271

사과를 x개 넣는다고 하면
$2000+1500x \le 30000$
$\therefore x \le \frac{56}{3}$
따라서 사과는 최대 18개까지 넣을 수 있다. 답 ③

272

카네이션을 x송이 산다고 하면
$500x+1000\times2+2000 \le 20000$
$\therefore x \le 32$
따라서 카네이션은 최대 32송이까지 살 수 있다. 답 ②

273

상자를 한 번에 x개 든다고 하면
$13x+9 \le 150$
$\therefore x \le \frac{141}{13}$
따라서 한 번에 최대 10개의 상자를 들 수 있다. 답 ④

274

음료수를 x개 팔았다고 하면 샌드위치는 $(29-x)$개를 팔았으므로
$1500x+2000(29-x) \ge 50000$
$\therefore x \le 16$
따라서 음료수는 최대 16개까지 팔았다. 답 16개

275

우유를 x개 산다고 하면 빵은 $(35-x)$개를 살 수 있으므로
$600(35-x)+800x \le 25000$
$\therefore x \le 20$
따라서 우유는 최대 20개까지 살 수 있다. 답 ③

276

모은 돈의 총합은 $2000\times6=12000$(원)
과자를 x개 산다고 하면 아이스크림은 $(11-x)$개를 살 수 있으므로
$900(11-x)+1200x \le 12000$
$\therefore x \le 7$
따라서 과자는 최대 7개까지 살 수 있다. 답 7개

277

박물관에 x명$(x \ge 20)$이 입장한다고 하면
$1000\times20+600(x-20) \le 30000$
$\therefore x \le \frac{110}{3}$
따라서 최대 36명까지 입장할 수 있다. 답 ①

278

자전거를 x분$(x\geq 60)$ 탄다고 하면

$5000+100(x-60)\leq 15000$

$\therefore x\leq 160$

따라서 최대 160분, 즉 2시간 40분 탈 수 있다.

답 2시간 40분

279

증명사진을 x장 추가로 뽑는다고 하면

$4000+200x\leq 500(x+6)$ ❶

$4000+200x\leq 500x+3000$

$-300x\leq -1000$

$\therefore x\geq \frac{10}{3}$ ❷

따라서 최소 4장을 추가로 뽑아야 한 장의 평균 가격이 500원 이하가 된다. ❸

답 4장

단계	채점 기준	배점
❶	부등식 세우기	50 %
❷	부등식 풀기	30 %
❸	최소 몇 장을 추가로 뽑아야 하는지 구하기	20 %

280

x주 후부터 준호의 예금액이 건우의 예금액보다 많아진다고 하면

$2000+1200x>5000+500x$

$\therefore x>\frac{30}{7}$

따라서 5주 후부터 준호의 예금액이 건우의 예금액보다 많아진다.

답 ①

281

x개월 후부터 선물을 살 수 있다고 하면

$15000+6000x\geq 40000$

$\therefore x\geq \frac{25}{6}$

따라서 5개월 후부터 선물을 살 수 있다.

답 ③

282

x번 꺼낸 후부터 저금통 A에 남아 있는 금액이 저금통 B에 남아 있는 금액보다 많아진다고 하면

$15000-200x>30000-1500x$ ❶

$1300x>15000$

$\therefore x>\frac{150}{13}$ ❷

따라서 12번 꺼낸 후부터 저금통 A에 남아 있는 금액이 저금통 B에 남아 있는 금액보다 많아진다. ❸

답 12번 꺼낸 후

단계	채점 기준	배점
❶	부등식 세우기	50 %
❷	부등식 풀기	30 %
❸	몇 번 꺼낸 후부터인지 구하기	20 %

283

정가를 x원이라 하면

정가의 30 %를 할인한 가격은 $x(1-0.3)$원,

원가에 40 %의 이익을 붙인 금액은 $4200(1+0.4)$원이므로

$x(1-0.3)\geq 4200(1+0.4)$

$\therefore x\geq 8400$

따라서 정가는 8400원 이상으로 정하면 된다.

답 ③

284

원가를 x원이라 하면

원가에 20 %의 이익을 붙여 정한 정가는 $1.2x$원

정가에서 840원을 할인한 가격은 $(1.2x-840)$원

원가에 15 %의 이익을 붙인 금액은 $1.15x$원이므로

$1.2x-840\geq 1.15x$

$\therefore x\geq 16800$

따라서 원가는 16800원 이상이다.

답 16800원

285

원가를 x원이라 하면

원가에 50 %의 이익을 붙인 정가는 $1.5x$원

정가에서 20 %를 할인한 가격은

$1.5x\times 0.8=1.2x$(원) ❶

의자 한 개를 판매할 때마다 5000원 이상의 이익이 남았으므로

$1.2x-x\geq 5000$ ❷

$0.2x\geq 5000$

$\therefore x\geq 25000$ ❸

따라서 원가의 최솟값은 25000원이다. ❹

답 25000원

단계	채점 기준	배점
❶	판매 가격 구하기	30 %
❷	부등식 세우기	30 %
❸	부등식 풀기	30 %
❹	원가의 최솟값 구하기	10 %

286

사과를 x개 산다고 하면 동네 시장에서 사과 x개의 가격은 $(800\times 0.8)\times x=640x$(원)이므로

$640x>500x+2800$

$\therefore x>20$

따라서 사과를 21개 이상 사야 도매 시장에서 사는 것이 유리하다.

답 ②

287

생수를 x통 산다고 하면

$1100x > 600x + 2000$

$\therefore x > 4$

따라서 생수를 5통 이상 사야 할인 매장에서 사는 것이 유리하다.

답 5통

288

택시는 기본 거리 이후로 200 m당 100원씩 올라가므로 1 km당 500원씩 올라간다.

택시를 타고 기본 거리 이후에 이동한 거리를 x km라 하면

$1300 + 500x < 600 \times 3$

$\therefore x < 1$

따라서 이동 거리가 $2+1=3$(km) 미만이어야 택시를 타고 가는 것이 유리하다.

답 ③

289

일 년에 x회 주문한다고 하면

$2500x > 6000 + 1000x$

$\therefore x > 4$

따라서 일 년에 5회 이상 주문하면 회원으로 가입하는 것이 유리하다.

답 5회

290

휴대전화 통화 시간을 x초라 하면

$18000 + 5x < 25200 + x$ ―― ❶

$4x < 7200$

$\therefore x < 1800$ ―― ❷

따라서 휴대전화 통화 시간이 1800초, 즉 30분 미만이어야 A 통신사를 선택하는 것이 유리하다. ―― ❸

답 30분

단계	채점 기준	배점
❶	부등식 세우기	50 %
❷	부등식 풀기	30 %
❸	통화 시간이 몇 분 미만이어야 하는지 구하기	20 %

291

x명이 입장한다고 하면

$(1000 \times 0.6) \times 100 < 1000x$

$\therefore x > 60$

따라서 61명 이상이면 100명의 단체 입장권을 구매하는 것이 유리하다.

답 61명

292

단체의 인원수를 x명이라 하면

40명 이상 50명 미만인 단체가 20% 할인을 받으면 입장료는

$(4000 \times 0.8) \times x = 3200x$(원)이므로

$(4000 \times 0.7) \times 50 < 3200x$

$\therefore x > 43.75$

따라서 44명 이상이면 50명의 단체 입장권을 구매하는 것이 유리하다.

답 ④

293

x km까지 올라갔다 내려올 수 있다고 하면

$\frac{x}{2} + \frac{x}{4} \le 6$

$\therefore x \le 8$

따라서 근영이는 최대 8 km까지 올라갔다 내려올 수 있다.

답 ③

294

걸어간 거리를 x km라 하면 자전거를 타고 간 거리는 $(8-x)$km이므로

$\frac{8-x}{12} + \frac{x}{6} \le 1$

$\therefore x \le 4$

따라서 현민이가 걸어간 거리는 최대 4 km이다.

답 4 km

295

상점이 x km 떨어져 있다고 하면

$\frac{x}{3} + \frac{1}{3} + \frac{x}{3} \le 1$

$\therefore x \le 1$

따라서 최대 1 km 이내에 있는 상점을 이용할 수 있다.

답 ②

296

집에서 x km 떨어진 지점까지 인라인스케이트를 타고 다녀올 수 있다고 하면

$\frac{x}{10} + \frac{1}{2} + \frac{x}{6} \le \frac{9}{2}$ ―― ❶

$\frac{x}{10} + \frac{x}{6} \le 4$

$3x + 5x \le 120$

$\therefore x \le 15$ ―― ❷

따라서 수현이는 집에서 최대 15 km 떨어진 지점까지 인라인스케이트를 타고 다녀올 수 있다. ―― ❸

답 15 km

단계	채점 기준	배점
❶	부등식 세우기	50 %
❷	부등식 풀기	30 %
❸	최대 거리 구하기	20 %

297

갈 때 걸은 거리를 x km라 하면

$\frac{x}{3}+\frac{x+1}{4}\le 2$

$\therefore x\le 3$

따라서 지훈이가 갈 때 걸은 최대 거리가 3 km이므로 구하는 최대 거리는

$3+(3+1)=7(\text{km})$ 답 7 km

298

하민이와 하운이가 출발한 지 x분 후라 하면 하민이와 하운이가 서로 반대 방향으로 가고 있으므로

$190x+60x\ge 2000$

$\therefore x\ge 8$

따라서 출발한 지 최소 8분이 지나야 한다. 답 8분

299

걸어간 거리를 x m라 하면 뛰어간 거리는 $(2000-x)$m이므로

$\frac{x}{60}+\frac{2000-x}{100}\le 30$

$\therefore x\le 1500$

따라서 정수가 걸어간 거리는 1500 m, 즉 1.5 km 이하이다.

답 1.5 km

300

넣어야 하는 10 %의 소금물의 양을 x g이라 하면 소금물의 양은 $(200+x)$ g이므로

$\dfrac{\frac{15}{100}\times 200+\frac{10}{100}\times x}{200+x}\times 100\le 12$

$\therefore x\ge 300$

따라서 10 %의 소금물은 300 g 이상 넣어야 한다. 답 ③

301

넣어야 하는 물의 양을 x g이라 하면 소금물의 양은 $(500+x)$ g이므로

$\frac{50}{500+x}\times 100\le 4$

$\therefore x\ge 750$

따라서 넣어야 하는 물의 양은 최소 750 g이다. 답 750 g

> **참고** 물을 넣은 것은 0 %의 소금물을 넣은 것이므로
>
> $\frac{10}{100}\times 500+\frac{0}{100}\times x\le\frac{4}{100}\times(500+x)$
>
> 이다.

302

20 %의 설탕물 400 g에 녹아 있는 설탕의 양은

$\frac{20}{100}\times 400=80(\text{g})$

증발시켜야 하는 물의 양을 x g이라 하면 소금물의 양은 $(400-x)$ g이므로

$\frac{80}{400-x}\times 100\ge 25$

$\therefore x\ge 80$

따라서 증발시켜야 하는 물의 양은 최소 80 g이다. 답 80 g

303

8 %의 소금물 800 g에 녹아 있는 소금의 양은

$\frac{8}{100}\times 800=64(\text{g})$

넣어야 하는 소금의 양을 x g이라 하면 소금물의 양은 $(800+x)$ g이므로

$\frac{64+x}{800+x}\times 100\ge 12$ ——— ❶

$\therefore x\ge\frac{400}{11}$ ——— ❷

따라서 넣어야 하는 소금의 양은 $\frac{400}{11}$ g 이상이다. ——— ❸

답 $\frac{400}{11}$ g

단계	채점 기준	배점
❶	부등식 세우기	50 %
❷	부등식 풀기	30 %
❸	넣어야 하는 소금의 양 구하기	20 %

304

물을 x번 빼냈다고 하면

A에 남은 물의 양은 $(200-10x)$ L,

B에 남은 물의 양은 $(150-6x)$ L이므로

$200-10x<150-6x$

$\therefore x>12.5$

따라서 물을 13번 빼냈을 때부터 B에 남은 물의 양이 A에 남은 물의 양보다 많아진다. 답 ④

305

초콜릿을 x개 섞는다고 하면 사탕은 $2x$개이고, 사탕과 초콜릿은 합쳐서 10개가 넘지 않으므로

$x+2x\le 10 \qquad \therefore x\le\frac{10}{3}$

즉, 가능한 초콜릿의 개수는 1, 2, 3이고, 각각에 대한 사탕의 개수는 다음과 같다.

초콜릿(개)	1	2	3
사탕(개)	2	4	6

따라서 만들 수 있는 선물 주머니는 3가지이다. 답 3가지

306

전체 일의 양을 1이라 하면 선생님 1명이 하루에 할 수 있는 일의 양은 $\frac{1}{4}$이고, 학생 1명이 하루에 할 수 있는 일의 양은 $\frac{1}{6}$이다.

이때 선생님을 x명이라 하면 학생은 $(5-x)$명이므로

$\frac{1}{4}x+\frac{1}{6}(5-x)\geq 1$

$\therefore x\geq 2$

따라서 선생님은 적어도 2명이 필요하다. 답 2명

필수유형 뛰어넘기 64쪽

307

석현이의 사물함 번호를 x번이라 하면

$\frac{x}{5}+10<\frac{x}{2}$, $2x+100<5x$

$\therefore x>\frac{100}{3}$

번호가 38번까지 있으므로 x는 34, 35, 36, 37, 38이 될 수 있다. 그런데 석현이의 사물함 번호는 5의 배수이므로 35번이다.

답 35번

308

강우가 받는 용돈을 x원이라 하면 영미가 받는 용돈은 $(20000-x)$원이므로

$5x\geq 3(20000-x)$

$\therefore x\geq 7500$

따라서 강우가 받는 용돈은 최소 7500원이다. 답 7500원

309

무게가 50 kg인 물건을 x개 싣는다고 하면 무게가 25 kg인 물건은 $(20-x)$개 싣게 되므로

$25(20-x)+50x\leq 800$

$\therefore x\leq 12$

따라서 무게가 25 kg인 물건을 최대한 적게 실으려면 무게가 50 kg인 물건은 최대한 많이 실어야 하므로 12개를 실어야 한다. 답 12개

310

물건의 원가를 a원이라 하면 정가는

$a\left(1+\frac{50}{100}\right)=1.5a$(원)

원가에 20 %의 이익을 붙인 가격은

$a\left(1+\frac{20}{100}\right)=1.2a$(원)

정가의 x %를 할인하여 판다고 하면

$1.5a\times\left(1-\frac{x}{100}\right)\geq 1.2a$

$\therefore x\leq 20$

따라서 정가의 20 %까지 할인하여 팔 수 있다. 답 20 %

311

수영장까지의 거리를 x m라 하면

(갈 때 걸린 시간)$-$(올 때 걸린 시간)$\geq$(5분)이므로

$\frac{x}{50}-\frac{x}{60}\geq 5$

$6x-5x\geq 1500$

$\therefore x\geq 1500$

따라서 수영장까지의 최소 거리는 1500 m이다.

자전거로 갈 때 1시간에 12 km를 가는 속력으로 간다면 1분에는 $\frac{12000}{60}=200$(m)를 가게 되므로 자전거를 타고 수영장까지 다녀오는 데 걸리는 최소 시간은

$\frac{1500}{200}+\frac{1500}{200}=15$(분) 답 15분

312

8 %의 소금물 500 g에 녹아 있는 소금의 양은

$\frac{8}{100}\times 500=40$(g)

증발시켜야 하는 물의 양을 x g이라 하면 만드는 소금물의 양은 $(40+x)$ g, 소금물의 양은 $500-x+x=50$(g)이므로

$\frac{40+x}{500-x+x}\times 100\geq 10$

$\frac{40+x}{500}\times 100\geq 10$, $40+x\geq 50$

$\therefore x\geq 10$

따라서 10 g 이상의 물을 증발시켜야 한다. 답 ③

313

코알라가 하루에 올라가는 높이는 $(x-3)$ m ——— ❶

5일째 되는 날에 18 m 이상 올라가 있으려면 4일 동안 올라간 높이에 5일째 낮에 올라간 높이를 더하여 18 m 이상이면 되므로

$4(x-3)+x\geq 18$

$\therefore x\geq 6$ ——— ❷

따라서 코알라는 낮에 최소 6 m를 올라가야 한다. ——— ❸

답 6 m

단계	채점 기준	배점
❶	코알라가 하루에 올라가는 높이 구하기	20 %
❷	부등식 세우고 풀기	60 %
❸	코알라가 낮에 올라가야 하는 최소 높이 구하기	20 %

3 연립일차방정식

필수유형 공략하기 67~76쪽

314

① $-2x+y=0$ ⇨ 미지수가 2개인 일차방정식이다.
② $x+1=0$ ⇨ 미지수가 1개인 일차방정식이다.
③ 등식이 아니다.
④ $2x-xy-3=0$ ⇨ xy항이 있으므로 1차가 아니다.
⑤ x^2항이 있으므로 1차가 아니다.

답 ①

315

ㄴ. 미지수가 3개이다.
ㄷ. x^2항, y^2항이 있으므로 1차가 아니다.
ㅁ. xy항이 있으므로 1차가 아니다.
ㅂ. 분모에 x, y가 있다.
따라서 미지수가 2개인 일차방정식은 ㄱ, ㄹ의 2개이다.

답 2개

316

$2(x-y)=3x+y-7$에서
$2x-2y=3x+y-7$ $\quad\therefore x+3y-7=0$
따라서 $a=1$, $b=3$이므로
$a+b=1+3=4$

답 ④

317

주어진 순서쌍을 $2x+y=5$에 대입하였을 때, 등식이 성립하는 것을 찾으면
② $2\times(-1)+7=5$
③ $2\times1+3=5$

답 ②, ③

318

주어진 순서쌍을 $3x-2y=1$에 대입하였을 때, 등식이 성립하지 않는 것을 찾으면
④ $3\times2-2\times(-1)\neq1$

답 ④

319

$x=2$, $y=-2$를 주어진 방정식에 대입하였을 때, 등식이 성립하는 것을 찾으면
③ $3\times2+4\times(-2)=-2$

답 ③

320

일차방정식 $5x+y=20$을 만족시키는 x, y의 값은 다음과 같다.

x	1	2	3	4	…
y	15	10	5	0	…

따라서 x, y가 자연수일 때, 일차방정식 $5x+y=20$의 해는 (1, 15), (2, 10), (3, 5)의 3개이다.

답 ③

321

x, y가 자연수인 해를 구하면 다음과 같다.
① (5, 1)
② (1, 2), (2, 1)
③ (1, 6), (2, 4), (3, 2)
④ (1, 2)
⑤ 없다.
따라서 해의 개수가 가장 많은 것은 ③이다.

답 ③

322

일차방정식 $2x+3y=15$를 만족시키는 x, y의 값은 다음과 같다.

x	0	1	2	3	4	5	6	7	8	…
y	5	$\frac{13}{3}$	$\frac{11}{3}$	3	$\frac{7}{3}$	$\frac{5}{3}$	1	$\frac{1}{3}$	$-\frac{1}{3}$	…

따라서 x, y가 음이 아닌 정수일 때, 일차방정식 $2x+3y=15$의 해는 (0, 5), (3, 3), (6, 1)의 3개이다.

답 ③

323

$x=-1$, $y=2$를 $3x+ay=-7$에 대입하면
$-3+2a=-7$ $\quad\therefore a=-2$

답 ①

324

$x=5$, $y=a$를 $5x-3y=4$에 대입하면
$25-3a=4$ $\quad\therefore a=7$

답 7

325

$x=a$, $y=-2a+3$을 $3x+4y=-13$에 대입하면
$3a+4(-2a+3)=-13$
$3a-8a+12=-13$, $-5a=-25$
$\therefore a=5$

답 5

326

$x=-2$, $y=3$을 $2x+by=5$에 대입하면
$-4+3b=5$ $\quad\therefore b=3$ ──── ❶
$x=1$, $y=a$를 $2x+3y=5$에 대입하면
$2+3a=5$ $\quad\therefore a=1$ ──── ❷
$\therefore a+b=1+3=4$ ──── ❸

답 4

단계	채점 기준	배점
❶	b의 값 구하기	40 %
❷	a의 값 구하기	40 %
❸	$a+b$의 값 구하기	20 %

327

$\begin{cases} (\text{숫의 개수에 대한 일차방정식}) \\ (\text{득점에 대한 일차방정식}) \end{cases} \Rightarrow \begin{cases} x+y=10 \\ 2x+3y=24 \end{cases}$ 답 ③

328

연립방정식으로 나타내면 $\begin{cases} x+y=9 \\ 2000x+1200y=14000 \end{cases}$ 이므로

$a=9$, $b=1200$, $c=14000$

$\therefore a+b+c=15209$ 답 15209

329

$\begin{cases} (\text{전체 학생 수에 대한 일차방정식}) \\ (\text{안경을 낀 학생 수에 대한 일차방정식}) \end{cases} \Rightarrow \begin{cases} x+y=28 \\ \frac{1}{3}x+\frac{1}{2}y=12 \end{cases}$

답 $\begin{cases} x+y=28 \\ \frac{1}{3}x+\frac{1}{2}y=12 \end{cases}$

330

x, y가 자연수일 때, 일차방정식 $2x-y=3$의 해는

$(2, 1)$, $(3, 3)$, $(4, 5)$, $(5, 7)$, $(6, 9)$, $(7, 11)$, $\cdots$

x, y가 자연수일 때, 일차방정식 $x+2y=9$의 해는

$(1, 4)$, $(3, 3)$, $(5, 2)$, $(7, 1)$

따라서 구하는 연립방정식의 해는 $(3, 3)$이다. 답 ③

331

$x=-1$, $y=3$을 연립방정식의 두 일차방정식에 대입하였을 때, 등식이 모두 성립하는 것을 찾으면

④ $\begin{cases} 3=-1+4 \\ 2\times(-1)+3=1 \end{cases}$ 답 ④

> 주의 연립방정식의 두 일차방정식 중 처음 식에 x, y의 값을 대입하여 등식이 성립한다고 답으로 택하면 안 된다. 연립방정식의 해는 공통인 해이므로 두 번째 식에도 대입해 보아야 한다.

332

(1) x, y가 자연수일 때, 일차방정식 $x+y=7$의 해는

$(1, 6)$, $(2, 5)$, $(3, 4)$, $(4, 3)$, $(5, 2)$, $(6, 1)$ ——— ❶

(2) x, y가 자연수일 때, 일차방정식 $2x+3y=16$의 해는

$(2, 4)$, $(5, 2)$ ——— ❷

(3) 구하는 연립방정식의 해는 $(5, 2)$이다. ——— ❸

답 (1) $(1, 6)$, $(2, 5)$, $(3, 4)$, $(4, 3)$, $(5, 2)$, $(6, 1)$
(2) $(2, 4)$, $(5, 2)$ (3) $(5, 2)$

단계	채점 기준	배점
❶	$x+y=7$의 해 구하기	40 %
❷	$2x+3y=16$의 해 구하기	40 %
❸	연립방정식의 해 구하기	20 %

333

$x=3$, $y=-2$를 $3x-2y=a$에 대입하면

$9+4=a \quad \therefore a=13$

$x=3$, $y=-2$를 $x+by=7$에 대입하면

$3-2b=7 \quad \therefore b=-2$

$\therefore a+b=13+(-2)=11$ 답 ④

334

$x=2$, $y=b$를 $x-y=5$에 대입하면

$2-b=5 \quad \therefore b=-3$

$x=2$, $y=-3$을 $2x+y=a$에 대입하면

$4-3=a \quad \therefore a=1$

$\therefore a-b=1-(-3)=4$ 답 4

335

$x=b$, $y=b-1$을 $2x+3y=17$에 대입하면

$2b+3(b-1)=17$, $5b-3=17 \quad \therefore b=4$ ——— ❶

$x=4$, $y=3$을 $ax+y=15$에 대입하면

$4a+3=15 \quad \therefore a=3$ ——— ❷

$\therefore ab=3\times4=12$ ——— ❸

답 12

단계	채점 기준	배점
❶	b의 값 구하기	40 %
❷	a의 값 구하기	40 %
❸	ab의 값 구하기	20 %

336

$\begin{cases} x=3y-2 & \cdots\cdots ㉠ \\ 2x-5y=1 & \cdots\cdots ㉡ \end{cases}$

㉠을 ㉡에 대입하면 $2(3y-2)-5y=1$

$6y-4-5y=1 \quad \therefore y=5$

$y=5$를 ㉠에 대입하면 $x=15-2=13$

따라서 $a=13$, $b=5$이므로

$a-b=13-5=8$ 답 ③

337

㉠을 ㉡에 대입하면 $3(2y-1)-y=-2$

$6y-3-y=-2$, $5y=1$

$\therefore a=5$ 답 ④

338

$\begin{cases} y=2x-5 & \cdots\cdots ㉠ \\ y=-3x-15 & \cdots\cdots ㉡ \end{cases}$

㉠을 ㉡에 대입하면 $2x-5=-3x-15$

$5x=-10 \quad \therefore x=-2$

$x=-2$를 ㉠에 대입하면 $y=-4-5=-9$ 답 ③

339

$$\begin{cases} 2x+y=10 & \cdots\cdots ㉠ \\ 3x-y=10 & \cdots\cdots ㉡ \end{cases}$$

㉠+㉡을 하면 $5x=20$　　$\therefore x=4$

$x=4$를 ㉠에 대입하면

$8+y=10$　　$\therefore y=2$

따라서 $a=4$, $b=2$이므로

$a+b=4+2=6$

답 ①

340

㉠×2−㉡×3을 하면

$$\begin{array}{rl} & 4x+6y=2 \\ -) & 15x+6y=9 \\ \hline & -11x \quad =-7 \end{array}$$

답 ④

341

$$\begin{cases} 2x-7y=9 & \cdots\cdots ㉠ \\ ax+2y=1 & \cdots\cdots ㉡ \end{cases}$$

에서 ㉠×3−㉡×2를 하면

$(6-2a)x-25y=25$

x의 계수가 0이므로

$6-2a=0$　　$\therefore a=3$

즉, $-25y=25$　　$\therefore y=-1$

$y=-1$을 ㉠에 대입하면

$2x+7=9$　　$\therefore x=1$

답 $x=1$, $y=-1$

342

$$\begin{cases} ax+by=3 & \cdots\cdots ㉠ \\ ax-by=-5 & \cdots\cdots ㉡ \end{cases}$$

$x=-1$, $y=2$를 ㉠, ㉡에 각각 대입하면

$$\begin{cases} -a+2b=3 & \cdots\cdots ㉢ \\ -a-2b=-5 & \cdots\cdots ㉣ \end{cases}$$

㉢+㉣을 하면 $-2a=-2$　　$\therefore a=1$

$a=1$을 ㉢에 대입하면

$-1+2b=3$　　$\therefore b=2$

$\therefore ab=1\times2=2$

답 2

343

$$\begin{cases} ax-3by=6 & \cdots\cdots ㉠ \\ 2ax+5by=23 & \cdots\cdots ㉡ \end{cases}$$

$x=3$, $y=1$을 ㉠, ㉡에 각각 대입하면

$$\begin{cases} 3a-3b=6 & \cdots\cdots ㉢ \\ 6a+5b=23 & \cdots\cdots ㉣ \end{cases}$$

㉢×2−㉣을 하면 $-11b=-11$　　$\therefore b=1$

$b=1$을 ㉢에 대입하면

$3a-3=6$　　$\therefore a=3$

$\therefore a-b=3-1=2$

답 ④

344

$$\begin{cases} ax+by=9 & \cdots\cdots ㉠ \\ bx-ay=7 & \cdots\cdots ㉡ \end{cases}$$

$x=5$, $y=-1$을 ㉠, ㉡에 각각 대입하면

$$\begin{cases} 5a-b=9 & \cdots\cdots ㉢ \\ a+5b=7 & \cdots\cdots ㉣ \end{cases}$$ ——— ❶

㉢×5+㉣을 하면 $26a=52$　　$\therefore a=2$

$a=2$를 ㉢에 대입하면 $10-b=9$　　$\therefore b=1$ ——— ❷

$\therefore a+b=2+1=3$ ——— ❸

답 3

단계	채점 기준	배점
❶	해를 주어진 연립방정식에 대입하기	30 %
❷	a, b에 대한 연립방정식 풀기	50 %
❸	$a+b$의 값 구하기	20 %

345

$x=2y$이므로 연립방정식 $\begin{cases} x+3y=10 & \cdots\cdots ㉠ \\ x=2y & \cdots\cdots ㉡ \end{cases}$

에서 ㉡을 ㉠에 대입하면 $2y+3y=10$

$5y=10$　　$\therefore y=2$

$y=2$를 ㉡에 대입하면 $x=4$

$x=4$, $y=2$를 $3x-5y=a$에 대입하면

$12-10=a$　　$\therefore a=2$

답 2

› 다른 풀이 $x=2y$를 연립방정식 $\begin{cases} x+3y=10 \\ 3x-5y=a \end{cases}$에 대입하면

$$\begin{cases} 2y+3y=10 \\ 6y-5y=a \end{cases} \Rightarrow \begin{cases} 5y=10 & \cdots\cdots ㉠ \\ y=a & \cdots\cdots ㉡ \end{cases}$$

㉠에서 $y=2$이므로 ㉡에서 $a=2$

346

$y=3x$이므로 연립방정식 $\begin{cases} y=3x & \cdots\cdots ㉠ \\ 3x+y=18 & \cdots\cdots ㉡ \end{cases}$

에서 ㉠을 ㉡에 대입하면 $3x+3x=18$

$6x=18$　　$\therefore x=3$

$x=3$을 ㉠에 대입하면 $y=9$

$x=3$, $y=9$를 $x+2y=a+12$에 대입하면

$3+18=a+12$　　$\therefore a=9$

답 9

› 다른 풀이 $y=3x$를 연립방정식 $\begin{cases} x+2y=a+12 \\ 3x+y=18 \end{cases}$에 대입하면

$$\begin{cases} x+6x=a+12 \\ 3x+3x=18 \end{cases} \Rightarrow \begin{cases} 7x=a+12 & \cdots\cdots ㉠ \\ 6x=18 & \cdots\cdots ㉡ \end{cases}$$

㉡에서 $x=3$이므로 ㉠에 대입하면

$21=a+12$　　$\therefore a=9$

347

$x=y+3$을 연립방정식 $\begin{cases} 2x-y=k \\ 5x-2y=2k+1 \end{cases}$에 대입하면

$\begin{cases} 2(y+3)-y=k \\ 5(y+3)-2y=2k+1 \end{cases}$ ⇨ $\begin{cases} y=k-6 & \cdots\cdots ㉠ \\ 3y=2k-14 & \cdots\cdots ㉡ \end{cases}$

㉠을 ㉡에 대입하면

$3(k-6)=2k-14$, $3k-18=2k-14$

$\therefore k=4$ **답** 4

348

$x : y=2 : 3$에서 $3x=2y$, 즉 $3x-2y=0$

연립방정식 $\begin{cases} 3x-2y=0 & \cdots\cdots ㉠ \\ 2x+y=7 & \cdots\cdots ㉡ \end{cases}$

에서 ㉠+㉡×2를 하면 $7x=14$ $\quad\therefore x=2$

$x=2$를 ㉠에 대입하면 $6-2y=0$ $\quad\therefore y=3$

$x=2$, $y=3$을 $-4x+ay=1$에 대입하면

$-8+3a=1$ $\quad\therefore a=3$ **답** 3

› 다른 풀이 $x : y=2 : 3$에서 $3x=2y$ $\quad\therefore y=\frac{3}{2}x$

$y=\frac{3}{2}x$를 연립방정식 $\begin{cases} 2x+y=7 \\ -4x+ay=1 \end{cases}$에 대입하면

$\begin{cases} 2x+\frac{3}{2}x=7 & \cdots\cdots ㉠ \\ -4x+\frac{3}{2}ax=1 & \cdots\cdots ㉡ \end{cases}$

㉠에서 $\frac{7}{2}x=7$ $\quad\therefore x=2$

$x=2$를 ㉡에 대입하면

$-8+3a=1$ $\quad\therefore a=3$

349

연립방정식 $\begin{cases} 2x-3y=5 & \cdots\cdots ㉠ \\ 3x-y=4 & \cdots\cdots ㉡ \end{cases}$

에서 ㉠−㉡×3을 하면 $-7x=-7$ $\quad\therefore x=1$

$x=1$을 ㉡에 대입하면 $3-y=4$ $\quad\therefore y=-1$

$x=1$, $y=-1$을 $ax+y=7$에 대입하면

$a-1=7$ $\quad\therefore a=8$

$x=1$, $y=-1$을 $3x-by=1$에 대입하면

$3+b=1$ $\quad\therefore b=-2$

$\therefore a+b=8+(-2)=6$ **답** 6

350

연립방정식 $\begin{cases} 2x+y=2 & \cdots\cdots ㉠ \\ 3x+2y=1 & \cdots\cdots ㉡ \end{cases}$

에서 ㉠×2−㉡을 하면 $x=3$

$x=3$을 ㉠에 대입하면 $6+y=2$ $\quad\therefore y=-4$

$x=3$, $y=-4$를 연립방정식 $\begin{cases} 3x-by=a+3 \\ ax-y=b \end{cases}$에 대입하면

$\begin{cases} 9+4b=a+3 \\ 3a+4=b \end{cases}$ ⇨ $\begin{cases} a-4b=6 & \cdots\cdots ㉢ \\ 3a-b=-4 & \cdots\cdots ㉣ \end{cases}$

㉢×3−㉣을 하면 $-11b=22$ $\quad\therefore b=-2$

$b=-2$를 ㉢에 대입하면 $a+8=6$ $\quad\therefore a=-2$

$\therefore ab=-2\times(-2)=4$ **답** 4

351

4개의 일차방정식의 공통인 해는 연립방정식

$\begin{cases} x+2y=7 & \cdots\cdots ㉠ \\ 4x-y=1 & \cdots\cdots ㉡ \end{cases}$의 해이므로

㉠+㉡×2를 하면 $9x=9$ $\quad\therefore x=1$

$x=1$을 ㉡에 대입하면 $4-y=1$ $\quad\therefore y=3$

따라서 4개의 일차방정식의 공통인 해는 $x=1$, $y=3$이다. ❶

$x=1$, $y=3$을 연립방정식 $\begin{cases} ax+by=-1 \\ bx+ay=5 \end{cases}$에 대입하면

$\begin{cases} a+3b=-1 & \cdots\cdots ㉢ \\ 3a+b=5 & \cdots\cdots ㉣ \end{cases}$

㉢−㉣×3을 하면 $-8a=-16$ $\quad\therefore a=2$

$a=2$를 ㉣에 대입하면 $6+b=5$ $\quad\therefore b=-1$ ❷

$\therefore a+2b=2+2\times(-1)=0$ ❸

답 0

단계	채점 기준	배점
❶	공통인 해 구하기	40 %
❷	a, b의 값 각각 구하기	40 %
❸	$a+2b$의 값 구하기	20 %

352

a와 b를 서로 바꾸어 놓은 연립방정식

$\begin{cases} bx+ay=3 \\ ax+by=-7 \end{cases}$에 $x=1$, $y=3$을 대입하면

$\begin{cases} 3a+b=3 & \cdots\cdots ㉠ \\ a+3b=-7 & \cdots\cdots ㉡ \end{cases}$

㉠×3−㉡을 하면 $8a=16$ $\quad\therefore a=2$

$a=2$를 ㉠에 대입하면

$6+b=3$ $\quad\therefore b=-3$

$a=2$, $b=-3$을 처음 연립방정식 $\begin{cases} ax+by=3 \\ bx+ay=-7 \end{cases}$에 대입하면

$\begin{cases} 2x-3y=3 & \cdots\cdots ㉢ \\ -3x+2y=-7 & \cdots\cdots ㉣ \end{cases}$

㉢×2+㉣×3을 하면 $-5x=-15$ $\quad\therefore x=3$

$x=3$을 ㉢에 대입하면 $6-3y=3$ $\quad\therefore y=1$ **답** ⑤

353

6을 a로 잘못 보았다고 하면

$\begin{cases} 2x+3y=a & \cdots\cdots ㉠ \\ x+2y=5 & \cdots\cdots ㉡ \end{cases}$

$y=2$를 ㉡에 대입하면 $x+4=5$ $\quad\therefore x=1$

$x=1$, $y=2$를 ㉠에 대입하면 $2+6=a$ $\quad\therefore a=8$

따라서 6을 8로 잘못 보고 푼 것이다. **답** 8

354

$\begin{cases} ax+5y=-1 & \cdots\cdots ㉠ \\ 3x+by=8 & \cdots\cdots ㉡ \end{cases}$

지윤이가 ㉡은 옳게 본 것이므로 $x=4$, $y=2$를 ㉡에 대입하면

$12+2b=8$, $2b=-4$ $\quad\therefore b=-2$ ―― ❶

재선이가 ㉠은 옳게 본 것이므로 $x=-3$, $y=1$을 ㉠에 대입하면

$-3a+5=-1$, $-3a=-6$ $\quad\therefore a=2$ ―― ❷

따라서 처음 연립방정식은 $\begin{cases} 2x+5y=-1 & \cdots\cdots ㉢ \\ 3x-2y=8 & \cdots\cdots ㉣ \end{cases}$

㉢×2+㉣×5를 하면 $19x=38$ $\quad\therefore x=2$

$x=2$를 ㉢에 대입하면 $4+5y=-1$ $\quad\therefore y=-1$ ―― ❸

답 $x=2$, $y=-1$

단계	채점 기준	배점
❶	b의 값 구하기	30 %
❷	a의 값 구하기	30 %
❸	처음 연립방정식의 해 구하기	40 %

355

주어진 연립방정식의 괄호를 풀고 동류항끼리 정리하면

$\begin{cases} x+3y=11 & \cdots\cdots ㉠ \\ 3x-y=13 & \cdots\cdots ㉡ \end{cases}$

㉠×3−㉡을 하면 $10y=20$ $\quad\therefore y=2$

$y=2$를 ㉠에 대입하면 $x+6=11$ $\quad\therefore x=5$

따라서 $a=5$, $b=2$이므로 $a+b=5+2=7$

답 7

356

주어진 연립방정식의 괄호를 풀고 동류항끼리 정리하면

$\begin{cases} y=2+2x & \cdots\cdots ㉠ \\ 4x-7y=6 & \cdots\cdots ㉡ \end{cases}$

㉠을 ㉡에 대입하면 $4x-7(2+2x)=6$

$-10x-14=6$, $-10x=20$ $\quad\therefore x=-2$

$x=-2$를 ㉠에 대입하면 $y=2-4=-2$

답 $x=-2$, $y=-2$

357

주어진 연립방정식의 괄호를 풀고 동류항끼리 정리하면

$\begin{cases} 2x-y=k-1 \\ -x+3y=k+1 \end{cases}$

이 연립방정식에 $x=2y$를 대입하면

$\begin{cases} 4y-y=k-1 \\ -2y+3y=k+1 \end{cases} \Rightarrow \begin{cases} 3y=k-1 & \cdots\cdots ㉠ \\ y=k+1 & \cdots\cdots ㉡ \end{cases}$

㉡을 ㉠에 대입하면 $3(k+1)=k-1$

$3k+3=k-1$, $2k=-4$ $\quad\therefore k=-2$

답 -2

358

연립방정식 $\begin{cases} 2(5-y)-(x-3)=3 \\ 3(x-y)-2(x+y)+11=0 \end{cases}$의 괄호를 풀고 동류항끼리 정리하면 $\begin{cases} x+2y=10 & \cdots\cdots ㉠ \\ x-5y=-11 & \cdots\cdots ㉡ \end{cases}$

㉠−㉡을 하면 $7y=21$ $\quad\therefore y=3$

$y=3$을 ㉠에 대입하면 $x+6=10$ $\quad\therefore x=4$

$x=4$, $y=3$을 $ax+2y=14$에 대입하면

$4a+6=14$ $\quad\therefore a=2$

답 2

359

$\begin{cases} 0.2x-0.1y=1 & \cdots\cdots ㉠ \\ \frac{1}{4}x+\frac{1}{2}y=0 & \cdots\cdots ㉡ \end{cases}$

㉠×10을 하면 $2x-y=10$ $\quad\cdots\cdots ㉢$

㉡×4를 하면 $x+2y=0$ $\quad\cdots\cdots ㉣$

㉢×2+㉣을 하면 $5x=20$ $\quad\therefore x=4$

$x=4$를 ㉢에 대입하면 $8-y=10$ $\quad\therefore y=-2$

답 ⑤

360

$\begin{cases} \frac{3}{2}(x-2y)+y=1 & \cdots\cdots ㉠ \\ \frac{2x-y}{3}-\frac{x+3}{4}=\frac{1}{6} & \cdots\cdots ㉡ \end{cases}$

㉠×2를 하면 $3(x-2y)+2y=2$

$\therefore 3x-4y=2$ $\quad\cdots\cdots ㉢$

㉡×12를 하면 $4(2x-y)-3(x+3)=2$

$\therefore 5x-4y=11$ $\quad\cdots\cdots ㉣$

㉢−㉣을 하면 $-2x=-9$ $\quad\therefore x=\frac{9}{2}$

$x=\frac{9}{2}$를 ㉢에 대입하면 $\frac{27}{2}-4y=2$ $\quad\therefore y=\frac{23}{8}$

답 $x=\frac{9}{2}$, $y=\frac{23}{8}$

361

$\begin{cases} 0.02x+0.1y=-0.03 & \cdots\cdots ㉠ \\ 1.3x+y=0.8 & \cdots\cdots ㉡ \end{cases}$

㉠×100을 하면 $2x+10y=-3$ $\quad\cdots\cdots ㉢$

㉡×10을 하면 $13x+10y=8$ $\quad\cdots\cdots ㉣$

㉢−㉣을 하면 $-11x=-11$ $\quad\therefore x=1$

$x=1$을 ㉢에 대입하면 $2+10y=-3$ $\quad\therefore y=-\frac{1}{2}$

$\therefore x-2y=1-2\times\left(-\frac{1}{2}\right)=2$

답 2

362

$\begin{cases} \frac{1}{2}x-0.6y=1.3 & \cdots\cdots ㉠ \\ 0.3x+\frac{1}{5}y=0.5 & \cdots\cdots ㉡ \end{cases}$

㉠×10을 하면 $5x-6y=13$ $\quad\cdots\cdots ㉢$

㉡×10을 하면 $3x+2y=5$ $\quad\cdots\cdots ㉣$

㉢+㉣×3을 하면 $14x=28$ $\quad\therefore x=2$

$x=2$를 ㉣에 대입하면 $6+2y=5$ $\quad\therefore y=-\frac{1}{2}$

따라서 $a=2$, $b=-\frac{1}{2}$이므로

$ab=2\times\left(-\frac{1}{2}\right)=-1$

답 ②

363

$\begin{cases} 0.5x-0.2(x-y)=1.1 & \cdots\cdots ㉠ \\ 12(x-2y)-7x=3a & \cdots\cdots ㉡ \end{cases}$

㉠$\times 10$을 하면 $5x-2(x-y)=11$

$\therefore 3x+2y=11$ ······㉢

$x=3$을 ㉢에 대입하면 $9+2y=11$ $\therefore y=1$

$x=3$, $y=1$을 ㉡에 대입하면

$12(3-2)-21=3a$, $-9=3a$ $\therefore a=-3$

답 ③

364

$\begin{cases} x+\dfrac{2}{3}y=1 & \cdots\cdots ㉠ \\ \dfrac{x+y}{2}-y=-2 & \cdots\cdots ㉡ \end{cases}$

㉠$\times 3$을 하면 $3x+2y=3$ ······㉢

㉡$\times 2$를 하면 $(x+y)-2y=-4$

$\therefore x-y=-4$ ······㉣ ──── ❶

㉢+㉣$\times 2$를 하면 $5x=-5$ $\therefore x=-1$

$x=-1$을 ㉣에 대입하면 $-1-y=-4$ $\therefore y=3$ ──── ❷

$x=-1$, $y=3$을 $2x-y=k$에 대입하면

$-2-3=k$ $\therefore k=-5$ ──── ❸

답 -5

단계	채점 기준	배점
❶	연립방정식의 계수를 정수로 고치기	20 %
❷	연립방정식의 해 구하기	40 %
❸	k의 값 구하기	40 %

365

$\begin{cases} y-x=4(x+y) & \cdots\cdots ㉠ \\ 2x:(1-y)=3:2 & \cdots\cdots ㉡ \end{cases}$

㉠에서 $5x+3y=0$ ······㉢

㉡에서 $4x=3(1-y)$ $\therefore 4x+3y=3$ ······㉣

㉢−㉣을 하면 $x=-3$

$x=-3$을 ㉢에 대입하면

$-15+3y=0$ $\therefore y=5$

답 $x=-3$, $y=5$

366

$\begin{cases} (2x-3y):(3x-2y)=1:3 & \cdots\cdots ㉠ \\ 0.6x-y=1.2 & \cdots\cdots ㉡ \end{cases}$

㉠에서 $3(2x-3y)=3x-2y$

$\therefore 3x-7y=0$ ······㉢

㉡$\times 10$을 하면 $6x-10y=12$

$\therefore 3x-5y=6$ ······㉣

㉢−㉣을 하면 $-2y=-6$ $\therefore y=3$

$y=3$을 ㉢에 대입하면 $3x-21=0$ $\therefore x=7$

따라서 $a=7$, $b=3$이므로

$a-b=7-3=4$

답 ⑤

367

$x=a$, $y=b$를 주어진 일차방정식에 대입하면

$\dfrac{a+b}{2}=\dfrac{a+2b+1}{3}$

양변에 6을 곱하면 $3(a+b)=2(a+2b+1)$

$\therefore a-b=2$ ──── ❶

$a:b=3:2$에서 $2a=3b$ $\therefore 2a-3b=0$ ──── ❷

따라서 연립방정식 $\begin{cases} a-b=2 & \cdots\cdots ㉠ \\ 2a-3b=0 & \cdots\cdots ㉡ \end{cases}$에서

㉠$\times 2$−㉡을 하면 $b=4$

$b=4$를 ㉠에 대입하면 $a-4=2$ $\therefore a=6$

$\therefore ab=6\times 4=24$ ──── ❸

답 24

단계	채점 기준	배점
❶	순서쌍을 대입하여 일차방정식 정리하기	30 %
❷	비례식을 이용하여 일차방정식 구하기	30 %
❸	연립방정식을 풀어 ab의 값 구하기	40 %

368

$\begin{cases} 4x+y=-5x+4y \\ -5x+4y=4-3x+2y \end{cases}$ ⇨ $\begin{cases} 3x-y=0 & \cdots\cdots ㉠ \\ -x+y=2 & \cdots\cdots ㉡ \end{cases}$

㉠+㉡을 하면 $2x=2$ $\therefore x=1$

$x=1$을 ㉡에 대입하면 $-1+y=2$ $\therefore y=3$

답 $x=1$, $y=3$

369

$x=5$, $y=b$를 연립방정식 $\begin{cases} x+3y+2=1 \\ ax+5y-4=1 \end{cases}$에 대입하면

$\begin{cases} 5+3b+2=1 \\ 5a+5b-4=1 \end{cases}$ ⇨ $\begin{cases} 3b=-6 & \cdots\cdots ㉠ \\ a+b=1 & \cdots\cdots ㉡ \end{cases}$

㉠에서 $b=-2$

$b=-2$를 ㉡에 대입하면 $a-2=1$ $\therefore a=3$

$\therefore a-b=3-(-2)=5$

답 ⑤

370

$\begin{cases} \dfrac{x-2}{4}=\dfrac{y-3}{2} & \cdots\cdots ㉠ \\ \dfrac{y-3}{2}=\dfrac{x+y+1}{12} & \cdots\cdots ㉡ \end{cases}$

㉠$\times 4$, ㉡$\times 12$를 하면

$\begin{cases} x-2=2(y-3) \\ 6(y-3)=x+y+1 \end{cases}$ ⇨ $\begin{cases} x-2y=-4 & \cdots\cdots ㉢ \\ -x+5y=19 & \cdots\cdots ㉣ \end{cases}$

㉢+㉣을 하면 $3y=15$ $\therefore y=5$

$y=5$를 ㉢에 대입하면 $x-10=-4$ $\therefore x=6$

따라서 $a=6$, $b=5$이므로 $a+b=6+5=11$

답 11

371

$\begin{cases} 2x-3y=5 \\ ax+6y=b \end{cases}$의 해가 무수히 많으므로

$\frac{2}{a}=\frac{-3}{6}=\frac{5}{b}$

$\frac{2}{a}=\frac{-3}{6}$에서 $a=-4$

$\frac{-3}{6}=\frac{5}{b}$에서 $b=-10$

$\therefore a-b=-4-(-10)=6$ 답 ④

> 다른 풀이 $\begin{cases}2x-3y=5\\ax+6y=b\end{cases}$에서 $\begin{cases}-4x+6y=-10\\ax+6y=b\end{cases}$

이 연립방정식의 해가 무수히 많으므로

$a=-4,\ b=-10\qquad \therefore a-b=6$

372

① $\begin{cases}2x-y=-2\\x+y=5\end{cases}$에서 $\frac{2}{1}\neq\frac{-1}{1}$이므로 해가 한 쌍이다.

② $\begin{cases}2x+y=3\\4x+2y=6\end{cases}$에서 $\frac{2}{4}=\frac{1}{2}=\frac{3}{6}$이므로 해가 무수히 많다.

③ $\begin{cases}2x+3y=3\\3x+2y=3\end{cases}$에서 $\frac{2}{3}\neq\frac{3}{2}$이므로 해가 한 쌍이다.

④ $\begin{cases}x=y+2\\x+y=2\end{cases}$ ⇨ $\begin{cases}x-y=2\\x+y=2\end{cases}$에서 $\frac{1}{1}\neq\frac{-1}{1}$이므로 해가 한 쌍이다.

⑤ $\begin{cases}2x+y=4\\2y+x=4\end{cases}$ ⇨ $\begin{cases}2x+y=4\\x+2y=4\end{cases}$에서 $\frac{2}{1}\neq\frac{1}{2}$이므로 해가 한 쌍이다. 답 ②

> 다른 풀이 ② $\begin{cases}2x+y=3 & \cdots\cdots ㉠\\4x+2y=6 & \cdots\cdots ㉡\end{cases}$

에서 ㉠×2를 하면 $4x+2y=6$, 즉 ㉡과 일치하므로 ㉠을 만족시키는 순서쌍 $(x,\ y)$는 모두 연립방정식의 해이다.
따라서 해가 무수히 많다.

373

$\begin{cases}(a+1)x-2y=3\\3x+by=6\end{cases}$의 해가 무수히 많으므로

$\frac{a+1}{3}=\frac{-2}{b}=\frac{3}{6}$

$\frac{a+1}{3}=\frac{3}{6}$에서 $a+1=\frac{3}{2}\qquad \therefore a=\frac{1}{2}$

$\frac{-2}{b}=\frac{3}{6}$에서 $b=-4$

$\therefore ab=\frac{1}{2}\times(-4)=-2$ 답 -2

374

$\begin{cases}x+2y=1\\3x+ay=2\end{cases}$의 해가 없으므로

$\frac{1}{3}=\frac{2}{a}\neq\frac{1}{2}\qquad \therefore a=6$ 답 ②

> 다른 풀이 $\begin{cases}x+2y=1\\3x+ay=2\end{cases}$에서 $\begin{cases}3x+6y=3\\3x+ay=2\end{cases}$

이 연립방정식의 해가 없으므로 $a=6$

375

① $\begin{cases}2x-3y=5\\4x-6y=10\end{cases}$에서 $\frac{2}{4}=\frac{-3}{-6}=\frac{5}{10}$이므로 해가 무수히 많다.

② $\begin{cases}3x+y=6\\-3x-y=-6\end{cases}$에서 $\frac{3}{-3}=\frac{1}{-1}=\frac{6}{-6}$이므로 해가 무수히 많다.

③ $\begin{cases}2x+y=1\\x-2y=3\end{cases}$에서 $\frac{2}{1}\neq\frac{1}{-2}$이므로 해가 한 쌍이다.

④ $\begin{cases}-x+3y=1\\2x-6y=3\end{cases}$에서 $\frac{-1}{2}=\frac{3}{-6}\neq\frac{1}{3}$이므로 해가 없다.

⑤ $\begin{cases}x-4y=3\\3x-4y=-7\end{cases}$에서 $\frac{1}{3}\neq\frac{-4}{-4}$이므로 해가 한 쌍이다.

답 ④

> 다른 풀이 ④ $\begin{cases}-x+3y=1 & \cdots\cdots ㉠\\2x-6y=3 & \cdots\cdots ㉡\end{cases}$

㉠×(-2)를 하면 $2x-6y=-2$, 즉 ㉡과 x, y의 계수는 각각 같고 상수항은 다르므로 해가 없다.

376

① $\begin{cases}x-2y=3\\2x+4y=6\end{cases}$에서 $\frac{1}{2}\neq\frac{-2}{4}$이므로 해가 한 쌍이다.

② $\begin{cases}x-2y=3\\x+2y=3\end{cases}$에서 $\frac{1}{1}\neq\frac{-2}{2}$이므로 해가 한 쌍이다.

③ $\begin{cases}x-2y=3\\3x-6y=3\end{cases}$에서 $\frac{1}{3}=\frac{-2}{-6}\neq\frac{3}{3}$이므로 해가 없다.

④ $\begin{cases}2x+4y=6\\x+2y=3\end{cases}$에서 $\frac{2}{1}=\frac{4}{2}=\frac{6}{3}$이므로 해가 무수히 많다.

⑤ $\begin{cases}x+2y=3\\3x-6y=3\end{cases}$에서 $\frac{1}{3}\neq\frac{2}{-6}$이므로 해가 한 쌍이다.

답 ③

필수유형 뛰어넘기 77~78쪽

377

$x^2-ax+3y-4=bx^2+2x-cy+5$에서

$(1-b)x^2+(-a-2)x+(3+c)y-9=0$

이 식이 미지수가 2개인 일차방정식이 되려면

$1-b=0,\ -a-2\neq0,\ 3+c\neq0$

$\therefore a\neq-2,\ b=1,\ c\neq-3$ 답 ③

378

탄산 음료를 x개, 과즙 음료를 y개 산다고 하면

$800x+1200y=8000$에서 $2x+3y=20$

이때 x, y는 자연수이므로 일차방정식 $2x+3y=20$을 만족시키는 x, y의 값은 다음과 같다.

x	1	4	7
y	6	4	2

따라서 $x+y$의 최솟값은 7, 최댓값은 9이므로 살 수 있는 음료 전체의 최소 개수는 7개, 최대 개수는 9개이다.

답 최소 개수: 7개, 최대 개수: 9개

379

절댓값이 4 이하인 정수는

$-4, -3, -2, -1, 0, 1, 2, 3, 4$

이므로 일차방정식 $2x+3y=1$을 만족시키는 x, y의 값은 다음과 같다.

x	-4	-3	-2	-1	0	1	2	3	4
y	3	$\frac{7}{3}$	$\frac{5}{3}$	1	$\frac{1}{3}$	$-\frac{1}{3}$	-1	$-\frac{5}{3}$	$-\frac{7}{3}$

따라서 주어진 일차방정식의 해는

$(-4, 3)$, $(-1, 1)$, $(2, -1)$의 3개이다. 답 ②

380

$a★b=2a+b$이므로 $3x★2y=4★6$에서

$6x+2y=8+6$ $\quad\therefore 3x+y=7$

x, y가 자연수이므로 구하는 순서쌍은 $(1, 4)$, $(2, 1)$

답 $(1, 4)$, $(2, 1)$

381

㉠$\times 3-$㉡$\times 2$를 하면

$(3a-6)x+(12-2b)y=-1$ ……㉢

y가 없어지므로

$12-2b=0$ $\quad\therefore b=6$

$x=1$, $b=6$을 ㉢에 대입하면

$3a-6=-1$ $\quad\therefore a=\frac{5}{3}$

$\therefore ab=\frac{5}{3}\times 6=10$ 답 10

382

연립방정식 $\begin{cases}3x+5y=9\\2x+ay=8\end{cases}$에 $x=m$, $y=n$을 대입하면

$\begin{cases}3m+5n=9 & \cdots\cdots ㉠\\2m+an=8 & \cdots\cdots ㉡\end{cases}$

연립방정식 $\begin{cases}bx-2y=3\\3x+2y=1\end{cases}$에 $x=m+1$, $y=n-1$을 대입하면

$\begin{cases}b(m+1)-2(n-1)=3\\3(m+1)+2(n-1)=1\end{cases}$ ⇨ $\begin{cases}bm-2n=1-b & \cdots\cdots ㉢\\3m+2n=0 & \cdots\cdots ㉣\end{cases}$

㉠, ㉣을 연립하여 $\begin{cases}3m+5n=9\\3m+2n=0\end{cases}$을 풀면

$m=-2$, $n=3$ ——— ❶

$m=-2$, $n=3$을 ㉡에 대입하면

$-4+3a=8$ $\quad\therefore a=4$

$m=-2$, $n=3$을 ㉢에 대입하면

$-2b-6=1-b$ $\quad\therefore b=-7$ ——— ❷

$\therefore a+b=4+(-7)=-3$ ——— ❸

답 -3

단계	채점 기준	배점
❶	m, n의 값 구하기	50 %
❷	a, b의 값 구하기	40 %
❸	$a+b$의 값 구하기	10 %

383

㈎의 x, y를 바꾸어 나타낸 연립방정식을 ㈐ $\begin{cases}3y+x=-1\\4y+bx=a\end{cases}$라고 하면 ㈏와 ㈐의 해는 서로 같다.

따라서 연립방정식 $\begin{cases}3x-2y=8\\x+3y=-1\end{cases}$을 풀면 $x=2$, $y=-1$

$x=2$, $y=-1$을 $ax+y=b$, $4y+bx=a$에 각각 대입하면

$\begin{cases}2a-1=b\\-4+2b=a\end{cases}$

이 연립방정식을 풀면 $a=2$, $b=3$

$\therefore ab=2\times 3=6$ 답 6

> 다른 풀이 $x=m$, $y=n$은 $3x+y=-1$의 해이므로

$3m+n=-1$ ……㉠

$x=n$, $y=m$은 $3x-2y=8$의 해이므로

$3n-2m=8$ ……㉡

㉠, ㉡을 연립하여 $\begin{cases}3m+n=-1\\3n-2m=8\end{cases}$을 풀면 $m=-1$, $n=2$

$x=-1$, $y=2$를 $4x+by=a$에 대입하면

$-4+2b=a$ ……㉢

$x=2$, $y=-1$을 $ax+y=b$에 대입하면

$2a-1=b$ ……㉣

㉢, ㉣을 연립하여 $\begin{cases}-4+2b=a\\2a-1=b\end{cases}$를 풀면 $a=2$, $b=3$

$\therefore ab=2\times 3=6$

384

$\begin{cases}0.04x+0.03y=0.18 & \cdots\cdots ㉠\\\frac{x}{2}-\frac{y}{4}=1 & \cdots\cdots ㉡\end{cases}$

㉠$\times 100$을 하면 $4x+3y=18$ ……㉢

㉡$\times 4$를 하면 $2x-y=4$ ……㉣

㉢$-$㉣$\times 2$를 하면 $5y=10$ $\quad\therefore y=2$

$y=2$를 ㉣에 대입하면

$2x-2=4$ $\quad\therefore x=3$

$x=3$, $y=2$를 주어진 일차방정식에 대입하였을 때, 등식이 성립하는 것은

① $3-2\times 2=-1$ 답 ①

385

$$\begin{cases} \frac{x+1}{2}-\frac{y+2}{3}=a & \cdots\cdots ㉠ \\ \frac{x+1}{4}-\frac{y+3}{5}=a & \cdots\cdots ㉡ \end{cases}$$

㉠×6, ㉡×20을 하면

$$\begin{cases} 3(x+1)-2(y+2)=6a \\ 5(x+1)-4(y+3)=20a \end{cases} \Rightarrow \begin{cases} 3x-2y=6a+1 \\ 5x-4y=20a+7 \end{cases}$$

$y=x+4$를 대입하고 식을 간단히 하면

$$\begin{cases} x=6a+9 & \cdots\cdots ㉢ \\ x=20a+23 & \cdots\cdots ㉣ \end{cases}$$

㉢을 ㉣에 대입하면

$6a+9=20a+23 \qquad \therefore a=-1$

답 -1

386

$1.\dot{5}=\frac{14}{9}$, $1.\dot{4}=\frac{13}{9}$, $5.\dot{2}=\frac{47}{9}$이므로

주어진 연립방정식은

$$\begin{cases} \frac{14}{9}x+\frac{13}{9}y=\frac{47}{9} & \cdots\cdots ㉠ \\ \frac{2x+y-3}{3}+\frac{x}{6}=\frac{x+2y+1}{4} & \cdots\cdots ㉡ \end{cases}$$

㉠×9, ㉡×12를 하여 간단히 하면

$$\begin{cases} 14x+13y=47 \\ 7x-2y=15 \end{cases} \qquad \therefore x=\frac{17}{7},\ y=1$$

답 $x=\frac{17}{7}$, $y=1$

387

연립방정식 $\begin{cases} 3x-4y=-a & \cdots\cdots ㉠ \\ x+2y=2a & \cdots\cdots ㉡ \end{cases}$에서

㉠+㉡×2를 하면 $5x=3a \qquad \therefore x=\frac{3}{5}a$ ―― ❶

$x=\frac{3}{5}a$를 ㉡에 대입하면 $\frac{3}{5}a+2y=2a$

$\therefore y=\frac{7}{10}a$ ―― ❷

$\therefore \frac{x}{y}=x\div y=\frac{3}{5}a\div\frac{7}{10}a=\frac{3a}{5}\times\frac{10}{7a}=\frac{6}{7}$ ―― ❸

답 $\frac{6}{7}$

단계	채점 기준	배점
❶	x를 a에 대한 식으로 나타내기	30 %
❷	y를 a에 대한 식으로 나타내기	30 %
❸	$\frac{x}{y}$의 값 구하기	40 %

388

$\frac{1}{x}=X$, $\frac{1}{y}=Y$로 놓으면 주어진 연립방정식은

$$\begin{cases} X-2Y=5 & \cdots\cdots ㉠ \\ 3X+5Y=4 & \cdots\cdots ㉡ \end{cases}$$

㉠×3−㉡을 하면 $-11Y=11 \qquad \therefore Y=-1$

$Y=-1$을 ㉠에 대입하면 $X+2=5 \qquad \therefore X=3$

따라서 $\frac{1}{x}=3$, $\frac{1}{y}=-1$이므로 $x=\frac{1}{3}$, $y=-1$

답 $x=\frac{1}{3}$, $y=-1$

389

$3x+2y+1=x-4y-1=y+6$이므로

$$\begin{cases} 3x+2y+1=y+6 \\ x-4y-1=y+6 \end{cases} \Rightarrow \begin{cases} 3x+y=5 & \cdots\cdots ㉠ \\ x-5y=7 & \cdots\cdots ㉡ \end{cases}$$

㉠−㉡×3을 하면 $16y=-16 \qquad \therefore y=-1$

$y=-1$을 ㉡에 대입하면 $x+5=7 \qquad \therefore x=2$

$y+6=k$이므로 $k=-1+6=5$

답 ④

390

$$\begin{cases} x+y=2x-y+1 \\ x+y=4x-ky+5 \end{cases} \Rightarrow \begin{cases} x-2y=-1 \\ 3x-(k+1)y=-5 \end{cases}$$

이 연립방정식의 해가 없으므로

$\frac{1}{3}=\frac{-2}{-(k+1)}\neq\frac{-1}{-5}$에서 $\frac{1}{3}=\frac{2}{k+1}$

$k+1=6 \qquad \therefore k=5$

답 ⑤

› 다른 풀이 $x-2y=-1$의 양변에 3을 곱하면 $3x-6y=-3$

이 식과 $3x-(k+1)y=-5$의 x의 계수, y의 계수가 각각 같으므로

$-6=-(k+1) \qquad \therefore k=5$

391

주어진 연립방정식의 해가 무수히 많으므로

$\frac{2}{3}=\frac{4}{a+1}=\frac{6}{b}$

$\frac{2}{3}=\frac{4}{a+1}$에서 $a+1=6 \qquad \therefore a=5$

$\frac{2}{3}=\frac{6}{b}$에서 $b=9$

따라서 일차방정식 $ax+by=33$, 즉 $5x+9y=33$의 해 중에서 x, y가 모두 자연수인 것은

$x=3$, $y=2$

답 $x=3$, $y=2$

4 연립일차방정식의 활용

필수유형 공략하기 80~87쪽

392

큰 수를 x, 작은 수를 y라 하면

$$\begin{cases} x+y=250 \\ x-y=70 \end{cases} \qquad \therefore x=160,\ y=90$$

따라서 큰 수는 160이다.

답 ⑤

393

큰 수를 x, 작은 수를 y라 하면

$\begin{cases} x+y=80 \\ x=3y+4 \end{cases}$ $\therefore x=61, y=19$

따라서 두 수의 차는 $61-19=42$

답 ③

394

큰 수를 x, 작은 수를 y라 하면

$\begin{cases} x=2y+5 \\ 10y=3x+9 \end{cases}$ $\therefore x=17, y=6$

따라서 두 자연수는 17, 6이다.

답 17, 6

395

십의 자리의 숫자를 x, 일의 자리의 숫자를 y라 하면

$\begin{cases} x+y=11 \\ 10y+x=(10x+y)-63 \end{cases}$ ⇨ $\begin{cases} x+y=11 \\ x-y=7 \end{cases}$

$\therefore x=9, y=2$

따라서 처음 자연수는 92이다.

답 ⑤

> **참고** '~보다 작다' 또는 '~보다 크다'라고 할 때에는 큰 쪽에서 빼거나 작은 쪽에 더해서 두 값이 서로 같아지도록 한다.

396

십의 자리의 숫자를 x, 일의 자리의 숫자를 y라 하면 ······ ❶

$\begin{cases} y=2x+1 \\ 10y+x=2(10x+y)+2 \end{cases}$ ······ ❷

⇨ $\begin{cases} y=2x+1 \\ 19x-8y=-2 \end{cases}$ $\therefore x=2, y=5$ ······ ❸

따라서 처음 자연수는 25이다. ······ ❹

답 25

단계	채점 기준	배점
❶	미지수 정하기	20 %
❷	연립방정식 세우기	40 %
❸	연립방정식 풀기	30 %
❹	처음 자연수 구하기	10 %

397

백의 자리의 숫자를 x, 십의 자리의 숫자를 y라 하면

$\begin{cases} x+y+3=13 \\ 100y+10x+3=(100x+10y+3)-180 \end{cases}$

⇨ $\begin{cases} x+y=10 \\ x-y=2 \end{cases}$ $\therefore x=6, y=4$

따라서 처음 자연수는 643이다.

답 643

398

현재 어머니의 나이를 x세, 아들의 나이를 y세라 하면

$\begin{cases} x-y=30 \\ x+16=2(y+16) \end{cases}$ ⇨ $\begin{cases} x-y=30 \\ x-2y=16 \end{cases}$

$\therefore x=44, y=14$

따라서 현재 어머니의 나이는 44세이고, 아들의 나이는 14세이다.

답 어머니의 나이: 44세, 아들의 나이: 14세

399

현재 오빠의 나이를 x세, 동생의 나이를 y세라 하면

$\begin{cases} (x-5)+(y-5)=30 \\ y+2=x \end{cases}$ ⇨ $\begin{cases} x+y=40 \\ y=x-2 \end{cases}$

$\therefore x=21, y=19$

따라서 현재 오빠의 나이는 21세이다.

답 ⑤

400

현재 고모의 나이를 x세, 현석이의 나이를 y세라 하면 ······ ❶

$\begin{cases} x-10=6(y-10) \\ x+10=2(y+10) \end{cases}$ ······ ❷

⇨ $\begin{cases} x-6y=-50 \\ x-2y=10 \end{cases}$ $\therefore x=40, y=15$ ······ ❸

따라서 고모와 현석이의 나이 차는

$40-15=25$(세) ······ ❹

답 25세

단계	채점 기준	배점
❶	미지수 정하기	20 %
❷	연립방정식 세우기	40 %
❸	연립방정식 풀기	30 %
❹	나이 차 구하기	10 %

401

커피를 x잔, 코코아를 y잔 판매하였다고 하면

$\begin{cases} x+y=50 \\ 400x+300y=18000 \end{cases}$ $\therefore x=30, y=20$

따라서 이날 판매한 커피는 30잔이다.

답 30잔

402

A 과자 한 봉지의 가격을 x원, B 과자 한 봉지의 가격을 y원이라 하면

$\begin{cases} 3x+4y=5000 \\ x=y-200 \end{cases}$ $\therefore x=600, y=800$

따라서 A 과자 한 봉지의 가격은 600원이다.

답 600원

403

사과 1개의 값을 x원, 배 1개의 값을 y원이라 하면

$\begin{cases} 4x+6y=9200 \\ 5x+3y=7000 \end{cases}$ $\therefore x=800, y=1000$

따라서 사과 1개의 값은 800원이고, 배 1개의 값은 1000원이다.

답 사과 1개의 값: 800원, 배 1개의 값: 1000원

404

어른이 x명, 학생이 y명 입장했다고 하면

$\begin{cases} x+y=30 \\ 4000x+3000y=107000 \end{cases}$ $\therefore x=17,\ y=13$

따라서 어른이 학생보다 $17-13=4$(명) 더 많이 입장하였다.

답 4명

405

가로의 길이를 x cm, 세로의 길이를 y cm라 하면

$\begin{cases} x=y+7 \\ 2(x+y)=34 \end{cases}$ ⇨ $\begin{cases} x=y+7 \\ x+y=17 \end{cases}$

$\therefore x=12,\ y=5$

따라서 직사각형의 넓이는 $12\times5=60(\text{cm}^2)$

답 ②

406

아랫변의 길이를 x cm, 윗변의 길이를 y cm라 하면

$\begin{cases} x=y+4 \\ \frac{1}{2}\times(x+y)\times4=28 \end{cases}$ ⇨ $\begin{cases} x=y+4 \\ x+y=14 \end{cases}$

$\therefore x=9,\ y=5$

따라서 아랫변의 길이는 9 cm이다.

답 9 cm

407

처음 직사각형의 가로의 길이를 x cm, 세로의 길이를 y cm라 하면 ❶

$\begin{cases} 2(x+y)=22 \\ 2\{2x+(y-2)\}=26 \end{cases}$ ❷

⇨ $\begin{cases} x+y=11 \\ 2x+y=15 \end{cases}$ $\therefore x=4,\ y=7$ ❸

따라서 처음 직사각형의 넓이는 $4\times7=28(\text{cm}^2)$ ❹

답 28 cm²

단계	채점 기준	배점
❶	미지수 정하기	10 %
❷	연립방정식 세우기	40 %
❸	연립방정식 풀기	30 %
❹	처음 직사각형의 넓이 구하기	20 %

408

진석이가 맞힌 문제의 개수를 x개, 틀린 문제의 개수를 y개라 하면

$\begin{cases} x+y=20 \\ 5x-3y=60 \end{cases}$ $\therefore x=15,\ y=5$

따라서 진석이가 맞힌 문제의 개수는 15개이다.

답 15개

409

채영이가 맞힌 문제의 개수를 x개, 틀린 문제의 개수를 y개라 하면

$\begin{cases} x+y=15 \\ 5x-2y=33 \end{cases}$ $\therefore x=9,\ y=6$

따라서 채영이가 틀린 문제의 개수는 6개이다.

답 6개

410

유리가 이긴 횟수를 x회, 진 횟수를 y회라 하면 기현이가 이긴 횟수는 y회, 진 횟수는 x회이므로

$\begin{cases} 3x-y=20 \\ 3y-x=4 \end{cases}$ $\therefore x=8,\ y=4$

따라서 유리가 이긴 횟수는 8회이다.

답 8회

411

A가 이긴 횟수를 x회, 진 횟수를 y회라 하면 B가 이긴 횟수는 y회, 진 횟수는 x회이므로

$\begin{cases} 5x-2y=-3 \\ 5y-2x=18 \end{cases}$ $\therefore x=1,\ y=4$

따라서 B가 이긴 횟수는 4회이다.

답 4회

412

A, B 제품의 원가를 각각 x원, y원이라 하면

$\begin{cases} x+y=50000 \\ \frac{5}{100}x+\frac{10}{100}y=4000 \end{cases}$ ⇨ $\begin{cases} x+y=50000 \\ x+2y=80000 \end{cases}$

$\therefore x=20000,\ y=30000$

따라서 B 제품의 원가는 30000원이다.

답 ⑤

413

할인하기 전의 티셔츠와 반바지의 가격을 각각 x원, y원이라 하면

$\begin{cases} x+y=48000 \\ -\frac{20}{100}x-\frac{25}{100}y=-11000 \end{cases}$ ⇨ $\begin{cases} x+y=48000 \\ 4x+5y=220000 \end{cases}$

$\therefore x=20000,\ y=28000$

따라서 할인 전 티셔츠와 반바지의 가격의 차는

$28000-20000=8000$(원)

답 8000원

414

A 선물 세트의 정가를 x원, B 선물 세트의 정가를 y원이라 하면 ❶

$\begin{cases} 5\left(1-\frac{30}{100}\right)x+2\left(1-\frac{20}{100}\right)y=74000 \\ 3\left(1-\frac{30}{100}\right)x+4\left(1-\frac{20}{100}\right)y=89200 \end{cases}$ ❷

⇨ $\begin{cases} 35x+16y=740000 \\ 21x+32y=892000 \end{cases}$ $\therefore x=12000,\ y=20000$ ❸

따라서 A 선물 세트의 정가는 12000원이다. ❹

답 12000원

단계	채점 기준	배점
❶	미지수 정하기	10 %
❷	연립방정식 세우기	50 %
❸	연립방정식 풀기	30 %
❹	A 선물 세트의 정가 구하기	10 %

415

작년의 남학생 수를 x명, 여학생 수를 y명이라 하면

$\begin{cases} x+y=600 \\ \frac{6}{100}x-\frac{8}{100}y=1 \end{cases} \Rightarrow \begin{cases} x+y=600 \\ 3x-4y=50 \end{cases}$

$\therefore x=350,\ y=250$

따라서 작년의 남학생 수는 350명이므로 올해의 남학생 수는

$350+\frac{6}{100}\times 350=371$(명)

답 371명

416

작년의 남학생 수를 x명, 여학생 수를 y명이라 하면

$\begin{cases} x+y=780+20 \\ -\frac{6}{100}x+\frac{2}{100}y=-20 \end{cases} \Rightarrow \begin{cases} x+y=800 \\ -3x+y=-1000 \end{cases}$

$\therefore x=450,\ y=350$

따라서 작년의 여학생 수는 350명이므로 올해의 여학생 수는

$350+\frac{2}{100}\times 350=357$(명)

답 ②

417

중간고사에서 수학 점수를 x점, 과학 점수를 y점이라 하면

$\begin{cases} x+y=75\times 2 \\ -\frac{5}{100}x+\frac{15}{100}y=6.5 \end{cases} \Rightarrow \begin{cases} x+y=150 \\ -x+3y=130 \end{cases}$

$\therefore x=80,\ y=70$

따라서 중간고사에서 수학 점수는 80점, 과학 점수는 70점이므로 기말고사에서

수학 점수는 $80-\frac{5}{100}\times 80=76$(점)

과학 점수는 $70+\frac{15}{100}\times 70=80.5$(점)

답 수학 점수: 76점, 과학 점수: 80.5점

418

전체 일의 양을 1로 놓고, 정민이와 예진이가 하루 동안 할 수 있는 일의 양을 각각 x, y라 하면

$\begin{cases} 5x+5y=1 \\ 4x+10y=1 \end{cases} \quad \therefore x=\frac{1}{6},\ y=\frac{1}{30}$

따라서 정민이가 혼자 하면 6일이 걸린다.

답 ①

419

각 호실의 일의 양을 1로 놓고, A와 B가 하루 동안 할 수 있는 일의 양을 각각 x, y라 하면 ❶

$\begin{cases} 2x+5y=1 \\ 3x+3y=1 \end{cases}$ ❷

$\therefore x=\frac{2}{9},\ y=\frac{1}{9}$ ❸

따라서 B가 혼자 하면 9일이 걸린다. ❹

답 9일

단계	채점 기준	배점
❶	미지수 정하기	20 %
❷	연립방정식 세우기	40 %
❸	연립방정식 풀기	30 %
❹	B가 혼자 하면 며칠이 걸리는지 구하기	10 %

420

수영장에 물을 가득 채웠을 때의 물의 양을 1로 놓고, A 호스와 B 호스로 1시간 동안 채울 수 있는 물의 양을 각각 x, y라 하면

$\begin{cases} 4x+6y=1 \\ 5x+3y=1 \end{cases} \quad \therefore x=\frac{1}{6},\ y=\frac{1}{18}$

이때 A, B 두 호스를 한꺼번에 사용하여 수영장에 물을 가득 채우는 데 걸리는 시간을 n시간이라 하면

$\left(\frac{1}{6}+\frac{1}{18}\right)\times n=1,\ \frac{2}{9}n=1 \quad \therefore n=\frac{9}{2}$

따라서 A, B 두 호스를 한꺼번에 사용하여 물을 가득 채우는 데 걸리는 시간은 $\frac{9}{2}$시간, 즉 4시간 30분이다.

답 ④

421

걸어간 거리를 x km, 뛰어간 거리를 y km라 하면

$\begin{cases} x+y=3 \\ \frac{x}{4}+\frac{y}{6}=\frac{40}{60} \end{cases} \Rightarrow \begin{cases} x+y=3 \\ 3x+2y=8 \end{cases}$

$\therefore x=2,\ y=1$

따라서 뛰어간 거리는 1 km이다.

답 1 km

422

자전거를 타고 간 거리를 x km, 걸어간 거리를 y km라 하면

$\begin{cases} x+y=10 \\ \frac{x}{7}+\frac{y}{2}=\frac{5}{2} \end{cases} \Rightarrow \begin{cases} x+y=10 \\ 2x+7y=35 \end{cases}$

$\therefore x=7,\ y=3$

따라서 자전거를 타고 간 거리는 7 km이고, 걸어간 거리는 3 km이다.

답 자전거를 타고 간 거리: 7 km, 걸어간 거리: 3 km

423

올라갈 때 걸은 거리를 x km, 내려올 때 걸은 거리를 y km라 하면

$\begin{cases} y=x-3 \\ \frac{x}{4}+\frac{y}{5}=3 \end{cases} \Rightarrow \begin{cases} y=x-3 \\ 5x+4y=60 \end{cases}$

$\therefore x=8,\ y=5$

따라서 올라갈 때 걸은 거리는 8 km이고, 내려올 때 걸은 거리는 5 km이다.

답 올라갈 때 걸은 거리: 8 km, 내려올 때 걸은 거리: 5 km

424

혜수가 걸은 시간을 x분, 경호가 자전거를 타고 간 시간을 y분이라 하면

$\begin{cases} 80x=200y \\ y=x-15 \end{cases}$ $\therefore x=25,\ y=10$

따라서 경호가 출발한 지 10분 후에 혜수와 만난다. 답 ①

425

형이 간 거리를 x m, 동생이 간 거리를 y m라 하면 두 사람이 만날 때까지 걸린 시간은 같으므로

$\begin{cases} x-y=45 \\ \frac{x}{6}=\frac{y}{3} \end{cases} \Rightarrow \begin{cases} x-y=45 \\ x-2y=0 \end{cases}$

$\therefore x=90,\ y=45$

따라서 형과 동생이 만나는 것은 출발한 지 $\frac{90}{6}=15$(초) 후이다.

답 15초 후

426

A가 달린 거리를 x km, B가 달린 거리를 y km라 하면 두 사람이 만날 때까지 걸린 시간은 같으므로

$\begin{cases} x+y=21 \\ \frac{x}{6}=\frac{y}{8} \end{cases} \Rightarrow \begin{cases} x+y=21 \\ 4x-3y=0 \end{cases}$

$\therefore x=9,\ y=12$

따라서 A가 달린 거리가 9 km이므로 두 사람이 만날 때까지 걸린 시간은 $\frac{9}{6}=\frac{3}{2}$(시간), 즉 1시간 30분이다. 답 ②

427

A의 속력을 분속 x m, B의 속력을 분속 y m라 하면

(단, $x>y$)

$\begin{cases} 10x+10y=2000 \\ 40x-40y=2000 \end{cases} \Rightarrow \begin{cases} x+y=200 \\ x-y=50 \end{cases}$

$\therefore x=125,\ y=75$

따라서 A의 속력은 분속 125 m이다. 답 ④

428

정원이가 걸은 시간을 x분, 준혁이가 걸은 시간을 y분이라 하면

$\begin{cases} 60x+80y=3400 \\ y=x-10 \end{cases}$ $\therefore x=30,\ y=20$

따라서 준혁이가 출발한 지 20분 후에 처음으로 정원이와 만난다. 답 ②

429

민지의 속력을 시속 x km, 준수의 속력을 시속 y km라 하면 (단, $x>y$) ❶

$\begin{cases} 2x-2y=6 \\ \frac{40}{60}x+\frac{40}{60}y=6 \end{cases}$ ❷

$\Rightarrow \begin{cases} x-y=3 \\ x+y=9 \end{cases}$ $\therefore x=6,\ y=3$ ❸

따라서 민지의 속력은 시속 6 km이고, 준수의 속력은 시속 3 km이다. ❹

답 민지의 속력: 시속 6 km, 준수의 속력: 시속 3 km

단계	채점 기준	배점
❶	미지수 정하기	20 %
❷	연립방정식 세우기	40 %
❸	연립방정식 풀기	30 %
❹	민지와 준수의 속력 구하기	10 %

430

정지한 물에서의 배의 속력을 시속 x km, 강물의 속력을 시속 y km라 하면

$\begin{cases} 4(x-y)=16 \\ 2(x+y)=16 \end{cases} \Rightarrow \begin{cases} x-y=4 \\ x+y=8 \end{cases}$

$\therefore x=6,\ y=2$

따라서 정지한 물에서의 배의 속력은 시속 6 km이다. 답 ⑤

431

정지한 물에서의 보트의 속력을 시속 x km, 강물의 속력을 시속 y km라 하면

$\begin{cases} 2(x-y)=40 \\ \frac{4}{3}(x+y)=40 \end{cases} \Rightarrow \begin{cases} x-y=20 \\ x+y=30 \end{cases}$

$\therefore x=25,\ y=5$

따라서 정지한 물에서의 보트의 속력은 시속 25 km이고, 강물의 속력은 시속 5 km이다.

답 보트의 속력: 시속 25 km, 강물의 속력: 시속 5 km

432

기차의 길이를 x m, 기차의 속력을 분속 y m라 하면

$\begin{cases} 900+x=y \\ 1900+x=2y \end{cases}$ $\therefore x=100,\ y=1000$

따라서 기차의 길이는 100 m이다. 답 100 m

433

철교의 길이를 x m, 화물 열차의 속력을 초속 y m라 하면 ❶

$\begin{cases} x+279=67y \\ x+162=27\times 2y \end{cases}$ ❷

$\therefore x=324,\ y=9$ ❸

따라서 철교의 길이는 324 m이다. ❹

답 324 m

단계	채점 기준	배점
❶	미지수 정하기	20 %
❷	연립방정식 세우기	40 %
❸	연립방정식 풀기	30 %
❹	철교의 길이 구하기	10 %

434

3 %의 소금물을 x g, 7 %의 소금물을 y g 섞었다고 하면

$\begin{cases} x+y=400 \\ \frac{3}{100}x+\frac{7}{100}y=\frac{6}{100}\times 400 \end{cases} \Rightarrow \begin{cases} x+y=400 \\ 3x+7y=2400 \end{cases}$

$\therefore x=100,\ y=300$

따라서 3 %의 소금물은 100 g을 섞었다. 답 ①

435

4 %의 소금물을 x g, 9 %의 소금물을 y g 섞었다고 하면

$\begin{cases} x+y=300 \\ \frac{4}{100}x+\frac{9}{100}y=\frac{5}{100}\times 300 \end{cases} \Rightarrow \begin{cases} x+y=300 \\ 4x+9y=1500 \end{cases}$

$\therefore x=240,\ y=60$

따라서 4 %의 소금물은 240 g, 9 %의 소금물은 60 g이므로 두 소금물의 양의 차는 $240-60=180$(g) 답 180 g

436

4 %의 소금물을 x g, 6 %의 소금물을 y g 섞었다고 하면

$\begin{cases} x+y+100=300 \\ \frac{4}{100}x+\frac{6}{100}y=\frac{3}{100}\times 300 \end{cases} \Rightarrow \begin{cases} x+y=200 \\ 4x+6y=900 \end{cases}$

$\therefore x=150,\ y=50$

따라서 4 %의 소금물은 150 g을 섞었다. 답 ③

437

10 %의 소금물의 양을 x g, 더 넣은 소금의 양을 y g이라 하면

$\begin{cases} x+y=300 \\ \frac{10}{100}x+y=\frac{25}{100}\times 300 \end{cases} \Rightarrow \begin{cases} x+y=300 \\ x+10y=750 \end{cases}$

$\therefore x=250,\ y=50$

따라서 더 넣은 소금의 양은 50 g이다. 답 50 g

438

소금물 A의 농도를 x %, 소금물 B의 농도를 y %라 하면

$\begin{cases} \frac{x}{100}\times 300+\frac{y}{100}\times 200=\frac{6}{100}\times 500 \\ \frac{x}{100}\times 200+\frac{y}{100}\times 300=\frac{8}{100}\times 500 \end{cases} \Rightarrow \begin{cases} 3x+2y=30 \\ 2x+3y=40 \end{cases}$

$\therefore x=2,\ y=12$

따라서 두 소금물 A, B의 농도는 각각 2 %, 12 %이다.

답 소금물 A의 농도: 2 %, 소금물 B의 농도: 12 %

439

소금물 A의 농도는 a %, 소금물 B의 농도는 b %이므로

$\begin{cases} \frac{a}{100}\times 100+\frac{b}{100}\times 400=\frac{6}{100}\times 500 \\ \frac{a}{100}\times 400+\frac{b}{100}\times 100=\frac{12}{100}\times 500 \end{cases}$ ❶

$\begin{cases} a+4b=30 \\ 4a+b=60 \end{cases}$ $\therefore a=14,\ b=4$ ❷

$\therefore 2a-b=28-4=24$ ❸

답 24

단계	채점 기준	배점
❶	연립방정식 세우기	50 %
❷	연립방정식 풀기	30 %
❸	$2a-b$의 값 구하기	20 %

440

합금 A가 x g, 합금 B가 y g 필요하다고 하면

$\begin{cases} \frac{15}{100}x+\frac{10}{100}y=50 \\ \frac{15}{100}x+\frac{30}{100}y=60 \end{cases} \Rightarrow \begin{cases} 3x+2y=1000 \\ x+2y=400 \end{cases}$

$\therefore x=300,\ y=50$

따라서 합금 A는 300 g, 합금 B는 50 g이 필요하다.

답 합금 A: 300 g, 합금 B: 50 g

441

먹어야 하는 식품 A의 양을 x g, 식품 B의 양을 y g이라 하면

$\begin{cases} \frac{40}{100}x+\frac{20}{100}y=80 \\ \frac{10}{100}x+\frac{30}{100}y=45 \end{cases} \Rightarrow \begin{cases} 2x+y=400 \\ x+3y=450 \end{cases}$

$\therefore x=150,\ y=100$

따라서 식품 A는 150 g을 먹어야 한다. 답 ③

442

합금 A의 양을 x g, 합금 B의 양을 y g이라 하면

$\begin{cases} \frac{3}{4}x+\frac{1}{2}y=\frac{3}{5}\times 550 \\ \frac{1}{4}x+\frac{1}{2}y=\frac{2}{5}\times 550 \end{cases} \Rightarrow \begin{cases} 3x+2y=1320 \\ x+2y=880 \end{cases}$

$\therefore x=220,\ y=330$

따라서 합금 A의 양은 220 g, 합금 B의 양은 330 g이다.

답 합금 A: 220 g, 합금 B: 330 g

필수유형 뛰어넘기 88쪽

443

$\begin{cases} 0.2A+0.3B=7 \\ 0.3A+0.2B=6 \end{cases}$, 즉 $\begin{cases} 2A+3B=70 \\ 3A+2B=60 \end{cases}$이므로

$A=8$, $B=18$

$\therefore AB=8\times18=144$

답 144

444

타일 한 장의 긴 변의 길이를 x cm, 짧은 변의 길이를 y cm 라 하면

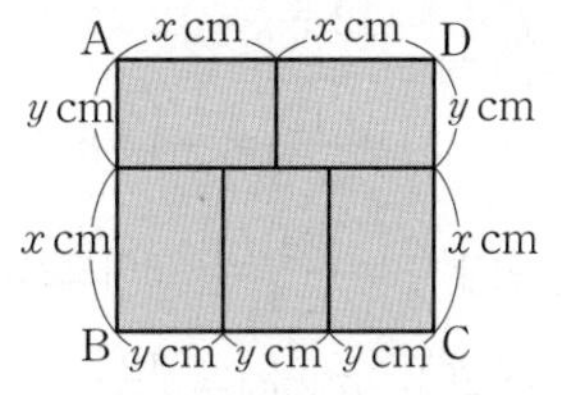

$\begin{cases} 2x=3y \\ 4x+5y=44 \end{cases}$

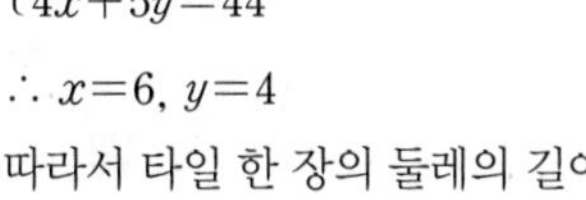

$\therefore x=6,\ y=4$

따라서 타일 한 장의 둘레의 길이는

$2(x+y)=2\times(6+4)=20$(cm)

답 20 cm

445

처음에 6분짜리 x곡과 8분짜리 y곡을 연주하려고 계획했다면 쉬는 시간은 모두 $(x+y-1)$분이므로 전체 연주 시간은

$\begin{cases} 6x+8y+(x+y-1)=105 \\ 6y+8x+(x+y-1)=117 \end{cases} \Rightarrow \begin{cases} 7x+9y=106 \\ 9x+7y=118 \end{cases}$

$\therefore x=10,\ y=4$

따라서 처음에 연주하려고 했던 6분짜리 곡은 10곡이다.

답 10곡

446

인증시험에 응시한 남학생 수를 x명, 여학생 수를 y명이라 하면

$x:y=2:3$

$\therefore 2y=3x$ ······ ㉠

합격자의 남학생과 여학생 수의 비는 3 : 5이므로

(남학생 수)$=80\times\frac{3}{8}=30$(명)

(여학생 수)$=80\times\frac{5}{8}=50$(명)

또, 불합격자의 남학생과 여학생 수의 비는 3 : 4이므로

$(x-30):(y-50)=3:4$, $3(y-50)=4(x-30)$

$\therefore 4x-3y=-30$ ······ ㉡

㉠, ㉡을 연립하여 풀면

$x=60,\ y=90$

따라서 구하는 남학생 수는 60명, 여학생 수는 90명이다.

답 남학생: 60명, 여학생: 90명

447

열차의 길이를 x m, 열차의 속력을 초속 y m라 하면 열차가 터널 안에서 $(600-x)$ m를 가는 동안에는 완전히 가려져 보이지 않으므로

$\begin{cases} 400+x=22y \\ 600-x=18y \end{cases}$

$\therefore x=150,\ y=25$

따라서 열차의 길이는 150 m이고, 열차의 속력은 초속 25 m이다.

답 열차의 길이: 150 m, 열차의 속력: 초속 25 m

448

덜어낸 설탕물의 양을 x g, 더 넣은 설탕물의 양을 y g이라 하면 ❶

$\begin{cases} 200-x+y=160 \\ \frac{3}{100}(200-x)+\frac{8}{100}y=\frac{4}{100}\times160 \end{cases}$ ❷

$\Rightarrow \begin{cases} x-y=40 \\ -3x+8y=40 \end{cases}$

$\therefore x=72,\ y=32$ ❸

따라서 덜어낸 설탕물의 양은 72 g이고, 더 넣은 설탕물의 양은 32 g이다. ❹

답 덜어낸 설탕물의 양: 72 g, 더 넣은 설탕물의 양: 32 g

단계	채점 기준	배점
❶	미지수 정하기	20 %
❷	연립방정식 세우기	40 %
❸	연립방정식 풀기	30 %
❹	답 구하기	10 %

449

섭취해야 하는 우유의 양을 x g, 달걀의 양을 y g이라 하면

$\begin{cases} \frac{3}{100}x+\frac{12}{100}y=30 \\ \frac{70}{100}x+\frac{150}{100}y=440 \end{cases} \Rightarrow \begin{cases} x+4y=1000 \\ 7x+15y=4400 \end{cases}$

$\therefore x=200,\ y=200$

따라서 우유는 200 g, 달걀은 200 g을 섭취해야 한다.

답 우유: 200 g, 달걀: 200 g

450

합금에 포함되어 있는 금의 양을 x g, 은의 양을 y g이라 하면

$\begin{cases} x+y=120 \\ \frac{1}{19}x+\frac{2}{21}y=120-111 \end{cases} \Rightarrow \begin{cases} x+y=120 \\ 21x+38y=3591 \end{cases}$

$\therefore x=57,\ y=63$

따라서 합금에 포함되어 있는 금의 양은 57 g이다.

답 57 g

Ⅲ. 일차함수

1 일차함수와 그래프

필수유형 공략하기 92~101쪽

451

④ 기온이 x ℃일 때의 강우량은 여러 개의 값으로 정해질 수 있으므로 함수가 아니다.

답 ④

452

ㄹ. $x<0$이면 y의 값이 없고, $x>0$이면 y의 값이 2개이므로 y는 x의 함수가 아니다.

ㅁ. 예를 들어 $x=2$일 때, $y=1, 3, 5, 7, \cdots$이므로 y는 x의 함수가 아니다.

따라서 y가 x의 함수인 것은 ㄱ, ㄴ, ㄷ의 3개이다.

답 3

453

y는 x의 함수가 아니다. ❶

그 이유는 자연수의 배수는 셀 수 없이 많으므로 x의 값에 따라 y의 값이 하나로 정해지지 않기 때문이다. ❷

답 풀이 참조

단계	채점 기준	배점
❶	y가 x의 함수인지 판단하기	30 %
❷	❶의 이유 설명하기	70 %

454

$f(2)=-2\times2=-4$, $f(-1)=-2\times(-1)=2$

$\therefore f(2)+f(-1)=-4+2=-2$

답 ①

455

$f(4)=2\times4-3=5$

답 ②

456

⑤ $f(3)=-\frac{3}{4}\times3=-\frac{9}{4}$

답 ⑤

457

ㄱ. $f(-2)=-2+1=-1$

ㄴ. $f(-2)=-(-2)-1=1$

ㄷ. $f(-2)=\frac{1}{2}\times(-2)+2=1$

ㄹ. $f(-2)=2\times(-2)-3=-7$

ㅁ. $f(-2)=\frac{4}{-2}+3=1$

ㅂ. $f(-2)=-\frac{2}{-2}-1=0$

따라서 $f(-2)=1$을 만족시키는 함수는 ㄴ, ㄷ, ㅁ의 3개이다.

답 ③

458

$f(8)=\frac{1}{2}\times8-2=2$, $g(-7)=\frac{14}{-7}=-2$

$\therefore f(8)-2g(-7)=2-2\times(-2)=6$

답 ⑤

459

$f\left(\frac{1}{2}\right)=12\div\frac{1}{2}=12\times2=24=a$ ❶

$f(-3)=\frac{12}{-3}=-4=b$ ❷

이때 $\frac{a}{b}=\frac{24}{-4}=-6$이므로

$f\left(\frac{a}{b}\right)=f(-6)=\frac{12}{-6}=-2$ ❸

답 -2

단계	채점 기준	배점
❶	a의 값 구하기	30 %
❷	b의 값 구하기	30 %
❸	$f\left(\frac{a}{b}\right)$의 값 구하기	40 %

460

3의 약수는 1, 3의 2개이므로 $f(3)=2$

4의 약수는 1, 2, 4의 3개이므로 $f(4)=3$

5의 약수는 1, 5의 2개이므로 $f(5)=2$

$\therefore f(3)+f(4)+4(5)=2+3+2=7$

답 ③

461

25 이하의 소수는 2, 3, 5, 7, 11, 13, 17, 19, 23의 9개이므로

$f(25)=9$

답 ④

462

10, 32, 29를 3으로 나눈 나머지는 각각 1, 2, 2이므로

$f(10)=1$, $f(32)=2$, $f(29)=2$ ❶

$\therefore f(10)+f(32)-f(29)=1+2-2=1$ ❷

답 1

단계	채점 기준	배점
❶	$f(10)$, $f(32)$, $f(29)$의 값 각각 구하기	90 %
❷	$f(10)+f(32)-f(29)$의 값 구하기	10 %

463

$f(2)=2\times2+a=-1$ $\quad\therefore a=-5$

따라서 $f(x)=2x-5$이므로

$f(5)=2\times5-5=5$

답 ⑤

464

$f(a)=-3a=-12 \quad \therefore a=4$ 　답 ③

465

$f(-2)=\frac{a}{-2}=6 \quad \therefore a=-12$ 　답 ②

466

$f(2)=2a=3 \quad \therefore a=\frac{3}{2}$

따라서 $f(x)=\frac{3}{2}x$이므로

$f(-1)=\frac{3}{2}\times(-1)=-\frac{3}{2}$, $f\left(\frac{1}{3}\right)=\frac{3}{2}\times\frac{1}{3}=\frac{1}{2}$

$\therefore f(-1)+f\left(\frac{1}{3}\right)=-\frac{3}{2}+\frac{1}{2}=-1$ 　답 -1

467

$f(-4)=3\times(-4)+a=-3 \quad \therefore a=9$ ─── ❶

따라서 $f(x)=3x+9$이므로 ─── ❷

$f(b)=3b+9=12$, $3b=3 \quad \therefore b=1$ ─── ❸

$\therefore a+b=9+1=10$ ─── ❹

답 10

단계	채점 기준	배점
❶	a의 값 구하기	30 %
❷	함수 $f(x)$ 구하기	30 %
❸	b의 값 구하기	30 %
❹	$a+b$의 값 구하기	10 %

468

$f(2)=2a$, $g(2)=\frac{4}{2}=2$

$f(2)=g(2)$이므로 $2a=2 \quad \therefore a=1$ 　답 1

469

$f(-1)=-a-2$, $f(2)=2a-2$, $f(3)=3a-2$이므로

$f(-1)+f(2)+f(3)=(-a-2)+(2a-2)+(3a-2)$

$=4a-6$

$4a-6=-15$에서 $4a=-9 \quad \therefore a=-\frac{9}{4}$ 　답 ④

470

$f(a)=3a$, $f(b)=3b$이므로

$f(a)-f(b)=3a-3b=3(a-b)=3\times5=15$ 　답 15

471

ㄱ. x에 대한 일차식이다.

ㄴ. $-\frac{1}{x}$에서 x가 분모에 있으므로 일차함수가 아니다.

ㄷ. $y=ax+b$의 꼴이므로 일차함수이다.

ㄹ. $y=2x(x-1)-2x^2=2x^2-2x-2x^2=-2x$

즉, $y=ax+b$의 꼴이므로 일차함수이다.

ㅁ. x^2+2x는 x에 대한 일차식이 아니므로 일차함수가 아니다.

ㅂ. $y=\frac{1}{4x}$, 즉 x가 분모에 있으므로 일차함수가 아니다.

따라서 일차함수인 것은 ㄷ, ㄹ이다. 　답 ㄷ, ㄹ

472

① $y=360-x$ ⇨ 일차함수

② $y=500x+700\times2$, $y=500x+1400$ ⇨ 일차함수

③ (거리)=(속력)×(시간)이므로

$y=80x$ ⇨ 일차함수

④ $y=x^2$ ⇨ 일차함수가 아니다.

⑤ $y=\frac{1}{2}\times(5+x)\times6$, $y=3x+15$ ⇨ 일차함수 　답 ④

473

$y=ax+7(3-x)=(a-7)x+21$

일차함수가 되려면 $a-7\neq0$이어야 하므로 $a\neq7$ 　답 ⑤

474

$y=3x+a$의 그래프가 점 $(2, -1)$을 지나므로

$-1=3\times2+a \quad \therefore a=-7$

따라서 $y=3x-7$의 그래프가 점 $(4, b)$를 지나므로

$b=3\times4-7=5$

$\therefore a+2b=-7+2\times5=3$ 　답 3

475

① $10\neq-2\times(-3)+5$

② $3\neq-2\times(-1)+5$

③ $-2\neq-2\times0+5$

④ $1=-2\times2+5$

⑤ $-2\neq-2\times4+5$

따라서 주어진 그래프 위의 점은 ④이다. 　답 ④

476

$y=-4x+1$에 $x=a$, $y=-3a$를 대입하면

$-3a=-4a+1 \quad \therefore a=1$ 　답 1

477

$y=3x+1$의 그래프가 점 $(3, b)$를 지나므로

$b=3\times3+1=10$

따라서 $y=ax-5$의 그래프가 점 $(3, 10)$을 지나므로

$10=3a-5$, $3a=15 \quad \therefore a=5$

$\therefore a+b=5+10=15$ 　답 15

478

$y=-3x+4$의 그래프를 y축의 방향으로 k만큼 평행이동하면

$y=-3x+4+k$

이 그래프가 점 $(-2, 3)$을 지나므로

$3=-3\times(-2)+4+k \quad \therefore k=-7$ 답 ②

479

④ $y=2x+1 \xrightarrow[\text{5만큼 평행이동}]{y\text{축의 방향으로}} y=2x+1+5 \quad \therefore y=2x+6$

⑤ $y=2x+1 \xrightarrow[\text{-5만큼 평행이동}]{y\text{축의 방향으로}} y=2x+1-5 \quad \therefore y=2x-4$

답 ④, ⑤

480

$y=ax$의 그래프를 y축의 방향으로 3만큼 평행이동하면

$y=ax+3$이므로

$a=-2, b=3$

$\therefore a+b=-2+3=1$ 답 1

481

$y=2x-3$의 그래프를 y축의 방향으로 a만큼 평행이동하면

$y=2x-3+a$이므로

$-3+a=4 \quad \therefore a=7$ 답 7

482

$y=-\frac{1}{5}x$의 그래프를 y축의 방향으로 -2만큼 평행이동하면

$y=-\frac{1}{5}x-2$

③ $-2\neq-\frac{1}{5}\times5-2$ 답 ③

483

$y=4x$의 그래프를 y축의 방향으로 b만큼 평행이동하면

$y=4x+b$

이 그래프가 점 $(-2, 2)$를 지나므로

$2=4\times(-2)+b \quad \therefore b=10$

따라서 $y=4x+10$의 그래프가 점 $(a, -10)$을 지나므로

$-10=4a+10,\ 4a=-20 \quad \therefore a=-5$

$\therefore a+b=-5+10=5$ 답 5

484

$y=-2x+b$의 그래프를 y축의 방향으로 -4만큼 평행이동하면

$y=-2x+b-4$

이 그래프가 점 $(1, -1)$을 지나므로

$-1=-2\times1+b-4 \quad \therefore b=5$ ――― ❶

따라서 $y=-2x+1$의 그래프가 점 $(a, -5)$를 지나므로

$-5=-2a+1,\ 2a=6 \quad \therefore a=3$ ――― ❷

$\therefore ab=3\times5=15$ ――― ❸

답 15

단계	채점 기준	배점
❶	b의 값 구하기	50 %
❷	a의 값 구하기	40 %
❸	ab의 값 구하기	10 %

485

$y=-\frac{1}{2}x+4$에 $y=0$을 대입하면

$0=-\frac{1}{2}x+4 \quad \therefore x=8$

따라서 x절편은 8이므로 $a=8$

$y=-\frac{1}{2}x+4$에 $x=0$을 대입하면 $y=4$

따라서 y절편은 4이므로 $b=4$

$\therefore a-b=8-4=4$ 답 4

486

$y=-\frac{1}{2}x+3$에 $y=0$을 대입하면

$0=-\frac{1}{2}x+3 \quad \therefore x=6$

따라서 x절편은 6이므로 $A(6, 0)$

$y=-\frac{1}{2}x+3$에 $x=0$을 대입하면 $y=3$

따라서 y절편은 3이므로 $B(0, 3)$ 답 $A(6, 0)$, $B(0, 3)$

487

① x절편: -2, y절편: 2

② x절편: 2, y절편: 2

③ x절편: -2, y절편: -2

④ x절편: -1, y절편: 2

⑤ x절편: 1, y절편: 2

답 ②

488

x절편은 $y=0$일 때의 x의 값이므로 다음과 같다.

①, ②, ④, ⑤ $\frac{1}{4}$ ③ 4 답 ③

489

$y=ax+3$의 그래프가 점 $(3, 0)$을 지나므로

$0=3a+3 \quad \therefore a=-1$ 답 ③

490

$y=5x-2$의 그래프의 y절편은 -2이므로

$y=\frac{3}{2}x+k$의 그래프의 x절편은 -2이다. ――― ❶

따라서 $y=\frac{3}{2}x+k$의 그래프가 점 $(-2, 0)$을 지나므로

$0=\frac{3}{2}\times(-2)+k \quad \therefore k=3$ ──── ❷

답 3

단계	채점 기준	배점
❶	$y=\frac{3}{2}x+k$의 그래프의 x절편 구하기	50 %
❷	k의 값 구하기	50 %

491

$y=-4x+5$의 그래프를 y축의 방향으로 p만큼 평행이동하면

$y=-4x+5+p$

이 그래프가 점 $\left(\frac{3}{4}, 0\right)$을 지나므로

$0=-4\times\frac{3}{4}+5+p \quad \therefore p=-2$

답 -2

492

$y=\frac{1}{3}x-b$의 그래프가 점 $(3, 0)$을 지나므로

$0=\frac{1}{3}\times 3-b \quad \therefore b=1$

따라서 $y=\frac{1}{3}x-1$의 그래프의 y절편이 -1이므로 점 A의 좌표는 $(0, -1)$이다.

답 ③

493

$(\text{기울기})=\frac{(y\text{의 값의 증가량})}{(x\text{의 값의 증가량})}=\frac{-6}{3}=-2$

따라서 그래프의 기울기가 -2인 것은 ①이다.

답 ①

494

$(\text{기울기})=\frac{(y\text{의 값의 증가량})}{6}=-\frac{2}{3}$

$\therefore (y\text{의 값의 증가량})=-4$

따라서 y의 값은 4만큼 감소한다.

답 ②

> 참고 $(-4$만큼 증가$)=(4$만큼 감소$)$

495

$a=(\text{기울기})=\frac{-1}{1-(-2)}=-\frac{1}{3}$

답 $-\frac{1}{3}$

496

$\frac{m-(m-6)}{k-(-3)}=\frac{6}{k+3}=\frac{3}{4}$이므로

$k+3=8 \quad \therefore k=5$

답 5

497

$a=(\text{기울기})=\frac{2}{3}$ ──── ❶

따라서 $y=\frac{2}{3}x+3$의 그래프가 점 $(b, -1)$을 지나므로

$-1=\frac{2}{3}b+3 \quad \therefore b=-6$ ──── ❷

$\therefore \frac{a}{b}=\frac{2}{3}\div(-6)=-\frac{1}{9}$ ──── ❸

답 $-\frac{1}{9}$

단계	채점 기준	배점
❶	a의 값 구하기	40 %
❷	b의 값 구하기	40 %
❸	$\frac{a}{b}$의 값 구하기	20 %

498

$\frac{f(5)-f(0)}{5}$의 값은 함수 $y=f(x)$에 대하여 두 점 $(5, f(5))$, $(0, f(0))$을 지나는 직선의 기울기이므로 -2이다.

답 -2

> 다른 풀이 $f(5)=-2\times5+7=-3$, $f(0)=-2\times0+7=7$

$\therefore \frac{f(5)-f(0)}{5-0}=\frac{-3-7}{5}=-2$

499

$\frac{7-k}{4-(-2)}=2$, $7-k=12 \quad \therefore k=-5$

답 -5

500

$(\text{기울기})=\frac{-3-3}{2-(-2)}=-\frac{3}{2}$

답 ②

501

$(\text{기울기})=\frac{7-2}{-6-(-3)}=-\frac{5}{3}$이므로

$\frac{(y\text{의 값의 증가량})}{0-(-5)}=-\frac{5}{3}$

$\therefore (y\text{의 값의 증가량})=-\frac{5}{3}\times5=-\frac{25}{3}$

답 ①

502

그래프가 두 점 $(-4, -1)$, $(2, 3)$을 지나므로

$(\text{기울기})=\frac{3-(-1)}{2-(-4)}=\frac{2}{3}$

답 ④

503

그래프가 두 점 $(5, 0)$, $(0, -2)$를 지나므로

$(\text{기울기})=\frac{-2-0}{0-5}=\frac{2}{5}$

답 ④

504

그래프 ㉠은 두 점 (0, 1), (1, 3)을 지나므로

$a=\frac{3-1}{1-0}=2$

그래프 ㉡은 두 점 (0, 4), (1, 3)을 지나므로

$b=\frac{3-4}{1-0}=-1$

$\therefore 2a+3b=2\times2+3\times(-1)=1$ 답 1

505

(직선 AB의 기울기)$=\frac{1-(-5)}{1-(-1)}=3$

(직선 AC의 기울기)$=\frac{a-(-5)}{4-(-1)}=\frac{a+5}{5}$

따라서 $\frac{a+5}{5}=3$이므로

$a+5=15 \quad \therefore a=10$ 답 ④

506

(직선 AB의 기울기)$=\frac{3a-4-6}{1-(-1)}=\frac{3a-10}{2}$

(직선 AC의 기울기)$=\frac{a-2-6}{2-(-1)}=\frac{a-8}{3}$

따라서 $\frac{3a-10}{2}=\frac{a-8}{3}$이므로

$9a-30=2a-16,\ 7a=14 \quad \therefore a=2$ 답 2

507

세 점 $(4k,\ k+1)$, $(2,\ -1)$, $(-2,\ -3)$이 한 직선 위에 있으므로

$\frac{k+1-(-1)}{4k-2}=\frac{-1-(-3)}{2-(-2)},\ \frac{k+2}{4k-2}=\frac{1}{2}$

$2k+4=4k-2 \quad \therefore k=3$ 답 3

508

$\frac{a-2}{2-1}=\frac{b-2}{3-1}$이므로 ❶

$a-2=\frac{b-2}{2},\ b-2=2a-4 \quad \therefore b=2a-2$ ❷

$\therefore \frac{a-1}{b}=\frac{a-1}{2a-2}=\frac{a-1}{2(a-1)}=\frac{1}{2}$ ❸

답 $\frac{1}{2}$

단계	채점 기준	배점
❶	기울기를 이용하여 식 세우기	40 %
❷	a, b 사이의 관계를 식으로 나타내기	40 %
❸	$\frac{a-1}{b}$의 값 구하기	20 %

509

$y=-\frac{3}{4}x+6$의 그래프의 기울기는 $-\frac{3}{4}$이므로 $a=-\frac{3}{4}$

$y=0$일 때, $0=-\frac{3}{4}x+6 \quad \therefore x=8$

$x=0$일 때, $y=-\frac{3}{4}\times0+6=6$

따라서 x절편은 8, y절편은 6이므로 $b=8,\ c=6$

$\therefore abc=-\frac{3}{4}\times8\times6=-36$ 답 ①

510

두 점 $(-3,\ 0)$, $(0,\ -5)$를 지나므로 기울기는

$\frac{-5-0}{0-(-3)}=-\frac{5}{3} \quad \therefore a=-\frac{5}{3}$

x절편은 -3, y절편은 -5이므로 $m=-3,\ n=-5$

$\therefore a+m+n=-\frac{5}{3}-3-5=-\frac{29}{3}$ 답 $-\frac{29}{3}$

511

$y=-2x+4$의 그래프의 x절편은 2이고, $y=3x-1$의 그래프의 y절편은 -1이므로 $y=ax+b$의 그래프의 x절편은 2, y절편은 -1이다. ❶

즉, $y=ax+b$의 그래프는 두 점 $(2,\ 0)$, $(0,\ -1)$을 지나므로 기울기는

$\frac{-1-0}{0-2}=\frac{1}{2} \quad \therefore a=\frac{1}{2}$

y절편이 -1이므로 $b=-1$ ❷

$\therefore a+b=\frac{1}{2}-1=-\frac{1}{2}$ ❸

답 $-\frac{1}{2}$

단계	채점 기준	배점
❶	x절편, y절편 각각 구하기	40 %
❷	a, b의 값 각각 구하기	40 %
❸	$a+b$의 값 구하기	20 %

512

$y=2x+2$의 그래프의 x절편은 -1, y절편은 2이므로 두 점 $(-1,\ 0)$, $(0,\ 2)$를 지나는 그래프를 찾으면 ④이다. 답 ④

513

x절편이 5, y절편이 -2인 일차함수의 그래프는 오른쪽 그림과 같다.

따라서 제2사분면을 지나지 않는다.

답 제2사분면

514

$y=\frac{1}{2}x+6$의 그래프를 y축의 방향으로 -3만큼 평행이동하면

$y=\frac{1}{2}x+6-3$, 즉 $y=\frac{1}{2}x+3$이다.

$y=\frac{1}{2}x+3$의 그래프의 x절편은 -6,

y절편은 3이므로 오른쪽 그림과 같다.
따라서 제4사분면을 지나지 않는다.

답 ④

515

$y=-2x+4$의 그래프의 x절편은 2, y절편은 4이므로
$\overline{OA}=2$, $\overline{OB}=4$
따라서 △OAB의 넓이는
$\frac{1}{2}\times 2\times 4=4$

답 4

516

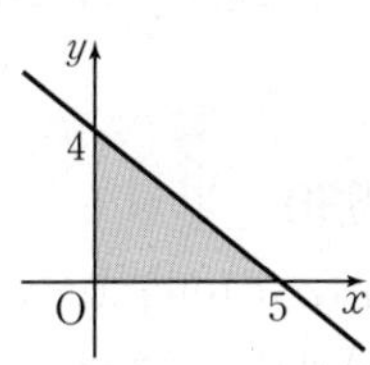

$y=-\frac{4}{5}x+4$의 그래프의 x절편은 5, y절편은 4이므로 그래프는 오른쪽 그림과 같다. 따라서 구하는 넓이는

$\frac{1}{2}\times 5\times 4=10$

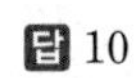
답 10

517

$y=-x+3$의 그래프의 x절편, y절편은 모두 3이고,
$y=\frac{3}{5}x+3$의 그래프의 x절편은 -5, y절편은 3이다. ──── ❶

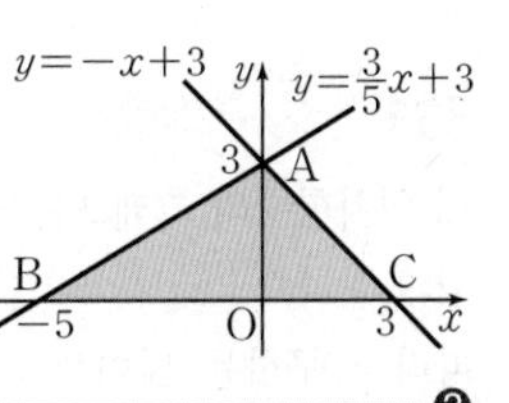

오른쪽 그림에서 $\overline{BC}=8$, $\overline{OA}=3$이므로 두 일차함수의 그래프와 x축으로 둘러싸인 △ABC의 넓이

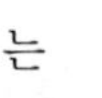
는

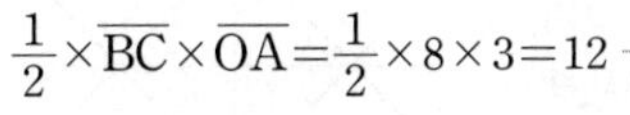
$\frac{1}{2}\times\overline{BC}\times\overline{OA}=\frac{1}{2}\times 8\times 3=12$ ──── ❷

답 12

단계	채점 기준	배점
❶	두 일차함수의 그래프의 x절편, y절편 각각 구하기	50 %
❷	도형의 넓이 구하기	50 %

518

$y=\frac{a}{3}x+2$의 그래프의 x절편은 $-\frac{6}{a}$, y절편은 2이고 a는 양수이므로
$\overline{OA}=\left|-\frac{6}{a}\right|=\frac{6}{a}$, $\overline{OB}=2$
△OAB의 넓이가 6이므로
$\frac{1}{2}\times\frac{6}{a}\times 2=6$, $\frac{6}{a}=6$ $\quad\therefore a=1$

답 1

필수유형 뛰어넘기 102~103쪽

519

$\frac{x}{3}=1$에서 $x=3$이므로 $x=3$일 때,
$f(1)=f\left(\frac{3}{3}\right)=-3+1=-2$

답 ①

520

$g(3)=\frac{12}{3}=a$ $\quad\therefore a=4$
$f(a)=f(4)=-\frac{3}{4}\times 4=-3$, $g(b)=\frac{12}{b}$
$f(a)=g(b)$이므로 $-3=\frac{12}{b}$ $\quad\therefore b=-4$
$\therefore ab=4\times(-4)=-16$

답 -16

521

$f(2a)=-a+5$, $f(4a)=-2a+5$이므로
$(-a+5)+(-2a+5)=4$, $-3a+10=4$
$-3a=-6$ $\quad\therefore a=2$
$\therefore f(a)=f(2)=-\frac{2}{2}+5=4$

답 4

522

① $f(3n)=(3n$을 3으로 나눈 나머지$)=0$
② $f(6)=(6$을 3으로 나눈 나머지$)=0$
$f(15)=(15$를 3으로 나눈 나머지$)=0$
$\therefore f(6)=f(15)$
③ $f(20)=(20$을 3으로 나눈 나머지$)=2$
$f(22)=(22$를 3으로 나눈 나머지$)=1$
$\therefore f(20)\neq f(22)$
④ $f(6n)=(6n$을 3으로 나눈 나머지$)=0$
$f(9n)=(9n$을 3으로 나눈 나머지$)=0$
$\therefore f(6n)=f(9n)$
⑤ $f(51)=(51$을 3으로 나눈 나머지$)=0$
$f(52)=(52$를 3으로 나눈 나머지$)=1$
$f(53)=(53$을 3으로 나눈 나머지$)=2$
$\therefore f(51)+f(52)+f(53)=0+1+2=3$

답 ③

523

$f(-2)=|-2|-(-2)=2+2=4$
$f(0)=|0|-0=0$
$f(2)=|2|-2=0$
$f(4)=|4|-4=0$
⋮
$f(20)=|20|-20=0$
$\therefore f(-2)+f(0)+f(2)+f(4)+\cdots+f(20)$
$=4+0+0+0+\cdots+0=4$

답 4

› 참고 $a\geq 0$일 때, $f(a)=|a|-a=a-a=0$
$a<0$일 때, $f(a)=|a|-a=-a-a=-2a$

524

$f(2)=-4\times2=-8$, $f(a+b)=-4(a+b)$이므로

$-8=-4(a+b)-12$, $4(a+b)=-4$ $\quad\therefore a+b=-1$

$\therefore f(a)+f(b)=-4a-4b=-4(a+b)$

$=-4\times(-1)=4$

답 ③

525

$f(-2)=-2a-2-(-2-a)=-a=-3$

$\therefore a=3$ ──── ❶

따라서 $f(x)=3x-2-(x-3)=2x+1$이므로

$f(2)=2\times2+1=5$, $f(-1)=2\times(-1)+1=-1$ ──── ❷

이때 $f(2)-3f(-1)=2f(k)$이므로

$5-3\times(-1)=2(2k+1)$

$8=4k+2$, $4k=6$ $\quad\therefore k=\frac{3}{2}$ ──── ❸

답 $\frac{3}{2}$

단계	채점 기준	배점
❶	a의 값 구하기	30 %
❷	$f(2)$, $f(-1)$의 값 각각 구하기	40 %
❸	k의 값 구하기	30 %

526

$f(x)=2$를 만족시키는 x의 값은 약수가 2개인 수이므로 20 이하의 소수이다.

$\therefore x=2,\ 3,\ 5,\ 7,\ 11,\ 13,\ 17,\ 19$

답 2, 3, 5, 7, 11, 13, 17, 19

527

x의 값이 1, 2, 3, …, 10이므로

$y=$(x를 5로 나누었을 때의 나머지)를 만족시키는 점 (x, y)의 좌표는

(1, 1), (2, 2), (3, 3), (4, 4), (5, 0),

(6, 1), (7, 2), (8, 3), (9, 4), (10, 0)

이것을 좌표평면 위에 나타내면 된다.

답

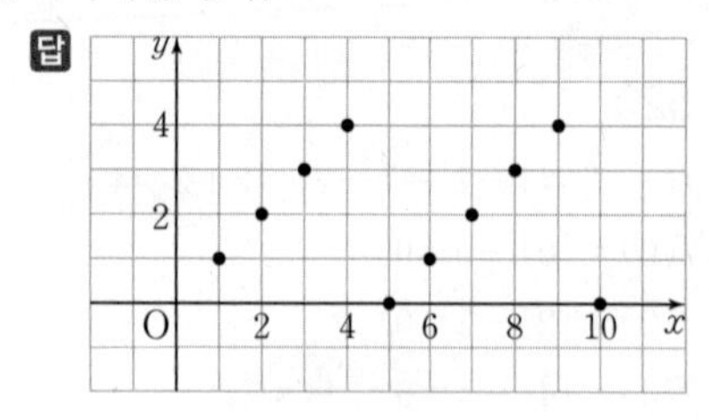

528

$2x(5-3ax)+3bx-cy+1=0$에서

$cy=-6ax^2+(10+3b)x+1$

이 함수가 일차함수이려면 $c\neq0$, $-6a=0$, $10+3b\neq0$

$\therefore a=0,\ b\neq-\frac{10}{3},\ c\neq0$

답 ②

529

두 함수의 그래프의 y절편이 같으므로 $b=-9$

$y=-3x-9$의 그래프의 x절편은 -3, $y=ax+b$의 그래프의 x절편은 $-\frac{b}{a}$이고, $\triangle ABC$의 넓이가 36이므로

$\frac{1}{2}\times\overline{AB}\times\overline{OC}=36(\because a>0)$

$\frac{1}{2}\times\left(-\frac{b}{a}+3\right)\times9=36$

$\frac{b}{a}=-5$, $\frac{-9}{a}=-5$ $\quad\therefore a=\frac{9}{5}$

$\therefore a+b=\frac{9}{5}+(-9)=-\frac{36}{5}$

답 ①

530

$B(a, 0)$이라고 하면 점 $A(a, 2a)$이다.

따라서 정사각형 ABCD의 한 변의 길이는 $2a$이므로

$C(3a, 0)$, $D(3a, 2a)$

점 D는 $y=-3x+11$의 그래프 위의 점이므로

$2a=-3\times3a+11$ $\quad\therefore a=1$

따라서 점 B의 좌표는 (1, 0)이다.

답 (1, 0)

531

네 일차함수의 그래프는 오른쪽 그림과 같다.

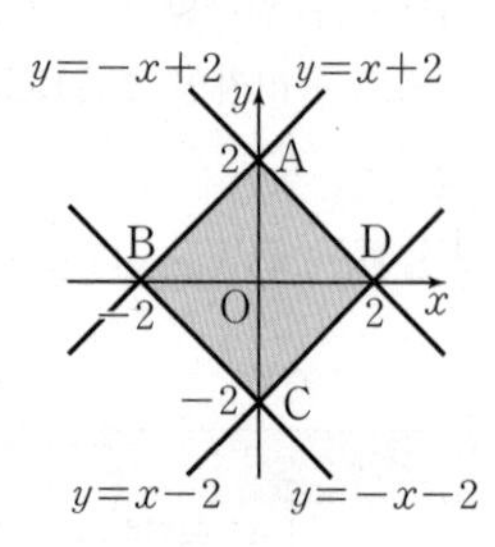

따라서 구하는 넓이는 $\triangle ABD$의 넓이와 $\triangle BCD$의 넓이의 합이므로

$\frac{1}{2}\times4\times2+\frac{1}{2}\times4\times2=8$

답 8

532

$y=-2x+6$의 그래프의 x절편은 3, y절편은 6이고 그래프와 x축, y축으로 둘러싸인 도형은 직각삼각형이다. ──── ❶

이때 $y=-2x+6$의 그래프와 x축, y축으로 둘러싸인 도형을 y축을 회전축으로 하여 1회전 시키면 오른쪽 그림과 같이 밑면의 반지름의 길이가 3, 높이가 6인 원뿔이 된다. ──── ❷

따라서 구하는 입체도형의 부피는

$\frac{1}{3}\times\pi\times3^2\times6=18\pi$ ──── ❸

답 18π

단계	채점 기준	배점
❶	그래프와 좌표축으로 둘러싸인 도형 알기	40 %
❷	1회전 시켰을 때 생기는 입체도형이 원뿔임을 알기	30 %
❸	원뿔의 부피 구하기	30 %

2 일차함수의 그래프의 성질과 활용

필수유형 공략하기 106~112쪽

533

$y=ax-b$의 그래프가 오른쪽 위로 향하므로 $a>0$

y절편이 음수이므로 $-b<0$ $\quad\therefore b>0$

$\therefore a>0,\ b>0$

답 ①

534

$y=-ax+\frac{a}{b}$의 그래프가 오른쪽 위로 향하므로

$-a>0$ $\quad\therefore a<0$

y절편이 양수이므로 $\frac{a}{b}>0$

그런데 $a<0$이므로 $b<0$

답 $a<0,\ b<0$

535

$y=ax+b$의 그래프가 오른쪽 아래로 향하므로 $a<0$

y절편이 음수이므로 $b<0$

따라서 $y=-bx+a$의 그래프는 오른쪽 그림과 같으므로 제2사분면을 지나지 않는다.

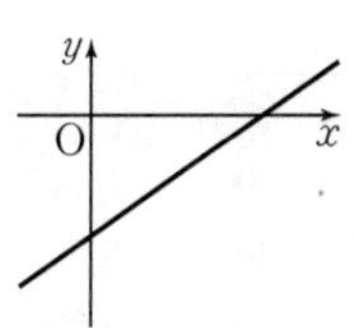

답 제2사분면

> 참고 일차함수 $y=ax+b$의 그래프는
> (1) $a>0,\ b>0$이면 제1, 2, 3사분면을 지난다.
> (2) $a>0,\ b<0$이면 제1, 3, 4사분면을 지난다.
> (3) $a<0,\ b>0$이면 제1, 2, 4사분면을 지난다.
> (4) $a<0,\ b<0$이면 제2, 3, 4사분면을 지난다.

536

$ab<0$에서 $a>0,\ b<0$ 또는 $a<0,\ b>0$

$a-b<0$에서 $a<b$이므로 $a<0,\ b>0$

따라서 $y=ax+b$의 그래프는 오른쪽 그림과 같으므로 제3사분면을 지나지 않는다.

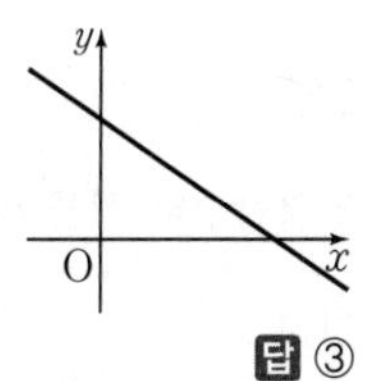

답 ③

537

주어진 그래프의 x절편은 음수, y절편은 양수이므로 $m<0$, $n>0$

따라서 $y=mx+n$의 그래프는 오른쪽 그림과 같으므로 제3사분면을 지나지 않는다.

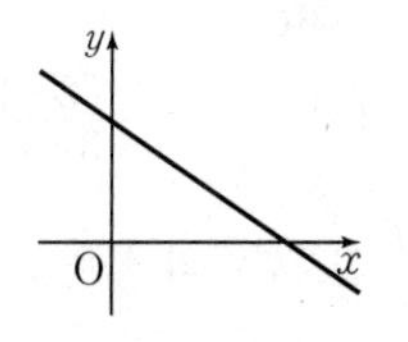

답 제3사분면

538

$y=ax+ab$의 그래프가 오른쪽 그림과 같아야 하므로

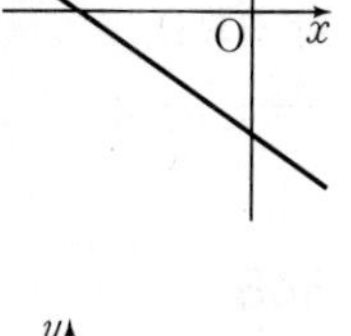

$a<0,\ ab<0$에서 $a<0,\ b>0$ ——— ❶

$\therefore \frac{b}{a}<0,\ b-a>0$ ——— ❷

따라서 $y=\frac{b}{a}x+(b-a)$의 그래프는 오른쪽 그림과 같으므로 제1, 2, 4사분면을 지난다. ——— ❸

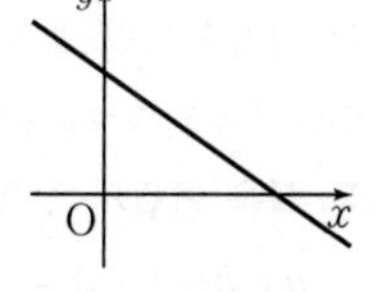

답 제1, 2, 4사분면

단계	채점 기준	배점
❶	a, b의 부호 정하기	30 %
❷	$\frac{b}{a}$, $b-a$의 부호 정하기	30 %
❸	그래프가 지나는 사분면 구하기	40 %

539

서로 평행한 두 일차함수의 그래프의 기울기는 같으므로

$2(a+3)=a+4,\ 2a+6=a+4$ $\quad\therefore a=-2$

답 -2

540

$y=2x-4$의 그래프와 기울기가 같고, y절편은 다른 것을 찾으면 ⑤이다.

답 ⑤

541

두 점 $(2,\ 5)$, $(k,\ -4)$를 지나는 직선이 $y=\frac{3}{2}x-1$의 그래프와 평행하므로

$\frac{-4-5}{k-2}=\frac{3}{2}$, $k-2=-6$ $\quad\therefore k=-4$

답 -4

542

$y=ax+2$의 그래프가 두 점 $(-2,\ 1)$, $(1,\ -3)$을 지나는 그래프와 평행하므로

$a=\frac{-3-1}{1-(-2)}=-\frac{4}{3}$

따라서 $y=-\frac{4}{3}x+2$의 그래프가 점 $(b,\ -2)$를 지나므로

$-2=-\frac{4}{3}b+2,\ \frac{4}{3}b=4$ $\quad\therefore b=3$

$\therefore 3a+b=3\times\left(-\frac{4}{3}\right)+3=-1$

답 -1

543

$y=ax+3$의 그래프를 y축의 방향으로 5만큼 평행이동하면

$y=ax+3+5$, 즉 $y=ax+8$

이 그래프가 $y=7x+2b$의 그래프와 일치하므로

$a=7,\ 8=2b$ $\quad\therefore a=7,\ b=4$

답 $a=7,\ b=4$

544

두 일차함수의 그래프가 일치하려면 기울기, y절편이 각각 같아야 하므로

$a=4$, $b=6$ 답 $a=4$, $b=6$

545

두 일차함수의 그래프가 일치하므로

$2a+b=5$, $7=a+2b$

두 식을 연립하여 풀면 $a=1$, $b=3$

$\therefore a-b=1-3=-2$ 답 -2

546

$y=5x-a+1$의 그래프가 점 $(2, 3)$을 지나므로

$3=5\times2-a+1$ $\therefore a=8$

따라서 $y=5x-7$의 그래프와 $y=bx-c$의 그래프가 일치하므로 $b=5$, $c=7$

$\therefore a+b+c=8+5+7=20$ 답 20

547

② x절편은 $-\frac{1}{2}$이고, y절편은 2이다.

③ $y=2x+4$의 그래프와 기울기가 다르므로 평행하지 않다.

⑤ $y=4x+2$의 그래프는 오른쪽 그림과 같으므로 제1, 2, 3사분면을 지난다.

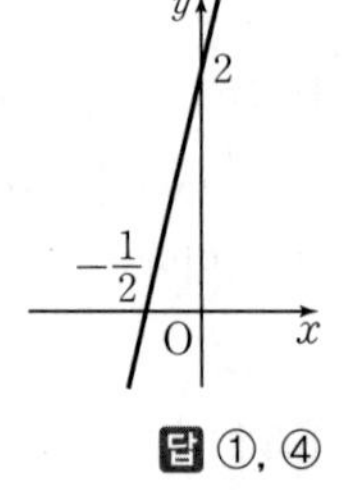

답 ①, ④

548

③ 기울기는 $-\frac{3}{5}$이다.

⑤ $|-1|>\left|-\frac{3}{5}\right|$이므로

$y=-x+1$의 그래프가 y축에 더 가깝다. 답 ③, ⑤

549

② x축과 점 $\left(-\frac{b}{a}, 0\right)$에서 만난다. 답 ②

550

(기울기)$=3$, (y절편)$=4$이므로 구하는 일차함수의 식은

$y=3x+4$ 답 ④

551

(기울기)$=\frac{-1}{2-(-1)}=-\frac{1}{3}$, ($y$절편)$=-2$이므로 구하는 일차함수의 식은

$y=-\frac{1}{3}x-2$ 답 $y=-\frac{1}{3}x-2$

552

주어진 직선이 두 점 $(-2, 0)$, $(0, 4)$를 지나므로

(기울기)$=\frac{4-0}{0-(-2)}=2$

또, y절편이 -3이므로 구하는 일차함수의 식은

$y=2x-3$

이 그래프가 점 $(-5a, 4-3a)$를 지나므로

$4-3a=2\times(-5a)-3$

$7a=-7$ $\therefore a=-1$ 답 -1

553

(기울기)$=\frac{-6-(-9)}{2-(-4)}=\frac{1}{2}$

$y=3x-8$의 그래프와 y축 위에서 만나므로

(y절편)$=-8$ ❶

따라서 구하는 일차함수의 식은

$y=\frac{1}{2}x-8$ ❷

위의 식에 $y=0$을 대입하면 $0=\frac{1}{2}x-8$ $\therefore x=16$

그러므로 구하는 x절편은 16이다. ❸

답 16

단계	채점 기준	배점
❶	기울기와 y절편 구하기	40 %
❷	일차함수의 식 구하기	20 %
❸	x절편 구하기	40 %

554

일차함수의 식을 $y=2x+b$로 놓고 $x=-3$, $y=-1$을 대입하면

$-1=2\times(-3)+b$ $\therefore b=5$

따라서 $y=2x+5$의 그래프가 x축과 만나는 점의 좌표는

$\left(-\frac{5}{2}, 0\right)$이다. 답 $\left(-\frac{5}{2}, 0\right)$

555

일차함수의 식을 $y=\frac{3}{2}x+b$로 놓고 $x=-4$, $y=-5$를 대입하면

$-5=\frac{3}{2}\times(-4)+b$ $\therefore b=1$

따라서 구하는 일차함수의 식은 $y=\frac{3}{2}x+1$ 답 $y=\frac{3}{2}x+1$

556

(기울기)$=\frac{2-3}{-3-(-5)}=-\frac{1}{2}$

일차함수의 식을 $y=-\frac{1}{2}x+b$로 놓고 $x=-\frac{2}{3}$, $y=1$을 대입하면

$1=-\frac{1}{2}\times\left(-\frac{2}{3}\right)+b$ $\quad\therefore b=\frac{2}{3}$

따라서 $y=-\frac{1}{2}x+\frac{2}{3}$의 그래프의 y절편은 $\frac{2}{3}$이다. 답 $\frac{2}{3}$

557

$y=\frac{3}{5}x-3$의 그래프의 x절편은 5이다.

이때 일차함수의 식을 $y=-2x+b$로 놓으면 이 그래프가

$y=\frac{3}{5}x-3$의 그래프와 x축 위에서 만나므로 x절편은 5이다.

즉, $y=-2x+b$에 $x=5$, $y=0$을 대입하면

$0=-2\times5+b$ $\quad\therefore b=10$

따라서 $y=-2x+10$의 그래프 위의 점이 아닌 것은

④ $6\neq-2\times4+10$ 답 ④

558

$(\text{기울기})=\frac{-2-2}{5-1}=-1$

일차함수의 식을 $y=-x+b$로 놓고 $x=1$, $y=2$를 대입하면

$2=-1+b$ $\quad\therefore b=3$

따라서 구하는 일차함수의 식은 $y=-x+3$ 답 ③

559

주어진 그래프가 두 점 $(-3, 1)$, $(1, -2)$를 지나므로

$(\text{기울기})=\frac{-2-1}{1-(-3)}=-\frac{3}{4}$

일차함수의 식을 $y=-\frac{3}{4}x+b$로 놓고 $x=1$, $y=-2$를 대입하면

$-2=-\frac{3}{4}\times1+b$ $\quad\therefore b=-\frac{5}{4}$

따라서 구하는 일차함수의 식은 $y=-\frac{3}{4}x-\frac{5}{4}$

답 $y=-\frac{3}{4}x-\frac{5}{4}$

560

$(\text{기울기})=\frac{4-1}{2-(-4)}=\frac{1}{2}$

일차함수의 식을 $y=\frac{1}{2}x+b$로 놓고 $x=2$, $y=4$를 대입하면

$4=\frac{1}{2}\times2+b$ $\quad\therefore b=3$

따라서 일차함수의 식은 $y=\frac{1}{2}x+3$ ……㉠

① ㉠에 $x=4$, $y=5$를 대입하면 $5=\frac{1}{2}\times4+3$이므로 점 $(4, 5)$를 지난다.

② ㉠에 $y=0$을 대입하면 $0=\frac{1}{2}x+3$ $\quad\therefore x=-6$

따라서 x절편은 -6이다.

③ y절편은 3이다.

④ $y=\frac{1}{2}x$의 그래프를 y축의 방향으로 3만큼 평행이동한 직선이다.

⑤ 기울기가 $\frac{1}{2}$이므로 x의 값이 -1에서 1까지 2만큼 증가할 때, y의 값은 1만큼 증가한다.

따라서 옳지 않은 것은 ④이다. 답 ④

561

두 점 $(3, 0)$, $(0, -2)$를 지나므로

$(\text{기울기})=\frac{-2-0}{0-3}=\frac{2}{3}$

y절편이 -2이므로 $y=\frac{2}{3}x-2$에 $x=a$, $y=4$를 대입하면

$4=\frac{2}{3}a-2$, $\frac{2}{3}a=6$ $\quad\therefore a=9$ 답 9

562

$y=\frac{1}{3}x+1$의 그래프의 x절편이 -3, $y=-\frac{1}{2}x+5$의 그래프의 y절편이 5이므로 구하는 직선은 두 점 $(-3, 0)$, $(0, 5)$를 지난다.

$(\text{기울기})=\frac{5-0}{0-(-3)}=\frac{5}{3}$이므로 구하는 일차함수의 식은

$y=\frac{5}{3}x+5$ 답 $y=\frac{5}{3}x+5$

563

$y=ax+b$의 그래프가 두 점 $(-3, 0)$, $(0, 6)$을 지나므로

$a=\frac{6-0}{0-(-3)}=2$, $b=6$

$y=-bx+a$, 즉 $y=-6x+2$에 $y=0$을 대입하면

$0=-6x+2$, $6x=2$ $\quad\therefore x=\frac{1}{3}$

따라서 구하는 x절편은 $\frac{1}{3}$이다. 답 $\frac{1}{3}$

564

$y=-\frac{2}{3}x+4$의 그래프의 x절편은 6, y절편은 4이므로

$A(6, 0)$, $B(0, 4)$ ──── ❶

또, $\triangle ABC$의 넓이가 8이므로

$\frac{1}{2}\times\overline{AC}\times\overline{OB}=\frac{1}{2}\times\overline{AC}\times4=8$

$\therefore \overline{AC}=4$

이때 $\overline{OC}=\overline{OA}-\overline{AC}=6-4=2$이므로

$C(2, 0)$ ──── ❷

따라서 두 점 $B(0, 4)$, $C(2, 0)$을 지나는 직선의 기울기는

$\frac{0-4}{2-0}=-2$이므로 구하는 일차함수의 식은

$y=-2x+4$ ──── ❸

답 $y=-2x+4$

단계	채점 기준	배점
❶	두 점 A, B의 좌표 각각 구하기	30 %
❷	점 C의 좌표 구하기	40 %
❸	일차함수의 식 구하기	30 %

565

2분마다 물의 온도가 10 ℃씩 올라가므로 1분마다 5 ℃씩 올라간다. 즉, x분마다 온도가 $5x$ ℃씩 올라가므로

$y=5x+20$ 답 $y=5x+20$

566

100 m 높아질 때마다 기온이 0.6 ℃씩 내려가므로

1 m 높아질 때마다 기온이 $\frac{0.6}{100}=0.006$(℃)씩 내려간다.

지면으로부터 높이가 x m인 지점의 기온을 y℃라 하면

$y=25-0.006x$

이 식에 $y=-5$를 대입하면

$-5=25-0.006x$ $\quad\therefore x=5000$

따라서 구하는 높이는 5000 m이다. 답 ⑤

567

물의 온도가 10 ℃ 올라갈 때마다 물에 녹는 약품의 최대량은 5 g씩 증가하므로 물의 온도가 1 ℃ 올라갈 때마다 물에 녹는 약품의 최대량은 0.5 g씩 증가한다.

또, 물의 온도가 0 ℃일 때, 약품은 최대 10 g이 녹으므로

$y=10+0.5x$ ❶

이 식에 $y=56$을 대입하면

$56=10+0.5x$ $\quad\therefore x=92$

따라서 구하는 물의 온도는 92 ℃이다. ❷

답 92 ℃

단계	채점 기준	배점
❶	x와 y 사이의 관계식 구하기	60 %
❷	조건을 만족시키는 물의 온도 구하기	40 %

568

4 g인 물체를 달 때마다 길이가 1 cm씩 늘어나므로 물체의 무게가 1 g씩 늘어날 때마다 용수철의 길이는 $\frac{1}{4}$ cm씩 늘어난다.

즉, x g마다 $\frac{1}{4}x$ cm씩 늘어나므로

$y=20+\frac{1}{4}x$ 답 $y=20+\frac{1}{4}x$

569

용수철의 길이가 늘어나는 비율이 일정하고, 추의 무게가 120 g 늘어나면 용수철의 길이가 5 cm 늘어나므로 용수철의 길이는 1 g에 $5\div120=\frac{1}{24}$(cm)씩 늘어난다.

x g의 물체를 달았을 때 용수철의 길이를 y cm라 하고, 처음 용수철의 길이를 k cm라고 하면

$y=k+\frac{1}{24}x$

$x=120$일 때 $y=20$이므로

$20=k+\frac{1}{24}\times120$ $\quad\therefore k=15$

즉, $y=15+\frac{1}{24}x$이므로 $x=384$를 대입하면

$y=15+\frac{1}{24}\times384=31$

따라서 구하는 용수철의 길이는 31 cm이다. 답 31 cm

570

5분에 20 L의 비율로 물을 넣으므로 1분에 4 L의 비율로 물을 넣는다.

x분 후의 물의 양을 y L라 하면

$y=120+4x$

이 식에 $y=300$을 대입하면

$300=120+4x$ $\quad\therefore x=45$

따라서 물통을 가득 채우는 데 걸리는 시간은 45분이다.

답 45분

571

자동차가 12 km를 달릴 때마다 휘발유 1 L를 사용하므로

1 km를 달릴 때마다 $\frac{1}{12}$ L의 휘발유를 사용한다.

x km를 달린 후에 남아 있는 휘발유의 양을 y L라 하면

$y=60-\frac{1}{12}x$ ❶

이 식에 $x=300$을 대입하면

$y=60-\frac{1}{12}\times300=35$

따라서 남아 있는 휘발유의 양은 35 L이다. ❷

답 35 L

단계	채점 기준	배점
❶	x와 y 사이의 관계식 구하기	60 %
❷	조건을 만족시키는 휘발유의 양 구하기	40 %

572

은수가 집에서 출발하여 x분 동안 간 거리는 $50x$ m이므로 은수가 집에서 출발한 지 x분 후에 공원까지의 남은 거리를 y m라 하면

$y=2000-50x$

이 식에 $y=500$을 대입하면

$500=2000-50x$ $\quad\therefore x=30$

따라서 공원까지의 남은 거리가 500 m가 되는 것은 30분 후이다. 답 30분 후

573

엘레베이터는 x초에 $3x$ cm를 내려가므로 x와 y 사이의 관계식은

$y=98-3x$ 답 ③

574

을이 출발한 지 x분 후에 을이 갑보다 앞선 거리를 y m라 하면 을이 달린 거리는 $140x$ m이고, 갑이 걸은 거리는 $50(x+1)$ m이므로

$y=140x-50(x+1)$ $\therefore y=90x-50$

이 식에 $y=400$을 대입하면

$400=90x-50$ $\therefore x=5$

따라서 을이 한 바퀴 앞설 때까지 걸리는 시간은 5분이다.

답 5분

575

점 P는 $\overline{AB}$ 위를 1초에 2 cm씩 움직이므로 x초 후의 $\overline{AP}$의 길이는 $2x$ cm이다.

따라서 x초 후의 사각형 APCD의 넓이를 y cm^2라 하면

$y=\frac{1}{2}\times(2x+10)\times16$ $\therefore y=16x+80$

이 식에 $y=144$를 대입하면

$144=16x+80$ $\therefore x=4$

따라서 점 P가 점 A를 출발한 지 4초 후이다. 답 4초 후

576

x초 후의 $\overline{BP}$의 길이는 $3x$ cm이므로

$y=\frac{1}{2}\times\overline{BP}\times\overline{AB}=\frac{1}{2}\times3x\times18=27x$

$\therefore y=27x$ 답 $y=27x$

577

점 P가 1초에 0.5 cm씩 움직이므로 x초 후의 $\overline{BP}$, $\overline{CP}$의 길이는

$\overline{BP}=0.5x$ cm, $\overline{CP}=(12-0.5x)$ cm

x와 y 사이의 관계식을 구하면

$y=\frac{1}{2}\times0.5x\times8+\frac{1}{2}\times(12-0.5x)\times6$

$=2x+3(12-0.5x)$

$\therefore y=0.5x+36$ ➊

이 식에 $y=42$를 대입하면

$42=0.5x+36$ $\therefore x=12$

따라서 점 P가 점 B를 출발한 지 12초 후이다. ➋

답 12초 후

단계	채점 기준	배점
➊	x와 y 사이의 관계식 구하기	60 %
➋	점 B를 출발한 지 몇 초 후인지 구하기	40 %

578

그래프가 두 점 (0, 10), (5, 25)를 지나므로

(기울기)$=\frac{25-10}{5-0}=3$, (y절편)$=10$

따라서 x와 y 사이의 관계식은 $y=3x+10$

이 식에 $x=20$을 대입하면

$y=3\times20+10=70$

따라서 가열한 지 20분 후의 물의 온도는 70 ℃이다. 답 ④

579

그래프가 두 점 (0, 400), (20, 0)을 지나므로

(기울기)$=\frac{0-400}{20-0}=-20$, (y절편)$=400$

따라서 x와 y 사이의 관계식은

$y=-20x+400$ 답 $y=-20x+400$

580

그래프가 두 점 (0, 280), (50, 0)을 지나므로

(기울기)$=\frac{0-280}{50-0}=-\frac{28}{5}$, ($y$절편)$=280$

따라서 x와 y 사이의 관계식은

$y=-\frac{28}{5}x+280$

이 식에 $x=30$을 대입하면

$y=-\frac{28}{5}\times30+280=112$

따라서 더 받아야 할 자료의 양은 112 MB이다. 답 112 MB

필수유형 뛰어넘기 113~114쪽

581

$a^2bc<0$에서 $ab\times ac<0$

(i) $ab>0$, $ac<0$일 때

$-\frac{b}{a}<0$, $\frac{c}{a}<0$이므로 $y=-\frac{b}{a}x+\frac{c}{a}$의 그래프는 오른쪽 그림과 같이 제2, 3, 4사분면을 지난다.

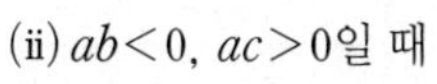

(ii) $ab<0$, $ac>0$일 때

$-\frac{b}{a}>0$, $\frac{c}{a}>0$이므로 $y=-\frac{b}{a}x+\frac{c}{a}$의 그래프는 오른쪽 그림과 같이 제1, 2, 3사분면을 지난다.

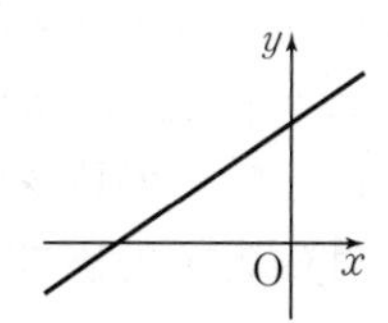

따라서 (i), (ii)에서 $y=-\frac{b}{a}x+\frac{c}{a}$의 그래프가 반드시 지나는 사분면은 제2, 3사분면이다. 답 ③

582

$y=-3x+2k-9$의 그래프가 제3사분면을 지나지 않으려면 y절편이 0 이상이어야 하므로

$2k-9\geq 0 \qquad \therefore k\geq \frac{9}{2}$ **답** $k\geq \frac{9}{2}$

583

$y=-5x-10$, $y=mx+n$의 그래프가 서로 평행하므로

$m=-5$, $n\neq -10$

$y=-5x-10$의 그래프의 x절편은 -2, $y=-5x+n$의 그래프의 x절편은 $\frac{n}{5}(n>0)$이므로

$\mathrm{A}(-2, 0)$, $\mathrm{B}\left(\frac{n}{5}, 0\right)$

이때 $\overline{\mathrm{AB}}=6$이므로

$\frac{n}{5}-(-2)=6 \qquad \therefore n=20$

$\therefore m+n=-5+20=15$ **답** 15

584

① 점 $(1,\ a+b)$를 지난다.

② $a<0$, $b>0$이다.

③ $y=-ax+b$의 그래프는 제4사분면을 지나지 않는다.

④ $y=ax-b$의 그래프는 제2, 3, 4사분면을 지난다.

⑤ $y=ax+b$의 그래프의 x절편은 $-\frac{b}{a}$, $y=-ax-b$의 그래프의 x절편도 $-\frac{b}{a}$이므로 두 그래프는 x축 위에서 만난다.

따라서 옳은 것은 ⑤이다. **답** ⑤

585

주어진 그래프에서 기울기가 양수인 것은 ③, ④, ⑤이고, 그 중 y절편이 음수인 것은 ⑤이므로

⑤ ㄱ의 그래프이다.

③, ④ 중에서 기울기의 절댓값이 큰 것은 ③이므로

③ ㅁ, ④ ㄹ의 그래프이다.

또, 기울기가 음수인 것은 ①, ②이고, ①, ② 중에서 기울기의 절댓값이 큰 것은 ②이므로

① ㄷ, ② ㄴ의 그래프이다. **답** ②, ④

586

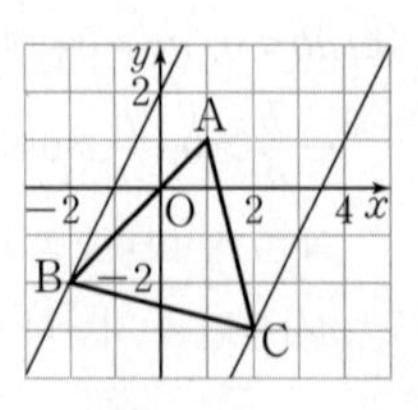

$y=2x+b$의 그래프의 y절편이 b이므로 b의 값은 $y=2x+b$의 그래프가 점 $\mathrm{B}(-2,\ -2)$를 지날 때 최대가 되고, 점 $\mathrm{C}(2,\ -3)$을 지날 때 최소가 된다.

$y=2x+b$에 $x=-2$, $y=-2$를 대입하면

$-2=2\times(-2)+b \qquad \therefore b=2$

$y=2x+b$에 $x=2$, $y=-3$을 대입하면

$-3=2\times 2+b \qquad \therefore b=-7$

따라서 $M=2$, $m=-7$이므로

$Mm=2\times(-7)=-14$ **답** -14

587

세 점을 지나는 직선의 기울기는 $\frac{-8-4}{a-0}=-\frac{12}{a}$이고, y절편이 4이므로 주어진 직선을 그래프로 하는 일차함수의 식은

$y=-\frac{12}{a}x+4$

이 일차함수의 그래프의 x절편은 $\frac{a}{3}$이고, $a>0$이므로 그래프는 오른쪽 그림과 같다.

이때 어두운 부분의 넓이가 6이므로

$\frac{1}{2}\times\frac{a}{3}\times 4=6 \qquad \therefore a=9$

따라서 $y=-\frac{4}{3}x+4$의 그래프가 점 $(2,\ b)$를 지나므로

$b=-\frac{4}{3}\times 2+4=\frac{4}{3}$

$\therefore ab=9\times\frac{4}{3}=12$ **답** ②

588

구하는 일차함수의 식을 $f(x)=ax+b$라 하면

$f(4)=4a+b$, $f(-1)=-a+b$이므로

$\frac{f(4)-f(-1)}{5}=\frac{4a+b-(-a+b)}{5}=-3$

$\frac{5a}{5}=-3 \qquad \therefore a=-3$

$f(x)=-3x+b$의 그래프가 점 $(2,\ -2)$를 지나므로

$-2=-3\times 2+b \qquad \therefore b=4$

따라서 구하는 일차함수의 식은

$f(x)=-3x+4$ **답** ②

› 다른 풀이 $\frac{f(4)-f(-1)}{5}=\frac{f(4)-f(-1)}{4-(-1)}=-3$

즉, $y=f(x)$의 그래프의 기울기는 -3이다.

$f(x)=y=-3x+b$로 놓으면 이 일차함수의 그래프가 점 $(2,\ -2)$를 지나므로 $f(2)=-2$

$-2=-3\times 2+b \qquad \therefore b=4$

따라서 구하는 일차함수의 식은

$f(x)=-3x+4$

589

승기가 그린 직선은 두 점 $(-4,\ -3)$, $(2,\ 6)$을 지나므로

$(\text{기울기})=\frac{6-(-3)}{2-(-4)}=\frac{3}{2}$

$y=\frac{3}{2}x+n$으로 놓고 $x=2$, $y=6$을 대입하면

$6=\frac{3}{2}\times2+n \qquad \therefore n=3$

$\therefore y=\frac{3}{2}x+3$

민아가 그린 직선은 두 점 $(-2,\ 3)$, $(0,\ 2)$를 지나므로

$(\text{기울기})=\frac{2-3}{0-(-2)}=-\frac{1}{2}$

그래프가 점 $(0,\ 2)$를 지나므로

$y=-\frac{1}{2}x+2$

그런데 승기는 y절편 b를 바르게 보았고, 민아는 기울기 a를 바르게 보았으므로

$a=-\frac{1}{2},\ b=3$

따라서 $y=-\frac{1}{2}x+3$의 그래프가 점 $(8,\ k)$를 지나므로

$k=-\frac{1}{2}\times8+3=-1$ 　답 ⑤

590

점 $B(8,\ 3)$와 x축에 대하여 대칭인 점을 B'이라 하면 $B'(8,\ -3)$

$\overline{AP}+\overline{BP}$의 값이 최소일 때는 점 P가 $\overline{AB'}$ 위의 점일 때이다.

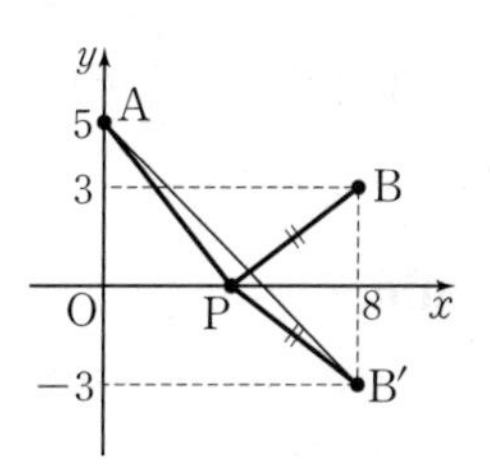

두 점 $A(0,\ 5)$, $B'(8,\ -3)$을 지나는 일차함수의 그래프의 기울기는

$\frac{-3-5}{8-0}=-1$

y절편이 5이므로 $y=-x+5$

$y=0$일 때, $0=-x+5 \qquad \therefore x=5$

따라서 점 P의 x좌표는 5이다. 　답 ④

591

$y=-\frac{2}{3}x+6$의 그래프의 x절편은 9이고, y절편은 6이므로

$\overline{OA}=9,\ \overline{OB}=6$

따라서 △OAB의 넓이는

$\frac{1}{2}\times\overline{OA}\times\overline{OB}=\frac{1}{2}\times9\times6=27$ ―― ❶

점 C의 x좌표를 m이라 하면 △BOC의 넓이는 △OAB의 넓이의 $\frac{1}{2}$이므로

$\frac{1}{2}\times6\times m=\frac{1}{2}\times27 \qquad \therefore m=\frac{9}{2}$

즉, 점 C의 x좌표는 $\frac{9}{2}$이므로 $y=-\frac{2}{3}x+6$에 $x=\frac{9}{2}$를 대입하면

$y=-\frac{2}{3}\times\frac{9}{2}+6=3$

$\therefore C\left(\frac{9}{2},\ 3\right)$ ―― ❷

이때 $y=ax$의 그래프가 점 $C\left(\frac{9}{2},\ 3\right)$을 지나므로

$3=\frac{9}{2}a \qquad \therefore a=\frac{2}{3}$ ―― ❸

답 $\frac{2}{3}$

단계	채점 기준	배점
❶	△OAB의 넓이 구하기	40 %
❷	점 C의 좌표 구하기	40 %
❸	a의 값 구하기	20 %

592

각 단계마다 정삼각형이 4개씩 늘어난다. 즉, x의 값이 1씩 증가함에 따라 y의 값은 4씩 증가하므로 x와 y 사이의 관계식은

$y=6+4(x-1) \qquad \therefore y=4x+2$ 　답 $y=4x+2$

593

$\overline{BC}=12$ cm이므로 점 B를 출발한 점 P는 6초 후 점 C에 도착한다. 또 $\overline{CD}=8$ cm이므로 점 C를 출발한 점 P는 4초 후 점 D에 도착한다. 즉, 점 B를 출발한 점 P는 $6+4=10$(초) 후 $\overline{DA}$ 위에 있다.

점 P가 점 B를 출발한 지 x초 후의 △ABP의 넓이를 y cm^{2}라 하면 점 P가 $\overline{DA}$ 위에 있을 때, 즉 $10\le x\le16$일 때,

$y=\frac{1}{2}\times\{12-2(x-10)\}\times8=\frac{1}{2}\times(32-2x)\times8$

$\therefore y=128-8x$

$x=11$을 대입하면

$y=128-8\times11=40$

따라서 구하는 넓이는 40 cm^{2}이다. 　답 ③

3 일차함수와 일차방정식의 관계

필수유형 공략하기 　117~126쪽

594

$3x-2y+1=0$에서 $y=\frac{3}{2}x+\frac{1}{2}$

⑤ 그래프는 제1, 2, 3사분면을 지난다. 　답 ③

595

$2x-y+b=0$에서 $y=2x+b$

$y=ax+3$의 그래프가 $y=2x+b$의 그래프와 일치하므로

$a=2,\ b=3 \qquad \therefore a+b=2+3=5$ 　답 ①

596

주어진 일차방정식을 $y=ax+b$의 꼴로 나타내면

① $-2x+y+3=0$ ⇨ $y=2x-3$

② $4x=2y-8$ ⇨ $y=2x+4$

③ $2x+1-y=0$ ⇨ $y=2x+1$

④ $8x-4y=2 \Rightarrow y=2x-\frac{1}{2}$

⑤ $3x-6y=3 \Rightarrow y=\frac{1}{2}x-\frac{1}{2}$

따라서 기울기가 다른 것은 ⑤이다. 답 ⑤

597

$x-3y+6=0$에서 $y=\frac{1}{3}x+2$

따라서 x절편이 -6, y절편이 2인 그래프를 찾으면 ①이다.

답 ①

598

$3x-2y-4=0$에서 $y=\frac{3}{2}x-2$

따라서 $a=\frac{3}{2}$, $b=\frac{4}{3}$, $c=-2$이므로

$abc=\frac{3}{2}\times\frac{4}{3}\times(-2)=-4$ 답 -4

599

$4x-2y+10=0$에서 $y=2x+5$

$\therefore a=2$ ―― ❶

$x+2y-4=0$에서 $y=-\frac{1}{2}x+2$

$\therefore b=2$ ―― ❷

$\therefore ab=2\times2=4$ ―― ❸

답 4

단계	채점 기준	배점
❶	a의 값 구하기	40 %
❷	b의 값 구하기	40 %
❸	ab의 값 구하기	20 %

600

$2x+3y-6=0$에서 $y=-\frac{2}{3}x+2$

오른쪽 그림에서 어두운 부분을 y축을 회전축으로 하여 1회전 시킬 때 생긴 입체도형은 밑면의 반지름의 길이가 3이고, 높이가 2인 원뿔이다.

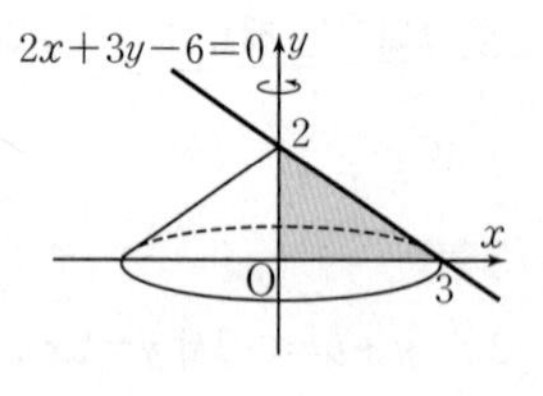

따라서 구하는 입체도형의 부피는

$\frac{1}{3}\times\pi\times3^2\times2=6\pi$ 답 6π

601

$ax-2y-6=0$에서 $y=\frac{a}{2}x-3$

$y=\frac{a}{2}x-3$의 그래프가 점 $(4,\ 3)$을 지나므로

$3=\frac{a}{2}\times4-3 \quad \therefore a=3$

$\therefore$ (기울기)$=\frac{a}{2}=\frac{3}{2}$ 답 ④

602

$3x-2y=5$에 $x=2a-1$, $y=a$를 대입하면

$3(2a-1)-2a=5$, $4a=8 \quad \therefore a=2$ 답 ②

603

주어진 그래프가 두 점 $(4,\ 0)$, $(0,\ 2)$를 지나므로

$3ax+2y-4b=0$에 $x=4$, $y=0$을 대입하면

$12a-4b=0 \quad \therefore 3a-b=0$

$3ax+2y-4b=0$에 $x=0$, $y=2$를 대입하면

$2\times2-4b=0 \quad \therefore b=1$

따라서 $3a-b=0$에서

$3a-1=0 \quad \therefore a=\frac{1}{3}$

$\therefore 3a+b=3\times\frac{1}{3}+1=2$ 답 2

604

$2x-(a+5)y+1=0$의 그래프가 점 $(2,\ -5)$를 지나므로

$2\times2+5(a+5)+1=0$

$5a=-30 \quad \therefore a=-6$ ―― ❶

따라서 $2x+y+1=0$의 그래프가 점 $(b,\ 1)$을 지나므로

$2b+1+1=0 \quad \therefore b=-1$ ―― ❷

$\therefore a+2b=-6+2\times(-1)=-8$ ―― ❸

답 -8

단계	채점 기준	배점
❶	a의 값 구하기	40 %
❷	b의 값 구하기	40 %
❸	$a+2b$의 값 구하기	20 %

605

$x-3ky+5=0$의 그래프가 점 $(3,\ 4)$를 지나므로

$3-3k\times4+5=0 \quad \therefore k=\frac{2}{3}$

$\therefore x-2y+5=0$

③ $0-2\times\frac{5}{2}+5=0$이므로 점 $\left(0,\ \frac{5}{2}\right)$는 이 그래프 위의 점이다.

답 ③

606

$ax+2y+6=0$에서 $y=-\frac{a}{2}x-3$

$y=-\frac{a}{2}x-3$의 그래프를 y축의 방향으로 4만큼 평행이동하면

$y=-\frac{a}{2}x-3+4 \quad \therefore y=-\frac{a}{2}x+1$

이 그래프가 점 (2, -2)를 지나므로

$-2=-\frac{a}{2}\times 2+1$, $-2=a+1$ $\therefore a=3$ **답** 3

607

$ax+by+6=0$에서 $y=-\frac{a}{b}x-\frac{6}{b}$

$-\frac{a}{b}=-\frac{3}{2}$, $-\frac{6}{b}=-3$에서 $a=3$, $b=2$

$\therefore a+b=3+2=5$ **답** 5

> 다른 풀이 기울기가 $-\frac{3}{2}$이고, 절편이 -3인 일차함수의 식은

$y=-\frac{3}{2}x-3$ $\therefore 3x+2y+6=0$

따라서 $a=3$, $b=2$이므로 $a+b=5$

608

$3x+my-2=0$에서 $y=-\frac{3}{m}x+\frac{2}{m}$

주어진 직선의 기울기가 $-\frac{3}{5}$이므로

$-\frac{3}{m}=-\frac{3}{5}$ $\therefore m=5$ **답** 5

609

두 점 $(-1, 5)$, $(2, -1)$을 지나는 직선의 기울기는

$\frac{-1-5}{2-(-1)}=-2$

$ax+5y-3=0$에서 $y=-\frac{a}{5}x+\frac{3}{5}$

따라서 $-\frac{a}{5}=-2$이므로 $a=10$ **답** 10

610

$(2a-3b)x-2y+(a+4b)=0$에서

$y=\frac{2a-3b}{2}x+\frac{a+4b}{2}$

기울기가 5이고 y절편이 -3이므로

$\begin{cases}\frac{2a-3b}{2}=5\\ \frac{a+4b}{2}=-3\end{cases} \Rightarrow \begin{cases}2a-3b=10\\ a+4b=-6\end{cases}$

이 연립방정식을 풀면

$a=2$, $b=-2$

$\therefore a+b=2+(-2)=0$ **답** 0

611

$ax+y-b=0$에서 $y=-ax+b$

(기울기)<0이므로 $-a<0$ $\therefore a>0$

(y절편)>0이므로 $b>0$ **답** ①

612

$ax+by+c=0$에서 $y=-\frac{a}{b}x-\frac{c}{b}$

(기울기)>0이므로 $-\frac{a}{b}>0$ $\therefore \frac{a}{b}<0$ ······㉠

(y절편)>0이므로 $-\frac{c}{b}>0$ $\therefore \frac{c}{b}<0$ ······㉡

㉠, ㉡에서 a와 c의 부호는 서로 같다.

$bx-ay+c=0$에서 $y=\frac{b}{a}x+\frac{c}{a}$이므로

(기울기)$=\frac{b}{a}<0$, (y절편)$=\frac{c}{a}>0$

따라서 $bx-ay+c=0$의 그래프로 알맞은 것은 ②이다. **답** ②

613

$ax-by-c=0$에서 $y=\frac{a}{b}x-\frac{c}{b}$

이때 $a>0$, $b<0$, $c>0$이므로 $\frac{a}{b}<0$, $-\frac{c}{b}>0$

따라서 $ax-by-c=0$의 그래프는 오른쪽 그림과 같이 제3사분면을 지나지 않는다. **답** ③

614

$x+ay+b=0$에서 $y=-\frac{1}{a}x-\frac{b}{a}$ ——— ❶

이 그래프가 제1, 3, 4사분면을 모두 지나므로 오른쪽 그림과 같다.

(기울기)>0이므로

$-\frac{1}{a}>0$ $\therefore a<0$ ——— ❷

(y절편)<0이므로 $-\frac{b}{a}<0$

이때 $a<0$이므로 $b<0$ ——— ❸

답 $a<0$, $b<0$

단계	채점 기준	배점
❶	일차방정식을 $y=ax+b$의 꼴로 나타내기	20 %
❷	a의 부호 정하기	40 %
❸	b의 부호 정하기	40 %

615

$ax+by+c=0$에서 $y=-\frac{a}{b}x-\frac{c}{b}$

이때 $ac<0$, $bc>0$이므로 a와 b의 부호는 서로 다르다.

$\therefore -\frac{a}{b}>0$, $-\frac{c}{b}<0$

③, ⑤ (기울기)>0, (y절편)<0이므로 그래프는 오른쪽 그림과 같이 제1, 3, 4사분면을 지나고, 오른쪽 위로 향한다.

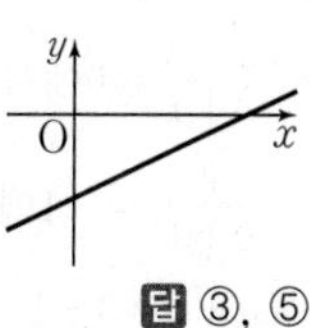

답 ③, ⑤

616

y축에 평행한 직선의 방정식은 $x=p$(p는 상수)의 꼴이고, 이때 p는 주어진 점의 x좌표이므로 $x=-2$

답 ③

617

① $y=x+3$ ② $y=x$ ④ $x=0$ ⑤ $y=2$

y축에 수직인 직선의 방정식은 $y=q$(q는 상수)의 꼴이다.

따라서 그 그래프가 y축에 수직인 것은 ⑤이다.

답 ⑤

618

y의 값에 관계없이 x의 값이 항상 2인 직선의 방정식은

$x=2$

답 ④

619

$2y-3=a-1$에서 $y=\dfrac{a+2}{2}$

주어진 그래프의 식은 $y=-2$이므로

$\dfrac{a+2}{2}=-2 \qquad \therefore a=-6$

답 -6

620

$2x+2=0$에서 $x=-1$

$x=-1$의 그래프는 오른쪽 그림과 같다.

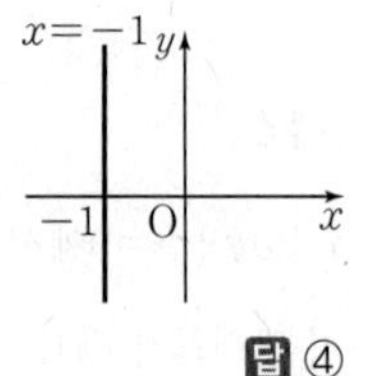

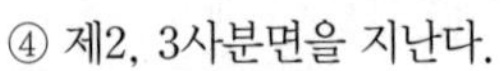

④ 제2, 3사분면을 지난다.

⑤ 직선 $x=2$도 x축에 수직이므로 두 직선 $x=-1$, $x=2$는 만나지 않는다.

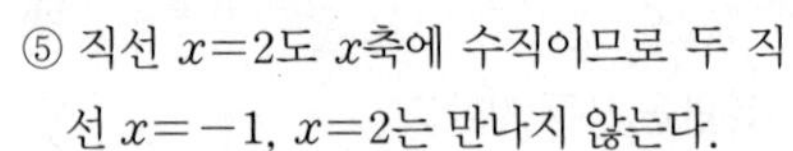

답 ④

621

주어진 직선은 x축에 수직 즉, y축에 평행하므로 x좌표가 같아야 한다.

$a+3=9-2a$, $3a=6 \qquad \therefore a=2$ ──── ❶

따라서 구하는 직선의 방정식은

$x=a+3=2+3 \qquad \therefore x=5$ ──── ❷

답 $x=5$

단계	채점 기준	배점
❶	a의 값 구하기	50 %
❷	직선의 방정식 구하기	50 %

622

$(a-3)x+(b+1)y+2=0$에서 $y=-\dfrac{a-3}{b+1}x-\dfrac{2}{b+1}$

점 $(2, -1)$을 지나고, x축에 평행한 직선의 방정식은

$y=-1$이므로

$-\dfrac{a-3}{b+1}=0$에서 $a=3$

$-\dfrac{2}{b+1}=-1$에서 $b=1$

$\therefore a+b=3+1=4$

답 4

623

$ax+by-6=0$의 그래프가 y축에 평행하고 제2, 3사분면을 지나려면 $x=k(k<0)$의 꼴이어야 하므로

$b=0$

즉, $ax-6=0$에서 $x=\dfrac{6}{a}$이므로

$\dfrac{6}{a}<0 \qquad \therefore a<0$

답 ④

624

직선 $y=0$은 x축이므로 네 방정식의 그래프를 좌표평면 위에 나타내면 오른쪽 그림과 같다.

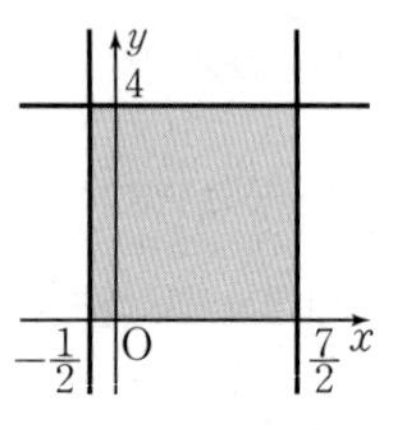

따라서 구하는 도형의 넓이는

$4\times4=16$

답 16

625

$3x-9=0$에서 $x=3$

$4y=16$에서 $y=4$

$y+2=0$에서 $y=-2$

네 방정식의 그래프를 좌표평면 위에 나타내면 오른쪽 그림과 같다.

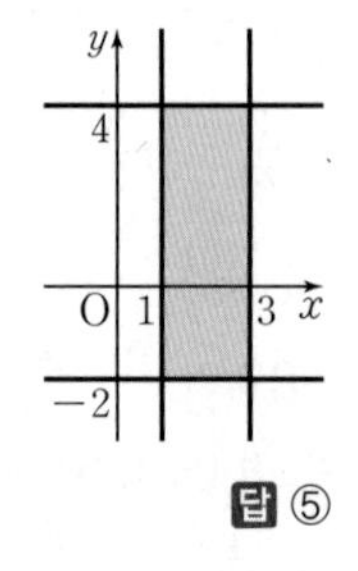

따라서 구하는 도형의 넓이는

$2\times6=12$

답 ⑤

626

$x-6=0$에서 $x=6$

$y-2=a$에서 $y=a+2$

$a>0$이므로 네 직선을 좌표평면 위에 나타내면 오른쪽 그림과 같다.

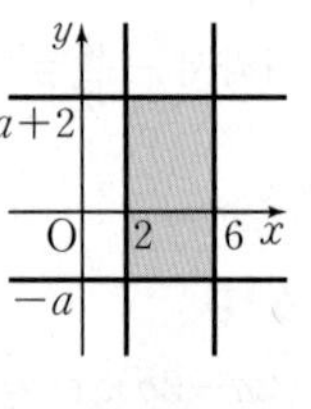

네 직선으로 둘러싸인 도형의 넓이가 32이므로

$4\times\{a+2-(-a)\}=32$

$2a+2=8 \qquad \therefore a=3$

답 3

627

연립방정식 $\begin{cases} x+3y=12 \\ -2x+y=-3 \end{cases}$을 풀면

$x=3$, $y=3$

따라서 두 직선의 교점의 좌표는 $(3, 3)$이므로 $a=3$, $b=3$

$\therefore a+b=3+3=6$

답 ④

628

두 그래프의 교점의 좌표가 $(-1, 2)$이므로 구하는 해는

$x=-1$, $y=2$

답 $x=-1$, $y=2$

629

연립방정식 $\begin{cases} x-2y=6 \\ x+y=3 \end{cases}$ 을 풀면 $x=4$, $y=-1$

따라서 $x=4$, $y=-1$을 $y=kx+7$에 대입하면

$-1=4k+7$, $-4k=8$

$\therefore k=-2$ 답 -2

630

직선 l의 x절편이 6, y절편이 4이므로 직선 l의 방정식은

$y=-\frac{2}{3}x+4$ ——— ❶

직선 m의 x절편이 -1, y절편이 1이므로 직선 m의 방정식은

$y=x+1$ ——— ❷

연립방정식 $\begin{cases} y=-\frac{2}{3}x+4 \\ y=x+1 \end{cases}$ 을 풀면

$x=\frac{9}{5}$, $y=\frac{14}{5}$

따라서 구하는 교점의 좌표는 $\left(\frac{9}{5}, \frac{14}{5}\right)$이다. ——— ❸

답 $\left(\frac{9}{5}, \frac{14}{5}\right)$

단계	채점 기준	배점
❶	직선 l의 방정식 구하기	30 %
❷	직선 m의 방정식 구하기	30 %
❸	교점의 좌표 구하기	40 %

631

두 그래프의 교점의 좌표가 $(-2, 3)$이므로 주어진 연립방정식의 해는 $x=-2$, $y=3$이다.

$ax+y=-3$에 $x=-2$, $y=3$을 대입하면

$-2a+3=-3$에서 $a=3$

$x+by=-5$에 $x=-2$, $y=3$을 대입하면

$-2+3b=-5$에서 $b=-1$

$\therefore ab=3\times(-1)=-3$ 답 ③

632

$ax-y+b=0$에 $x=4$, $y=-5$를 대입하면

$4a-(-5)+b=0$에서 $4a+b=-5$ ······㉠

$bx-y+a=0$에 $x=4$, $y=-5$를 대입하면

$4b-(-5)+a=0$에서 $a+4b=-5$ ······㉡

㉠, ㉡을 연립하여 풀면 $a=-1$, $b=-1$

$\therefore a+b=-1+(-1)=-2$ 답 ①

633

$\frac{1}{2}ax-by-2=0$에 $x=4$, $y=2$를 대입하면

$2a-2b-2=0$에서 $a-b=1$ ······㉠

$bx+2ay-12=0$에 $x=4$, $y=2$를 대입하면

$4b+4a-12=0$에서 $a+b=3$ ······㉡

㉠, ㉡을 연립하여 풀면 $a=2$, $b=1$ 답 $a=2$, $b=1$

634

두 그래프의 교점의 좌표는 연립방정식의 해이므로

$2x-y=4$에 $x=3$을 대입하면

$2\times3-y=4$ $\therefore y=2$

즉, 교점의 좌표가 $(3, 2)$이므로 $x+ay=7$에 $x=3$, $y=2$를 대입하면

$3+2a=7$ $\therefore a=2$ 답 2

635

교점이 y축 위에 있으므로 교점의 x좌표는 0이다.

$4x-3y+6=0$에 $x=0$을 대입하면

$4\times0-3y+6=0$ $\therefore y=2$

즉, 교점의 좌표가 $(0, 2)$이므로 $2x+3ay+8=0$에

$x=0$, $y=2$를 대입하면

$2\times0+3a\times2+8=0$ $\therefore a=-\frac{4}{3}$ 답 $-\frac{4}{3}$

636

$4x+ay-3=0$에 $x=2$, $y=-1$을 대입하면

$4\times2-a-3=0$ $\therefore a=5$

$bx-6y-12=0$에 $x=2$, $y=-1$을 대입하면

$2b-6\times(-1)-12=0$ $\therefore b=3$

따라서 직선 $y=ax+b$, 즉 $y=5x+3$의 x절편은

$0=5x+3$ $\therefore x=-\frac{3}{5}$ 답 $-\frac{3}{5}$

637

$x-2y+a=0$에 $x=-1$, $y=1$을 대입하면

$-1-2\times1+a=0$ $\therefore a=3$

$3x+4y-b=0$에 $x=-1$, $y=1$을 대입하면

$3\times(-1)+4\times1-b=0$ $\therefore b=1$ ——— ❶

이때 $x-2y+3=0$의 그래프의 x절편은 -3, $3x+4y-1=0$의 그래프의 x절편은 $\frac{1}{3}$이므로

$A(-3, 0)$, $B\left(\frac{1}{3}, 0\right)$ ——— ❷

$\therefore \overline{AB}=\frac{1}{3}-(-3)=\frac{10}{3}$ ——— ❸

답 $\frac{10}{3}$

단계	채점 기준	배점
❶	a, b의 값 각각 구하기	40 %
❷	두 점 A, B의 좌표 각각 구하기	40 %
❸	$\overline{AB}$의 길이 구하기	20 %

638

연립방정식 $\begin{cases} 3x-y-11=0 \\ x+2y-13=0 \end{cases}$을 풀면 $x=5$, $y=4$

따라서 점 (5, 4)를 지나고, x축에 평행한 직선의 방정식은

$y=4$ 답 ③

639

연립방정식 $\begin{cases} 2x+3y-4=0 \\ 3x+4y-5=0 \end{cases}$을 풀면 $x=-1$, $y=2$

따라서 점 (−1, 2)를 지나고, y축에 수직인 직선의 방정식은

$y=2$ 답 $y=2$

640

연립방정식 $\begin{cases} 7x+8y+2=0 \\ 3x-4y-14=0 \end{cases}$을 풀면 $x=2$, $y=-2$

또, $x-3y-3=0$에서 $y=\frac{1}{3}x-1$

따라서 구하는 직선은 기울기가 $\frac{1}{3}$이고, 점 (2, −2)를 지나므로

$y=\frac{1}{3}x+b$에 $x=2$, $y=-2$를 대입하면

$-2=\frac{1}{3}\times2+b \quad \therefore b=-\frac{8}{3}$

따라서 구하는 직선의 방정식은 $y=\frac{1}{3}x-\frac{8}{3}$, 즉 $x-3y-8=0$

답 ①

641

연립방정식 $\begin{cases} x-y=2 \\ 5x+2y=-11 \end{cases}$을 풀면 $x=-1$, $y=-3$

두 점 (−1, −3), (0, −6)을 지나는 직선의 기울기는

$\frac{-6-(-3)}{0-(-1)}=-3$

따라서 이 직선의 방정식은 $y=-3x-6$이므로 구하는 x절편은 −2이다. 답 ②

642

연립방정식 $\begin{cases} x-2y-5=0 \\ 2x+3y+4=0 \end{cases}$을 풀면 $x=1$, $y=-2$

두 점 (1, −2), (5, 6)을 지나는 직선의 기울기는

$\frac{6-(-2)}{5-1}=2$

따라서 직선 $ax-y-b=0$, 즉 $y=ax-b$에서 $a=2$

$y=2x-b$에 $x=1$, $y=-2$를 대입하면

$-2=2\times1-b \quad \therefore b=4$

$\therefore a+b=2+4=6$ 답 6

643

$x-y+4=0$에 $x=-2$를 대입하면

$-2-y+4=0 \quad \therefore y=2$

따라서 직선 $3x+ay-2=0$이 점 (−2, 2)를 지나므로

$3\times(-2)+2a-2=0$, $2a=8 \quad \therefore a=4$ 답 ④

644

연립방정식 $\begin{cases} x+y=-5 \\ 3x-11y=13 \end{cases}$을 풀면 $x=-3$, $y=-2$

따라서 두 직선 $x+y=-5$, $3x-11y=13$의 교점의 좌표는 (−3, −2)이다.

직선 $2x+ay=8$도 점 (−3, −2)를 지나므로

$2x+ay=8$에 $x=-3$, $y=-2$를 대입하면

$2\times(-3)-2a=8$, $-2a=14 \quad \therefore a=-7$ 답 ①

645

$\frac{1}{2}x-y-2=0$에 $x=2$를 대입하면

$\frac{1}{2}\times2-y-2=0 \quad \therefore y=-1$

즉, 두 직선 $x=2$와 $\frac{1}{2}x-y-2=0$의 교점의 좌표는 (2, −1)

이고 직선 $ax-y+1=0$도 점 (2, −1)을 지나므로

$2a-(-1)+1=0 \quad \therefore a=-1$ 답 −1

646

두 점 (−1, 2), (1, 6)을 지나는 직선의 기울기는

$\frac{6-2}{1-(-1)}=2$

$y=2x+k$에 $x=1$, $y=6$을 대입하면

$6=2\times1+k \quad \therefore k=4$

즉, 주어진 두 점을 지나는 직선의 방정식은

$y=2x+4$ ——— ❶

연립방정식 $\begin{cases} y=2x+4 \\ y-x-1=0 \end{cases}$을 풀면 $x=-3$, $y=-2$ ——— ❷

따라서 직선 $y-ax-2=0$도 점 (−3, −2)를 지나므로

$-2+3a-2=0 \quad \therefore a=\frac{4}{3}$ ——— ❸

답 $\frac{4}{3}$

단계	채점 기준	배점
❶	주어진 두 점을 지나는 직선의 방정식 구하기	30 %
❷	연립방정식의 해 구하기	30 %
❸	a의 값 구하기	40 %

647

연립방정식 $\begin{cases} 3x+2y=a \\ y=-3x \end{cases}$를 풀면 $x=-\frac{a}{3}$, $y=a$

즉, 두 직선의 교점의 좌표는 $\left(-\frac{a}{3},\ a\right)$이고

직선 $2x-y=16+a$도 점 $\left(-\frac{a}{3},\ a\right)$를 지나므로

$-\frac{2}{3}a-a=16+a$, $-\frac{8}{3}a=16 \quad \therefore a=-6$ 답 ②

648

연립방정식 $\begin{cases} ax-2y=b \\ 2x-y=1 \end{cases}$, 즉 $\begin{cases} y=\frac{a}{2}x-\frac{b}{2} \\ y=2x-1 \end{cases}$ 의 해가 무수히 많으려면 두 그래프가 일치해야 하므로

$\frac{a}{2}=2,\ -\frac{b}{2}=-1 \qquad \therefore a=4,\ b=2$

$\therefore 2a+b=2\times4+2=10$ 　　답 10

649

연립방정식 $\begin{cases} ax-y+2=0 \\ 5x+2y-b=0 \end{cases}$, 즉 $\begin{cases} y=ax+2 \\ y=-\frac{5}{2}x+\frac{b}{2} \end{cases}$ 의 해가 존재하지 않으려면 두 그래프가 평행해야 하므로

$a=-\frac{5}{2},\ 2\neq\frac{b}{2} \qquad \therefore a=-\frac{5}{2},\ b\neq4$ 　　답 ②

650

그래프의 교점이 하나이므로 주어진 연립방정식의 해가 한 쌍이다.

따라서 연립방정식 $\begin{cases} 4x+2y=5 \\ 3ax-y=-1 \end{cases}$, 즉 $\begin{cases} y=-2x+\frac{5}{2} \\ y=3ax+1 \end{cases}$ 에서

$-2\neq3a \qquad \therefore a\neq-\frac{2}{3}$ 　　답 ①

651

(i) 직선 $y=ax-1$이 점 A(1, 5)를 지날 때,

$5=a-1 \qquad \therefore a=6$

(ii) 직선 $y=ax-1$이 점 B(4, 1)을 지날 때,

$1=4a-1 \qquad \therefore a=\frac{1}{2}$

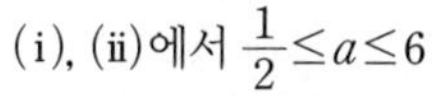

(i), (ii)에서 $\frac{1}{2}\leq a\leq6$ 　　답 ④

652

(i) 직선 $y=-ax+3$이 점 A(2, 7)을 지날 때,

$7=-2a+3 \qquad \therefore a=-2$

(ii) 직선 $y=-ax+3$이 점 B(3, −2)를 지날 때,

$-2=-3a+3 \qquad \therefore a=\frac{5}{3}$

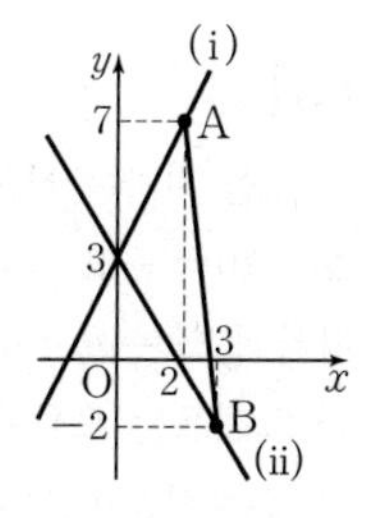

(i), (ii)에서 $-2\leq a\leq\frac{5}{3}$ 　　답 $-2\leq a\leq\frac{5}{3}$

653

(i) 직선 $y=ax+2$가 점 A(2, 5)를 지날 때,

$5=2a+2 \qquad \therefore a=\frac{3}{2}$

(ii) 직선 $y=ax+2$가 점 B(4, 3)을 지날 때,

$3=4a+2 \qquad \therefore a=\frac{1}{4}$

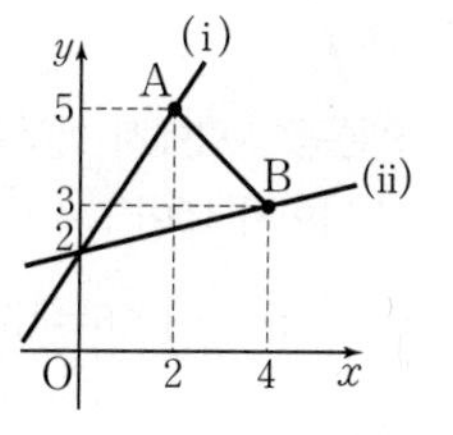

(i), (ii)에서 $\frac{1}{4}\leq a\leq\frac{3}{2}$

따라서 $p=\frac{1}{4},\ q=\frac{3}{2}$이므로

$p+q=\frac{1}{4}+\frac{3}{2}=\frac{7}{4}$ 　　답 ④

654

연립방정식 $\begin{cases} 2x-y-1=0 \\ x+y-5=0 \end{cases}$ 을 풀면 $x=2,\ y=3$

$\therefore$ P(2, 3)

직선 $2x-y-1=0$의 x절편이 $\frac{1}{2}$이므로 $A\left(\frac{1}{2},\ 0\right)$

직선 $x+y-5=0$의 x절편이 5이므로 B(5, 0)

따라서 △PAB의 넓이는

$\frac{1}{2}\times\left(5-\frac{1}{2}\right)\times3=\frac{1}{2}\times\frac{9}{2}\times3=\frac{27}{4}$ 　　답 $\frac{27}{4}$

655

연립방정식 $\begin{cases} x-y-3=0 \\ x+4y-8=0 \end{cases}$ 을 풀면 $x=4,\ y=1$

즉, 두 직선 $x-y-3=0,\ x+4y-8=0$의 교점의 좌표는 (4, 1)이다. ──── ❶

직선 $x-y-3=0,\ x+4y-8=0$의 y절편은 각각 −3, 2이므로 ──── ❷

구하는 도형의 넓이는

$\frac{1}{2}\times\{2-(-3)\}\times4=\frac{1}{2}\times5\times4=10$ ──── ❸

답 10

단계	채점 기준	배점
❶	두 직선의 교점의 좌표 구하기	50 %
❷	두 직선의 y절편 각각 구하기	30 %
❸	넓이 구하기	20 %

656

$3x-3=0$에서 $x=1$

$2x+y+2=0$에 $y=2$를 대입하면

$2x+2+2=0 \qquad \therefore x=-2$

$\therefore$ A(−2, 2)

$2x+y+2=0$에 $x=1$을 대입하면

$2\times1+y+2=0 \qquad \therefore y=-4$

$\therefore$ B(1, −4), C(1, 2)

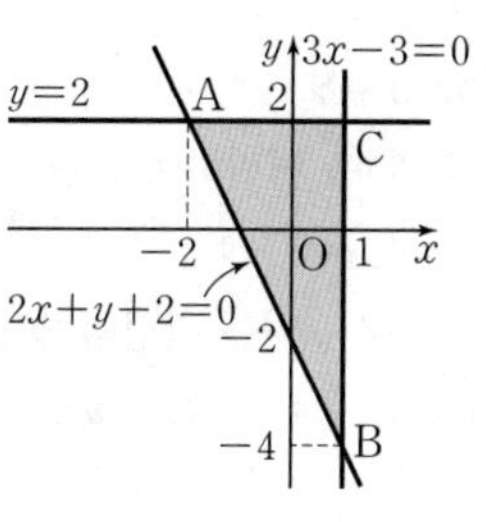

따라서 △ABC의 넓이는 $\frac{1}{2}\times3\times6=9$ 　　답 9

657

오른쪽 그림에서 어두운 부분의 넓이가 15이므로

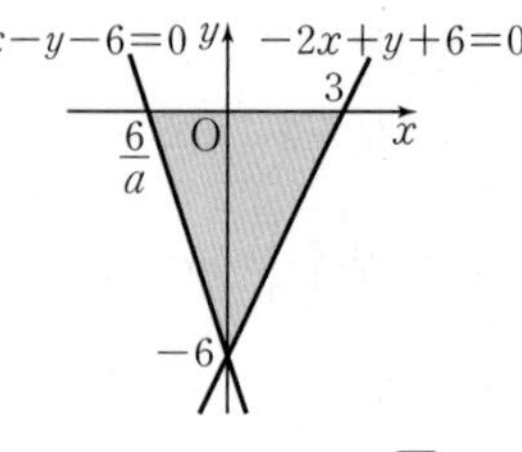

$\frac{1}{2}\times\left(3-\frac{6}{a}\right)\times 6=15$

$\frac{6}{a}=-2$ $\quad\therefore a=-3$

답 -3

658

연립방정식 $\begin{cases} 2x-y=0 \\ 4x+3y-20=0 \end{cases}$을 풀면 $x=2,\ y=4$

즉, 직선 $ax-y+b=0$이 점 $A(2,\ 4)$를 지나므로

$2a-4+b=0$ $\quad\cdots\cdots$ ㉠

오른쪽 그림에서 점 C는 $\overline{OB}$의 중점이므로 $C\left(\frac{5}{2},\ 0\right)$

즉, 직선 $ax-y+b=0$이 점 C를 지나므로

$\frac{5}{2}a+b=0$ $\quad\cdots\cdots$ ㉡

㉠, ㉡을 연립하여 풀면 $a=-8,\ b=20$

$\therefore a+b=-8+20=12$

답 12

> 다른 풀이 ($\triangle$AOB의 넓이)$=\frac{1}{2}\times5\times4=10$이므로

$C(p,\ 0)$이라 하면

($\triangle$AOC의 넓이)$=\frac{1}{2}\times p\times4=5$ $\quad\therefore p=\frac{5}{2}$

$\therefore C\left(\frac{5}{2},\ 0\right)$

659

구하는 직선의 방정식을 $y=ax+b$라 하자.

연립방정식 $\begin{cases} x-y+2=0 \\ 2x+y-8=0 \end{cases}$을 풀면 $x=2,\ y=4$

직선 $y=ax+b$가 점 $A(2,\ 4)$를 지나므로

$4=2a+b$ $\quad\cdots\cdots$ ㉠

오른쪽 그림에서 점 D는 $\overline{BC}$의 중점이므로 $D(1,\ 0)$

직선 $y=ax+b$가 점 D를 지나므로

$0=a+b$ $\quad\cdots\cdots$ ㉡

㉠, ㉡을 연립하여 풀면

$a=4,\ b=-4$

따라서 구하는 직선의 방정식은

$y=4x-4$, 즉 $4x-y-4=0$

답 $4x-y-4=0$ (또는 $y=4x-4$)

> 다른 풀이 ($\triangle$ABC의 넓이)$=\frac{1}{2}\times6\times4=12$

구하는 직선이 x축과 만나는 점을 $D(p,\ 0)$이라 하면

($\triangle$ADC의 넓이)$=\frac{1}{2}\times(4-p)\times4=6$ $\quad\therefore p=1$

$\therefore D(1,\ 0)$

660

직선 $y=-2x+6$의 x절편과 y절편은 각각 3, 6이므로

$A(0,\ 6),\ B(3,\ 0)$

또 직선 $y=6x-42$의 x절편은 7이므로 $C(7,\ 0)$

한편, 점 D의 y좌표는 6이므로 $6=6x-42$에서 $x=8$

$\therefore D(8,\ 6)$

사다리꼴 ABCD의 넓이는

$\frac{1}{2}\times(8+4)\times6=36$ ❶

구하는 직선의 방정식을 $x=k$라 하고 $\overline{AD}$, $\overline{BC}$와 직선 $x=k$의 교점을 각각 P, Q라 하면

$P(k,\ 6),\ Q(k,\ 0)$

$\therefore \overline{AP}=k,\ \overline{BQ}=k-3$

사다리꼴 ABQP의 넓이는

$\frac{1}{2}\times\{k+(k-3)\}\times6=18$

$2k-3=6$ $\quad\therefore k=\frac{9}{2}$ ❷

따라서 구하는 직선의 방정식은

$x=\frac{9}{2}$ ❸

답 $x=\frac{9}{2}$

단계	채점 기준	배점
❶	사다리꼴 ABCD의 넓이 구하기	40 %
❷	직선의 방정식 구하는 과정 나타내기	40 %
❸	직선의 방정식 구하기	20 %

필수유형 뛰어넘기 127~128쪽

661

두 점을 지나는 직선이 x축에 평행하므로

$2a-10=-3a+5,\ 5a=15$ $\quad\therefore a=3$

따라서 $2x-ay+6=0$, 즉 $2x-3y+6=0$의 그래프는 오른쪽 그림과 같으므로 지나지 않는 사분면은 제4사분면이다.

답 제4사분면

662

㈎에서 $ax+y=b$의 해가 $(1,\ -3)$이므로

$a-3=b$ $\quad\therefore a-b=3$ $\quad\cdots\cdots$ ㉠

㈏에서 $x+2y-1=0$의 그래프의 x절편은 1이므로

$y=ax+2b$에 $x=1$, $y=0$을 대입하면

$0=a+2b$ ······ ㉡

㉠, ㉡을 연립하여 풀면 $a=2$, $b=-1$

$\therefore a+b=2+(-1)=1$

답 1

663

연립방정식 $\begin{cases} x-y=1 \\ 3x-y=2 \end{cases}$를 풀면 $x=\frac{1}{2}$, $y=-\frac{1}{2}$

직선 $ax-y=4$가 점 $\left(\frac{1}{2}, -\frac{1}{2}\right)$을 지나므로

$\frac{1}{2}a-\left(-\frac{1}{2}\right)=4 \quad \therefore a=7$

직선 $x+by=-1$이 점 $\left(\frac{1}{2}, -\frac{1}{2}\right)$을 지나므로

$\frac{1}{2}-\frac{1}{2}b=-1 \quad \therefore b=3$

$\therefore a-b=7-3=4$

답 4

664

세 직선은 다음과 같은 경우에 삼각형을 이루지 않는다.

(i) 세 직선 중 두 직선이 평행한 경우

세 일차방정식을 각각 $y=ax+b$의 꼴로 나타내면

$y=-\frac{1}{3}x+\frac{1}{3}$, $y=2x+5$, $y=-ax-7$

이 중 두 직선이 평행하려면 $-a=-\frac{1}{3}$ 또는 $-a=2$

$\therefore a=\frac{1}{3}$ 또는 $a=-2$ ——— ❶

(ii) 세 직선이 한 점에서 만나는 경우

두 직선 $x+3y-1=0$과 $2x-y+5=0$의 교점의 좌표는 $(-2, 1)$이고, 직선 $ax+y+7=0$이 이 점을 지나므로

$-2a+1+7=0 \quad \therefore a=4$ ——— ❷

(i), (ii)에서 구하는 a의 값은 -2, $\frac{1}{3}$, 4이다. ——— ❸

답 -2, $\frac{1}{3}$, 4

단계	채점 기준	배점
❶	두 직선이 평행한 경우 a의 값 구하기	40 %
❷	세 직선이 한 점에서 만나는 경우 a의 값 구하기	40 %
❸	a의 값을 모두 구하기	20 %

665

동생의 그래프는 원점과 점 $(60, 3)$을 지나므로

$y=\frac{1}{20}x$ ——— ❶

형의 그래프는 두 점 $(10, 0)$, $(30, 3)$을 지나므로

$y=\frac{3}{20}x-\frac{3}{2}$ ——— ❷

동생이 출발한 지 x분 후에 형과 동생이 만나려면 두 사람이 간 거리가 같아야 하므로

$\frac{1}{20}x=\frac{3}{20}x-\frac{3}{2} \quad \therefore x=15$

따라서 동생이 출발한 지 15분 후에 두 사람이 만난다. ——— ❸

답 15분 후

단계	채점 기준	배점
❶	동생에 대하여 x와 y 사이의 관계식 구하기	30 %
❷	형에 대하여 x와 y 사이의 관계식 구하기	30 %
❸	동생과 형이 만나는 시간 구하기	40 %

666

직선 l, n의 방정식은 다음과 같다.

l: $y=-2x+6$, n: $y=2x$

직선 l의 x절편은 3이므로 B$(3, 0)$

점 A의 x좌표를 a라 하면 $\overline{AB}=\overline{AD}=2a$이므로

$\overline{OB}=a+2a=3a=3 \quad \therefore a=1$

따라서 점 C의 좌표는 $(3a, 2a)$, 즉 $(3, 2)$

직선 m은 두 점 $\left(\frac{3}{2}, 3\right)$, C$(3, 2)$를 지나므로

$(\text{기울기})=\dfrac{2-3}{3-\frac{3}{2}}=-\frac{2}{3}$

따라서 $y=-\frac{2}{3}x+b$로 놓고 $x=3$, $y=2$를 대입하면

$2=-\frac{2}{3}\times3+b \quad \therefore b=4$

따라서 직선 m의 방정식은 $y=-\frac{2}{3}x+4$, 즉 $2x+3y-12=0$

답 ①

667

(i) 직선 $y=ax+1$이 점 B$(-5, 2)$를 지날 때,

$2=-5a+1 \quad \therefore a=-\frac{1}{5}$

(ii) 직선 $y=ax+1$이 점 D$(-2, 4)$를 지날 때,

$4=-2a+1 \quad \therefore a=-\frac{3}{2}$

(i), (ii)에서 $-\frac{3}{2}\le a\le-\frac{1}{5}$

답 $-\frac{3}{2}\le a\le-\frac{1}{5}$

668

$2x+y-8=0$에서 $y=-2x+8$

$mx+y-2=0$에서 $y=-mx+2$

(i) 두 직선이 서로 평행할 때,

$-m=-2 \quad \therefore m=2$

(ii) 직선 $y=-mx+2$가 점 $(4, 0)$을 지날 때,

$0=-4m+2 \quad \therefore m=\frac{1}{2}$

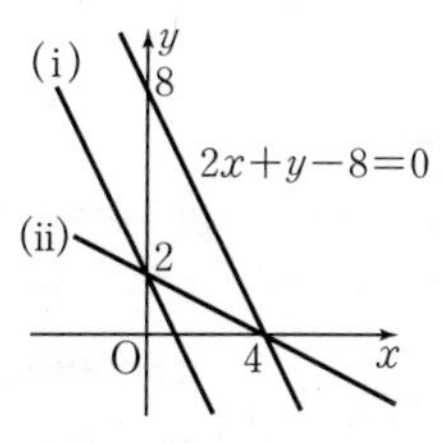

(i), (ii)에서 $\frac{1}{2}<m<2$

답 $\frac{1}{2}<m<2$

669

$3x+4y-24=0$의 y절편, x절편이 각각 6, 8이므로 A(0, 6), C(8, 0)

점 B의 좌표를 $(k, 0)$이라 하면

$(\triangle ABC$의 넓이$)=\frac{1}{2}\times(8-k)\times 6=15 \quad \therefore k=3$

$\therefore$ B(3, 0)

따라서 두 점 A(0, 6), B(3, 0)을 지나는 직선의 방정식은

$y=-2x+6 \quad \therefore 2x+y-6=0$

답 ②

670

$x-4=0$에서 $x=4$

$x-y=-2$에서 $y=x+2$

$x+2y=6+x$에서 $y=3$

네 방정식의 그래프는 오른쪽 그림과 같다.

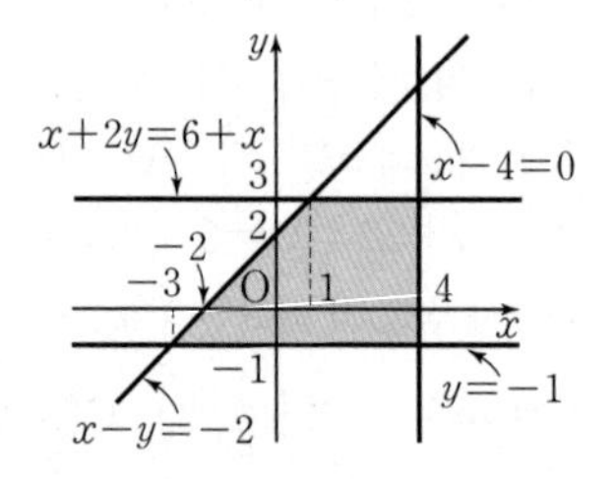

따라서 구하는 도형의 넓이는

$\frac{1}{2}\times(3+7)\times 4=20$

답 20

671

두 점 A(0, 4), B(8, 0)을 지나는 직선의 방정식은

$y=-\frac{1}{2}x+4$

이 직선과 직선 $y=a(x-4)$ 및 x축, y축으로 둘러싸인 도형이 사다리꼴이므로 두 직선은 서로 평행하다.

$\therefore a=-\frac{1}{2}$ ——— ❶

$y=-\frac{1}{2}(x-4)=-\frac{1}{2}x+2$

이므로 오른쪽 그림에서

C(4, 0), D(0, 2) ——— ❷

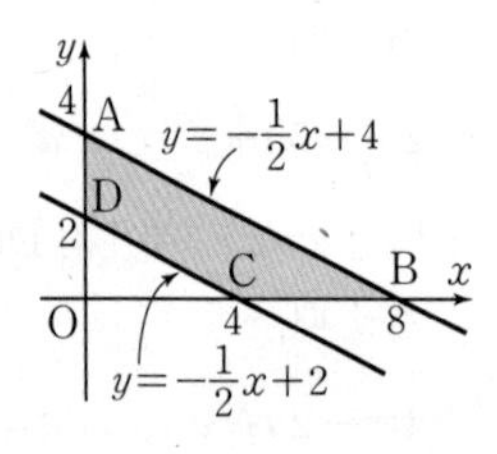

따라서 사다리꼴 ABCD의 넓이는

$(\triangle AOB$의 넓이$)$

$-(\triangle DOC$의 넓이$)$

$=\frac{1}{2}\times 8\times 4-\frac{1}{2}\times 4\times 2=12$ ——— ❸

답 12

단계	채점 기준	배점
❶	a의 값 구하기	40 %
❷	두 점 C, D의 좌표 각각 구하기	40 %
❸	사다리꼴의 넓이 구하기	20 %

672

두 직선 $x+2y+6=0$, $5x+3y-5=0$의 x절편은 각각 -6, 1이므로 A$(-6, 0)$, B(1, 0)

연립방정식 $\begin{cases} x+2y+6=0 \\ 5x+3y-5=0 \end{cases}$을 풀면 $x=4$, $y=-5$

$\therefore$ C$(4, -5)$

따라서 구하는 입체도형의 부피는

$\frac{1}{3}\times\pi\times 5^2\times 10-\frac{1}{3}\times\pi\times 5^2\times 3=\frac{250}{3}\pi-\frac{75}{3}\pi=\frac{175}{3}\pi$

답 $\frac{175}{3}\pi$

673

A(0, 4), B(0, 1), C(4, 0)이므로

$(\triangle ABC$의 넓이$)=\frac{1}{2}\times\overline{AB}\times\overline{OC}=\frac{1}{2}\times 3\times 4=6$

$\therefore (\triangle ABD$의 넓이$)=6\times\frac{1}{3}=2$

D(m, n)이라 하면

$\frac{1}{2}\times 3\times m=2 \quad \therefore m=\frac{4}{3}$

점 D$\left(\frac{4}{3}, n\right)$은 직선 $x+y=4$ 위의 점이므로

$\frac{4}{3}+n=4 \quad \therefore n=\frac{8}{3} \quad \therefore$ D$\left(\frac{4}{3}, \frac{8}{3}\right)$

직선 $ax+by+2=0$은 두 점 B(0, 1), D$\left(\frac{4}{3}, \frac{8}{3}\right)$을 지나므로

$b+2=0$, $\frac{4}{3}a+\frac{8}{3}b+2=0$

$\therefore b=-2$, $a=\frac{5}{2}$

$\therefore ab=\frac{5}{2}\times(-2)=-5$

답 -5

풍쌤비법으로 모든 유형을 대비하는

문제기본서

풍산자 필수유형

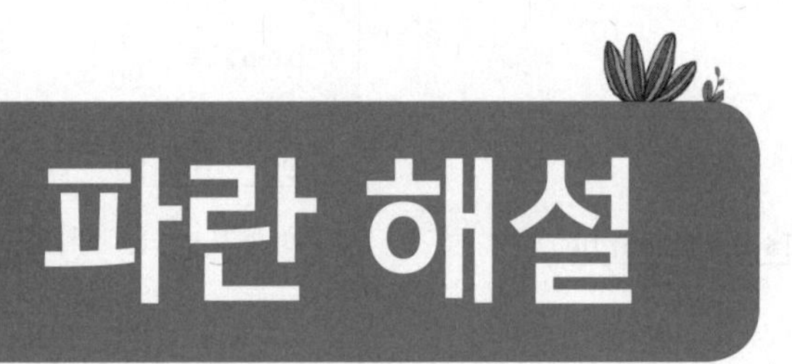

실전북

파란 바닷가처럼
시원하게 문제를 해결해 준다.

중학수학 2-1

✦ 서술유형 집중연습 ✦

I 수와 식의 계산

대표 서술유형 2~3쪽

예제 1

[step 1] $\frac{5}{13}=0.384615384615384615\cdots=0.\dot{3}8461\dot{5}$

이므로 순환마디의 6개의 숫자가 소수점 아래 첫 번째 자리에서부터 반복된다.

[step 2] 이때 $22=6\times3+4$이므로 소수점 아래 22번째 자리의 숫자는 순환마디의 4번째 숫자인 6이다.

즉, $a=6$이다.

[step 3] 또 $77=6\times12+5$이므로 소수점 아래 77번째 자리의 숫자는 순환마디의 5번째 숫자인 1이다.

즉, $b=1$이다.

[step 4] $\therefore a+b=6+1=7$

유제 1-1

[step 1] $\frac{2}{7}=0.285714285714285714\cdots=0.\dot{2}8571\dot{4}$

이므로 순환마디의 숫자는 6개이다.

$\therefore a=6$

[step 2] 순환마디의 숫자는 소수점 아래 첫 번째 자리에서부터 반복되고, $100=6\times16+4$이므로 소수점 아래 100번째 자리의 숫자는 순환마디의 4번째 숫자인 7이다.

$\therefore b=7$

[step 3] $\therefore ab=6\times7=42$

유제 1-2

[step 1] $\frac{3}{14}=0.2142857142857142857\cdots=0.2\dot{1}4285\dot{7}$

이므로 순환마디의 6개의 숫자가 소수점 아래 2번째 자리에서부터 반복된다.

[step 2] $70-1=6\times11+3$이므로 소수점 아래 2번째 자리에서부터 순환마디가 11번 반복되고 소수점 아래 68, 69, 70번째 자리의 숫자는 각각 1, 4, 2이다.

[step 3] 따라서 구하는 합은

$2+(1+4+2+8+5+7)\times11+1+4+2=306$

예제 2

[step 1] $\frac{6}{140}=\frac{3}{70}=\frac{3}{2\times5\times7}$

[step 2] $\frac{3}{2\times5\times7}$이 유한소수로 나타내어지려면 분모의 소인수가 2나 5뿐이어야 한다. 즉, 분모의 7이 약분되어야 하므로 a는 7의 배수이어야 한다.

[step 3] 따라서 a의 값이 될 수 있는 가장 작은 두 자리의 자연수는 14이다.

유제 2-1

[step 1] $\frac{n}{14}=\frac{n}{2\times7}$, $\frac{n}{75}=\frac{n}{3\times5^2}$

[step 2] 두 분수가 모두 유한소수로 나타내어지려면 각 분수의 분모의 소인수가 2나 5뿐이어야 한다.

즉, 분모의 7과 3이 약분되어야 하므로 n은 7과 3의 공배수인 21의 배수이어야 한다.

[step 3] 따라서 n의 값이 될 수 있는 두 자리의 자연수는 21, 42, 63, 84의 4개이다.

유제 2-2

[step 1] $\frac{a}{90}=\frac{a}{2\times3^2\times5}$가 유한소수로 나타내어지려면 분모의 3^2이 약분되어야 하므로 a는 3^2, 즉 9의 배수이어야 한다. 이때 a는 30보다 작은 자연수이므로 a가 될 수 있는 수는 9, 18, 27이다.

[step 2] 즉, $\frac{a}{90}$는

$\frac{9}{90}=\frac{1}{10}$, $\frac{18}{90}=\frac{1}{5}$, $\frac{27}{90}=\frac{3}{10}$

[step 3] $\frac{a}{90}$를 기약분수로 나타내면 $\frac{3}{b}$이 되므로

$a=27$, $b=10$

[step 4] $\therefore a+b=27+10=37$

서술유형 실전대비 4~5쪽

1 [step 1] $\frac{35}{126}=\frac{5}{18}=\frac{5}{2\times3^2}$

[step 2] 이 분수에 자연수 n을 곱한 수, 즉 $\frac{5}{2\times3^2}\times n$이 유한소수로 나타내어지려면 분모의 3^2이 약분되어야 하므로 n은 3^2의 배수, 즉 9의 배수이어야 한다.

[step 3] 따라서 곱해야 할 가장 작은 두 자리의 자연수는 18이다.

답 18

2 [step 1] 순환소수 $2.\dot{1}\dot{8}$을 x라 하면

$x=2.181818\cdots$ ……㉠

$100x=218.181818\cdots$ ……㉡

㉡−㉠을 하면 $99x=216$

$\therefore x=\frac{216}{99}=\frac{24}{11}$

[step 2] $2.\dot{1}\dot{8}=\frac{24}{11}=\frac{a}{b}$이므로

$a=24$, $b=11$

$\therefore a+b=24+11=35$

답 35

3 [step 1] 지석이는 분자는 잘못 보았으나 분모는 제대로 보았다.
지석이의 답에서
$0.3\dot{5}=\frac{35-3}{90}=\frac{16}{45}$
즉, 처음 기약분수의 분모는 45이다.
[step 2] 서연이는 분모는 잘못 보았으나 분자는 제대로 보았다.
서연이의 답에서
$1.\dot{2}\dot{7}=\frac{127-1}{99}=\frac{14}{11}$
즉, 처음 기약분수의 분자는 14이다.
[step 3] 따라서 처음 기약분수는 $\frac{14}{45}$이므로 이를 소수로 바르게 나타내면
$\frac{14}{45}=0.3111\cdots=0.3\dot{1}$ 답 $0.3\dot{1}$

4 [step 1] 순환소수 $1.41\dot{6}$을 기약분수로 나타내면
$1.41\dot{6}=\frac{1416-141}{900}=\frac{1275}{900}=\frac{17}{12}$
[step 2] $\frac{17}{12}\times a$가 어떤 자연수의 제곱이 되려면 자연수 a는
$12\times17\times$(자연수의 제곱)
인 꼴이어야 한다.
[step 3] 따라서 a의 값이 될 수 있는 수 중 가장 큰 세 자리의 자연수는
$12\times17\times2^2=816$ 답 816

5 주어진 분수들의 분모인 24는 $24=2^3\times3$이므로 분모가 24인 분수가 유한소수로 나타내어지려면 분모의 3이 약분되어야 한다. 즉, 분자는 3의 배수이어야 한다. ❶
따라서 주어진 분수 중 유한소수로 나타내어지는 가장 큰 수는 $\frac{21}{24}$이고, 가장 작은 수는 $\frac{3}{24}$이다. ❷
그러므로 구하는 차는
$\frac{21}{24}-\frac{3}{24}=\frac{18}{24}=\frac{3}{4}$ ❸

답 $\frac{3}{4}$

단계	채점 기준	배점
❶	유한소수로 나타내어지는 분수의 분자의 조건 구하기	3점
❷	유한소수로 나타내어지는 가장 큰 수와 가장 작은 수 구하기	각 1점
❸	❷에서 구한 두 수의 차 구하기	1점

6 주어진 분수의 분모, 분자를 각각 소인수분해하면
$\frac{77}{100x}=\frac{7\times11}{2^2\times5^2\times x}$ ❶
이 분수가 유한소수로 나타내어지려면 x는 소인수가 2나 5로만 이루어진 수 또는 77의 약수 또는 이들의 곱으로 이루어진 수이다. ❷
따라서 x의 값이 될 수 있는 두 자리의 홀수는
$11,\ 5^2,\ 5\times7=35,\ 5\times11=55,\ 7\times11=77$
이므로 5개이다. ❸

답 5

단계	채점 기준	배점
❶	주어진 분수의 분모, 분자를 소인수분해하기	1점
❷	x가 될 수 있는 수의 조건 구하기	3점
❸	x가 될 수 있는 두 자리의 홀수 구하기	3점

7 $273\times\left(\frac{1}{10^3}+\frac{1}{10^6}+\frac{1}{10^9}+\cdots\right)$
$=\frac{273}{10^3}+\frac{273}{10^6}+\frac{273}{10^9}+\cdots$
$=0.273+0.000273+0.000000273+\cdots$
$=0.273273273\cdots$
$=0.\dot{2}7\dot{3}$ ❶
$0.\dot{2}7\dot{3}$을 기약분수로 나타내면
$0.\dot{2}7\dot{3}=\frac{273}{999}=\frac{91}{333}$ ❷
따라서 $a=333$, $b=91$이므로
$a+b=333+91=424$ ❸

답 424

단계	채점 기준	배점
❶	주어진 식을 순환소수로 나타내기	3점
❷	❶에서 구한 순환소수를 기약분수로 나타내기	3점
❸	$a+b$의 값 구하기	1점

8 (1) $\frac{6}{13}=0.\dot{4}6153\dot{8}$이므로 순환마디의 6개의 숫자 4, 6, 1, 5 3, 8이 소수점 아래 첫 번째 자리에서부터 이 순서로 반복된다. ❶
이때 $f(6)=4+6+1+5+3+8=27$이고
$f(12)=f(6)+f(6)=2\times f(6)$
$f(18)=f(6)+f(6)+f(6)=3\times f(6)$
⋮
이다. 그런데
$f(a)=286=270+16=10\times f(6)+(4+6+1+5)$
이므로
$a=10\times6+4=64$ ❷
(2) 소수점 아래 64번째 자리까지 순환마디가 10번 되풀이되는 동안 숫자 6은 각각 한 번씩 나오고, 마지막에 한 번 더 나온다.
따라서 구하는 횟수는
$10+1=11$ ❸

답 (1) 64 (2) 11

단계	채점 기준	배점
❶	분수를 소수로 나타내고 순환마디의 숫자의 개수 구하기	3점
❷	a의 값 구하기	3점
❸	6이 나오는 횟수 구하기	2점

대표 서술유형 6~7쪽

예제 1

[step 1] $2^{12}+2^{12}+2^{12}+2^{12}=4\times2^{12}=2^2\times2^{12}=2^{14}$

$\therefore x=14$

[step 2] $2^{12}\times2^{12}\times2^{12}\times2^{12}=(2^{12})^4=2^{48}$ $\therefore y=48$

[step 3] $(2^{12})^2=2^{24}$ $\therefore z=24$

[step 4] $x+y-z=14+48-24=38$

유제 1-1

[step 1] $b=5^{x-1}$의 양변에 5를 곱하면

$5b=5^x$

[step 2] $80^x=(2^4\times5)^x$

[step 3] $80^x=(2^4\times5)^x$

$=2^{4x}\times5^x=(2^x)^4\times5^x$

$=a^4\times5b=5a^4b$

유제 1-2

[step 1] $7\times a\times8^9\times5^{25}$

$=7\times a\times(2^3)^9\times5^{25}=7\times a\times2^{27}\times5^{25}$

$=7\times a\times2^2\times2^{25}\times5^{25}=7\times a\times2^2\times(2\times5)^{25}$

$=28\times a\times10^{25}$

[step 2] $7\times a\times8^9\times5^{25}$이 28자리의 자연수가 되려면 $28\times a$가 세 자리의 자연수이어야 한다.

[step 3] $28\times4=112$이므로 조건을 만족시키는 가장 작은 자연수 a의 값은 4이다.

예제 2

[step 1] $(-3x^2y)^3\div\frac{9}{4}x^5y^4\times(-2x^2y^3)$

$=(-27x^6y^3)\times\frac{4}{9x^5y^4}\times(-2x^2y^3)=24x^3y^2$

[step 2] 이것이 ax^by^c과 같으므로

$a=24$, $b=3$, $c=2$

[step 3] $\therefore abc=24\times3\times2=144$

유제 2-1

[step 1] $A=8x^4y^2\times(-2xy^2)^2\div\frac{16}{5}x^5y^3$

$=8x^4y^2\times4x^2y^4\times\frac{5}{16x^5y^3}=10xy^3$

[step 2] $B=(x^2y^3)^2\times\left(\frac{x^2}{y}\right)^3\div x^4y$

$=x^4y^6\times\frac{x^6}{y^3}\times\frac{1}{x^4y}=x^6y^2$

[step 3] $A\div5B=10xy^3\div5x^6y^2$

$=10xy^3\times\frac{1}{5x^6y^2}=\frac{2y}{x^5}$

유제 2-2

[step 1] $(-18x^5y^4)\div9x^4y^3=\frac{-18x^5y^4}{9x^4y^3}$

$=-2xy$

[step 2] $-2xy\times(\square)=10x^2y^3$에서

$\square=10x^2y^3\div(-2xy)$

$=\frac{10x^2y^3}{-2xy}=-5xy^2$

서술유형 실전대비 8~9쪽

1 [step 1] $\left(\frac{x^4}{3}\right)^m=\frac{x^{4m}}{3^m}=\frac{x^n}{27}$에서

분모끼리 비교하면 $3^m=27=3^3$이므로 $m=3$

[step 2] 분자끼리 비교하면

$x^{4m}=x^{4\times3}=x^{12}=x^n$이므로 $n=12$

[step 3] $\therefore m+n=3+12=15$

답 15

2 [step 1] 원뿔의 높이를 h라 하면

$\frac{1}{3}\times\pi\times(3a)^2\times h=27\pi a^2b^2$

[step 2] $\frac{1}{3}\times\pi\times(3a)^2\times h=\frac{1}{3}\times\pi\times9a^2\times h$

$=3\pi a^2\times h$

이므로 $3\pi a^2\times h=27\pi a^2b^2$

$\therefore h=27\pi a^2b^2\times\frac{1}{3\pi a^2}=9b^2$

답 $9b^2$

3 [step 1] (가)에서

$4(a^3+a^3+a^3+a^3)=4\times4\times a^3$

$=2^2\times2^2\times a^3$

$=2^4\times a^3$

$2^7=2^4\times2^3$이므로 $2^4\times a^3=2^4\times2^3$

따라서 $a^3=2^3$이므로 $a=2$

[step 2] (나)에서

$b=\frac{4^4+4^4}{3^7+3^7+3^7}\div\frac{2^8+2^8+2^8+2^8}{9^5}$

$=\frac{2\times4^4}{3\times3^7}\times\frac{9^5}{4\times2^8}=\frac{2\times(2^2)^4}{3\times3^7}\times\frac{(3^2)^5}{2^2\times2^8}$

$=\frac{2^9}{3^8}\times\frac{3^{10}}{2^{10}}=\frac{3^2}{2}=\frac{9}{2}$

[step 3] $\therefore ab=2\times\frac{9}{2}=9$

답 9

4 [step 1] $\frac{4}{9}x^ay^5\times x^3y\times(-3xy)^2=\frac{4}{9}x^ay^5\times x^3y\times9x^2y^2$

$=4x^{a+5}y^8$

[step 2] $4x^{a+5}y^8=bx^8y^c$이므로

$4=b,\ a+5=8,\ 8=c$

$\therefore a=3,\ b=4,\ c=8$

[step 3] $\therefore a+b+c=3+4+8=15$ 답 15

5 $8^3\div4^{x-3}\times32=(2^3)^3\div(2^2)^{x-3}\times2^5$

$=2^9\div2^{2x-6}\times2^5$

$=2^{9-(2x-6)+5}$

$=2^{-2x+20}$ ❶

$16^2=(2^4)^2=2^8$ ❷

따라서 $2^{-2x+20}=2^8$이므로

$-2x+20=8,\ -2x=-12 \quad \therefore x=6$ ❸

답 6

단계	채점 기준	배점
❶	좌변을 2의 거듭제곱으로 나타내기	3점
❷	우변을 2의 거듭제곱으로 나타내기	1점
❸	x의 값 구하기	2점

6 (1) 잘못 계산한 식은 $A\times\frac{2}{5}x^3y^2=4x^7y^5$ ❶

$\therefore A=4x^7y^5\div\frac{2}{5}x^3y^2=4x^7y^5\times\frac{5}{2x^3y^2}=10x^4y^3$ ❷

(2) 바르게 계산한 답은

$10x^4y^3\div\frac{2}{5}x^3y^2=10x^4y^3\times\frac{5}{2x^3y^2}$

$=25xy$ ❸

답 (1) $10x^4y^3$ (2) $25xy$

단계	채점 기준	배점
❶	잘못 계산한 식 세우기	2점
❷	어떤 식 A 구하기	2점
❸	바르게 계산한 답 구하기	3점

7 (1) 직육면체 모양의 고무찰흙의 부피는

$(3xy^2)^2\times\frac{4\pi x^4}{y}=9x^2y^4\times\frac{4\pi x^4}{y}=36\pi x^6y^3$ ❶

(2) 구슬의 부피는

$\frac{4}{3}\times\pi\times(x^2y)^3=\frac{4}{3}\times\pi\times x^6y^3=\frac{4}{3}\pi x^6y^3$ ❷

(3) 만들 수 있는 구슬의 개수는

$36\pi x^6y^3\div\frac{4}{3}\pi x^6y^3=36\pi x^6y^3\times\frac{3}{4\pi x^6y^3}=27$ ❸

답 (1) $36\pi x^6y^3$ (2) $\frac{4}{3}\pi x^6y^3$ (3) 27

단계	채점 기준	배점
❶	직육면체 모양의 고무찰흙의 부피 구하기	3점
❷	구슬의 부피 구하기	3점
❸	만들 수 있는 구슬의 개수 구하기	2점

8 $7\times8^9\times50^{30}=7\times(2^3)^9\times(2\times5^2)^{30}=7\times2^{27}\times2^{30}\times5^{60}$

$=5^3\times7\times2^{57}\times5^{57}=5^3\times7\times(2\times5)^{57}$

$=875\times10^{57}$ ❶

따라서 $7\times8^9\times50^{30}$은 60자리의 자연수이므로

$m=60$ ❷

또 각 자릿수의 합은 $8+7+5=20$이므로

$n=20$ ❸

$\therefore m+n=60+20=80$ ❹

답 80

단계	채점 기준	배점
❶	$7\times8^9\times50^{30}$을 10의 거듭제곱을 사용하여 나타내기	3점
❷	m의 값 구하기	2점
❸	n의 값 구하기	2점
❹	$m+n$의 값 구하기	1점

대표 서술유형 10~11쪽

예제 1

[step 1] 어떤 식을 A라 하면 잘못 계산한 식은

$A+(3x-2y+7)=5x+8y-11$

[step 2] $A=(5x+8y-11)-(3x-2y+7)$

$=5x+8y-11-3x+2y-7$

$=2x+10y-18$

[step 3] 따라서 바르게 계산하면

$(2x+10y-18)-(3x-2y+7)$

$=2x+10y-18-3x+2y-7$

$=-x+12y-25$

유제 1-1

[step 1] 어떤 식을 A라 하면 잘못 계산한 식은

$(2x^2-5x+3)-A=-3x^2+7x+4$

[step 2] $A=(2x^2-5x+3)-(-3x^2+7x+4)$

$=2x^2-5x+3+3x^2-7x-4$

$=5x^2-12x-1$

[step 3] 따라서 바르게 계산하면

$(2x^2-5x+3)+(5x^2-12x-1)=7x^2-17x+2$

유제 1-2

[step 1] 어떤 식을 A라 하면 잘못 계산한 식은

$A\times\frac{3}{4}xy=6x^2y^3-9x^3y^5$

[step 2] $A=(6x^2y^3-9x^3y^5)\div\frac{3}{4}xy$

$=(6x^2y^3-9x^3y^5)\times\frac{4}{3xy}$

$=8xy^2-12x^2y^4$

[step 3] 따라서 바르게 계산하면

$(8xy^2-12x^2y^4)\div\frac{3}{4}xy=(8xy^2-12x^2y^4)\times\frac{4}{3xy}$

$=\frac{32}{3}y-16xy^3$

예제 2

[step 1] $4x(x-5y)+(6x^2y+9x)\div3x$

$=4x^2-20xy+\frac{6x^2y+9x}{3x}$

$=4x^2-20xy+2xy+3$

$=4x^2-18xy+3$

[step 2] $4x^2-18xy+3=ax^2+bxy+c$이므로

$a=4$, $b=-18$, $c=3$

[step 3] $\therefore a+b+c=4+(-18)+3=-11$

유제 2-1

[step 1] $6x\left(\frac{1}{2}x-2y\right)+(4x-5y)\times(-3x)$

$=3x^2-12xy-12x^2+15xy$

$=-9x^2+3xy$

[step 2] 따라서 x^2의 계수는 -9, xy의 계수는 3이므로

$a=-9$, $b=3$

[step 3] $\therefore a+b=-9+3=-6$

유제 2-2

[step 1] $\frac{4x^2+6xy}{-2x}-\frac{12y^2-15xy}{3y}$

$=(-2x-3y)-(4y-5x)$

$=-2x-3y-4y+5x$

$=3x-7y$

[step 2] 위에서 간단히 한 식에 $x=\frac{1}{3}$, $y=\frac{2}{7}$를 대입하면

$3x-7y=3\times\frac{1}{3}-7\times\frac{2}{7}=1-2=-1$

서술유형 실전대비 12~13쪽

1 [step 1] $3(2x^2-5x-1)-2(x^2+3x-4)$

$=6x^2-15x-3-2x^2-6x+8$

$=4x^2-21x+5$

[step 2] 즉, x^2의 계수는 4이고, 상수항은 5이다.

[step 3] 따라서 구하는 합은 $4+5=9$

답 9

2 [step 1] $A\div\frac{3}{2}x=6x^2-8x+4y^2$

[step 2] $\therefore A=(6x^2-8x+4y^2)\times\frac{3}{2}x$

$=9x^3-12x^2+6xy^2$

답 $9x^3-12x^2+6xy^2$

3 [step 1] $x(3y-5)-\frac{10x^2-8xy}{2x}$

$=3xy-5x-(5x-4y)$

$=3xy-5x-5x+4y$

$=3xy-10x+4y$

[step 2] 위에서 간단히 한 식에 $x=2$, $y=-1$을 대입하면

$3xy-10x+4y=3\times2\times(-1)-10\times2+4\times(-1)$

$=-6-20-4$

$=-30$

답 -30

4 [step 1] $\pi\times(3ab)^2\times$(원기둥의 높이)$=9\pi a^4b^2-27\pi a^2b^4$

이므로

$9\pi a^2b^2\times$(원기둥의 높이)$=9\pi a^4b^2-27\pi a^2b^4$

$\therefore$ (원기둥의 높이)$=(9\pi a^4b^2-27\pi a^2b^4)\div9\pi a^2b^2$

$=\frac{9\pi a^4b^2-27\pi a^2b^4}{9\pi a^2b^2}$

$=a^2-3b^2$

[step 2] $\frac{1}{3}\times\pi\times(3ab)^2\times$(원뿔의 높이)$=6\pi a^4b^2+3\pi a^2b^4$

이므로

$3\pi a^2b^2\times$(원뿔의 높이)$=6\pi a^4b^2+3\pi a^2b^4$

$\therefore$ (원뿔의 높이)$=(6\pi a^4b^2+3\pi a^2b^4)\div3\pi a^2b^2$

$=\frac{6\pi a^4b^2+3\pi a^2b^4}{3\pi a^2b^2}$

$=2a^2+b^2$

[step 3] 따라서 구하는 높이의 합은

$(a^2-3b^2)+(2a^2+b^2)=3a^2-2b^2$

답 $3a^2-2b^2$

5 $2x^2-\{3x^2+7-2(6x-1)\}+5x$

$=2x^2-(3x^2+7-12x+2)+5x$

$=2x^2-(3x^2-12x+9)+5x$

$=2x^2-3x^2+12x-9+5x$

$=-x^2+17x-9$ ❶

따라서 $a=-1$, $b=17$, $c=-9$이므로 ❷

$a+2(b+c)=-1+2\times\{17+(-9)\}$

$=15$ ❸

답 15

단계	채점 기준	배점
❶	좌변을 간단히 하기	2점
❷	a, b, c의 값 각각 구하기	각 1점
❸	$a+2(b+c)$의 값 구하기	1점

6 (1) 잘못 계산한 식은

$A+(9x^2-4x+2)=10x^2-x-2$ ❶

$\therefore A=(10x^2-x-2)-(9x^2-4x+2)$

$=10x^2-x-2-9x^2+4x-2$

$=x^2+3x-4$ ❷

(2) 바르게 계산하면

$(x^2+3x-4)-(9x^2-4x+2)$

$=x^2+3x-4-9x^2+4x-2$

$=-8x^2+7x-6$ ❸

답 (1) x^2+3x-4 (2) $-8x^2+7x-6$

단계	채점 기준	배점
❶	잘못 계산한 식 세우기	2점
❷	어떤 식 A 구하기	2점
❸	바르게 계산한 답 구하기	3점

7 $\overline{\mathrm{BC}}=\frac{3}{4}\overline{\mathrm{AB}}$

$=\frac{3}{4}(12x^2+8xy)$

$=9x^2+6xy$ ❶

$\overline{\mathrm{AD}}=\overline{\mathrm{AB}}+\overline{\mathrm{BC}}+\overline{\mathrm{CD}}$

$=12x^2+8xy+9x^2+6xy+2x^2-5xy$

$=23x^2+9xy$ ❷

이때 $23x^2+9xy=ax^2+bxy$이므로

$a=23,\ b=9$ ❸

$\therefore a-b=23-9=14$ ❹

답 14

단계	채점 기준	배점
❶	$\overline{\mathrm{BC}}$의 길이 구하기	2점
❷	$\overline{\mathrm{AD}}$의 길이 구하기	2점
❸	$a,\ b$의 값 각각 구하기	각 1점
❹	$a+b$의 값 구하기	1점

8 (색칠한 부분의 넓이)

$=4b\times4a-\frac{1}{2}\times4b\times(4a-2)-\frac{1}{2}\times(4b-3)\times4a$

$-\frac{1}{2}\times3\times2$ ❶

$=16ab-2b(4a-2)-2a(4b-3)-3$

$=16ab-8ab+4b-8ab+6a-3$

$=6a+4b-3$ ❷

답 $6a+4b-3$

단계	채점 기준	배점
❶	색칠한 부분의 넓이를 구하는 식 세우기	4점
❷	색칠한 부분의 넓이 구하기	3점

Ⅱ 일차부등식과 연립일차방정식

대표 서술유형 14~15쪽

예제 1

[step 1] $-6\le x<12$의 각 변에 $\underline{-\frac{2}{3}}$를 곱하면

$\underline{-8<-\frac{2}{3}x\le4}$

[step 2] 위의 식의 각 변에 $\underline{-4}$를 더하면

$\underline{-12<-4-\frac{2}{3}x\le0}$

[step 3] 따라서 $a=\underline{-12},\ b=\underline{0}$이므로

$b-2a=\underline{0-2\times(-12)=24}$

유제 1-1

[step 1] $-4<x\le2$의 각 변에 $\underline{-3}$을 곱하면

$\underline{-6\le-3x<12}$

[step 2] 위의 식의 각 변에 $\underline{5}$를 더하면

$\underline{-1\le5-3x<17}$

유제 1-2

[step 1] $-8\le x<4$의 각 변에 $\underline{-\frac{1}{2}}$을 곱하면

$\underline{-2<-\frac{x}{2}\le4}$

[step 2] 위의 식의 각 변에 $\underline{4}$를 더하면

$\underline{2<4-\frac{x}{2}\le8}$

[step 3] 따라서 $a=\underline{8},\ b=\underline{3}$이므로

$a-b=\underline{8-3=5}$

예제 2

[step 1] 주어진 일차부등식의 양변에 분모의 최소공배수 $\underline{12}$를 곱하면

$\underline{4}(x-1)>\underline{3}(5-2x)+\underline{12}$

[step 2] 괄호를 풀면

$\underline{4x-4}>\underline{15-6x+12}$

$\underline{10x}>\underline{31}\quad \therefore x>\underline{\frac{31}{10}}$

[step 3] 따라서 부등식을 만족시키는 x의 값 중 가장 작은 정수는 $\underline{4}$이다.

유제 2-1

[step 1] 주어진 일차부등식의 양변에 분모의 최소공배수 $\underline{15}$를 곱하면

$\underline{5x-30}\le\underline{-3(x-4)}$

[step 2] 괄호를 풀면

$\underline{5x-30}\le\underline{-3x+12}$

$8x \le 42$　　$\therefore x \le \frac{21}{4}$

[step 3] 따라서 부등식을 만족시키는 자연수 x는 1, 2, 3, 4, 5이므로 5개이다.

유제 2-2

[step 1] 주어진 일차부등식의 양변에 10을 곱하면

$5(x-3) > 8x-9$

[step 2] 괄호를 풀면

$5x-15 > 8x-9$

$-3x > 6$　　$\therefore x < -2$

[step 3] 따라서 부등식을 만족시키는 x의 값 중 가장 큰 정수는 -3이다.

서술유형 실전대비　16~17쪽

1 [step 1] $-3 \le x-2 \le 5$의 각 변에 2를 더하면

$-1 \le x \le 7$

[step 2] 위의 식의 각 변에 -3을 곱하면

$-21 \le -3x \le 3$

위의 식의 각 변에 4를 더하면

$-17 \le 4-3x \le 7$

$\therefore -17 \le A \le 7$

[step 3] 따라서 A의 최댓값은 $a=7$이고 최솟값은 $b=-17$이므로 $a-b=7-(-17)=24$

답 24

2 [step 1] $4(2x-3) < 3(1+x)-5$에서 괄호를 풀면

$8x-12 < 3+3x-5$

$5x < 10$　　$\therefore x < 2$

[step 2] 따라서 주어진 일차부등식의 해를 수직선 위에 나타내면 다음과 같다.

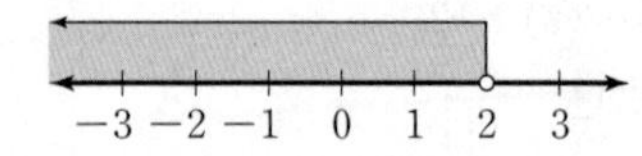

답 풀이 참조

3 [step 1] $\frac{3x+2}{4} - a \ge 2x - \frac{1}{2}$의 양변에 분모의 최소공배수 4를 곱하면

$3x+2-4a \ge 8x-2$

[step 2] $-5x \ge 4a-4$　　$\therefore x \le -\frac{4a-4}{5}$

[step 3] 그런데 주어진 부등식의 해가 $x \le -4$이므로

$-\frac{4a-4}{5} = -4$, $4a-4=20$

$4a=24$　　$\therefore a=6$

답 6

4 [step 1] $-2+3x \le a+1$에서 $3x \le a+3$

$\therefore x \le \frac{a+3}{3}$　　…… ㉠

[step 2] ㉠을 만족시키는 가장 큰 정수가 -1이므로 오른쪽 그림에서

$-1 \le \frac{a+3}{3} < 0$　　…… ㉡

[step 3] ㉡에서 각 변에 3을 곱하면

$-3 \le a+3 < 0$

$\therefore -6 \le a < -3$

답 $-6 \le a < -3$

5 $4x+y=8$에서 $y=-4x+8$　　…… ㉠

$1<y<2$에 ㉠을 대입하면 $1 < -4x+8 < 2$ ―― ❶

위의 식의 각 변에서 8을 빼면

$-7 < -4x < -6$

위의 식의 각 변을 -4로 나누면

$\frac{3}{2} < x < \frac{7}{4}$ ―― ❷

답 $\frac{3}{2} < x < \frac{7}{4}$

단계	채점 기준	배점
❶	$-4x+8$의 범위 구하기	3점
❷	x의 값의 범위 구하기	3점

6 $ax+3 \ge 4x-5$에서 $(a-4)x \ge -8$

이 부등식의 해가 $x \le 4$이므로

$a-4<0$이고 $x \le -\frac{8}{a-4}$ ―― ❶

따라서 $-\frac{8}{a-4}=4$이므로

$a-4=-2$　　$\therefore a=2$ ―― ❷

답 2

단계	채점 기준	배점
❶	부등식의 해 구하기	4점
❷	a의 값 구하기	2점

7 $(0.3x+1) \diamond (0.4x-2) < \frac{3}{5} \diamond a$에서

$2(0.3x+1)-(0.4x-2)+1 < 2 \times \frac{3}{5} - a + 1$ ―― ❶

$0.2x+5 < -a + \frac{11}{5}$

$0.2x < -a - \frac{14}{5}$

양변에 5를 곱하면

$x < -5a-14$ ―― ❷

이를 만족시키는 자연수 x가 존재하지 않으므로 오른쪽 그림에서

$-5a-14 \le 1$, $-5a \le 15$

$\therefore a \ge -3$ ―― ❸

답 $a \ge -3$

단계	채점 기준	배점
❶	기호 ◇의 뜻에 따라 부등식 세우기	2점
❷	부등식 풀기	3점
❸	a의 값 구하기	3점

8 $3x-2a<-3$에서

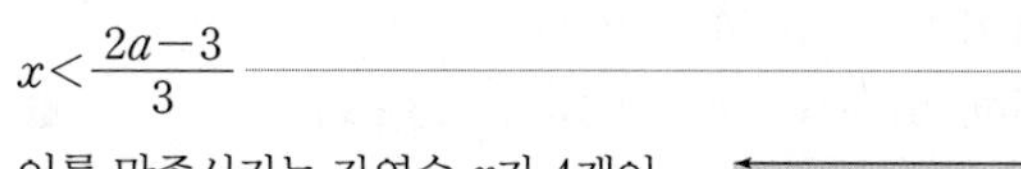

$x<\frac{2a-3}{3}$ ······ ❶

이를 만족시키는 자연수 x가 4개이므로 오른쪽 그림에서

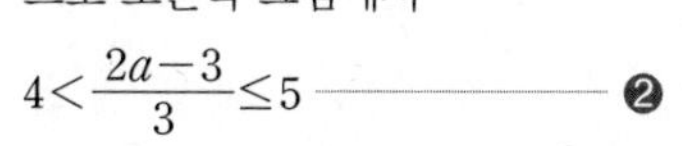

$4<\frac{2a-3}{3}\le 5$ ······ ❷

$12<2a-3\le 15$, $15<2a\le 18$

$\therefore \frac{15}{2}<a\le 9$ ······ ❸

따라서 정수 a는 8, 9이므로 구하는 합은

$8+9=17$ ······ ❹

답 17

단계	채점 기준	배점
❶	일차부등식 풀기	2점
❷	자연수인 해가 4개일 조건 밝히기	2점
❸	a의 값의 범위 구하기	2점
❹	정수 a의 값의 합 구하기	2점

대표 서술유형 18~19쪽

예제 1

[step 1] 백합을 x송이 산다고 하면 장미는 $(20-x)$송이를 살 수 있으므로

$800(20-x)+1000x+2000\le 19000$

[step 2] $16000-800x+1000x+2000\le 19000$

$200x\le 1000$ $\quad\therefore x\le 5$

[step 3] 따라서 백합은 최대 5송이까지 살 수 있다.

유제 1-1

[step 1] 배를 x개 산다고 하면 사과는 $(10-x)$개를 살 수 있으므로

$1000(10-x)+1500x\le 12000$

[step 2] $10000-1000x+1500x\le 12000$

$500x\le 2000$ $\quad\therefore x\le 4$

[step 3] 따라서 배는 최대 4개까지 살 수 있다.

유제 1-2

[step 1] 한 번에 실어 나를 수 있는 상자의 개수를 x라고 하면

$15x+60\le 500$

[step 2] $15x\le 440$ $\quad\therefore x\le\frac{88}{3}$

[step 3] 따라서 상자의 개수는 자연수이므로 한 번에 최대 29개를 실어 나를 수 있다.

예제 2

[step 1] 도연이가 x km 떨어진 지점까지 산책을 갔다 온다고 하면

(갈 때 걸린 시간)+(올 때 걸린 시간)≤(2시간 30분)이므로

$\frac{x}{2}+\frac{x}{3}\le 2+\frac{30}{60}$, 즉 $\frac{x}{2}+\frac{x}{3}\le\frac{5}{2}$

[step 2] 위의 식의 양변에 6을 곱하면

$3x+2x\le 15$, $5x\le 15$ $\quad\therefore x\le 3$

[step 3] 따라서 도연이는 최대 3 km 떨어진 지점까지 산책을 갔다 올 수 있다.

유제 2-1

[step 1] 유나가 뛰어간 거리를 x m라고 하면 걸어간 거리는 $(3000-x)$ m이므로

$\frac{3000-x}{60}+\frac{x}{120}\le 40$

[step 2] 위의 식의 양변에 120을 곱하면

$2(3000-x)+x\le 4800$, $-x\le -1200$

$\therefore x\ge 1200$

[step 3] 따라서 유나가 뛰어간 거리는 1200 m, 즉 1.2 km 이상이다.

유제 2-2

[step 1] 역에서 상점까지의 거리를 x km라고 하면

$\frac{x}{4}+\frac{12}{60}+\frac{x}{4}\le 1$, 즉 $\frac{x}{2}+\frac{1}{5}\le 1$

[step 2] 위의 식의 양변에 10을 곱하면

$5x+2\le 10$, $5x\le 8$

$\therefore x\le 1.6$

[step 3] 따라서 역에서 1.6 km 이내에 있는 상점을 이용할 수 있다.

서술유형 실전대비 20~21쪽

1 [step 1] 어떤 자연수를 x라 하면

$5x-9<2x$

[step 2] $3x<9$ $\quad\therefore x<3$

[step 3] 따라서 구하는 수는 자연수이므로 조건을 만족시키는 가장 큰 수는 2이다.

답 2

2 [step 1] 사다리꼴의 아랫변의 길이를 x cm라 하면

$\frac{1}{2}\times(16+x)\times 9\ge 180$

[step 2] $16+x\ge 40$ $\quad\therefore x\ge 24$

[step 3] 따라서 사다리꼴의 아랫변의 길이는 24 cm 이상이어야 한다.

답 24 cm

3 [step 1] 증명사진을 x장($x \geq 8$) 뽑는다고 하면

$5000+250(x-8) \leq 450x$

[step 2] $5000+250x-2000 \leq 450x$

$-200x \leq -3000$ $\quad \therefore x \geq 15$

[step 3] 따라서 증명사진 한 장의 평균 가격이 450원 이하가 되려면 증명사진을 15장 이상 뽑아야 한다.

답 15장

4 [step 1] 입장객 수를 x명이라 하면

$12000x > (12000 \times 0.85) \times 30$

[step 2] $x > 0.85 \times 30$ $\quad \therefore x > 25.5$

[step 3] 따라서 26명 이상이면 30명의 단체 입장권을 구매하는 것이 유리하다.

답 26명

5 x개월 후부터 언니의 예금액이 동생의 예금액의 3배보다 많아진다고 하면

$40000+4000x > 3(30000+1000x)$ ——— ❶

$40000+4000x > 90000+3000x$

$1000x > 50000$ $\quad \therefore x > 50$ ——— ❷

따라서 51개월 후부터 언니의 예금액이 동생의 예금액의 3배보다 많아진다. ——— ❸

답 51개월 후

단계	채점 기준	배점
❶	부등식 세우기	3점
❷	부등식 풀기	2점
❸	답 구하기	1점

6 아동복의 정가를 x원이라 하면

(판매 가격) ≥ (원가) + (이익)이므로

$x(1-0.2) \geq 20000+20000 \times 0.15$ ——— ❶

$0.8x \geq 23000$, $8x \geq 230000$

$\therefore x \geq 28750$ ——— ❷

따라서 아동복의 정가의 최솟값은 28750원이다. ——— ❸

답 28750원

단계	채점 기준	배점
❶	부등식 세우기	4점
❷	부등식 풀기	2점
❸	답 구하기	1점

7 한 달 통화 시간을 x분($x \geq 30$)이라 하면

$10000+80x > 16000+50(x-30)$ ——— ❶

$10000+80x > 16000+50x-1500$

$30x > 4500$

$\therefore x > 150$ ——— ❷

따라서 B 통신사를 이용하는 것이 A 통신사를 이용하는 것보다 유리하려면 한 달 통화 시간이 150분을 초과해야 한다. ——— ❸

답 150분

단계	채점 기준	배점
❶	부등식 세우기	4점
❷	부등식 풀기	2점
❸	답 구하기	1점

8 조건 (가)에서 처음 두 자리 자연수의 십의 자리 숫자를 x라고 하면 일의 자리 숫자는 $(6-x)$이다.

조건 (나)에서 $10x+(6-x) < 2\{10(6-x)+x\}$ ——— ❶

$9x+6 < -18x+120$

$27x < 114$

$\therefore x < \frac{38}{9}$ ——— ❷

그런데 x는 자연수이므로 $x=1, 2, 3, 4$

따라서 처음 두 자연수는 15, 24, 33, 42이다. ——— ❸

답 15, 24, 33, 42

단계	채점 기준	배점
❶	부등식 세우기	4점
❷	부등식 풀기	2점
❸	답 구하기	2점

대표 서술유형 22~23쪽

예제 1

[step 1] $x=6$, $y=2$를 $ax-3y=6$에 대입하면

$6a-6=6$, $6a=12$

$\therefore a=2$

[step 2] $x=9$를 $2x-3y=6$에 대입하면

$18-3y=6$, $-3y=-12$

$\therefore y=4$

유제 1-1

[step 1] $x=2$, $y=3$을 $ax-y=9$에 대입하면

$2a-3=9$, $2a=12$

$\therefore a=6$

[step 2] $y=-3$을 $6x-y=9$에 대입하면

$6x+3=9$, $6x=6$

$\therefore x=1$

유제 1-2

[step 1] $x=-4$, $y=-2$를 $x-3y=b$에 대입하면

$-4+6=b$

$\therefore b=2$

[step 2] $x=a$, $y=3$을 $x-3y=2$에 대입하면

$a-9=2$

$\therefore a=11$

[step 3] $\therefore a+b=11+2=13$

예제 2

[step 1] ㉠에서 y를 x에 대한 식으로 나타내면

$y=-4x+7$ ……㉢

y를 없애기 위하여 ㉢을 ㉡에 대입하면

$5x+2(-4x+7)=11,\ -3x=-3$ $\therefore x=1$

$x=1$을 ㉢에 대입하면

$y=-4+7$ $\therefore y=3$

따라서 구하는 해는 $x=1$, $y=3$

[step 2] y를 없애기 위하여 ㉠×2−㉡을 하면

$3x=3$ $\therefore x=1$

$x=1$을 ㉠에 대입하면

$4+y=7$ $\therefore y=3$

따라서 구하는 해는 $x=1$, $y=3$

유제 2-1

[step 1] ㉡을 ㉠에 대입하면

$(-3y+2)-y=10,\ -4y=8$ $\therefore y=-2$

$y=-2$를 ㉡에 대입하면

$2x=6+2,\ 2x=8$ $\therefore x=4$

따라서 구하는 해는 $x=4$, $y=-2$

[step 2] ㉡에서 $-3y$를 이항하면

$2x+3y=2$ ……㉢

㉠−㉢을 하면 $-4y=8$ $\therefore y=-2$

$y=-2$를 ㉠에 대입하면

$2x+2=10,\ 2x=8$ $\therefore x=4$

따라서 구하는 해는 $x=4$, $y=-2$

유제 2-2

[step 1] ㉠×3−㉡을 하면

$-8y=8$ $\therefore y=-1$

$y=-1$을 ㉠에 대입하면

$x+3=5$ $\therefore x=2$

따라서 연립방정식의 해는 $x=2$, $y=-1$

[step 2] $x=2$, $y=-1$을 $x-2y+a=0$에 대입하면

$2+2+a=0$

$\therefore a=-4$

서술유형 실전대비 24~25쪽

1 [step 1] $x=1$, $y=6$을 $mx+3y=24$에 대입하면

$m+18=24$ $\therefore m=6$

[step 2] $x=2$를 $6x+3y=24$에 대입하면

$12+3y=24,\ 3y=12$ $\therefore y=4$

답 4

2 [step 1] $\begin{cases} 0.3x+0.4y=1.7 & \cdots\cdots ㉠ \\ \frac{2}{3}x+\frac{1}{2}y=3 & \cdots\cdots ㉡ \end{cases}$ 에서

㉠×10을 하면 $3x+4y=17$ ……㉢

㉡×6을 하면 $4x+3y=18$ ……㉣

[step 2] ㉢×3−㉣×4를 하면

$-7x=-21$ $\therefore x=3$

$x=3$을 ㉢에 대입하면

$9+4y=17,\ 4y=8$ $\therefore y=2$

따라서 구하는 해는 $x=3$, $y=2$이다.

답 $x=3$, $y=2$

3 [step 1] x와 y의 값의 비가 1 : 3이므로

$x:y=1:3$ $\therefore y=3x$

[step 2] 주어진 연립방정식의 해는 연립방정식

$\begin{cases} x-2y=-5 & \cdots\cdots ㉠ \\ y=3x & \cdots\cdots ㉡ \end{cases}$ 의 해와 같다.

㉡을 ㉠에 대입하면

$x-6x=-5,\ -5x=-5$ $\therefore x=1$

$x=1$을 $y=3x$에 대입하면 $y=3$

[step 3] 따라서 주어진 연립방정식의 해는 $x=1$, $y=3$이므로 이를 $ax+y=6$에 대입하면

$a+3=6$ $\therefore a=3$

답 3

4 [step 1] 주어진 두 연립방정식의 해는 연립방정식

$\begin{cases} x+2y=7 & \cdots\cdots ㉠ \\ x+3y=9 & \cdots\cdots ㉡ \end{cases}$ 의 해와 같다.

㉠−㉡을 하면 $-y=-2$ $\therefore y=2$

$y=2$를 ㉠에 대입하면 $x+4=7$ $\therefore x=3$

즉, 두 연립방정식의 해는 $x=3$, $y=2$

[step 2] $x=3$, $y=2$를 $ax-4y=7$에 대입하면

$3a-8=7,\ 3a=15$

$\therefore a=5$

[step 3] $x=3$, $y=2$, $a=5$를 $ax+by=11$에 대입하면

$15+2b=11,\ 2b=-4$

$\therefore b=-2$

답 $a=5$, $b=-2$

5 (1) x, y가 자연수이므로 일차방정식 $x+y=6$의 해는

(1, 5), (2, 4), (3, 3), (4, 2), (5, 1) ──── ❶

(2) x, y가 자연수이므로 일차방정식 $x+3y=16$의 해는

(1, 5), (4, 4), (7, 3), (10, 2), (13, 1) ──── ❷

(3) 구하는 연립방정식의 해는 두 일차방정식의 공통인 해이므로

(1, 5)이다. ──── ❸

답 (1) (1, 5), (2, 4), (3, 3), (4, 2), (5, 1)
(2) (1, 5), (4, 4), (7, 3), (10, 2), (13, 1)
(3) (1, 5)

단계	채점 기준	배점
❶	일차방정식 $x+y=6$의 해 구하기	2점
❷	일차방정식 $x+3y=16$의 해 구하기	2점
❸	연립방정식의 해 구하기	1점

6 주어진 연립방정식에서

$\begin{cases} \frac{x-y}{4}=3 & \cdots\cdots ㉠ \\ \frac{x+ay}{3}=3 & \cdots\cdots ㉡ \end{cases}$

㉠×4, ㉡×3을 하면

$\begin{cases} x-y=12 & \cdots\cdots ㉢ \\ x+ay=9 & \cdots\cdots ㉣ \end{cases}$ ──── ❶

$x=b$, $y=1$을 ㉢에 대입하면

$b-1=12$ $\quad \therefore b=13$

$x=13$, $y=1$을 ㉣에 대입하면

$13+a=9$ $\quad \therefore a=-4$ ──── ❷

$\therefore a+b=-4+13=9$ ──── ❸

답 9

단계	채점 기준	배점
❶	연립방정식을 $\begin{cases} A=C \\ B=C \end{cases}$ 꼴로 변형하고, 계수를 정수로 고치기	2점
❷	a, b의 값 구하기	4점
❸	$a+b$의 값 구하기	1점

7 a와 b를 바꾸어 놓은 연립방정식 $\begin{cases} bx+ay=4 \\ ax-by=3 \end{cases}$에

$x=2$, $y=1$을 대입하면

$\begin{cases} a+2b=4 & \cdots\cdots ㉠ \\ 2a-b=3 & \cdots\cdots ㉡ \end{cases}$ ──── ❶

㉠+㉡×2를 하면 $5a=10$ $\quad \therefore a=2$

$a=2$를 ㉡에 대입하면 $4-b=3$ $\quad \therefore b=1$ ──── ❷

$\therefore a-b=2-1=1$ ──── ❸

답 1

단계	채점 기준	배점
❶	a, b에 대한 연립방정식 세우기	3점
❷	a, b의 값 구하기	3점
❸	$a-b$의 값 구하기	1점

8 주어진 연립방정식의 해가 $x=0$, $y=0$ 이외에도 존재하므로 해가 무수히 많다. ──── ❶

$\begin{cases} 3x-y=0 \\ 4x-2y=ax \end{cases}$ 에서 $\begin{cases} 3x-y=0 \\ (4-a)x-2y=0 \end{cases}$ ──── ❷

$\frac{3}{4-a}=\frac{-1}{-2}$이므로 $4-a=6$ $\quad \therefore a=-2$ ──── ❸

답 -2

단계	채점 기준	배점
❶	주어진 연립방정식의 해가 무수히 많음을 알기	3점
❷	주어진 연립방정식을 정리하기	2점
❸	a의 값 구하기	2점

› **다른 풀이** 주어진 연립방정식의 해가 $x=0$, $y=0$ 이외에도 존재하므로 해가 무수히 많다.

$\begin{cases} 3x-y=0 \\ 4x-2y=ax \end{cases}$ 에서 $\begin{cases} 3x-y=0 \\ (4-a)x-2y=0 \end{cases}$

즉, $\begin{cases} 6x-2y=0 \\ (4-a)x-2y=0 \end{cases}$

이 연립방정식의 해가 무수히 많으려면 두 일차방정식의 x, y의 계수, 상수항이 각각 같아야 하므로

$6=4-a$ $\quad \therefore a=-2$

대표 서술유형 26~27쪽

예제 1

[step 1] 십의 자리의 숫자를 $\underline{x}$, 일의 자리의 숫자를 $\underline{y}$라 하면

각 자리의 숫자의 합은 13이므로 $\underline{x+y=13}$

각 자리의 숫자를 바꾼 수는 처음 수보다 9만큼 작으므로

$\underline{10y+x=(10x+y)-9}$

연립방정식을 세우면

$\begin{cases} \underline{x+y=13} \\ \underline{10y+x=(10x+y)-9} \end{cases}$, 즉 $\begin{cases} \underline{x+y=13} \\ \underline{x-y=1} \end{cases}$

[step 2] 이 연립방정식을 풀면 $x=\underline{7}$, $y=\underline{6}$

[step 3] 따라서 처음 자연수는 $\underline{76}$이다.

유제 1-1

[step 1] 십의 자리의 숫자를 $\underline{x}$, 일의 자리의 숫자를 $\underline{y}$라 하면 이 수는 각 자리의 숫자의 합의 4배이므로

$\underline{10x+y=4(x+y)}$

각 자리의 숫자를 바꾼 수는 처음 수보다 27만큼 크므로

$\underline{10y+x=(10x+y)+27}$

연립방정식을 세우면

$\begin{cases} \underline{10x+y=4(x+y)} \\ \underline{10y+x=(10x+y)+27} \end{cases}$, 즉 $\begin{cases} \underline{2x-y=0} \\ \underline{x-y=-3} \end{cases}$

[step 2] 이 연립방정식을 풀면 $x=\underline{3}$, $y=\underline{6}$

[step 3] 따라서 처음 자연수는 $\underline{36}$이다.

유제 1-2

[step 1] 큰 수를 $\underline{x}$, 작은 수를 $\underline{y}$라 하면

두 수의 합은 39이므로

$\underline{x+y=39}$

큰 수를 작은 수로 나누면 몫과 나머지가 모두 3이므로

$\underline{x=3y+3}$

연립방정식을 세우면

$\begin{cases} \underline{x+y=39} \\ \underline{x=3y+3} \end{cases}$

[step 2] 이 연립방정식을 풀면 $x=\underline{30}$, $y=\underline{9}$

[step 3] 따라서 두 수의 차는 $\underline{30-9=21}$

예제 2

[step 1] 뛰어간 거리를 $\underline{x}$ km, 걸어간 거리를 $\underline{y}$ km라 하면

(뛰어간 거리)+(걸어간 거리)=10 km이므로

$\underline{x+y=10}$

(뛰어간 시간)+(걸어간 시간)=(1시간 30분)이므로

$\underline{\frac{x}{8}+\frac{y}{6}=\frac{3}{2}}$

연립방정식을 세우면

$\begin{cases} \underline{x+y=10} \\ \underline{\frac{x}{8}+\frac{y}{6}=\frac{3}{2}} \end{cases}$, 즉 $\begin{cases} \underline{x+y=10} \\ \underline{3x+4y=36} \end{cases}$

[step 2] 이 연립방정식을 풀면 $x=\underline{4}$, $y=\underline{6}$

[step 3] 따라서 희수가 뛰어간 거리는 $\underline{4}$ km이다.

유제 2-1

[step 1] 연희가 달린 시간을 $\underline{x}$분, 우식이가 달린 시간을 $\underline{y}$분이라 하면

(연희가 달린 시간)−(우식이가 달린 시간)=(12분)이므로

$\underline{x-y=12}$

(연희가 달린 거리)=(우식이가 달린 거리)이므로

$\underline{300x=500y}$

연립방정식을 세우면

$\begin{cases} \underline{x-y=12} \\ \underline{300x=500y} \end{cases}$, 즉 $\begin{cases} \underline{x-y=12} \\ \underline{3x-5y=0} \end{cases}$

[step 2] 이 연립방정식을 풀면 $x=\underline{30}$, $y=\underline{18}$

[step 3] 따라서 두 사람이 만나는 것은 우식이가 출발한 지 $\underline{18}$분 후이다.

유제 2-2

[step 1] 기차의 길이를 $\underline{x}$ m, 기차의 속력을 분속 $\underline{y}$ m라 하면

(터널의 길이)+(기차의 길이)=(기차가 간 거리)이므로

$\underline{800+x=3y}$

(철교의 길이)+(기차의 길이)=(기차가 간 거리)이므로

$\underline{1400+x=5y}$

연립방정식을 세우면

$\begin{cases} \underline{800+x=3y} \\ \underline{1400+x=5y} \end{cases}$

[step 2] 이 연립방정식을 풀면 $x=\underline{100}$, $y=\underline{300}$

[step 3] 따라서 기차의 길이는 $\underline{100}$ m이다.

서술유형 실전대비 28~29쪽

1 [step 1] 십의 자리의 숫자를 $\underline{x}$, 일의 자리의 숫자를 $\underline{y}$라 하면

$\begin{cases} x+y=8 \\ 3(10y+x)=(10x+y)+16 \end{cases}$, 즉 $\begin{cases} x+y=8 \\ 7x-29y=-16 \end{cases}$

[step 2] 이 연립방정식을 풀면 $x=6$, $y=2$

[step 3] 따라서 처음 자연수는 62이다. 답 62

2 [step 1] 경환이가 이긴 횟수를 x회, 진 횟수를 y회라 하면 미림이가 이긴 횟수가 y회, 진 횟수가 x회이므로

$\begin{cases} 3x-2y=10 \\ 3y-2x=5 \end{cases}$

[step 2] 이 연립방정식을 풀면 $x=8$, $y=7$

[step 3] 따라서 경환이가 이긴 횟수는 8회이다. 답 8회

3 [step 1] 지후와 연지가 자전거로 1초에 각각 x m, y m를 간다고 하면 같은 방향으로 달릴 때 두 사람이 처음 만날 때까지 달린 거리의 차는 트랙의 둘레의 길이와 같다. 즉, $150x-150y=600$

또, 반대 방향으로 달릴 때 두 사람이 처음 만날 때까지 달린 거리의 합은 트랙의 둘레의 길이와 같다. 즉, $60x+60y=600$

연립방정식을 세우면

$\begin{cases} 150x-150y=600 \\ 60x+60y=600 \end{cases}$, 즉 $\begin{cases} x-y=4 \\ x+y=10 \end{cases}$

[step 2] 이 연립방정식을 풀면 $x=7$, $y=3$

[step 3] 따라서 자전거로 지후는 1초에 7 m, 연지는 1초에 3 m를 간다. 답 지후: 7 m, 연지: 3 m

4 [step 1] 5 %의 소금물의 양을 x g, 10 %의 소금물의 양을 y g이라 하면 만들어진 소금물의 양이 300 g이므로

$x+y=300$

또, 섞기 전과 섞은 후의 소금의 양은 같으므로

$\frac{5}{100}x+\frac{10}{100}y=\frac{8}{100}\times300$

연립방정식을 세우면

$\begin{cases} x+y=300 \\ \frac{5}{100}x+\frac{10}{100}y=\frac{8}{100}\times300 \end{cases}$, 즉 $\begin{cases} x+y=300 \\ x+2y=480 \end{cases}$

[step 2] 이 연립방정식을 풀면 $x=120$, $y=180$

[step 3] 따라서 5 %의 소금물은 120 g, 10 %의 소금물은 180 g을 섞어야 한다.

답 5 %의 소금물: 120 g, 10 %의 소금물: 180 g

5 아버지의 현재 나이를 x세, 아들의 현재 나이를 y세라 하면

$\begin{cases} x+y=53 \\ x+11=2(y+11) \end{cases}$, 즉 $\begin{cases} x+y=53 \\ x-2y=11 \end{cases}$ ······ ❶

이 연립방정식을 풀면 $x=39$, $y=14$ ······ ❷

따라서 현재 아버지의 나이는 39세이고, 아들의 나이는 14세이다. ······ ❸

답 아버지: 39세, 아들: 14세

단계	채점 기준	배점
❶	연립방정식 세우기	3점
❷	연립방정식 풀기	2점
❸	현재 아버지와 아들의 나이 구하기	1점

6 노새가 진 짐을 x자루, 당나귀가 진 짐을 y자루라 하면

$\begin{cases} x+1=2(y-1) \\ x-1=y+1 \end{cases}$, 즉 $\begin{cases} x-2y=-3 \\ x-y=2 \end{cases}$ ······ ❶

이 연립방정식을 풀면 $x=7$, $y=5$ ······ ❷

따라서 노새는 7자루, 당나귀는 5자루를 운반하고 있다. ······ ❸

답 노새: 7자루, 당나귀: 5자루

단계	채점 기준	배점
❶	연립방정식 세우기	3점
❷	연립방정식 풀기	2점
❸	노새와 당나귀의 짐의 수 구하기	1점

7 전체 물의 양을 1로 놓고, A, B 호스가 1시간 동안 뺄 수 있는 물의 양을 각각 x, y라 하면

$\begin{cases} 6x+6y=1 \\ 3x+12y=1 \end{cases}$ ······ ❶

이 연립방정식을 풀면 $x=\frac{1}{9}$, $y=\frac{1}{18}$ ······ ❷

따라서 A 호스로만 물을 빼면 9시간이 걸린다. ······ ❸

답 9시간

단계	채점 기준	배점
❶	연립방정식 세우기	4점
❷	연립방정식 풀기	2점
❸	A 호스로만 물을 빼면 몇 시간이 걸리는지 구하기	1점

8 흐르지 않는 물에서의 배의 속력을 시속 x km, 강물의 속력을 시속 y km라 하면 강을 거슬러 올라갈 때 배가 움직이는 속력은 시속 $(x-y)$ km, 걸리는 시간은 2시간이므로

$2(x-y)=20$

또, 강을 따라 내려올 때 배가 움직이는 속력은 시속 $(x+y)$ km, 걸리는 시간은 1시간이므로 $x+y=20$

연립방정식을 세우면

$\begin{cases} 2(x-y)=20 \\ x+y=20 \end{cases}$, 즉 $\begin{cases} x-y=10 \\ x+y=20 \end{cases}$ ······ ❶

이 연립방정식을 풀면 $x=15$, $y=5$ ······ ❷

따라서 흐르지 않는 물에서의 배의 속력은 시속 15 km이다. ······ ❸

답 시속 15 km

단계	채점 기준	배점
❶	연립방정식 세우기	4점
❷	연립방정식 풀기	2점
❸	흐르지 않는 물에서의 배의 속력 구하기	1점

Ⅲ 일차함수

대표 서술유형 30~31쪽

예제 1

[step 1] $f(2)=\frac{6}{2}=\underline{3}=a$

[step 2] $f(b)=\frac{6}{b}=-\frac{1}{3}$이므로 $b=\underline{-18}$

[step 3] $\therefore a+b=\underline{3+(-18)=-15}$

유제 1-1

[step 1] $f(-6)=\underline{\frac{18}{-6}=-3}=a$

[step 2] $f(b)=\frac{18}{b}=2$이므로 $b=\underline{\frac{18}{2}=9}$

[step 3] $\therefore b-a=\underline{9-(-3)=12}$

유제 1-2

[step 1] $f(3)=\underline{3a+1}=7$이므로

$\underline{3a=6}$ $\therefore a=\underline{2}$

[step 2] $f(x)=\underline{2x+1}$

[step 3] $f(b)=\underline{2b+1}=-9$이므로

$\underline{2b=-10}$ $\therefore b=\underline{-5}$

[step 4] $\therefore ab=\underline{2\times(-5)=-10}$

예제 2

[step 1] 두 점 $(-1, 3)$, $(4, -2)$를 지나는 직선의 기울기는

$\underline{\frac{-2-3}{4-(-1)}}=-1$이므로 구하는 일차함수의 그래프의 기울기는 $\underline{-1}$이다.

[step 2] 구하는 일차함수의 식을 $y=\underline{-x}+b$로 놓자.

이 그래프의 x절편이 4이므로 $x=\underline{4}$, $y=\underline{0}$을 대입하면

$\underline{0=-4+b}$ $\therefore b=\underline{4}$

따라서 구하는 일차함수의 식은 $y=\underline{-x+4}$

유제 2-1

[step 1] 주어진 그래프가 두 점 $(0, \underline{6})$, $(\underline{4}, 0)$을 지나므로

(기울기)$=\underline{\frac{0-6}{4-0}=-\frac{3}{2}}$

즉, 구하는 일차함수의 그래프의 기울기는 $\underline{-\frac{3}{2}}$이다.

[step 2] 구하는 일차함수의 식을 $y=\underline{-\frac{3}{2}}x+b$로 놓자.

이 그래프가 점 $(1, 2)$를 지나므로 $x=\underline{1}$, $y=\underline{2}$를 대입하면

$\underline{2=-\frac{3}{2}\times1+b}$ $\therefore b=\underline{\frac{7}{2}}$

따라서 구하는 일차함수의 식은 $y=\underline{-\frac{3}{2}x+\frac{7}{2}}$이므로 이 그래프

의 y절편은 $\frac{7}{2}$이다.

유제 2-2

[step 1] 주어진 그래프가 두 점 $(0, 2)$, $(3, 0)$을 지나므로

$a=(\text{기울기})=\frac{-2}{3}=-\frac{2}{3}$

$b=(y\text{절편})=2$

[step 2] $y=bx-\frac{1}{a}$, 즉 $y=2x+\frac{3}{2}$에서

$y=0$일 때, $0=2x+\frac{3}{2}$ $\quad \therefore x=-\frac{3}{4}$

$x=0$일 때, $y=2\times0+\frac{3}{2}=\frac{3}{2}$

$\therefore (x\text{절편})=-\frac{3}{4}$, $(y\text{절편})=\frac{3}{2}$

서술유형 실전대비 32~33쪽

1 [step 1] $f(1)=7$에서 $a+3=7$ $\quad \therefore a=4$

[step 2] $g(x)=bx+4$이므로 $g(2)=8$에서

$2b+4=8$ $\quad \therefore b=2$

[step 3] $\therefore ab=4\times2=8$

답 8

2 [step 1] 일차함수 $y=-2x+7$의 그래프를 y축의 방향으로 p만큼 평행이동하면

$y=-2x+7+p$

[step 2] 이 그래프가 점 $(1, 2)$를 지나므로

$2=-2\times1+7+p$ $\quad \therefore p=-3$

따라서 주어진 그래프의 식은 $y=-2x+4$이고 이 그래프는 점 $(2, k)$를 지나므로

$k=-2\times2+4$ $\quad \therefore k=0$

[step 3] $\therefore p+k=-3+0=-3$

답 -3

3 [step 1] 한 직선 위에 있는 점 중 어느 두 점을 택하여도 기울기는 같으므로

$\frac{(2k-1)-k}{4-2}=\frac{10-k}{-6-2}$

[step 2] $\frac{k-1}{2}=\frac{10-k}{-8}$, $-8(k-1)=2(10-k)$

$-8k+8=20-2k$, $-6k=12$ $\quad \therefore k=-2$

답 -2

4 [step 1] (1) 5분에 20 L씩 물이 새어 나가므로 1분에는 4 L씩 새어 나간다.

따라서 x와 y 사이의 관계식은

$y=200-4x$

[step 2] (2) $y=200-4x$에 $x=24$를 대입하면

$y=200-4\times24=104$

따라서 24분 후 물통에는 104 L의 물이 남아 있다.

답 (1) $y=200-4x$ (2) 104 L

5 $ab>0$에서 a와 b의 부호는 같고 $bc<0$에서 b와 c의 부호는 다르므로 a와 c의 부호는 다르다.

$\therefore \frac{b}{a}>0$, $\frac{c}{a}<0$ ······ ❶

따라서 $y=\frac{b}{a}x+\frac{c}{a}$의 그래프에서

$(\text{기울기})=\frac{b}{a}>0$, $(y\text{절편})=\frac{c}{a}<0$

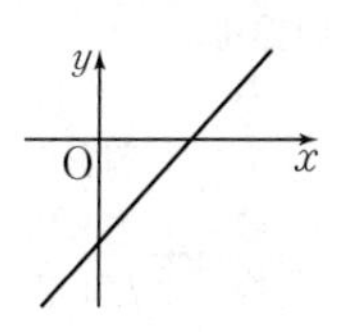

이므로 그 그래프는 오른쪽 그림과 같고 제2사분면을 지나지 않는다. ······ ❷

답 제2사분면

단계	채점 기준	배점
❶	$\frac{b}{a}$, $\frac{c}{a}$의 부호 구하기	3점
❷	그래프가 지나지 않는 사분면 구하기	3점

6 주어진 그래프가 두 점 $(-1, -3)$, $(2, 3)$을 지나므로

$(\text{기울기})=\frac{3-(-3)}{2-(-1)}=2$

평행한 두 직선의 기울기는 서로 같으므로 $a=2$ ······ ❶

$y=2x+4$의 그래프가 점 $(3, b)$를 지나므로

$b=2\times3+4=10$ ······ ❷

$\therefore a+b=2+10=12$ ······ ❸

답 12

단계	채점 기준	배점
❶	a의 값 구하기	3점
❷	b의 값 구하기	2점
❸	$a+b$의 값 구하기	1점

7 5보다 작은 소수는 2, 3이므로 $f(5)=2$ ······ ❶

6보다 작은 소수는 2, 3, 5이므로 $f(6)=3$ ······ ❷

8보다 작은 소수는 2, 3, 5, 7이므로 $f(8)=4$ ······ ❸

$\therefore \frac{4f(5)-f(6)}{f(8)}=\frac{4\times2-3}{4}=\frac{5}{4}$ ······ ❹

답 $\frac{5}{4}$

단계	채점 기준	배점
❶	$f(5)$의 값 구하기	2점
❷	$f(6)$의 값 구하기	2점
❸	$f(8)$의 값 구하기	2점
❹	$\frac{4f(5)-f(6)}{f(8)}$의 값 구하기	1점

8 $y=bx+2$의 그래프의 y절편은 2이므로 $A(0, 2)$

$y=\frac{2}{3}x+a$의 그래프의 y절편이 2이므로 $a=2$ ······ ❶

$y=\frac{2}{3}x+2$의 그래프의 x절편은 -3이므로

$B(-3, 0)$ ······ ❷

이때 $\triangle ABC$의 넓이가 5이므로

$\frac{1}{2}\times\overline{BC}\times2=5$에서 $\overline{BC}=5$　　$\therefore$ C(2, 0) ──── ❸

점 C는 $y=bx+2$의 그래프 위의 점이므로

$0=2b+2$　　$\therefore b=-1$ ──── ❹

$\therefore ab=2\times(-1)=-2$ ──── ❺

답 -2

단계	채점 기준	배점
❶	a의 값 구하기	1점
❷	점 B의 좌표 구하기	1점
❸	점 C의 좌표 구하기	3점
❹	b의 값 구하기	1점
❺	ab의 값 구하기	1점

대표 서술유형　34~35쪽

예제 1

[step 1] 주어진 그래프에서 두 직선의 교점의 좌표가 (1, 2)이므로 연립방정식의 해는

$x=1$, $y=2$

[step 2] $ax+2y=3$에 $x=1$, $y=2$를 대입하면

$a+2\times2=3$　　$\therefore a=-1$

$x+y=b$에 $x=1$, $y=2$를 대입하면

$1+2=b$　　$\therefore b=3$

[step 3] $\therefore a+b=-1+3=2$

유제 1-1

[step 1] 주어진 그래프에서 두 직선의 교점의 좌표가 $(-4, 5)$이므로 연립방정식의 해는 $x=-4$, $y=5$

[step 2] $ax+4y=8$에 $x=-4$, $y=5$를 대입하면

$-4a+4\times5=8$　　$\therefore a=3$

$5x+by=-10$에 $x=-4$, $y=5$를 대입하면

$5\times(-4)+5b=-10$　　$\therefore b=2$

[step 3] $\therefore a-b=3-2=1$

유제 1-2

[step 1] 주어진 그래프에서 두 직선의 교점의 좌표가 $(1, -2)$이므로 연립방정식 $\begin{cases}ax+by=-1\\4bx-ay=6\end{cases}$의 해는

$x=1$, $y=-2$

[step 2] $ax+by=-1$, $4bx-ay=6$에 $x=1$, $y=-2$를 각각 대입하면

$a-2b=-1$, $4b+2a=6$

위의 두 식을 연립하여 풀면

$a=1$, $b=1$

[step 3] $\therefore ab=1\times1=1$

예제 2

[step 1] 직선 $2x+y-5=0$의 y절편은 5이고, 직선 $x-3y-6=0$의 y절편은 -2이다.

[step 2] 연립방정식 $\begin{cases}2x+y-5=0\\x-3y-6=0\end{cases}$을 풀면 $x=3$, $y=-1$

따라서 두 직선의 교점의 좌표는 $(3, -1)$

[step 3] 두 직선이 오른쪽 그림과 같으므로 구하는 넓이는

$\frac{1}{2}\times7\times3=\frac{21}{2}$

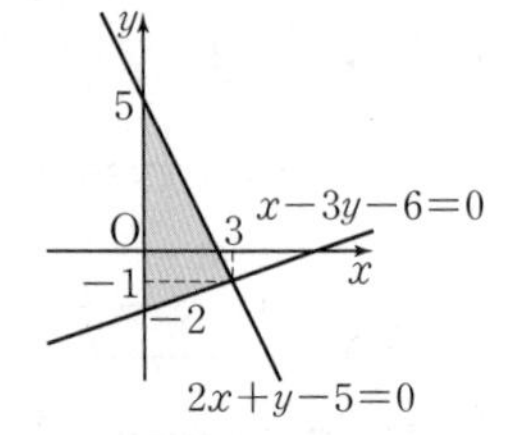

유제 2-1

[step 1] 직선 $4x-y+12=0$의 x절편은 -3이고, 직선 $x+y-2=0$의 x절편은 2이다.

[step 2] 연립방정식 $\begin{cases}4x-y+12=0\\x+y-2=0\end{cases}$을 풀면 $x=-2$, $y=4$

따라서 두 직선의 교점의 좌표는 $(-2, 4)$

[step 3] 두 직선이 오른쪽 그림과 같으므로 구하는 넓이는

$\frac{1}{2}\times5\times4=10$

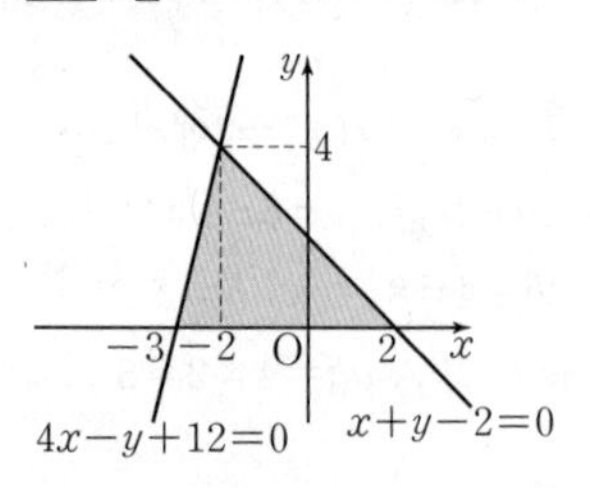

유제 2-2

[step 1] 직선 $y=-2x+11$과 직선 $y=1$의 교점의 좌표는 $(5, 1)$

[step 2] 직선 $y=3x+1$과 직선 $y=1$의 교점의 좌표는 $(0, 1)$

[step 3] 연립방정식 $\begin{cases}y=-2x+11\\y=3x+1\end{cases}$을 풀면 $x=2$, $y=7$

따라서 두 직선의 교점의 좌표는 $(2, 7)$

[step 4] 세 직선이 오른쪽 그림과 같으므로 구하는 넓이는

$\frac{1}{2}\times5\times6=15$

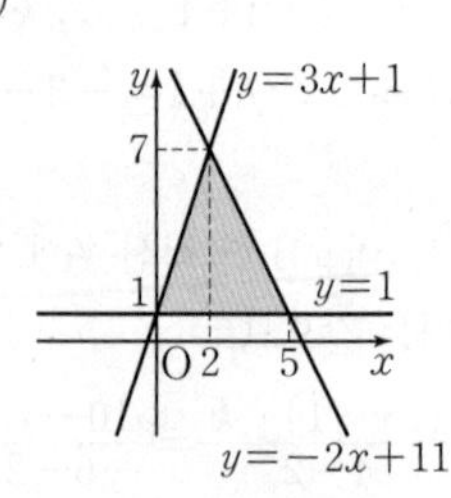

서술유형 실전대비　36~37쪽

1 [step 1] $ax-2y+b-3=0$에서

$2y=ax+b-3$　　$\therefore y=\frac{a}{2}x+\frac{b-3}{2}$

[step 2] 따라서 $\frac{a}{2}=2$, $\frac{b-3}{2}=-3$이므로

$a=4$, $b=-3$

[step 3] $\therefore a+b=4+(-3)=1$

답 1

2 [step 1] 연립방정식 $\begin{cases} 2x+y=8 \\ 3x-2y=-2 \end{cases}$를 풀면 $x=2$, $y=4$이므로 두 직선의 교점의 좌표는 $(2,\ 4)$이다.

[step 2] 따라서 점 $(2,\ 4)$를 지나고 x축에 수직인 직선의 방정식은 $x=2$이다. 답 $x=2$

3 [step 1] 연립방정식 $\begin{cases} x+y=4 \\ 2x+y=6 \end{cases}$을 풀면 $x=2$, $y=2$

따라서 세 일차방정식의 그래프의 교점의 좌표는 $(2,\ 2)$이다.

[step 2] $x+ay=-2$에 $x=2$, $y=2$를 대입하면

$2+2a=-2 \qquad \therefore a=-2$ 답 -2

4 [step 1] $2x-y+2=0$ ……㉠

$x=1$ ……㉡

$y+2=0$ ……㉢

두 직선 ㉠, ㉡의 교점의 좌표는 $\mathrm{A}(1,\ 4)$

두 직선 ㉠, ㉢의 교점의 좌표는 $\mathrm{B}(-2,\ -2)$

두 직선 ㉡, ㉢의 교점의 좌표는 $\mathrm{C}(1,\ -2)$

[step 2] 세 직선이 오른쪽 그림과 같으므로 구하는 넓이는

$\frac{1}{2}\times3\times6=9$

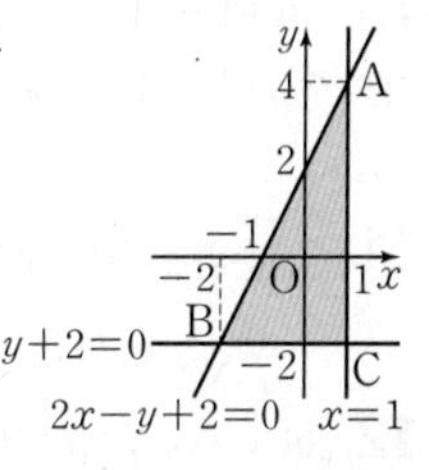

답 9

5 $ax+y+b=0$에서

$y=-ax-b$ ———— ❶

(기울기)>0이므로 $-a>0 \qquad \therefore a<0$ ———— ❷

(y절편)<0이므로 $-b<0 \qquad \therefore b>0$ ———— ❸

답 $a<0$, $b>0$

단계	채점 기준	배점
❶	일차방정식을 $y=ax+b$의 꼴로 나타내기	2점
❷	a의 부호 정하기	2점
❸	b의 부호 정하기	2점

6 직선 l의 x절편이 1, y절편이 -2이므로 직선 l의 방정식은

$y=2x-2$ ———— ❶

직선 m의 x절편이 -4, y절편이 2이므로 직선 m의 방정식은

$y=\frac{1}{2}x+2$ ———— ❷

연립방정식 $\begin{cases} y=2x-2 \\ y=\frac{1}{2}x+2 \end{cases}$를 풀면 $x=\frac{8}{3}$, $y=\frac{10}{3}$

따라서 구하는 교점의 좌표는 $\left(\frac{8}{3},\ \frac{10}{3}\right)$이다. ———— ❸

답 $\left(\frac{8}{3},\ \frac{10}{3}\right)$

단계	채점 기준	배점
❶	직선 l의 방정식 구하기	2점
❷	직선 m의 방정식 구하기	2점
❸	교점의 좌표 구하기	2점

7 (1) $\begin{cases} ax-3y=-4 \\ 4x+y=b \end{cases}$, 즉 $\begin{cases} y=\frac{a}{3}x+\frac{4}{3} \\ y=-4x+b \end{cases}$에서 두 그래프가 일치해야 하므로

$\frac{a}{3}=-4,\ \frac{4}{3}=b \qquad \therefore a=-12,\ b=\frac{4}{3}$ ———— ❶

(2) $\begin{cases} ax-3y=-4 \\ 4x+y=b \end{cases}$, 즉 $\begin{cases} y=\frac{a}{3}x+\frac{4}{3} \\ y=-4x+b \end{cases}$에서 두 그래프가 서로 평행해야 하므로

$\frac{a}{3}=-4,\ \frac{4}{3}\neq b \qquad \therefore a=-12,\ b\neq\frac{4}{3}$ ———— ❷

답 (1) $a=-12$, $b=\frac{4}{3}$ (2) $a=-12$, $b\neq\frac{4}{3}$

단계	채점 기준	배점
❶	해가 무수히 많을 때, a, b의 값 각각 구하기	3점
❷	해가 없을 때, a, b의 조건 구하기	3점

8 $2x-3y+12=0$에서

$y=\frac{2}{3}x+4$

이 그래프의 x절편은 -6이고 y절편은 4이므로 오른쪽 그림에서

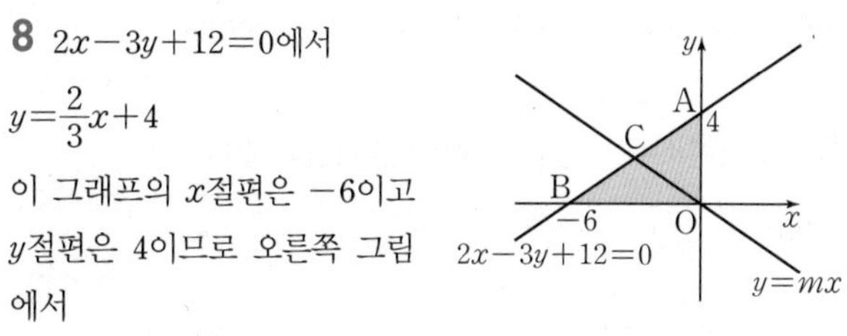

($\triangle$OAB의 넓이)$=\frac{1}{2}\times6\times4=12$ ———— ❶

두 직선 $2x-3y+12=0$, $y=mx$의 교점을 C라고 하면

$\triangle$CBO의 넓이는 $\frac{1}{2}\times12=6$이므로

$\frac{1}{2}\times6\times$(점 C의 y좌표)$=6$

$\therefore$ (점 C의 y좌표)$=2$ ———— ❷

$y=\frac{2}{3}x+4$에 $y=2$를 대입하면

$2=\frac{2}{3}x+4 \qquad \therefore x=-3$ ———— ❸

따라서 $\mathrm{C}(-3,\ 2)$이므로 $y=mx$에 $x=-3$, $y=2$를 대입하면

$2=-3m \qquad \therefore m=-\frac{2}{3}$ ———— ❹

답 $-\frac{2}{3}$

단계	채점 기준	배점
❶	$\triangle$AOB의 넓이 구하기	3점
❷	점 C의 y좌표 구하기	2점
❸	점 C의 x좌표 구하기	1점
❹	m의 값 구하기	2점

✦ 최종점검 TEST ✦

실전 TEST 1회 40~43쪽

01 ②, ⑤	**02** ④	**03** ③	**04** ③	**05** ⑤
06 ②	**07** ③	**08** ②	**09** ②	**10** ③
11 ④	**12** ①	**13** ③	**14** ③	**15** ①
16 ⑤	**17** ③	**18** ②	**19** ④	**20** ④
21 3	**22** 18	**23** $-5ab+7$	**24** $a\le\frac{2}{3}$	
25 26 km				

01 ① $\frac{12}{21}=\frac{4}{7}$

② $\frac{9}{30}=\frac{3}{10}=\frac{3}{2\times5}$

③ $\frac{3}{36}=\frac{1}{12}=\frac{1}{2^2\times3}$

④ $\frac{13}{165}=\frac{13}{3\times5\times11}$

⑤ $\frac{91}{260}=\frac{7}{20}=\frac{7}{2^2\times5}$

따라서 유한소수로 나타낼 수 있는 것은 ②, ⑤이다.

02 각 순환소수를 분수로 나타내면 다음과 같다.

① $0.\dot{7}=\frac{7}{9}$

② $0.\dot{3}\dot{6}=\frac{36}{99}=\frac{4}{11}$

③ $0.\dot{0}5\dot{8}=\frac{58}{999}$

④ $3.\dot{4}\dot{5}=\frac{345-3}{99}=\frac{342}{99}=\frac{38}{11}$

⑤ $1.2\dot{6}=\frac{126-12}{90}=\frac{114}{90}=\frac{19}{15}$

03 $3^4\times9^4\div27^2=3^4\times(3^2)^4\div(3^3)^2$

$=3^4\times3^8\div3^6$

$=3^{4+8-6}=3^6$

$\therefore k=6$

04 ① $a^6\div a^2=a^4$

② $a^3\div a^7=\frac{1}{a^{7-3}}=\frac{1}{a^4}$

③ $(a^4)^3\div a^3=a^{12}\div a^3=a^9$

④ $a^5\div a\div a^2=a^4\div a^2=a^2$

⑤ $a^5\div a^2\div a^3=a^3\div a^3=1$

05 $4a^3b\times$(세로의 길이)$=12a^4b^5$이므로

(세로의 길이)$=12a^4b^5\times\frac{1}{4a^3b}=3ab^4$

06 $2x(3x-2)+(2x^3-5x^2)\div\left(-\frac{1}{2}x\right)$

$=2x(3x-2)+(2x^3-5x^2)\times\left(-\frac{2}{x}\right)$

$=6x^2-4x-4x^2+10x$

$=2x^2+6x$

07 $\square-(2x^2-5x)=-x^2+2x+3$에서

$\square=-x^2+2x+3+(2x^2-5x)$

$=x^2-3x+3$

08 ② $a<b$이므로 $7a<7b$ $\therefore -1+7a<-1+7b$

09 $-1\le x<3$에서 $-2\le2x<6$

$-7\le2x-5<1$ $\therefore -7\le A<1$

10 $\frac{17}{350}\times a=\frac{17}{2\times5^2\times7}\times a$가 유한소수로 나타내어지므로

a는 7의 배수이어야 한다.

따라서 7의 배수 중에서 가장 작은 자연수는 7이다.

11 ④ 순환소수는 모두 유리수이다.

12 $36=2^2\times3^2$이므로

$36^{10}\times3^{20}=(2^2\times3^2)^{10}\times3^{20}$

$=2^{20}\times3^{20}\times3^{20}$

$=2^{20}\times3^{40}$

$=(2^{10})^2\times(3^{10})^4$

$=A^2B^4$

13 $\frac{6^{15}\times5^{13}}{3^{12}}=\frac{2^{15}\times3^{15}\times5^{13}}{3^{12}}$

$=2^{15}\times3^3\times5^{13}$

$=2^2\times3^3\times(2\times5)^{13}$

$=108\times10^{13}$

따라서 108×10^{13}은 16자리의 자연수이므로

$n=16$

14 $\frac{2(x-3y)}{3}-\frac{3(2x-y)}{2}=\frac{4(x-3y)-9(2x-y)}{6}$

$=\frac{4x-12y-18x+9y}{6}$

$=\frac{-14x-3y}{6}$

$=-\frac{7}{3}x-\frac{1}{2}y$

따라서 $a=-\frac{7}{3}$, $b=-\frac{1}{2}$이므로

$a+b=-\frac{7}{3}+\left(-\frac{1}{2}\right)=-\frac{17}{6}$

15 (1) 양변에 6을 더하여도 부등호의 방향은 바뀌지 않는다.
⇨ ㄱ
(2) 양변을 7로 나누어도 부등호의 방향은 바뀌지 않는다. ⇨ ㄴ

16 $3x-2a<14x+33$에서 $-11x<33+2a$
$\therefore x>-\dfrac{33+2a}{11}$
주어진 부등식의 해가 $x>3$이므로 $-\dfrac{33+2a}{11}=3$
$33+2a=-33$, $2a=-66$ $\quad\therefore a=-33$

17 연속하는 세 자연수를 $x-1$, x, $x+1$이라 하면
$(x-1)+x+(x+1)<70$, $3x<70$
$\therefore x<\dfrac{70}{3}$
따라서 세 자연수의 합이 가장 큰 경우는 $x=23$일 때이므로 이때의 세 자연수는 22, 23, 24이다.
그러므로 세 자연수 중 가장 큰 수는 24이다.

18 주차장의 가로의 길이를 x m라 하면
$140\le 2(x+20)\le 190$, $70\le x+20\le 95$
$\therefore 50\le x\le 75$
따라서 주차장의 가로의 길이는 50 m 이상 75 m 이하이다.

19 $\dfrac{a}{150}=\dfrac{a}{2\times3\times5^2}$이므로 a는 3의 배수가 되어야 하고, 기약분수로 나타내면 $\dfrac{11}{b}$이므로 a는 11의 배수도 되어야 한다.
따라서 a는 3과 11의 공배수이면서 $50\le a\le 80$이므로 $a=66$
$\dfrac{66}{150}=\dfrac{2\times3\times11}{2\times3\times5^2}=\dfrac{11}{5^2}=\dfrac{11}{25}$이므로 $b=25$
$\therefore a-b=66-25=41$

20 400원짜리 구슬을 x개 산다고 하면 300원짜리 구슬은 $(25-x)$개를 살 수 있으므로
$400x+300(25-x)\le 9000$
$400x+7500-300x\le 9000$
$100x\le 1500$ $\quad\therefore x\le 15$
따라서 400원짜리 구슬은 최대 15개까지 살 수 있다.

21 $0.243243243\cdots=0.\dot{2}4\dot{3}$
이므로 순환마디의 숫자 3개가 소수점 아래 첫 번째 자리에서부터 반복된다. ❶
$30=3\times10$이므로 소수점 아래 30번째 자리의 숫자는 순환마디의 마지막 숫자인 3이다. ❷

단계	채점 기준	배점
❶	순환마디의 숫자의 개수 구하기	2점
❷	소수점 아래 30번째 자리의 숫자 구하기	3점

22 $\left(\dfrac{x^2}{ay^3}\right)^b=\dfrac{x^{2b}}{a^by^{3b}}=\dfrac{x^8}{16y^c}$이므로 ❶
$2b=8$ $\quad\therefore b=4$
$a^b=a^4=16$ $\quad\therefore a=2$
$3b=3\times4=c$ $\quad\therefore c=12$ ❷
$a+b+c=2+4+12=18$ ❸

단계	채점 기준	배점
❶	좌변의 식 괄호 풀기	1점
❷	a, b, c의 값 각각 구하기	각 1점
❸	$a+b+c$의 값 구하기	1점

23 어떤 식을 A라 하면
$A\times(-3ab^2)=15a^3b^5-21a^2b^4$ ❶
$\therefore A=(15a^3b^5-21a^2b^4)\div(-3ab^2)$
$=\dfrac{15a^3b^5-21a^2b^4}{-3ab^2}$
$=-5a^2b^3+7ab^2$ ❷
따라서 어떤 식을 ab^2으로 나눈 결과는
$A\div ab^2=(-5a^2b^3+7ab^2)\div ab^2$
$=\dfrac{-5a^2b^3+7ab^2}{ab^2}$
$=-5ab+7$ ❸

단계	채점 기준	배점
❶	어떤 식에 대한 식 세우기	1점
❷	어떤 식 구하기	2점
❸	어떤 식을 ab^2으로 나눈 결과 구하기	2점

24 $x+3a>3x$에서 $-2x>-3a$
$\therefore x<\dfrac{3}{2}a$ ❶
따라서 $x<\dfrac{3}{2}a$를 만족시키는 자연수 x가 존재하지 않으려면

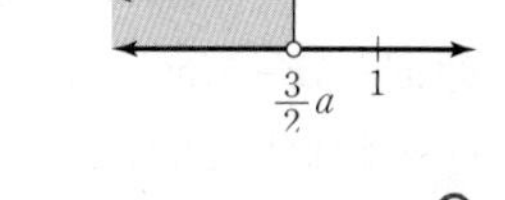

$\dfrac{3}{2}a\le 1$ $\quad\therefore a\le\dfrac{2}{3}$ ❷

단계	채점 기준	배점
❶	부등식의 해 구하기	2점
❷	a의 값의 범위 구하기	4점

25 갔다 올 수 있는 거리를 x km라 하면
$\dfrac{x}{30}+\dfrac{x}{20}\le\dfrac{13}{6}$ ❶
$2x+3x\le 130$, $5x\le 130$
$\therefore x\le 26$ ❷
따라서 상수는 최대 26 km까지 갔다 올 수 있다. ❸

단계	채점 기준	배점
❶	부등식 세우기	2점
❷	부등식 풀기	3점
❸	답 구하기	1점

실전 TEST 2회 44~47쪽

01 ⑤	**02** ④	**03** ⑤	**04** ④	**05** ③, ④
06 ②	**07** ⑤	**08** ③	**09** ⑤	**10** ①
11 ⑤	**12** ⑤	**13** ①	**14** ③	**15** ⑤
16 ④	**17** ③	**18** ①	**19** ④	**20** ③
21 16	**22** $5x^2+8x-9$		**23** 0	**24** 84
25 100 g				

01 $\frac{23}{50}=\frac{23}{2\times5^2}=\frac{23\times2}{2\times5^2\times2}=\frac{46}{10^2}=\frac{46}{100}=0.46$

따라서 $a=2$, $b=2$, $c=100$, $d=0.46$이므로

$ab+cd=2\times2+100\times0.46$

$=4+46=50$

02 각 순환소수의 순환마디는 다음과 같다.

① 2.777… ⇨ 7

② 2.626262… ⇨ 62

③ 0.045045045… ⇨ 045

④ 0.232323… ⇨ 23

⑤ 1.325132513251… ⇨ 3251

03 ① $4x$ ② $2^4=16$ ③ a^4x^2 ④ x^6

⑤ $a^8\times a^3\times a^2=a^{8+3+2}=a^{13}$

04 ① $a^{10}b^5$ ② $8a^3b^9$ ③ a^6b^4 ⑤ $-27x^6y^3$

05 ② $3x^2-2x+4x-3x^2=2x$ (일차식)

③ $x^2-3x-5(x^2-2)=-4x^2-3x+10$

⑤ y에 대한 이차식

따라서 x에 대한 이차식은 ③, ④이다.

06 $3x-y+[2y-x-\{2(3x-5y)-3(x-2y)\}]$

$=3x-y+\{2y-x-(6x-10y-3x+6y)\}$

$=3x-y+\{2y-x-(3x-4y)\}$

$=3x-y+(2y-x-3x+4y)$

$=3x-y+(-4x+6y)$

$=-x+5y$

07 $(18x^2-15xy)\div3x+(-35xy-5y^2)\div(-5y)$

$=\frac{18x^2-15xy}{3x}+\frac{-35xy-5y^2}{-5y}$

$=6x-5y+7x+y$

$=13x-4y$

따라서 x의 계수는 13이다.

08 ① $2x-1\le2x$에서 $-1\le0$ ⇨ 일차부등식이 아니다.

② $3x-2>3(x+1)$에서 $-5>0$ ⇨ 일차부등식이 아니다.

③ $x^2+2<x(x-4)$에서 $4x+2<0$ ⇨ 일차부등식이다.

④ 일차방정식이다.

⑤ 분모에 x가 있으므로 일차부등식이 아니다.

09 $3x-1\le2$에서 $3x\le3$ $\therefore x\le1$

⑤ $x=2$는 $x\le1$을 만족시키지 않으므로 해가 아니다.

10 $0.\dot{1}2\dot{3}=\frac{123}{999}=\frac{1}{999}\times123$

$\therefore \square=\frac{1}{999}=0.\dot{0}0\dot{1}$

11 $3^{x+1}=3^x\times3=A$에서 $3^x=\frac{A}{3}$

$\therefore 81^x=(3^4)^x=3^{4x}=(3^x)^4$

$=\left(\frac{A}{3}\right)^4=\frac{A^4}{81}$

12 $(-3x^2y)^A\times Bxy^3=(-3)^A\times B\times x^{2A+1}y^{A+3}$이므로

$(-3)^A\times B\times x^{2A+1}y^{A+3}=45x^5y^C$

$(-3)^A\times B=45$, $2A+1=5$, $A+3=C$이므로

$A=2$, $B=5$, $C=5$

$\therefore A+B+C=2+5+5=12$

13 $\frac{3}{4}x^5y^6\div\left(-\frac{3}{2}x^3y^2\right)^2\times(-6x^3y)$

$=\frac{3}{4}x^5y^6\div\frac{9}{4}x^6y^4\times(-6x^3y)$

$=\frac{3}{4}x^5y^6\times\frac{4}{9x^6y^4}\times(-6x^3y)$

$=-2x^2y^3$

14 $\frac{1}{3}\pi\times(3x^3)^2\times(\text{높이})=18\pi x^{12}$이므로

$(\text{높이})=18\pi x^{12}\times\frac{3}{\pi}\times\frac{1}{9x^6}$

$=6x^6$

15 □ 안에 들어갈 부등호는 다음과 같다.

①, ②, ③, ④ $<$ ⑤ $>$

따라서 부등호의 방향이 나머지 넷과 다른 하나는 ⑤이다.

16 $a<0$이므로 $-3a>0$

따라서 $-3ax>9$의 양변을 $-3a$로 나누면

$x>-\frac{3}{a}$

17 음료수를 x병 산다고 하면

$1500x>1200x+2400$

$300x>2400$

$\therefore x>8$

따라서 음료수를 9병 이상 사야 B마트에서 사는 것이 유리하다.

18 통화 시간을 x분$(x\geq 100)$이라 하면

$12000+80(x-100)\leq 20000$

$8x\leq 1600$

$\therefore x\leq 200$

따라서 최대 200분까지 통화할 수 있다.

19 $\frac{13}{55}=13\div 55=0.2\dot{3}\dot{6}$이므로 소수점 아래 두 번째 자리에서부터 순환마디가 시작되고 순환마디는 36이다.

$\therefore a_1=2,\ a_2=3,\ a_3=6,\ a_4=3,\ a_5=6,\ \cdots,\ a_{19}=6,\ a_{20}=3$

이때 $20-1=2\times 9+1$이므로 소수점 아래 두 번째 자리부터 순환마디가 9번 반복되고 소수점 아래 20번째 자리의 숫자는 순환마디의 첫 번째 숫자인 3이다.

$\therefore a_1+a_2+a_3+\cdots+a_{20}=a_1+(a_2+a_3+\cdots+a_{19})+a_{20}$

$=2+(3+6)\times 9+3$

$=86$

20 정가를 x원이라 하면

정가의 2할을 할인한 가격은 $x(1-0.2)$원

원가에 4할의 이익을 붙인 금액은 $22000(1+0.4)$원

이므로

$x(1-0.2)\geq 22000(1+0.4)$

$0.8x\geq 30800$

$\therefore x\geq 38500$

따라서 정가의 최솟값은 38500원이다.

21 $\frac{3}{2\times 5^2\times x}$이 순환소수로 나타내어지려면 기약분수로 나타냈을 때, 분모에 2와 5 이외의 소인수가 있어야 한다. ── ❶

따라서 x의 값이 될 수 있는 한 자리의 자연수는

7, 9 ── ❷

그러므로 구하는 합은 $7+9=16$ ── ❸

단계	채점 기준	배점
❶	x의 조건 구하기	2점
❷	x의 값 구하기	2점
❸	x의 값의 합 구하기	1점

22 어떤 식을 A라 하면

$A-(x^2+3x-2)=3x^2+2x-5$ ── ❶

$\therefore A=(3x^2+2x-5)+(x^2+3x-2)$

$=4x^2+5x-7$ ── ❷

따라서 바르게 계산하면

$(4x^2+5x-7)+(x^2+3x-2)=5x^2+8x-9$ ── ❸

단계	채점 기준	배점
❶	잘못 계산한 식 세우기	2점
❷	어떤 식 구하기	2점
❸	바르게 계산한 답 구하기	1점

23 $\frac{x-3}{2}-\frac{4x-5}{3}<1$의 양변에 분모의 최소공배수 6을 곱하면

$3(x-3)-2(4x-5)<6$

$3x-9-8x+10<6$

$-5x<5$

$\therefore x>-1$ ── ❶

따라서 구하는 가장 작은 정수 x는 0이다. ── ❷

단계	채점 기준	배점
❶	부등식 풀기	3점
❷	답 구하기	2점

24 $(x^ay^bz^c)^d=x^{20}y^{15}z^{35}$ $\cdots\cdots$ ㉠

을 만족시키는 가장 큰 양의 정수 d는 20, 15, 35의 최대공약수이므로 $d=5$ ── ❶

$d=5$를 ㉠에 대입하면

$(x^ay^bz^c)^5=x^{5a}y^{5b}z^{5c}=x^{20}y^{15}z^{35}$

$5a=20,\ 5b=15,\ 5c=35$이므로

$a=4,\ b=3,\ c=7$ ── ❷

$\therefore abc=4\times 3\times 7=84$ ── ❸

단계	채점 기준	배점
❶	d의 값 구하기	2점
❷	$a,\ b,\ c$의 값 각각 구하기	각 1점
❸	abc의 값 구하기	1점

25 6 %의 소금물 300 g에 들어 있는 소금의 양은

$\frac{6}{100}\times 300=18(\text{g})$

증발시켜야 하는 물의 양을 x g이라 하면 소금물의 양은 $(300-x)$ g이므로

$\frac{18}{300-x}\times 100\geq 9$ ── ❶

$\therefore x\geq 100$ ── ❷

따라서 최소 100 g의 물을 증발시켜야 한다. ── ❸

단계	채점 기준	배점
❶	부등식 세우기	3점
❷	부등식 풀기	2점
❸	답 구하기	1점

실전 TEST 3회 48~51쪽

01 ②, ③	**02** ②	**03** ①	**04** ⑤	**05** ③
06 ⑤	**07** ①	**08** ④	**09** ②	**10** ⑤
11 ③	**12** ④	**13** ③	**14** ①	**15** ⑤
16 ②	**17** ④	**18** ①	**19** ②	**20** ④
21 -8	**22** $x=-1$, $y=2$	**23** 6 km	**24** 8분 후	
25 9				

01 ① 미지수가 1개인 일차방정식이다.
④ $x(x+y)=3$에서 $x^2+xy=3$ ⇨ 1차가 아니다.
⑤ $3x+y+1=3(x-y-2)$에서 $4y+7=0$ ⇨ 미지수가 1개인 일차방정식이다.
따라서 미지수가 2개인 일차방정식인 것은 ②, ③이다.

02 x, y가 자연수이므로 일차방정식 $2x+5y=40$의 해는 $(5, 6)$, $(10, 4)$, $(15, 2)$의 3개이다.

03 $\begin{cases} 3x-y=8 & \cdots\cdots ㉠ \\ y=x-2 & \cdots\cdots ㉡ \end{cases}$
㉡을 ㉠에 대입하면
$3x-(x-2)=8$, $2x+2=8$ $\quad \therefore x=3$
$x=3$을 ㉡에 대입하면
$y=3-2=1$
따라서 $a=3$, $b=1$이므로
$a-2b=3-2\times1=1$

04 $x=2$, $y=-1$을 $ax+3y=7$에 대입하면
$2a+3\times(-1)=7$ $\quad \therefore a=5$
$x=2$, $y=-1$을 $2x-y=b$에 대입하면
$2\times2-(-1)=b$ $\quad \therefore b=5$
$\therefore a+b=5+5=10$

05 ③ 자연수 x보다 작은 자연수 y는 여러 개가 있을 수 있으므로 y는 x의 함수가 아니다.

06 $f(1)=3\times1+4=7$
$f(-3)=3\times(-3)+4=-5$
$\therefore f(1)+f(-3)=7+(-5)=2$

07 $f(-1)=-a-4=2$에서
$-a=6$ $\quad \therefore a=-6$
따라서 $f(x)=-6x-4$이므로
$f(3)=-6\times3-4=-22$

08 $y=ax$의 그래프를 y축의 방향으로 -1만큼 평행이동하면 $y=ax-1$
이 그래프가 $y=5x+b$의 그래프와 같으므로
$a=5$, $b=-1$
$\therefore a+b=5+(-1)=4$

09 ㄱ. x에 대한 일차식이다.
ㄴ. x가 분모에 있으므로 일차함수가 아니다.
ㄷ. $y=ax+b$의 꼴로 나타낼 수 있으므로 일차함수이다.
ㄹ. $y=x(5+x)=5x+x^2$에서 $5+x^2$은 x에 대한 일차식이 아니므로 일차함수가 아니다.
ㅁ. $y=2x^2+x-6$에서 $2x^2+x-6$은 x에 대한 일차식이 아니므로 일차함수가 아니다.
ㅂ. $y=\frac{1}{5}x$, 즉 $y=ax+b$의 꼴로 나타낼 수 있으므로 일차함수이다.
따라서 일차함수인 것은 ㄷ, ㅂ의 2개이다.

10 $3x-4y-12=0$에서
$y=\frac{3}{4}x-3$
$y=ax+b$의 그래프가 $y=\frac{3}{4}x-3$의 그래프와 일치하므로
$a=\frac{3}{4}$, $b=-3$
$\therefore a-b=\frac{3}{4}-(-3)=\frac{15}{4}$

11 x축에 평행한 직선의 방정식은 $y=q$(q는 상수)의 꼴이므로 $y=-4$

12 $\begin{cases} 0.2(x-y)+0.3y=0.7 & \cdots\cdots ㉠ \\ \frac{x+3}{2}-\frac{y-2}{3}=1 & \cdots\cdots ㉡ \end{cases}$
㉠×10, ㉡×6을 하면
$\begin{cases} 2(x-y)+3y=7 \\ 3(x+3)-2(y-2)=6 \end{cases}$ ⇨ $\begin{cases} 2x+y=7 \\ 3x-2y=-7 \end{cases}$
이 연립방정식을 풀면 $x=1$, $y=5$
따라서 $a=1$, $b=5$이므로
$ab=1\times5=5$

13 두발자전거가 x대, 세발자전거가 y대라 하면
$\begin{cases} x+y=10 \\ 2x+3y=24 \end{cases}$ $\quad \therefore x=6,\ y=4$
따라서 진열된 세발자전거는 4대이다.

14 십의 자리의 숫자를 x, 일의 자리의 숫자를 y라 하면
$\begin{cases} x+y=13 \\ 10y+x=(10x+y)+45 \end{cases}$ ⇨ $\begin{cases} x+y=13 \\ x-y=-5 \end{cases}$
$\therefore x=4,\ y=9$
따라서 처음 자연수는 49이다.

15 ⑤ $y=-x+2$의 그래프는 오른쪽 그림과 같이 제1, 2, 4사분면을 지난다.

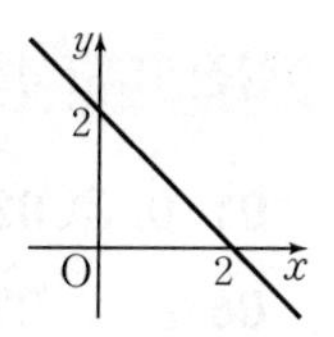

16 (직선 AB의 기울기)$=\frac{6-3}{5-2}=1$

(직선 BC의 기울기)$=\frac{a-6}{4-5}=-a+6$

따라서 $1=-a+6$이므로 $a=5$

17 일차함수의 식을 $y=-\frac{1}{2}x+b$로 놓고 $x=1$, $y=3$을 대입하면

$3=-\frac{1}{2}\times 1+b \quad \therefore b=\frac{7}{2}$

따라서 구하는 일차함수의 식은

$y=-\frac{1}{2}x+\frac{7}{2}$

18 $y=-\frac{1}{2}x+2$의 그래프의 x절편은 4, y절편은 2이므로

$\overline{OA}=4$, $\overline{OB}=2$

따라서 △OAB의 넓이는

$\frac{1}{2}\times 4\times 2=4$

19 작년의 감귤 수확량을 x상자, 한라봉 수확량을 y상자라 하면

$\begin{cases} x+y=600 \\ -\frac{4}{100}x+\frac{14}{100}y=\frac{2}{100}\times 600 \end{cases} \Rightarrow \begin{cases} x+y=600 \\ -2x+7y=600 \end{cases}$

$\therefore x=400,\ y=200$

따라서 작년의 한라봉 수확량은 200상자이므로 올해의 한라봉 수확량은

$200+\frac{14}{100}\times 200=228$(상자)

20 (i) 직선 $y=2x+k$가 점 A(2, 3)을 지날 때,

$3=2\times 2+k \quad \therefore k=-1$

(ii) 직선 $y=2x+k$가 점 B(4, 1)을 지날 때,

$1=2\times 4+k \quad \therefore k=-7$

(i), (ii)에서 $-7\le k\le -1$

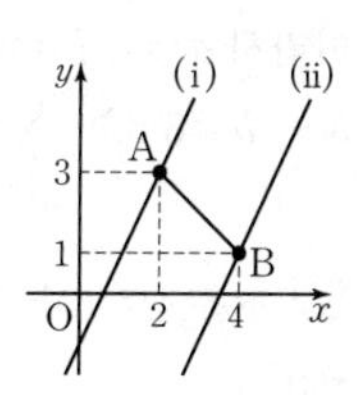

21 직선이 두 점 $(-1, 0)$, $(0, 4)$를 지나므로

(기울기)$=\frac{4-0}{0-(-1)}=4$

y절편이 4이므로 주어진 직선의 방정식은

$y=4x+4$ ——— ❶

이 직선이 점 $(-3, a)$를 지나므로

$a=4\times(-3)+4=-8$ ——— ❷

단계	채점 기준	배점
❶	직선의 방정식 구하기	3점
❷	a의 값 구하기	2점

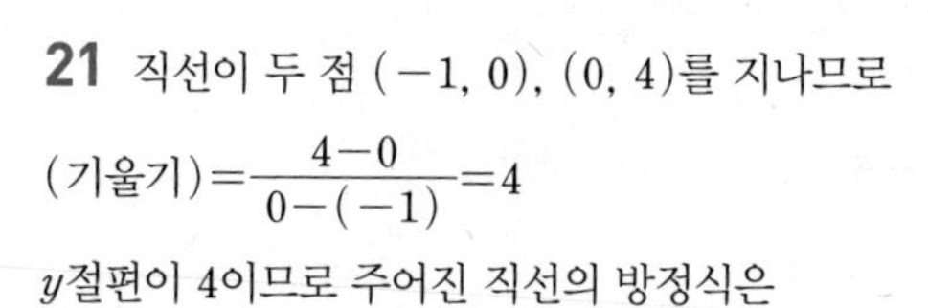

22 a와 b를 서로 바꾸어 놓은 연립방정식 $\begin{cases} bx+ay=-1 \\ ax+by=5 \end{cases}$에

$x=2$, $y=-1$을 대입하면

$\begin{cases} 2b-a=-1 \\ 2a-b=5 \end{cases}$

a, b에 대한 이 연립방정식을 풀면

$a=3,\ b=1$ ——— ❶

따라서 처음 연립방정식에 $a=3$, $b=1$을 대입하면

$\begin{cases} 3x+y=-1 \\ x+3y=5 \end{cases}$

이 연립방정식을 풀면

$x=-1,\ y=2$ ——— ❷

단계	채점 기준	배점
❶	a, b의 값 각각 구하기	3점
❷	처음 연립방정식의 해 구하기	2점

23 시속 4 km의 속력으로 걸어간 거리를 x km라 하고 시속 6 km의 속력으로 걸어간 거리를 y km라 하면 ——— ❶

$\begin{cases} x+y=10 \\ \frac{x}{4}+\frac{y}{6}=2 \end{cases} \Rightarrow \begin{cases} x+y=10 \\ 3x+2y=24 \end{cases}$ ——— ❷

$\therefore x=4,\ y=6$ ——— ❸

따라서 시속 6 km의 속력으로 걸어간 거리는 6 km이다. ——— ❹

단계	채점 기준	배점
❶	미지수 정하기	1점
❷	연립방정식 세우기	2점
❸	연립방정식 풀기	2점
❹	시속 6 km의 속력으로 걸어간 거리 구하기	1점

24 x분 후의 물의 양을 y L라 하면

A 물통: $y=3+2x$ ······㉠ ——— ❶

B 물통: $y=23-0.5x$ ······㉡ ——— ❷

㉠, ㉡을 연립하여 풀면

$x=8,\ y=19$

따라서 8분 후에 두 물통의 물의 양이 같아진다. ——— ❸

단계	채점 기준	배점
❶	A 물통의 x와 y 사이의 관계식 구하기	2점
❷	B 물통의 x와 y 사이의 관계식 구하기	2점
❸	두 물통의 물의 양이 같아지는 시간 구하기	2점

25 $x-y+5=0$에 $y=0$을 대입하면 $x=-5$

$\therefore$ A$(-5, 0)$

$3x+y+3=0$에 $y=0$을 대입하면 $x=-1$

$\therefore$ B$(-1, 0)$ ❶

연립방정식 $\begin{cases} x-y+5=0 \\ 3x+y+3=0 \end{cases}$ 을 풀면

$x=-2$, $y=3$

$\therefore$ C$(-2, 3)$ ❷

직선 CD가 △ABC의 넓이를 이등분하려면 점 D는 $\overline{AB}$의 중점이어야 하므로

D$(-3, 0)$ ❸

따라서 직선 CD의 기울기는

$\frac{0-3}{-3-(-2)}=3$

이므로 직선 CD의 방정식을 $y=3x+b$라고 하자.

$y=3x+b$에 $x=-3$, $y=0$을 대입하면

$0=3\times(-3)+b$ $\quad\therefore b=9$

그러므로 두 점 C, D를 지나는 직선의 방정식은 $y=3x+9$이므로 직선 CD의 y절편은 9이다. ❹

단계	채점 기준	배점
❶	두 점 A, B의 좌표 각각 구하기	2점
❷	점 C의 좌표 구하기	2점
❸	점 D의 좌표 구하기	1점
❹	직선 CD의 y절편 구하기	2점

실전 TEST 4회 52~55쪽

01 ①, ④	**02** ③	**03** ③	**04** ②	**05** ⑤
06 ②	**07** ③	**08** ②	**09** ⑤	**10** ③
11 ②	**12** ③	**13** ⑤	**14** ①	**15** ③
16 ①	**17** ②	**18** ①	**19** ②	**20** ②
21 4	**22** 5	**23** $y=-3x-2$	**24** 180 g	
25 -18				

01 ② $3x+5y=5y-7$에서 $3x+7=0$

③ $x(2-y)=3$에서 $2x-xy-3=0$

⑤ $x^2-xy+3=y$에서 $x^2-xy-y+3=0$

따라서 미지수가 2개인 일차방정식인 것은 ①, ④이다.

02 닭의 다리는 $2x$개, 고양이의 다리는 $4y$개이므로

$2x+4y=38$

03 주어진 순서쌍을 $3x-y=5$에 대입하였을 때, 등식이 성립하는 것은

③ $3\times\left(-\frac{1}{3}\right)-(-6)=5$

04 $2x-y=7$에 $x=-1$, $y=k$를 대입하면

$2\times(-1)-k=7$, $-k=9$

$\therefore k=-9$

05 ⑤ ㉠×4+㉡×5를 하면 $23x=11$이므로 y를 없앨 수 있다.

06 $\begin{cases} 5x-4y=-15 & \cdots\cdots ㉠ \\ 3x+2y=13 & \cdots\cdots ㉡ \end{cases}$ 에서

㉠+㉡×2를 하면 $11x=11$ $\quad\therefore x=1$

$x=1$을 ㉡에 대입하면

$3+2y=13$ $\quad\therefore y=5$

따라서 $a=1$, $b=5$이므로

$3a-b=3\times1-5=-2$

07 8을 4로 나누었을 때의 나머지는 0이므로

$f(8)=0$

08 $y=3x-7$에 $x=-2a$, $y=a$를 대입하면

$a=3\times(-2a)-7$ $\quad\therefore a=-1$

09 $y=-4x-6$에 $y=0$을 대입하면

$0=-4x-6$ $\quad\therefore x=-\frac{3}{2}$

$\therefore a=-\frac{3}{2}$

$y=-4x-6$에 $x=0$을 대입하면

$y=-6$

$\therefore b=-6$

$\therefore ab=\left(-\frac{3}{2}\right)\times(-6)=9$

10 (기울기)$=-\frac{2}{3}$, (y절편)$=-2$이므로 구하는 일차함수의 식은

$y=-\frac{2}{3}x-2$

11 $\begin{cases} \frac{-x+y}{3}=\frac{3x-1}{4} & \cdots\cdots ㉠ \\ \frac{3x-1}{4}=2x-\frac{y}{4} & \cdots\cdots ㉡ \end{cases}$

㉠$\times 12$, ㉡$\times 4$를 하면

$\begin{cases} 4(-x+y)=3(3x-1) \\ 3x-1=8x-y \end{cases} \Rightarrow \begin{cases} -13x+4y=-3 \\ -5x+y=1 \end{cases}$

따라서 이 연립방정식을 풀면

$x=-1$, $y=-4$

12 a를 a'으로 잘못 보았다고 하면 해가 무수히 많으므로

$\frac{a'}{2}=\frac{-3}{1}=\frac{3}{b} \quad \therefore b=-1$

b를 잘못 보았을 때의 해가 $x=1$, $y=1$이므로

$x=1$, $y=1$은 $ax-3y=3$의 해이다.

이때 $a-3\times1=3$에서 $a=6$

따라서 주어진 연립방정식은 $\begin{cases} 6x-3y=3 \\ 2x+y=-1 \end{cases}$이므로 이 연립방정식을 풀면

$x=0$, $y=-1$

13 야채 김밥을 x줄, 참치 김밥을 y줄 판매하였다고 하면

$\begin{cases} x+y=50 \\ 1000x+1500y=60000 \end{cases}$

$\therefore x=30,\ y=20$

따라서 이날 판매한 야채 김밥은 30줄이다.

14 현재 아버지의 나이를 x세, 딸의 나이를 y세이라 하면

$\begin{cases} x-y=36 \\ x+8=3(y+8) \end{cases} \Rightarrow \begin{cases} x-y=36 \\ x-3y=16 \end{cases}$

$\therefore x=46,\ y=10$

따라서 현재 딸의 나이는 10세이다.

15 전체 일의 양을 1로 놓고, A, B가 하루 동안 할 수 있는 일의 양을 각각 x, y라고 하면

$\begin{cases} 8x+8y=1 \\ 3x+18y=1 \end{cases}$

$\therefore x=\frac{1}{12},\ y=\frac{1}{24}$

따라서 A가 혼자 하면 12일이 걸린다.

16 $y=ax-b$의 그래프가

오른쪽 아래로 향하므로 기울기는 음수이다. $\quad \therefore a<0$

y절편이 양수이므로 $-b>0 \quad \therefore b<0$

17 x초 후 $\overline{BP}$의 길이는 $4x$ cm이므로

($\triangle$ABP의 넓이)$=\frac{1}{2}\times\overline{BP}\times\overline{AB}$

$=\frac{1}{2}\times4x\times24=48x$

$\therefore y=48x$

18 두 그래프의 교점의 좌표가 $(2,\ -1)$이므로 주어진 연립방정식의 해는 $x=2$, $y=-1$이다.

$ax+y=1$에 $x=2$, $y=-1$을 대입하면

$2a-1=1$에서 $a=1$

$x+by=4$에 $x=2$, $y=-1$을 대입하면

$2-b=4$에서 $b=-2$

$\therefore a+b=1+(-2)=-1$

19 네 직선을 좌표평면 위에 나타내면 오른쪽 그림과 같으므로

$5\times\{2k+1-(-k)\}=35$

$3k+1=7 \quad \therefore k=2$

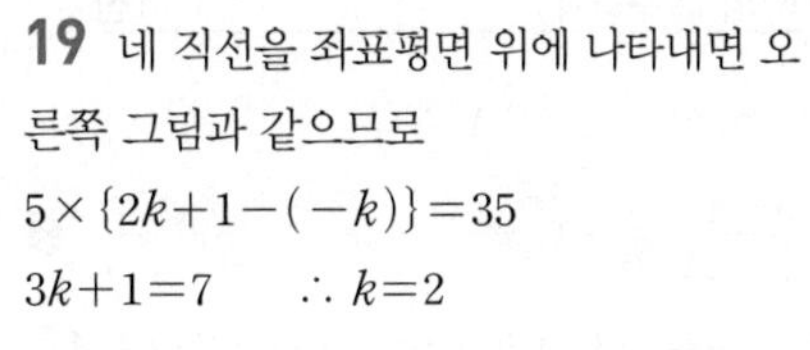

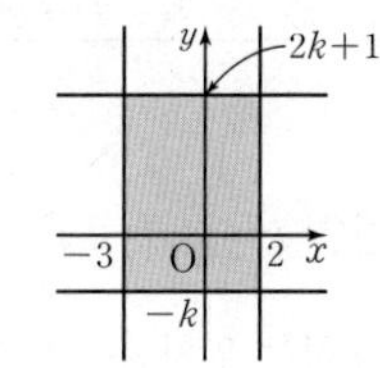

20 오른쪽 그림에서 $\triangle$AOB의 넓이는

$\frac{1}{2}\times4\times2=4$

두 직선의 교점을 P$(p,\ q)$라 하면

$\triangle$AOP의 넓이는 $4\times\frac{1}{2}=2$이므로

$\frac{1}{2}\times2\times p=2$에서 $p=2$

$\triangle$BOP의 넓이는 $4\times\frac{1}{2}=2$이므로

$\frac{1}{2}\times4\times q=2$에서 $q=1$

따라서 직선 $y=ax$가 점 $(2,\ 1)$을 지나므로

$1=2a \quad \therefore a=\frac{1}{2}$

21 주어진 연립방정식들의 해는 연립방정식 $\begin{cases} 2x+y=5 \\ y=-x+1 \end{cases}$의 해와 같다.

이 연립방정식을 풀면

$x=4$, $y=-3$ ──── ❶

$3x-ay=15$에 $x=4$, $y=-3$을 대입하면

$3\times4+3a=15 \quad \therefore a=1$

$bx+3y=3$에 $x=4$, $y=-3$을 대입하면 ❷

$4b+3\times(-3)=3 \quad \therefore b=3$

$\therefore a+b=1+3=4$ ❸

단계	채점 기준	배점
❶	연립방정식들의 해 구하기	2점
❷	a, b의 값 각각 구하기	2점
❸	$a+b$의 값 구하기	1점

22 $f(2)=-7$에서 $2a+3=-7$

$2a=-10 \quad \therefore a=-5$

$\therefore f(x)=-5x+3$ ❶

$g(-4)=-3$에서

$-\frac{1}{2}\times(-4)+b=-3 \quad \therefore b=-5$

$\therefore g(x)=-\frac{1}{2}x-5$ ❷

따라서 $f(-2)=-5\times(-2)+3=13$,

$g(6)=-\frac{1}{2}\times6-5=-8$이므로

$f(-2)+g(6)=13+(-8)=5$ ❸

단계	채점 기준	배점
❶	$f(x)$의 식 구하기	2점
❷	$g(x)$의 식 구하기	2점
❸	$f(-2)+g(6)$의 값 구하기	1점

23 $(\text{기울기})=\frac{-5-4}{1-(-2)}=-3$ ❶

구하는 일차함수의 식을 $y=-3x+b$로 놓고 $x=-2$, $y=4$를 대입하면

$4=-3\times(-2)+b \quad \therefore b=-2$

따라서 구하는 일차함수의 식은

$y=-3x-2$ ❷

단계	채점 기준	배점
❶	직선의 기울기 구하기	2점
❷	일차함수의 식 구하기	3점

24 사용한 합금 A의 양을 x g, 합금 B의 양을 y g이라 하면 ❶

$$\begin{cases}\frac{3}{4}x+\frac{1}{3}y=500\times\frac{3}{5}\\ \frac{1}{4}x+\frac{2}{3}y=500\times\frac{2}{5}\end{cases} \Rightarrow \begin{cases}9x+4y=3600\\ 3x+8y=2400\end{cases}$$ ❷

$\therefore x=320$, $y=180$ ❸

따라서 사용한 합금 B의 양은 180 g이다. ❹

단계	채점 기준	배점
❶	미지수 정하기	1점
❷	연립방정식 세우기	2점
❸	연립방정식 풀기	2점
❹	사용한 합금 B의 양 구하기	1점

25 $x-2y=8$, $3x+y=a$, $4x-3y=2$에서

$y=\frac{1}{2}x-4$, $y=-3x+a$, $y=\frac{4}{3}x-\frac{2}{3}$

세 직선 중 어느 두 직선도 평행하지 않으므로 세 직선으로 삼각형이 만들어지지 않으려면 세 직선은 한 점에서 만나야 한다. ❶

연립방정식 $\begin{cases}x-2y=8\\ 4x-3y=2\end{cases}$를 풀면

$x=-4$, $y=-6$

즉, 두 직선 $x-2y=8$, $4x-3y=2$의 교점의 좌표는

$(-4, -6)$ ❷

따라서 직선 $3x+y=a$도 점 $(-4, -6)$을 지나므로

$3\times(-4)-6=a$

$\therefore a=-18$ ❸

단계	채점 기준	배점
❶	삼각형이 만들어지지 않을 조건 밝히기	2점
❷	두 직선 $x-2y=8$, $4x-3y=2$의 교점의 좌표 구하기	3점
❸	a의 값 구하기	2점